JIANSHE
GONGCHENG
YINGJI
YUAN
BIANZHI
YUFANLI

建设工程
应急预案
编制与范例

罗云 主编

姜华 副主编

中国建筑工业出版社

图书在版编目（CIP）数据

建设工程应急预案编制与范例/罗云主编.—北京：
中国建筑工业出版社，2006
ISBN 978-7-112-08731-0

Ⅰ.建… Ⅱ.罗… Ⅲ.建筑工程-工程事故-处
理-方案制定 Ⅳ.TU712

中国版本图书馆 CIP 数据核字（2006）第 120009 号

建设工程应急预案编制与范例

罗云　主　编

姜华　副主编

*

中国建筑工业出版社出版、发行(北京西郊百万庄)

各地新华书店、建筑书店经销

北京密云红光制版公司制版

化学工业出版社印刷厂印刷

*

开本：787×1 092 毫米　1/16　印张：21　字数：520 千字
2006 年 11 月第一版　2012 年 11 月第四次印刷
定价：**35.00** 元
ISBN 978-7-112-08731-0
（15395）

本社网址：http：//www.cabp.com.cn
网上书店：http：//www.china-building.com.cn

本书针对建设工程领域中安全事故的特点，对该领域应急预案的编制进行了详细的讲解。全书共分三篇，总计 9 章，分别为基础理论篇，主要讲述应急预案的基本概念、主要基本信息，应急预案的目的、意义、作用和功能，应急预案的技术基础，应急预案体系的设计等；技术方法篇，主要论述应急预案的编制方法和技术，应急预案的实施和演练等；实用范例篇，主要给出了政府层面、建筑企业层面、分部工程层面和建筑施工现场的事故应急范例，共计 39 个范例。书中最后还摘录了相关的国家法律法规，供读者参考。

本书由我国知名安全专家主持编写，集权威性、系统性、实用性于一体，可供政府管理部门、建筑施工企业、工程项目部等各个层次的管理人员学习参考，也可作为相关岗位人员的培训教材。

* * *

责任编辑：刘　江　范业庶
责任设计：崔兰萍
责任校对：张景秋　张　虹

编委会成员名单

主　编：罗　云

副主编：姜　华

委　员：宫运华　商惠婷　樊运晓　苏　芸

　　　　马孝春　裴晶晶

前　言

改革开放以来，我国经济高速发展，各行业生产安全事故风险加大。近十余年生产安全事故总量呈上升趋势（见图1），平均年增长率近5％，特别是重大事故发生频率增长势头较大。2005年，发生死亡10人以上特大事故134起，增长率2.3％，导致死亡总人数3049人，增长率17％；发生死亡30人以上特别重大事故17起，增长率约18％，导致死亡人数1200人，增长率28％；一次死亡上百人的特别重大事故发生4起，是建国以来频次最高的一年。1990年以来，我国共发生一次死亡百人的事故25起，平均一年不到2起，由此我们可感觉到重大事故形势的严峻。分析重大事故的原因，可发现一个明显重要的规律和特点，就是事故应急救援能力的缺乏和应急措施对策的不当。这也就是本书编著的基本出发点。

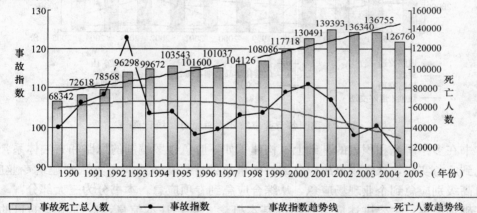

图1　我国历年各类事故死亡总人数统计图
（包括工矿企业、道路、水运、铁路、火灾、民航）

在我国各行业的事故比例中，根据图2所示我们可以看出，交通事故排第一、铁路事故第二，煤矿第三，而建筑类事故排在第四位。2005年我国建筑行业发生的事故共造成2587人死亡。我国建筑业的万人死亡事故率，近年来一直在1以下，美国的建筑业万人死亡率与我国相仿，日本则较好，在各行业中排在制造业之后。用绝对死亡数量，我国比美国和日本高出许多，用亿元GDP死亡率和亿建筑平方米死亡率我国也高出很多。

改革开放以来，我国建筑业有了飞速的发展，至2010年，除需建设一大批能源、交通、原材料等工业项目和科技文化设施外，城镇住宅建设也将有一个很大的发展空间。据《2001～2002中国城市发展报告》提出的战略目标，未来50年中国城市化率将达到75％，而目前中国的城市化率只有37％，城市化进程必将给我国建筑业带来旺盛的产品需求。我国2005年全国城镇房屋建筑面积近200亿平方米，住宅建设已经成为小康社会的一项重要发展目标。

我国有关部门在国家安全生产长期规划中，提出的建筑安全发展目标是使建筑施工伤亡事故衡量指标（按产值、建筑面积、工程项目数的伤亡率）到 2010 年事故率明显下降，比 2002 年减少 50％；到 2020 年控制在 2002 年的 10％水平以下，达到或超过先进国家同期水平。为了实现上述目标，显然，根据安全科学的"三 E"原理，除了做好预防工作外，建立科学、有效的事故应急救援体系也是重要举措。我国建筑安全的"十一五"发展规划中，已把研究开发建筑施工的应急预案和救援保障技术体系列为重要的发展目标。即建立建筑行业重（特）大事故应急指挥与救援信息系统，建立建筑行业重大危险源监控网络及事故应急救援系统，开发重大危险源快速评估技术、危险源网络监控预警技术。

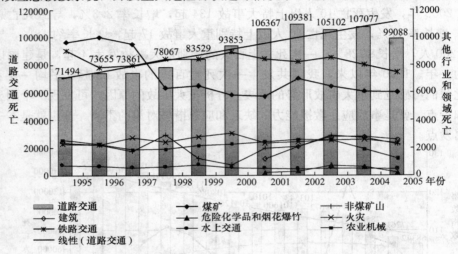

图 2　我国各行业事故死亡总量分类统计图

本书在多年研究和积累的基础上，构建了如下应急预案编制的思路和方法体系：从安全理论到应急实践，从常规事故应急到特殊事故处置，从一般应急方法到建筑专业应用，从政府高级别应急到企业现场应急，从综合应急到专项应急。本书分为三大部分：

基础理论篇：主要讲述应急预案的基本概念、主要基本信息，应急预案的目的、意义、作用和功能，应急预案的技术基础，应急预案体系的设计等。

技术方法篇：主要论述应急预案的编制方法和技术，应急预案的实施和演练等。

实用范例篇：主要给出了政府层面、建筑企业层面、分部工程层面和建筑施工现场的事故应急范例。

要使事故应急预案达到科学性、有效性、实用性的效果和目标，其编制的过程应该是动态的和发展的，因此，作者希望读者能用发展和创新的观点参阅本书。本书作为一种特定时间静态应急知识的体系，如能给以读者参考和启示，即是作者的甚大荣幸。

编委会

6

目　　录

上篇　基础理论篇

1 建设工程事故应急预案基础

1.1 基本概念与主要信息

1.1.1 基本概念

根据《建设工程安全生产管理条例》，建设工程是指土木工程、建筑工程、线路管道和设备安装工程及装修工程。这里所指的土木工程包括矿山、铁路、公路、隧道、桥梁、堤坝、电站、码头、飞机场、运动场、营造林、海洋平台等工程；建筑工程是指房屋建筑工程，即有顶盖、梁柱、墙壁、基础以及能够形成内部空间，满足人们生产、生活、公共活动的工程实体，包括厂房、剧院、旅馆、商店、学校、医院和住宅等工程；线路、管道和设备安装工程包括电力、通信线路、石油、燃气、给水、排水、供热等管道系统和各类机械设备、装置的安装活动；装修工程包括对建筑物内、外进行的以美化、舒适化、增加使用功能为目的的工程建设活动。

应急救援的对象是突发性和后果与影响严重的安全事故。因此，我们首先要明确事故的概念。

1. 事故

事故是造成死亡、职业病、伤害、财产损失或其他损失的意外事件。严格的定义是：个人或集体在为实现某一意图或目的而采取行动的时间过程中，突然发生了与人的意志相反的情况，迫使人们的行动暂时或永久地停止的事件。

从这一定义可以看出，事故表现出三个特点：

（1）事故发生在人们行动的时间过程中；

（2）事故是一种不以人们意志为转移的随机事件；

（3）事故的后果是影响人们的行动，使人们的行动暂时或永久中止。

以人和物来考察事故现象时，其结果有以下四种情况：

（1）人受到伤害，物也遭到损失；

（2）人受到伤害，而物没有损失；

（3）人没有受到伤害，物遭到损失；

（4）人没有伤害，物没有损失，只有时间和间接的经济损失。

根据《工程建设重大事故报告和调查程序规定》，工程建设重大事故分为四个等级：

（1）具备下列条件之一者为一级重大事故：

①死亡 30 人以上；

②直接经济损失 300 万元以上。

（2）具备下列条件之一者为二级重大事故：

①死亡 10 人以上，29 人以下；

②直接经济损失 100 万元以上，不满 300 万元。

（3）具备下列条件之一者为三级重大事故：

①死亡 3 人以上，9 人以下；

②重伤 20 人以上；

③直接经济损失 30 万元以上，不满 100 万元。

（4）具备下列条件之一者为四级重大事故：

①死亡 2 人以下；

②重伤 3 人以上，19 人以下；

③直接经济损失 10 万元以上，不满 30 万元。

2. 应急救援

应急救援是为预防、控制和消除事故与灾害对人类生命和财产灾害所采取的反应行动。其主要目标是控制紧急事件的发生与发展并尽可能消除事故，将事故对人、财产和环境的损失减小到最低程度。工业化国家的统计表明，有效的应急救援系统可将事故损失减低到无应急救援系统的 6％。应急救援要做到迅速、准确、有效。应急救援的基本任务是：立即组织营救受害人员，组织撤离或者采取其他措施保护危险危害区域的其他人员；迅速控制事态，并对事故造成的危险、危害进行监测、检测，测定事故的危害区域、危害性质及危害程度；消除危害后果，做好现场恢复；查清事故原因，评估危害程度。

3. 应急预案

应急预案又称应急计划是指政府或企业为降低事故后果的严重程度，以对危险源的评价和事故预测结果为依据而预先制定的事故控制和抢险救灾方案，是事故应急救援活动的行动指南；是针对可能的重大事故（件）或灾害，为保证迅速、有序、有效地开展应急与救援行动、降低事故损失而预先制定的有关计划或方案。

根据国际劳工组织（ILO）《重大工业事故预防实用规程》，应急救援预案的定义为：

（1）基于在某一处发现的潜在事故及其可能造成的影响所形成的一个正式的书面计划，该计划描述了在现场和场外如何处理事故及其影响；

（2）重大危险设施的应急计划包括对紧急事件的处理；

（3）应急计划包括现场计划和场外计划两个重要组成部分；

（4）企业管理部门应确保遵守符合国家法律规定的标准要求，不应把应急计划作为在设施内维持良好标准的替代措施。

应急预案明确了在突发事故发生之前、发生过程中以及刚刚结束之后，谁负责做什么，何时做，以及相应的策略和资源准备等。

应急预案是应急管理的文本体现，是应急管理工作的指导性文件，其总目标是控制紧急事件的发展并尽可能消除事故，将事故对人、财产和环境的损失减到最低限度。

应急预案实际上是一个透明和标准化的反应程序，使应急救援活动能按照预先周密的计划和最有效的实施步骤有条不紊地进行。这些计划和步骤是快速响应和有效救援的基本保证。应急预案应该有系统完整的设计、标准化的文本文件、行之有效的操作程序和持续改进的运行机制。

应急预案的内容不仅限于事故发生过程中的应急响应和救援措施，还应包括事故发生前的应急准备和事故发生后的紧急恢复以及预案的管理和更新等。因此，应急预案的核心要素有：

（1）方针与原则。它是开展应急救援工作的纲领。

（2）应急策划。包括危险分析、资源分析以及法律法规要求等。

（3）应急准备。指基于应急策划的结果，明确所需的应急组织及其职责权限、应急队伍的建设和人员培训、应急物资的准备、预案的演习、公众的应急知识培训、签订互助协议等。

（4）应急响应。包括接警与通知、指挥与控制、警报与紧急公告、通信、事态监测与评估、警戒与治安、人群疏散与安置、医疗与卫生、公共关系、应急人员安全、消防与抢险、泄漏物控制。

（5）现场恢复。

（6）预案管理与评审改进。对预案的制定、修改、更新、批准和发布作出明确的管理规定，并保证定期或在应急演练、应急救援后对应急预案进行评审，针对实际情况的变化以及预案中所暴露出的缺陷，不断地更新、完善和改进应急预案文件体系。

4. 危险

危险的定义是可能产生潜在损失的征兆。它是风险的前提，没有危险就无所谓风险。风险由两部分组成：一是危险事件出现的概率；二是一旦危险出现，其后果严重程度和损失的大小。如果将这两部分的量化指标综合，就是风险的表征，称风险。危险是客观存在，是无法改变的，而风险却在很大程度上随着人们的意志而改变，亦即按照人们的意志可以改变危险出现或事故发生的概率和一旦出现危险，由于改进防范措施从而改变损失的程度。

5. 隐患

隐患是指任何能直接或间接导致伤害或疾病、财产损失、工作场所环境破坏或其组合的对工作标准、实务、程序、法规、管理体系绩效等的偏离。当危险暴露在人类的生产活动中时就成为风险。如在群山中有一摇摇欲坠的巨石，这是一个隐患，是客观存在的不安全状态，但它不是风险，因为它周围没有人员从事生产活动，即它没有暴露在人的生产活动中，即使它从山上坠落下来，也不会对人员和设备造成任何伤害和损坏。而当一名地质勘探人员在它周围从事地质勘探作业时，就成为风险，因为巨石可能伤害这位地质勘探人员。

图 1-1　隐患、风险、事故的关系

隐患与风险是一对既有区别也有联系的概念。隐患（hidden danger）是指任何能直接或间接导致伤害或疾病、财产损失、工作场所环境破坏或其组合的对工作标准、实务、程序、法规、管理体系绩效等的偏离。隐患、风险、事故的关系如图1-1所示。

6. 风险与危险

在通常情况下，"风险"的概念往往与"危险"或"冒险"的概念相联系。危险是与安全相对立的一种事故潜在状态，人们有时用"风险"来描述与从事某项活动相联系的危险的可能性，即风险与危险的可能性有关，它表示某事件产生事件的概率。事件由潜在危险状态转化为伤害事故往往需要一定的激发条件，风险与激发事件的频率、强度以及持续时间的概率有关。

严格地讲，风险与危险是两个不同的概念。危险只是意味着一种现在的或潜在的不希望事件状态，危险出现时会引起不幸事故。而风险用于描述未来的随机事件，它不仅意味着不希望事件状态的存在，更意味着不希望事件转化为事故的渠道和可能性。因此，有时虽然有危险存在，但并不一定要冒此风险。例如，人类要应用核能，就有受辐射的危险，这种危险是客观存在的，但在生活实践中，人类采取各种措施使其应用中受辐射的风险小些，甚至人绝对地与之相隔离，尽管仍有受辐射的危险，但由于无发生的渠道，所以我们并没有受辐射的风险。这里也说明了人们更应该关心的是"风险"，而不仅仅是"危险"，因为直接与人发生联系的是"风险"，而"危险"是事物客观的属性，是风险的一种前提表征。我们可以做到客观危险性很大，但实际承受的风险较小。

天有不测风云，人有旦夕祸福，生产和生活中充满了来自自然和人为（技术）的风险。风险是通过事故现象和损失事件表现出来的。为理解风险的概念，我们可分析事故的形成过程。事故的形成过程可用图 1-2 表达。

图 1-2　事故形成的机理

所谓危险就是事物所处的一种不安全状态，在这种状态下，将可能导致某种事故或一系列的损害或损失事件。事故链上的最终事故会引起某些损失（Loss）或损害，包括人员伤害、财产损失或环境破坏等。

危险的出现概率、发生何种事故及其发生概率、导致何种损失及其概率都是不确定的。这种事故形成过程中的不确定性，就是广义上的风险，可写为：

$$R = (H, P, L) \tag{1-1}$$

式中 R 为风险（Risk），H 为危险（Hazard），P 为危险发生的概率（Probability），L 为危险发生导致的损失（Loss）。

在实际的风险分析工作中，人们主要关心事故所造成的损失，并把这种不确定的损失的期望值叫做风险，这可谓狭义的风险，也可写为：

$$R = E(L) \tag{1-2}$$

式中 L 为危险发生导致的损失（Loss）。

在工业系统，风险是指特定危害事件发生的概率与后果的结合。风险是描述系统危险程度的客观量，又称风险度或危险性。风险 R 具有概率和后果的二重性，风险可用损失程度 c 和发生概率 p 的函数来表示：

$$R = f(p, c) \tag{1-3}$$

1.1.2　主要应急管理的信息

1. 火灾

火灾是一种最常见的危险因素。每年因火灾所造成成千上万计的伤亡和数十亿元的财产损失。在应急管理中应考虑如下的因素：

（1）和消防队讨论社区的火灾响应能力和应对措施，辨识一些可引起、引发火灾的流程、原料或者因火灾的因素引起的环境污染。

（2）对本单位进行火灾危险检查。明确关于火灾的规则和规程。

（3）要求你的保险公司提供一些预防和防备措施。也可请他们提供一些训练。

（4）把一些火灾的安全信息分配给员工，包括：如何在工作地预防火灾；如何控制火灾；如何进行疏散；以及到哪里报告火灾等。

（5）指导个人使用楼梯而不是电梯在火灾中逃生，教他们在穿过温度高和烟气地带时用膝盖和手爬着逃生。

（6）进行火灾撤退训练。把撤退路线图布置在一个显眼的地方。维持逃生路线的畅通，包括清理楼道和门口里的杂碎的东西。

（7）派专门的负责人检查每个部门的撤离和关闭程序。

（8）建立安全操作和储藏易燃流体和气体的程序，建立避免易燃物质堆积的程序。

（9）对一些易燃原料进行安全处理。

（10）建立一个维护表来保持设备的安全运行。

（11）灭火器放在正确的位置。

（12）训练职工正确使用灭火器。

（13）安装烟探测器。每月检查一次设备，每年至少更换一次电池。

（14）建立一个提醒人员着火的系统。同时考虑安装火灾报警器能自动联通消防队。

（15）考虑安装喷淋系统、灭火管道、防火墙、防火门等。

（16）确定主要人员熟悉所有的火灾安全系统。

（17）辨识和标示所有有效的阀门，使发生火灾时监管人能在短时间内切断电源、气体、水等。

确定当火灾发生时，本单位的响应水平，如下方案可供参考：

选择一：拉响警报，所有人员撤退。

选择二：所有人员经过灭火器使用的训练，在火灾初发时他们试着控制火势，如果控制失败，警报响起所有人员撤退。

选择三：只有指定的人员经过灭火器使用训练。

选择四：训练一支灭火队，在没有安全保护装置的情况下，应付可控制的初期火灾。如果火势超过可控制的水平，灭火队撤离。

选择五：训练一支有保护装备和呼吸器的灭火队，来应付一些大的火灾。

2. 危险物质

危险材料是一些易燃、易爆、有毒、有害、腐蚀、氧化、刺激或有辐射的物质。

危险物质的溢出或释放会对生命、健康、财产构成危险。一次紧急事件可造成一少部分人的撤离、一部分设备的撤离，甚至整个相邻地区的撤离疏散行动。

《重大危险源辨识》（GB 18218—2000）中规定"长期地或临时地生产、加工、搬运、使用或贮存危险物质，且危险物质的数量等于或超过临界量的单元。"这危险源，该标准中共列出爆炸性物质、易燃物质、活性化学物质及有毒物质四大类142种。

在企事业单位的应急管理中除了在表面的一些危险因素外，你还应该注意一些影响企业操作的潜在的危险因素。还应该注意一些在设备使用过程中或设备建设过程中的危险原料的使用。

有关的详细的定义及危险物质目录可从环境保护组织和职业安全卫生管理部门那里获得。在应急预案中应考虑下列因素：

（1）对所有危险原料的储存、使用、在设备中的生产、处理进行辨识和分类。遵循政府相应的法律、法规。在你的工作区域搜集所有危险原料的安全数据。

（2）在制定合适的反应程序时，向当地的消防队寻求帮助。

（3）培训单位职工使他们在危险物质发生溢出或者泄漏时能够识别并且报告。同时培训他们能够正确地使用和储藏这些物质。

（4）建立危险物质反应计划：建立应急管理部门的反应程序；建立当危险发生时通知职工的程序；建立紧急疏散程序；根据自身的行业操作特点，组织并建立一支应急反应队伍，以在危险物质发生泄漏时能够限制或控制事件。

（5）辨识其他在工作区域使用危险物质的设备，并确定它是否有对你的设备造成危险的事件。辨识在你工程附近用于运输危险物质的铁路、公路、水路，并确定怎样的一个交通事故会影响到你的工作。

3. 洪水

洪水是一种最常见和最普遍的自然灾害。大多数地区在暴雨、冰雪融化之后都要经历不同程度的水灾。我国每年在春、夏季节都有许多省市遭受洪灾的影响。大多数洪水都要经过一段时间才会形成。但是突发水灾就像水墙一样在几分钟之内就可形成。突发水灾可能是由于强风暴、水坝失效等引起的。针对洪灾，在应急预案中应考虑以下内容：

（1）向当地的应急管理办公室咨询你的设施是否处在一个洼地。了解历史上当地的洪灾情况。了解设施所处高度和河流、大坝等的关系情况。

（2）结合政府的应急预案。了解所在政府关于洪灾的撤退路线。知道当洪水发生时哪里有高地可逃。

（3）建立设施警告和疏散程序。对到时候需要转移的员工建立帮助计划。

（4）检查遭受洪灾的设施。确定哪些档案和设备可以被转移到高地。制定当洪水发生时的档案、设备转移程序。

（5）当洪水可能发生时，关注国家气象局的广播。准备撤离，并从地方电台和电视台了解更多的信息。

（6）当洪水已经发生或者将要发生时，立刻采取预防措施，准备转移到位置高的地方。如果事前经过考虑，则立即进行撤离。

（7）向保险公司咨询有关水灾保险的信息。因为一般的财产和意外灾害保险并不包括水灾在内。

对于企业，为避免洪灾损失，还应考虑企业设施的防洪性能，这里有三种基本方法：

（1）在洪灾发生之前并且洪水上升时没有人为干预的前提下，加强设施防洪的持久性。包括：

①在门窗和其他有开口的地方，填充防水物质，比如混凝土或砖块。这些可以加强设施对洪水的抵抗性。

②检查安装管道的止回阀和防止洪水从下水管道进入企业的设施。

③加固墙体来抵抗洪水的压力，对墙体进行密封措施来阻止或减少洪水的渗漏。

④在设施内易受洪水破坏的地方和设备周围建立防水墙。在设施周围建造防洪墙或防洪堤防止洪水蔓延进来。

⑤升高设施周围的围墙，这是最适用的一种办法，尽管许多类型的建筑物可以被升高。

（2）暂时性的洪水防御措施也应该在洪水到来之前采取，但是当洪灾发生时应采取更多的措施，这些措施包括：

①在门窗、通风管道以及其他开口的地方装上防水物质，来阻止洪水进入室内。

②安置专门的防水门。

③建造临时的防水墙。

④安置抽水机进行持续的排水。

（3）尽管紧急防水措施需要更加提前预告，但它们比上述两种措施花费都要少，它们包括：

①用沙包筑墙防水。

②用木板筑成两行栅栏，然后中间迅速填充沙包。

③用小木条或者用支架一个个累起，堆成一个单墙。

④后援系统的需要。

⑤用来排水的手提式排水机。

⑥动力源比如发电机或汽油动力抽水机等。

⑦应急灯。

⑧鼓励更多的人参与社会抗洪救灾。

4. 地震

地震灾害是我国又一常见的自然灾害，地震能严重摧毁建筑和建筑里面的一切；破坏燃气、电力和通信设备；引发山崩、雪崩、洪水、火灾和巨大的海啸。在地震之后还会伴有持续几周的一些余震。

在许多的建筑物里，在地震时最危险的是那些诸如天花板、隔墙、窗户和吊着的设备被震落。

为了减少或避免地震灾害的影响，企事业单位在应急预案中应考虑：

（1）评价工厂对地震的抗御力。

（2）向当地政府机构查询当地有关地震的信息。

（3）请建筑工程师审查工厂，改进和优化加固措施，这些包括：

①对构架增加钢铁立柱。

②对构架增加钢铁立墙。

③加强立柱和地基。

④撤换未加强的砖墙。

（4）在建造工厂或者进行重要改建时按照安全准则，确保进行安全预案评价。

（5）审查非建筑系统诸如空调、通信和污染控制系统。评估潜在的损害并优化保护措施。

（6）审查工厂可能在地震中出现坠落、溢出、断裂和移动的任何细节，并逐步消除如下的危险：

①把大的、重的物体放到低的架子或地板上。只能在离人工作很远的地方挂重物。

②确保架子、装东西的柜子、高大的家具、台式设备、计算机、打印机、复印机和灯具等牢固。

③把固定的设备和大型机械设备固定于地板上。更大的设备可以安上脚轮并将其固定在墙上。

④如果必要的话，对吊顶增加支撑。

⑤对合适的地方安装安全玻璃。

⑥确保高使用率的工艺管道牢固。

（7）保存工厂的设计图，以备在地震后对工厂的安全性能评估。

（8）检查处理和储存危险材料的过程，让不能共存的物资分开存储。

（9）向保险公司要求地震赔偿和损失最小化技术。

（10）地震之后建立确定撤离与否的预案。

（11）如果没有必要撤离，标明在地震后员工应该在远离外墙和窗户的地方集合。

（12）进行地震培训，使每个人具备如下的安全素质：

①在地震时，如果在室内，待在那里，找个坚固的设备或柜子或靠着里墙，保护你的头和脖子。

②如果在户外，到宽阔且远离建筑、路灯和电线的地方。

③在地震后，呆在远离窗户、天窗和任何可能掉落的地方。

④如果有必要撤离建筑物，就走楼梯，不能用电梯。

5. 台风

台风是风速超过 119km/h 的强热带风暴。台风风速能达到 257km/h，其可能向大陆延伸数百英里。台风可能带来倾盆大雨，卷起汹涌的浪涛冲向海岸。

一旦台风可能构成威胁，国际气象组织就会发布台风预告。6 月到 11 月是台风季节。如果地方政府面临台风的威胁，在应急预案中应考虑如下的建议：

（1）向地方应急管理部门咨询辖区疏散计划。

（2）建立设备关闭程序，建立报警与疏散程序，制定计划以帮助需要转移员工。

（3）制定计划，在台风前后以保持与员工家庭的联系。

（4）收听有关台风监视与警报的信息，进行台风监视。一场台风可能持续 24～36h。收看、收听收音机、电视机以了解附加信息。

（5）疏散是有必要的。台风警报——台风将在 24h 内到达，马上预报，这样可立即进行疏散。

（6）检查企业的设备，制定计划，以保护户外设备与构件。

（7）制定保护窗户的计划，永久性百叶窗是最好的防护设施。还有一个方法是用海生木材覆盖 5/8 的窗户。

救援系统需考虑：

（1）便携式水泵用来抽去积水。

（2）应急能源比如发电机或者是汽油水泵。

（3）系列应急灯。

（4）准备把文档、计算机以及其他设备搬到别处去。

6. 龙卷风

龙卷风是激烈的局部风暴，它的旋风延伸到地面，风速达到 300mph。

龙卷风孕育于雷电风暴，可以把树连根拔起，推倒建筑，几秒内把坚固的物体变成致命的发射物，损害范围从 1.6km 到 80km。针对有龙卷风的地方，在准备应急预案中可着手以下有关建议：

（1）咨询地方应急管理部门有关社区龙卷风警报系统。

（2）收听所有有关龙卷风监视、警报的信息。

（3）制定程序。当龙卷风警告后，通知全体人员，安排一个负责人负责关心将要来的暴风雨。

（4）派一个工程师指定安放设备的避难所。咨询当地应急管理部门或者国家气象服务部门。

考虑企业应急所需要的空间，当龙卷风来时，在地下室最安全。如果没有地下室，可以考虑：

（1）没有窗户的最底层小密室。

（2）最低层的大厅，远离门与窗户。

（3）用加固的混凝土、砖、木料建筑的房子，且有厚混凝土的地面与屋顶。

（4）远离门与窗户的避难所。

（5）注意：礼堂、食堂、健身房及屋顶平且跨度大，并不安全。

（6）制定计划以疏散在办公室与可运动的小屋的全体人员。哪些建筑不能抵抗龙卷风？

（7）组织龙卷风演练。

（8）在避难场所，全体人员用手臂护着头，坐下。

7. 冬季暴风雪

严重的冬季暴风雪带来大雪、厚冰、大风和冰雹。冬季暴风雪可能会使企事业有一段的短暂停业。大冰雪也可能导致建筑物被毁和能源的短缺。在寒冷地区，针对可能出现的严重的冬季暴风雪，在编写应急预案时要考虑：

（1）收听国家气象局和当地的电台及电视台的有关天气的预报。

（2）为停工和对员工提前放假建立预案。

（3）为被困在工厂的员工储存足够的食物、水、毛毯、收音机的电池以及其他应急物品。

（4）为重要工序准备后备的电力。

（5）安排停车场、人行道、码头等地方的冰雪清理。

8. 技术紧急情况

技术风险涉及领域非常广泛，这里只是就应急管理中一些常见的问题提出以下建议：企事业单位应辩识所有紧急情况，在编写预案的基础上，还应充分考虑以下问题：

（1）设备：电气、煤气、水、氢、压缩空气、市政与国家系统、污水处理系统。

（2）安全与警报系统、电灯、生命维持系统、热力系统、通风和空调系统、配电系统。

（3）制造设备、污染控制设备。

（4）通信系统、数据与语音计算机网络。

（5）运输系统，包括航空、高速公路、铁路、航运。

（6）明确设备停止后对企业的影响。

（7）确保重要安全人员与维修人员彻底地熟悉所有建设系统。

（8）建立、重建系统程序，确定救援系统。

（9）制定对所有系统与设备的维修计划。

9. 应急演练

应急演练是指来自多个机构、组织或群体的人员针对假设事件，执行实际紧急事件发生时各自职责和任务的排练活动，是检测重大事故应急管理工作的最好度量标准，是评价应急预案准确性的关键措施，演练的过程也是参演和参观人员的学习和提高的过程。我国多部法律、法规及规章都对此项工作有相应的规定。

应急演练的目的是：验证应急预案的整体或关键性局部是否可能有效地付诸实施；验证预案在应对可能出现的各种意外情况方面所具备的适应性；找出预案可能需要进一步完善和修正的地方；确保建立和保持可靠的通信联络渠道；检查所有有关组织是否已经熟悉并履行了他们的职责；检查并提高应急救援的启动能力。重大事故应急准备是一个长期的持续性过程，在此过程中，应急演练可以发挥如下作用：

（1）评估组织应急准备状态，发现并及时修改应急预案、执行程序、行动核查表中的缺陷和不足。

（2）评估组织重大事故应急能力，识别资源需求，澄清相关机构、组织和人员的职责，改善不同机构、组织和人员之间的协调问题。

（3）检验应急响应人员对应急预案、执行程序的了解程度和实际操作技能，评估应急培训效果，分析培训需求。同时，作为一种培训手段，通过调整演练难度，进一步提高应急响应人员的业务素质和能力。

（4）促进公众、媒体对应急预案的理解，争取他们对重大事故应急工作的支持。

应急演练类型有多种，不同类型的应急演练虽有不同特点，但在策划演练内容、演习情景、演习频次、演习评价方法等方面时，必须遵守相关法律、法规、标准和应急预案规定；在组织实施演习过程中，必须满足"领导重视、科学计划、结合实际、突出重点、周密组织、统一指挥、分步实施、讲究实效"的要求。

通过演练，可以具体检验以下项目：

（1）在事故期间通信是否正常；

（2）人员是否安全撤离；

（3）应急服务机构能否及时参与事故救援；

（4）配置的器材和人员数目是否与事故规模匹配；

（5）救援装备能否满足要求；

（6）一旦有意外情况，是否具有灵活性；现实情况是否与预案制定时相符。

1.2 编制应急预案的目的、意义及功能作用

安全生产工作要坚持"安全第一、预防为主"的方针，努力采取措施，千方百计地避

免事故的发生，做到防患于未然。但是，由于各方面原因，不可能做到百分之百地避免事故的发生。目前的安全科学技术还没有发展到能有效预测和预防所有事故的程度，因此事故的应急救援是必不可少的。事故的应急救援是近几年来安全科学技术学科的重要组成部分，其主要目标是控制紧急事件的发生与发展并尽可能消除事故，将事故对人、财产和环境的损失减小到最低程度。事故应急预案的编制和实施是落实实践我国安全生产方针的重大举措。应急救援预案对于应急事件的应急管理工作具有重要的指导意义，它有利于实现应急行动的快速、有序、高效，以充分体现应急救援的"应急"精神。

制定应急救援预案的目的是在发生事故时，能以最快的速度发挥最大的效能，有序地实施救援，达到尽快控制事态发展，降低事故造成的危害，使任何可能引起的紧急情况不扩大，并尽可能地排除，以减少紧急事件对人、财产和环境所产生的不利影响或危害。

制定应急救援预案具有以下必要性：

（1）制定应急预案是贯彻国家职业健康安全法律法规的要求；

（2）制定应急预案是减少事故中人员伤亡和财产损失的需要；

（3）制定应急预案是事故预防和救援的需要；

（4）制定应急预案是实现本质安全型管理的需要。

编制应急预案是应急救援准备工作的核心内容，是及时、有序、有效地开展应急救援工作的重要保障。应急预案在应急救援中的重要作用和功能具体表现在：

（1）应急预案确定了应急救援的范围和体系，使应急准备和应急管理不再是无据可依、无章可循。尤其是培训和演练，他们依赖于应急预案：培训可以让应急响应人员熟悉自己的责任，具备完成指定任务所需的相应技能；演习可以检验预案和行动程序，并评估应急人员的技能和整体协调性。

（2）制定应急预案有利于作出及时的应急响应，降低事故后果。应急行动对时间要求十分敏感，不允许有任何拖延。应急预案预先明确了应急各方的职责和响应程序，在应急力量和应急资源等方面做了大量的准备，可以指导应急救援迅速、高效、有序地开展，将事故的人员伤亡、财产损失和环境破坏降到最低限度。此外，如果提前制定了预案，对事故发生后必须迅速解决的一些应急恢复问题，也会解决得比较全面和到位。

（3）发生事故时，便于各单位、部门之间的协调，保证应急救援工作的顺利、快速、高效实施。

（4）有利于提高政府、企业、工作场所的风险防范意识。应急预案的编制过程实际上包含一个风险辨识、风险评价和风险控制的过程，而且这个过程需要各方的参与。因此，应急预案的编制、评审以及发布和宣传，有利于各方了解可能面临的风险以及相应的应急措施，提高风险防范意识和能力。

1.3 编制应急预案有关法律法规要求

我国政府近年来相继颁布了一系列法律法规，对应急救援预案的制定作了明确的规定和要求。其中《建设工程安全生产管理条例》中对建设工程应急救援预案做了具体规定。这些法律法规主要有：

《中华人民共和国安全生产法》第十七条规定："生产经营单位的主要负责人员有组织制定并实施本单位的生产安全事故应急救援预案的职责"。第三十三条规定："生产经营单位对重大危险源应当登记建档，进行定期检测、评估、监控，并制定应急预案，告知从业人员和相关人员在紧急情况下应当采取的应急措施"。第六十八条规定："县级以上地方各级人民政府应组织有关部门制定本行政区域内的特大生产安全事故应急救援预案，建立应急救援体系"。

《危险化学品安全管理条例》第四十九条要求："县级以上地方各级人民政府负责危险化学品安全监督管理综合工作的部门应当会同同级其他有关部门制定危险化学品事故应急救援预案，报经本级人民政府批准后实施"。第五十条要求："危险化学品单位应当制定本单位事故应急救援预案，配备应急救援人员和必要的应急救援器材、设备，并定期组织演练；危险化学品事故应急救援预案应当报设区的市级人民政府负责危险化学品安全监督管理综合工作的部门备案。"

《中华人民共和国职业病防治法》中规定："第十九条　用人单位应当采取下列职业病防治管理措施：建立、健全职业病危害事故应急救援预案。第二十二条　产生职业病危害的用人单位，应当在醒目位置设置公告栏，公布职业病危害事故应急救援措施。第二十三条　对可能发生急性职业损伤的有毒、有害工作场所，用人单位应当设置报警装置，配置现场急救用品、冲洗设备、应急撤离通道和必要的泄险区。"

《中华人民共和国消防法》第十三条规定："举办大型集会、焰火晚会、灯会等群众性活动，具有火灾危险的，主办单位应当制定灭火和应急疏散预案，落实消防安全措施，并向公安消防机构申报，经公安消防机构对活动现场进行消防安全检查合格后，方可举办。"第十六要求："消防安全重点单位制定灭火和应急疏散预案，定期组织消防演练。"第三章消防组织规定："第二十八条　下列单位应当建立专职消防队，承担本单位的火灾扑救工作：（一）核电厂、大型发电厂、民用机场、大型港口；（二）生产、储存易燃易爆危险物品的大型企业；（三）储备可燃的重要物资的大型仓库、基地；（四）第一项、第二项、第三项规定以外的火灾危险性较大、距离当地公安消防队较远的其他大型企业；（五）距离当地公安消防队较远的列为全国重点文物保护单位的古建筑群的管理单位。"

国务院《国家突发公共事件总体应急条例》对如下突发性安全事件要求建立应急预案体系：重大安全生产事故；重大自然灾害；重大公共卫生事件；重大社会安全事件。

国务院《关于特大安全事故行政责任追究的规定》第七条："市（地、州）、县（市、区）人民政府必须制定本地区特大安全事故应急处理预案。本地区特大安全事故应急处理预案经政府主要领导人签署后，报上一级人民政府备案。"

国务院《安全生产许可证条例》第六条："企业取得许可证一是必须有重大危险源检测、评估、监控和应急预案；二是要有生产安全生产预案、应急救援组织或者应急救援人员，配备必要的应急救援器材、设备。"

国务院《危险化学品安全管理条例》规定："第九条　设立剧毒化学品生产、储存企业和其他危险化学品生产、储存企业，应当分别向省、自治区、直辖市人民政府经济贸易管理部门和设区的市级人民政府负责危险化学品安全监督管理综合工作的部门提出申请，并提交下列文件：（五）事故应急救援措施。"

《特种设备安全监察条例》第三十一条规定："特种设备使用单位应当制定特种设备的

事故应急措施和救援预案。"

《使用有毒物品作业场所劳动保护条例》第十六条要求:"从事使用高毒物品作业的用人单位,应当配备应急救援人员和必要的应急救援器材、设备,制定事故应急救援预案,并根据实际情况变化对应急救援预案适时进行修订,定期组织演练。事故应急救援预案和演练记录应当报当地卫生行政部门、安全生产监督管理部门和公安部门备案。"

《建设工程安全生产管理条例》第四十七条规定:"县级以上地方人民政府建设行政主管部门应当根据本级人民政府的要求,制定本行政区域内建设工程特大生产安全事故应急救援预案。"第四十八条规定:"施工单位应当制定本单位生产安全事故应急救援预案,建立应急救援组织或者配备应急救援人员,配备必要的应急救援器材、设备,并定期组织演练。"第四十九条规定:"施工单位应当根据建设工程施工的特点、范围,对施工现场易发生重大事故的部位、环节进行监控,制定施工现场生产安全事故应急救援预案。实行施工总承包的,由总承包单位统一组织编制建设工程生产安全事故应急救援预案,工程总承包单位和分包单位按照应急救援预案,各自建立应急救援组织或者配备应急救援人员,配备救援器材、设备,并定期组织演练。"

1.4 应急预案的分类

通常一个城市或地区会存在多种潜在事故类型,例如:地震、火灾、水灾、台风、泥石流、地表塌陷、海啸、火山爆发、暴风雪、空难、危险物质泄漏、长时间停电、放射性物质泄漏等。此外,城市举行的各种大型活动也可能会出现重大紧急情况。因此,在编制应急预案时必须进行合理策划,做到重点突出,反映出本地区的主要重大事故风险,并合理地组织各类预案,避免预案之间相互孤立、交叉和矛盾。

预案的分类有多种方法,如按行政区域,可划分为国家级、省级、市级、区(县)和企业预案;按时间特征,可划分为常备预案和临时预案(如偶尔组织的大型集会等);按事故灾害或紧急情况的类型,可划分为自然灾害、事故灾难、突发公共卫生事件和突发社会安全事件等预案;按预案的功能和目标分,可将应急预案划分为综合预案、专项预案和现场预案,以保证预案文件体系的层次清晰和开放性。按照级别分为企业级、县市/社区级、市/地区级、省级、国家级五级预案。常见的分类方法详细内容如下。

1.4.1 事故应急种类

事故应急种类可分为如下两种情形的应急:

(1)事故临界状态应急

即降低风险或隐患转化为事故的概率或降低事故损失的严重程度的防范性应急。这是一种具有提前预防功能的应急,如建筑施工过程的大风、暴雨等气象条件,地下特殊地质结构、燃气电气管线等环境风险的应急预案等。其基本目的是:消除隐患或风险状态;防止事态扩大或发展,避免对生产的影响,以利其顺利进行;避免二次灾害发生等。

(2)事故过程应急

即针对事故发生过程的应急,以降低事故损失严重程度为目的的应急方案。其基本任务就是：①抢救遇害人员；②控制危险源；③指导相关群众防护，组织群众撤离；④做好现场清洁，清除危害后果；⑤查清事件原因，估计危害程度。

1.4.2 按功能与目标分类

应急预案从功能与目标上可以划分为三类：综合预案、专项预案、现场预案。它们之间的层次关系如图 1-3 所示。

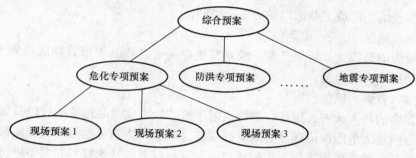

图 1-3 应急救援预案的功能关系

（1）综合预案

综合预案从总体上阐述应急方针、政策、应急组织机构及相应的职责，应急行动的思路等。综合应全面考虑管理者和应急者的责任和义务，并说明紧急情况应急救援体系的预防、准备、应急和恢复等过程的关联。通过综合预案可以很清晰地了解应急体系及文件体系，特别是针对政府综合预案可作为应急救援工作的基础和"底线"，即使对那些没有预料的紧急情况也能起到一般的应急指导作用。综合应急预案非常复杂、庞大。

（2）专项预案

专项预案是针对某种具体的、特定类型的紧急情况而制定的。某些专项应急预案包括准备措施，但大多数专项预案通常只有应急阶段部分，通常不涉及事故的预防和准备及事故后的恢复阶段。专项预案是在综合预案的基础上充分考虑了某特定危险的特点，对应急的形势、组织机构、应急活动等进行更具体的阐述，具有较强的针对性，但需要做好协调工作。对于有多重危险的灾害来说，专项应急预案可能引起混乱，且在培训上需要更多的费用。

（3）现场预案

现场预案是在专项预案的基础上，根据具体情况需要而编制的。它是针对特定的具体场所，通常是该类型事故风险较大的场所或重要防护区域所制定的预案。现场预案是一系列简单行动的过程，它是针对某一具体现场的该类特殊危险及周边环境情况，在详细分析的基础上，对应急救援中的各个方面做出的具体而细致安排，它具有更强的针对性和对现场救援活动的指导性，但现场预案不涉及准备及恢复活动，一些应急行动计划不能指出特殊装置的特性及其他可能的危险，需通过补充内容加以完善。

1.4.3 按应急级别分类

根据可能的事故后果的影响范围、地点及应急方式，我国事故应急救援体系可将事故应急预案分为 5 种级别。

（1）Ⅰ级（企业级）应急预案

这类事故的有害影响局限在一个单位（如某个工厂、建设单位、建设项目等）的界区之内，并且可被现场的操作者遏制和控制在该区域内。这类事故可能需要投入整个单位的力量来控制，但其影响预期不会扩大到社区（公共区）。

（2）Ⅱ级（县、市/社区级）应急预案

这类事故所涉及的影响可扩大到公共区（社区），但可被该县（市、区）或社区的力量，加上所涉及的工厂或工业部门的力量所控制。

（3）Ⅲ级（地区/市级）应急预案

这类事故影响范围大，后果严重，或是发生在两个县或县级市管辖区边界上的事故。应急救援需动用地区的力量。

（4）Ⅳ级（省级）应急预案

对可能发生的特大火灾、爆炸、毒物泄漏事故，特大危险品运输事故以及属省级特大事故隐患、省级重大危险源应建立省级事故应急反应预案。它可能是一种规模极大的灾难事故，或可能是一种需要用事故发生的城市或地区所没有的特殊技术和设备进行处理的特殊事故。这类意外事故需用全省范围内的力量来控制。

（5）Ⅴ级（国家级）应急预案

对事故后果超过省、直辖市、自治区边界以及列为国家级事故隐患、重大危险源的设施或场所，应制定国家级应急预案。

1.4.4　按应急救援事故类型分类

为各种类型的事故制定相应的应急预案，是保证应急救援高效的必要措施。因此，在应急救援预案的制定中应根据辖区或工作场所可能发生的事故类型制定各类事故的应急预案。例如国家根据可能发生的事故类型制定或正在制定如下国家专项应急预案：

（1）国家自然灾害救助应急预案；

（2）国家防汛抗旱应急预案；

（3）国家地震应急预案；

（4）国家突发地质灾害应急预案；

（5）国家处置重、特大森林火灾应急预案；

（6）国家安全生产事故灾难应急预案；

（7）国家处置铁路行车事故应急预案；

（8）国家处置民用航空器飞行事故应急预案；

（9）国家海上搜救应急预案；

（10）国家处置城市地铁事故灾难应急预案；

（11）国家处置电网大面积停电事件应急预案；

（12）国家核应急预案；

（13）国家突发环境事件应急预案；

（14）国家通信保障应急预案；

（15）国家突发公共卫生事件应急预案；

（16）国家突发公共事件医疗卫生救援应急预案；

（17）国家突发重大动物疫情应急预案；

（18）国家重大食品安全事故应急预案；

（19）国家粮食应急预案（待发布）；

（20）国家金融突发事件应急预案（待发布）；

（21）国家涉外突发事件应急预案（待发布）。

建设工程中常见的事故类型有高空坠落、施工坍塌、物体打击、机械伤害、触电等。因此政府建设主管部门、施工单位和施工现场应制定如下类型的应急预案：

（1）坍塌事故应急救援预案；

（2）倾覆事故应急救援预案；

（2）物体打击事故应急救援预案；

（4）机械伤害事故应急救援预案；

（5）触电事故应急救援预案；

（6）环境污染事故应急救援预案；

（7）高空坠落事故应急救援预案；

（8）火灾事故应急救援预案；

（9）施工中挖断水、电、通信光缆、煤气管道事故应急救援预案；

（10）食物中毒、传染疾病事故应急救援预案；

（11）……

1.5 应急预案的编制原理、要求和原则

1.5.1 应急预案编制原理

应急预案编制工作是一项涉及面广、专业性强的工作，是一项复杂的系统工程。预案的编制是一个动态的过程，从预案编制小组成立到预案的实施，要经历一个多步骤地工作过程，其编制过程可以依照 PDCA 管理模式进行，其原理如图 1-4 所示。

图 1-4 应急救援预案的编制原理图

整个编制过程按照 P—D—C—A，即策划—实施与运行—检查和纠正措施—管理评审和模式运行。

1. 预案策划

在策划阶段，首先要成立预案编制小组，然后收集制定预案所需的详细而准确的信息

资料，这些信息资料是预案编制的基础。预案是建立在危险分析与应急资源和能力评估的基础上的，此阶段要对组织的危险源状况和应急资源及能力进行定量和定性的分析。此阶段的主要工作包括：

（1）组建应急救援预案编制小组；

（2）确定应急方针政策；

（3）搜集应急信息资料；

（4）危险分析；

（5）应急资源及应急能力评估；

（5）紧急事件预防方案策划；

（6）紧急事件处置方案策划；

（7）紧急事件恢复防范策划。

2. 预案编制

应急预案的编制必须基于风险评价与应急资源和能力评估的结果，遵循国家和地方相关法律、法规和标准的要求。此外，预案编制时应充分收集和参阅已有的应急救援预案，以最大可能减少工作量和避免应急救援预案的重复和交叉，并确保与其他相关应急预案的协调一致。此阶段的工作包括：

（1）确定预案的文件结构体系；

（2）了解组织其他的管理文件，保持预案文件与其兼容；

（3）编写预案文件；

（4）预案审核发布。

3. 预案检查实施

预案编制发布后，要对预案的各个环节进行检查实施，查找不足之处，此阶段的主要工作包括：

（1）预案宣传；

（2）应急培训；

（3）应急演练；

（4）查找不足。

4. 预案评审实施

为保证应急预案的科学性、合理性以及与实际情况相符合，应急救援预案必须经过评审，包括组织内部评审和专家评审，必要时请求上级应急机构进行评审。此阶段，要按有关规定和组织的实际情况，由最高管理者主持进行，评审预案的持续适宜性、充分性和有效性，对未满足组织应急要求需要实施的内容进行必要的修改，针对重要、共性问题制定整改计划。预案评审的内容如下：

（1）预案制定是否建立在风险评价的基础之上；

（2）应急机构和人员的职责是否明确；

（3）应急运行机制是否可行；

（4）基本的应急程序是否完善。

应急救援预案毕竟是在事前根据对危险源的评价或事故的预测结果为依据编制的，假定的情况和实际情况的符合程度、预案的可行性只有通过实践的检验才能获知。组织的运行系统不是一个静态的系统，而是动态变化的。随着时间的推移，危险源的状况就会有所改变。为了适应这种改变，就要对应急救援预案进行修订，并且及时通知相关人员。

预案修订的依据是：

（1）预案演练过程中发现的问题；

（2）危险设施和危险物质发生变化的情况；

（3）组织结构或人员发生变化；

（4）救援技术的改进。

1.5.2 应急预案编制要求

良好的应急预案要求能够发挥应急预案应有的作用并能较好的实施。具体来说应急预案的编制由以下 5 项要求：

（1）把握好"应急救援"的核心要求。

预案的核心是应急救援，且在确保安全的前提下，争分夺秒，实施紧急的抢险和排险救援工作，实施"安、急、抢、排、救"的五字应急救援要求。

（2）突出重点，加强针对性。

预案编制中的重点内容有五个：

①对纳入预案的突发事态及其急迫和困难程度列别界定的阐述；

②各类事态下进行安全抢（排）险救援工作的总体方案、各环节的工作要求和技术措施；

③抢险救援工作的机制、组织和指挥系统；

④抢险救援工作总体和分项（分部、分环节）的工作（作业）程序与监控要求；

⑤应急救援所需人力、设备、物资的配备、调集和供应安排。

预案应突出这五项重点内容，在各项中又应突出起控制作用的、要求严格实施的（即禁止随意更改、变通）、在各项之间有紧密联系和配合关系，以及本行政区域、本企业和本工程的特定情况、条件和要求的内容。

加强针对性，即密切结合本行政区域、本行业、本企业和本工程在安全生产方面的实际情况，基础条件和存在问题，分析可能发生事故的类型、级别及引起原因，有针对性地制定预案，力争达到以下要求：

①确定纳入预案考虑的事故类型及其险情程度和救援任务具有出现的实际可能性；

②应急救援预案的措施和工作安排符合实际条件的可能性。即在事态出现以后能够基本上实施（如果本地区、本企业和本工程项目的条件和能力不足以应对特大事故或某类事故的应急救援要求时，应在预案中编入救援计划，绝不可因自身条件而降低对救援工作的要求和资源的保证）。

（3）确保反应迅速、启动及时。

在预案中，必须建立起通畅的，保证不会发生贻误和阻滞、影响及时启动应急救援工作的迅速反应系统，包括事故急报（以最快的速度上报安全生产监督管理部门和上级主要负责人与安全生产管理部门）系统、应急救援机制启动系统、"战时"（应急救援期间）人员上岗就位系统和应急救援资源调配系统等，以实现在事故发生后，及时上报和启动救援工作的要求。

（4）确保操作程序简单、工作要求明确，迅速而有序地进行救援工作。

应达到两个层次的要求：第一层是预案规定的操作程序应简单，工作要求应明确，以便各级指挥和工作人员能按照预案紧张有序地开展应急救援工作；第二层是预案可以实现快速调整，应避免因调整造成程序的紊乱和配合的脱节。因此，在编制预案时，应同时编制修改调节程序，根据情况和安排的变化，可以迅速完成对预案的修改。

（5）确保分工合理、责任明确、协调配合顺畅。

预案能否顺利实施并达到快速、高效的要求，除方案合理、措施得当外，还需要有统一的指挥和各司其职、各尽其责。这就要求预案必须解决好实现分工合理、责任明确和协调配合通畅所要求的各项有关问题。在政府级预案中，应当明确政府行政主管部门、施工单位及其他有关方面的分工、配合和协调要求及相应的责任；在企业级和项目级预案中，也需要考虑政府行政主管部门介入后的相应安排。

1.5.3　应急预案编制原则

安全生产旨在使"人—机—环境"系统相互协调，保持最佳"秩序"的状态。事故应急救援预案应由事故的预防和事故发生后损失的控制两个方面构成。

1. 从事故预防的角度制定事故应急救援预案

从事故预防的角度看，事故预防应由技术对策和管理对策共同构成：

（1）技术上采取措施，使"机—环境"系统具有保障安全状态的能力。

（2）通过管理协调"人自身"及"人—机"系统的关系，以实现整个系统的安全。

值得注意的是，单位职工对生产安全所持的态度、人的能力和人的技术水平是决定能否实现事故预防的关键因素，提高人的素质可以提高事故预防和控制的可靠性。采取措施，万一发生事故，也只能在局部，不会蔓延。"提高系统安全保障能力"和"将事故控制在局部"是事故预防的两个关键点。

2. 从事故发生后损失控制角度制定应急预案

从事故发生后损失控制的角度看，事先对可能发生事故后的状态和后果进行预测并制订救援措施，一旦发生异常情况，那么：

（1）能根据事故应急救援预案及时进行救援处理。

（2）可最大限度地避免突发性重大事故发生。

（3）减轻事故所造成的损失。

（4）同时又能及时地恢复生产。

3. 编制事故应急预案的一般原则

（1）一险一案的原则。即每一种风险（事故、危险源、风险态等）应有一个应急预案。

（2）企业与地区（政府）相结合。对于重大风险或事故，既要有企业预案，也要考虑政府预案。构建企业单位自救和社会助救相结合的应急保障体系。

（3）资源保证和充分的原则。即应急预案要充分考虑人力资源、财力资源和物资资源及时到位。

（4）定期演练的原则。事故应急救援预案，不能停留在纸上，要经常演练，才能在事故发生时做出快速反应，投入救援。"及时进行救援处理"和"减轻事故所造成的损失"

是事故损失控制的两个关键点。确保预案的可行性和适用性。

（5）宣传与培训的原则。确保现场人员和应急机构都掌握。

（6）定期评估原则：根据情况变化，对预案进行评估和修改。

综上所述，制定事故应急救援预案应"以防为主，防救结合"。

1.5.4 应急预案编制程序和思路

1. 编制事故应急预案的程序

企业编制事故应急预案一般遵循如下程序：

（1）成立预案编制小组。即成立由各有关部门组成的预案编制小组，指定负责人。

（2）收集资料并进行初始评估。即参阅现有的应急预案，获取相关资料，防止预案相互交叉和矛盾，有利于所制定的预案与其他应急预案互相协调。

（3）辨识危险源并进行风险评价。包括危险识别、脆弱性分析和风险分析；确认现有的预防措施和应急处理能力，并对其充分性进行评估。

（4）设计预案体系。即针对本单位或企业的风险或事故，按应急级别的要求，设计出所需编制的预案目录。

（5）配备人员及需要资源。即组织专家小组或编制小组。

（6）编制编写计划及分工。按专业、级别或层次，进行合理分工。

（7）编写应急预案及完善。实施编写工作，完成具体的文件编写。

（8）演练及培训。进行应急演练，结束后对演练的效果做出评价，提交演练报告，并详细说明演练过程中发现的问题，找出①不足项②整改项③改进项，以对预案进行完善。

（9）应急预案的管理和定期评审。

2. 设计事故应急预案体系的思路

建筑企业一般可按如下三维结构的思路设计应急预案体系：

（1）第一主线：按风险态或危险态设计，即考虑按作业过程的风险状态设计预案体系；

（2）第二主线：按单位可能的事故类型设计，如坍塌、倾倒、坠落、触电、火灾、爆炸、泄漏等；

（3）第三主线：按企业管理层次和结构设计级别体系，如集团、公司、分公司、现场体系设计等。因此，一个单位就可能构建三级或四级的应急预案体系，一般三级预案主要是现场或分部工程预案，主要功能是事故临界应急处置的技术预案，事故临界应急抢救预案等；二级预案是分公司级应急预案，主要功能是事故过程应急技术预案或事故应急组织指挥预案；一级预案是公司或集团级应急预案，主要功能是：①公司内部应急组织指挥预案，体现重大技术决策；资源调度及技术协调；信息管理及发布等功能；②公司向政府（社会）救援预案，体现调动政府应急能力；组织公众疏散、救助；事故现场保卫、交通控制；医院、公安、环境监测等功能。

2 建设工程应急预案编制基础

2.1 建设工程风险分析

编制应急预案的一项基础性工作就是要对企业或公司作业过程进行全面的风险分析。危险、危害辨识是分析评价的基础，更是减少或避免事故不可缺少的环节。如果危险、危害辨识中出现遗漏，就不可能制定出相应的控制措施，也不可能制定一旦紧急情况出现时的应急预案。因而本节首先介绍危险、危害辨识的方法与内容，在此基础上进行风险评价。读者可根据表 2-1 危险分析表来实施危险性分析，在这一过程需要确定紧急事件发生的可能性，评价其影响，评估应急资源。危险性分析表需要应用数字进行分析，评估结果分数越少越好。

表 2-1

危 险 性 分 析 表

紧急事件类型	发生的可能性	人的影响	财产的影响	商业影响	内部资源	外部资源	总分
					应急资源		
	高　　　低	影响大　　　影响小			强　　弱		
	5 ←—→ 1	5 ←—→ 1			5 ←—→ 1		

2.1.1 危险、危害辨识方法

危险、危害辨识的方法包括直接经验法和系统安全分析法。

1. 直接经验法

（1）直接经验法——对照、经验法

对照有关标准、法规、检查表或依靠分析人员的观察分析能力，借助于经验和判断能力直观地评价对象危险性和危害性的方法。经验法是辨识中常用的方法，其优点是简便、易行；其缺点是受辨识人员知识、经验和占有资料的限制，可能出现遗漏。为弥补个人判断的不足，常采取专家会议的方式来相互启发、交换意见、集思广益，使危险、危害因素的辨识更加细致、具体。

对照事先编制的检查表辨识危险、危害因素，可弥补知识、经验不足的缺陷，具有方便、实用、不易遗漏的优点，但须有事先编制的、适用的检查表。检查表是在大量实践经验基础上编制的，美国职业安全卫生局（OHSA）制定、发行了各种用于辨识危险、危害因素的检查表，我国一些行业的安全检查表、事故隐患检查表也可作为借鉴。

（2）直接经验法——类比方法

利用相同或相似系统或作业条件的经验和职业安全卫生的统计资料来类推、分析评价对象的危险、危害因素。多用于危害因素和作业条件危险因素的辨识过程。

2. 系统安全分析法

系统安全分析法即应用系统安全工程评价方法的部分方法进行危害辨识。系统安全分析方法常用于复杂系统、没有事故经验的新开发系统。常用的系统安全分析方法有事件树（ETA）、事故树（FTA）等。

（1）事件树分析

事件树分析（Event Tree Analysis，缩写为 ETA）是一种从原因推论结果的（归纳的）系统安全分析方法。它在给定一个初因事件的前提下，分析此事件可能导致的后续事件的结果。整个事件序列成树状。

事件树分析法着眼于事故的起因，即初因事件。当初因事件进入系统时，与其相关联的系统各部分和各运行阶段机能的不良状态，会对后续的一系列机能维护的成败造成影响，并确定维护机能所采取的动作，根据这一动作把系统分成在安全机能方面的成功与失败，并逐渐展开成树枝状，在失败的各分支上假定发生的故障、事故的种类，分别确定它们的发生概率，并由此求出最终的事故种类和发生概率。其分析步骤大致如图 2-1 所示。

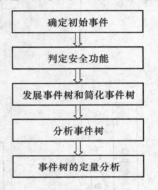

图 2-1　事件树分析步骤

事件树分析适用于多环节事件或多重保护系统的风险分析和评价，既可用于定性分析，也可用于定量分析。

（2）故障树分析

故障树分析（Fault Tree Analysis，缩写为 FTA）又称故障树分析，是一种演绎的系统安全分析方法。它是从要分析的特定事故或故障开始，层层分析其发生原因，一直分析到不能再分解为止；将特定的事故和各层原因之间用逻辑门符号连接起来，得到形象、简洁地表达其逻辑关系的逻辑树图形，即故障树。通过对故障树简化、计算达到分析、评价的目的。

1）故障树分析的基本步骤

①确定分析对象系统和要分析的各对象事件（顶上事件）。

②确定系统事故发生概率、事故损失的安全目标值。

③调查原因事件。调查与事故有关的所有直接原因和各种因素（设备故障、人员失误和环境不良因素）。

④编制故障树。从顶上事件起，一级一级往下找出所有原因事件直到最基本的原因事件为止，按其逻辑关系画出故障树。

⑤定性分析。按故障树结构进行简化，求出最小割集和最小径集，确定各基本事件的结构重要度。

⑥定量分析。找出各基本事件的发生概率，计算出顶上事件的发生概率，求出概率重要度和临界重要度。

⑦结论。当事故发生概率超过预定目标值时，从最小割集着手研究降低事故发生概率的所有可能方案，利用最小径集找出消除事故的最佳方案；通过重要度（重要度系数）分析确定采取对策措施的重点和先后顺序；从而得出分析、评价的结论。

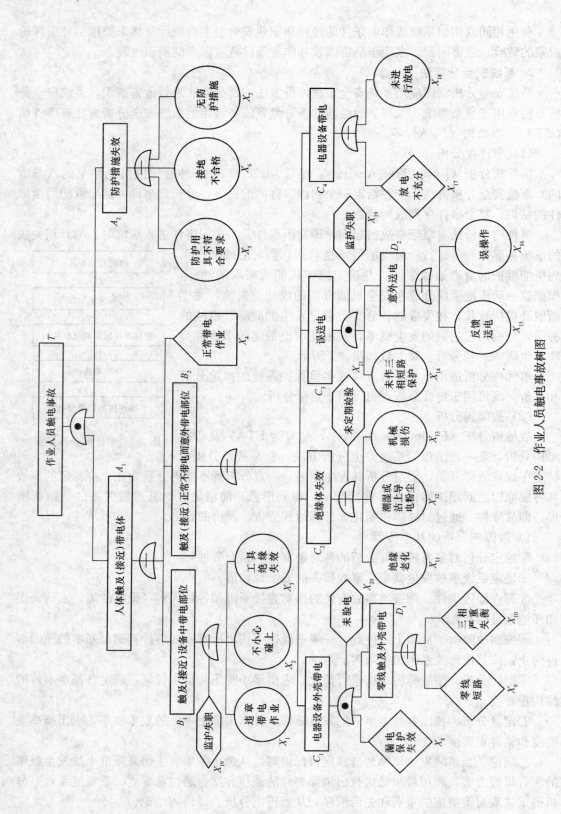

图 2-2 作业人员触电事故树图

2）故障树定性分析

定性分析包括求最小割集、最小径集和基本事件结构重要度分析。

①最小割集

a. 割集与最小割集

在故障树中凡能导致顶上事件发生的基本事件的集合称作割集；割集中全部基本事件均发生时，则顶上事件一定发生。

最小割集是能导致顶上事件发生的最低限度的基本事件的集合（即割集中任一基本事件不发生，顶上事件就不会发生）。

b. 最小割集的求法

对于已经化简的故障树，可将故障树结构函数式展开，所得各项即为各最小割集；对于尚未化简的故障树，结构函数式展开后的各项，尚需用布尔代数运算法则（如吸收率、德·摩根律等）进行处理，方可得到最小割集。

②最小径集

又称最小通集。在故障树中凡是不能导致顶上事件发生的最低限度的基本事件的集合，称作最小径集。在最小径集中，去掉任何一个基本事件，便不能保证一定不发生事故。因此最小径集表达了系统的安全性。

最小径集的求法是将故障树转化为对偶的成功树，求成功树的最小割集即故障树的最小径集。

③结构重要度

按下面公式计算结构重要度系数：

$$I(i) = \sum_{X_i \in K_j(P_j)} \frac{1}{2^{x_j-1}}$$

根据计算结果确定出结构重要度的次序。

3）故障树定量分析

定量分析是在求出各基本事件发生概率的情况下，计算顶上事件的发生概率。具体做法是：

①收集树中各基本事件的发生概率；

②由最下面基本事件开始计算每一个逻辑门输出事件的发生概率；

③将计算过的逻辑门输出事件的概率，代入它上面的逻辑门，计算其输出概率，依此上推，直达顶部事件，最终求出的即为该事故的发生概率。

4）下面是某厂触电事故的故障树分析，其故障树图如图 2-2。

依据触电的故障树（见图 2-2）可以求出最小割集。

该故障树的结构函数式为：

$$T = A_1 A_2$$

$$T = (X_4 + B_1 + B_2)(X_5 + X_6 + X_7)$$

$$= [X_4 + X_{19}(X_1 + X_2 + X_3) + C_1 + C_2 + C_3 + C_4](X_5 + X_6 + X_7)$$

$$= [X_4 + X_{19}(X_1 + X_2 + X_3) + X_8(X_9 + X_{10})X_{20} + X_{21}(X_{11} + X_{12} + X_{13}) + X_{19}X_{14}(X_{15} + X_{16}) + (X_{17} + X_{18})](X_5 + X_6 + X_7)$$

$$= X_4 + X_1 X_{19} + X_2 X_{19} + X_3 X_{19} + X_8 X_9 X_{20} + X_8 X_{10} X_{20} + X_{21} X_{11} + X_{21} X_{12}$$

$$+X_{21}X_{13}+X_{19}X_{14}X_{15}+X_{19}X_{14}X_{16}+X_{17}+X_{18})(X_5+X_6+X_7)$$
$$=X_4X_5+X_1X_{19}X_5+X_2X_{19}X_5+X_3X_{19}X_5+X_8X_9X_{20}X_5+X_8X_{10}X_{20}X_5+X_{21}X_{11}X_5$$
$$+X_{21}X_{12}X_5+X_{21}X_{13}X_5+X_{19}X_{14}X_{15}X_5+X_{19}X_{14}X_{16}X_5+X_{17}X_5+X_{18}X_5+X_4X_6$$
$$+X_1X_{19}X_6+X_2X_{19}X_6+X_3X_{19}X_6+X_8X_9X_{20}X_6+X_8X_{10}X_{20}X_6+X_{21}X_{11}X_6$$
$$+X_{21}X_{12}X_6+X_{21}X_{13}X_6+X_{19}X_{14}X_{15}X_6+X_{19}X_{14}X_{16}X_6+X_{17}X_6+X_{18}X_6+X_4X_7$$
$$+X_1X_{19}X_7+X_2X_{19}X_7+X_3X_{19}X_7+X_8X_9X_{20}X_7+X_8X_{10}X_{20}+X_{21}X_{11}X_7+X_{21}X_{12}X_7$$
$$+X_{21}X_{13}X_7+X_{19}X_{14}X_{15}X_7+X_{19}X_{14}X_{16}X_7+X_{17}X_7+X_{18}X_7$$

得出最小割集 K。

共计 37 个最小割集。

然后进行结构重要度分析：

由公式计算得结构重要度系数为：

$I(1)=I(2)=I(3)=I(8)=I(11)=I(12)=I(13)=I(14)=I(19)=I(20)=0.75$

$I(4)=I(17)=I(18)=1.5$

$I(5)=I(6)=I(7)=3.5$

$I(9)=I(10)=I(15)=I(16)=0.375$

$I(21)=2.25$

结构重要度顺序为：

$I_\Phi(5)=I_\Phi(6)=I_\Phi(7)>I_\Phi(21)>I_\Phi(4)=I_\Phi(17)=I_\Phi(18)>I_\Phi(1)=I_\Phi(2)=I_\Phi(3)=I_\Phi(8)=I_\Phi(11)=I_\Phi(12)=I_\Phi(13)=I_\Phi(14)=I_\Phi(19)=I_\Phi(20)>I_\Phi(9)=I_\Phi(10)=I_\Phi(15)=I_\Phi(16)$

通过分析可知该故障树有 39 个最小割集，其中任何一个发生都会导致顶上事件的发生。通过分析可知接地可靠与正确使用安全防护用具，是防止触电事故的最重要环节，其次是严格执行作业中的监护制度和对系统中不带电体绝缘性能的及时检查与修理，减少正常不带电部位意外带电的可能性。另外，充分的放电、严格的验电、可靠的防漏电保护和停电检修时对停电线路作三相短路接地等措施，也是减少作业中触电事故的重要方法。

$K_1=\{X_4,X_5\}$　　　　$K_2=\{X_1,X_5,X_{19}\}$

$K_3=\{X_2,X_5,X_{19}\}$　　　　$K_4=\{X_3,X_5,X_{19}\}$

$K_5=\{X_5,X_8,X_9,X_{20}\}$　　　　$K_6=\{X_5,X_8,X_{10},X_{20}\}$

$K_7=\{X_{21},X_{11},X_5\}$　　　　$K_8=\{X_{21},X_{12},X_5\}$

$K_9=\{X_{21},X_{13},X_5\}$　　　　$K_{10}=\{X_{19},X_{14},X_{15},X_5\}$

$K_{11}=\{X_{19},X_{14},X_{16},X_5\}$　　　　$K_{12}=\{X_{17},X_5\}$

$K_{13}=\{X_{18},X_5\}$　　　　$K_{14}=\{X_4,X_6\}$

$K_{15}=\{X_1,X_{19},X_6\}$　　　　$K_{16}=\{X_2,X_{19},X_6\}$

$K_{17}=\{X_3,X_{19},X_6\}$　　　　$K_{18}=\{X_8,X_9,X_{20},X_6\}$

$K_{19}=\{X_8,X_{10},X_{20},X_6\}$　　　　$K_{20}=\{X_{21},X_{11},X_6\}$

$K_{21}=\{X_{21},X_{12},X_6\}$　　　　$K_{22}=\{X_{21},X_{13},X_6\}$

$K_{23}=\{X_{19},X_{14},X_{15},X_6\}$　　　　$K_{24}=\{X_{19},X_{14},X_{16},X_6\}$

$K_{25}=\{X_{17},X_6\}$　　　　$K_{26}=\{X_{18},X_6\}$

$K_{27}=\{X_4,X_7\}$　　　　$K_{28}=\{X_1,X_{19},X_7\}$

$$K_{29} = \{X_2, X_{19}, X_7\}$$
$$K_{31} = \{X_8, X_9, X_{20}, X_7\}$$
$$K_{33} = \{X_{21}, X_{11}, X_7\}$$
$$K_{35} = \{X_{21}, X_{13}, X_7\}$$
$$K_{37} = \{X_{19}, X_{14}, X_{16}, X_7\}$$
$$K_{39} = \{X_{18}, X_7\}$$

$$K_{30} = \{X_3, X_{19}, X_7\}$$
$$K_{32} = \{X_8, X_{10}, X_{20}, X_7\}$$
$$K_{34} = \{X_{21}, X_{12}, X_7\}$$
$$K_{36} = \{X_{19}, X_{14}, X_{15}, X_7\}$$
$$K_{38} = \{X_{17}, X_7\}$$

5）故障树分析的特点

故障树分析方法可用于复杂系统和广泛范围的各类系统的可靠性及安全性分析、各种生产实践的安全管理可靠性分析和伤亡事故分析。故障树分析方法能详细查明系统各种固有的、潜在的危险因素或事故原因，为改进安全设计、制定安全技术对策、采取安全管理措施和事故分析提供依据。它不仅可以用于定性分析，也可用于定量分析，从数量上说明是否满足预定目标值的要求，从而明确采取对策措施的重点和轻、重、缓、急顺序。

但是，故障树分析要求分析人员必须非常熟悉对象系统，具有丰富的实践经验，能准确熟练地应用分析方法。在实际应用过程中，往往会出现不同分析人员编制的故障树和分析结果不同的现象。另外，复杂系统的故障树往往很庞大，分析、计算的工作量大；进行再者定量分析时，必须知道故障树中各事件的故障率数据。

下面是一建筑施工过程中坠落死亡事故的故障树分析实例。

经过对施工现场发生事故的实情分析，可编制出故障树（如图 2-3 所示），根据此故障树求最小割集、结构重要度，并绘制成功树，求最小径集。

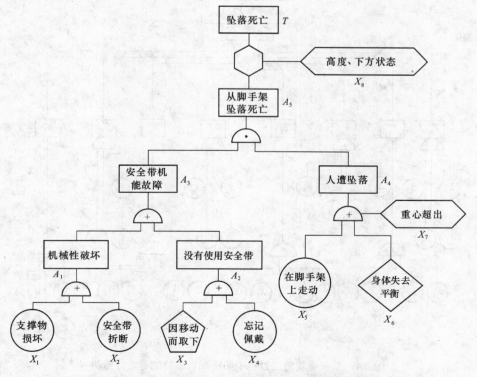

图 2-3　某一建筑施工过程中坠落死亡事故的故障树

第一步 求出故障树的结构函数：

$$T = A_5 \cdot X_8$$
$$= (A_1 + A_2) \cdot A_4 \cdot X_8$$
$$= (X_1 + X_2 + X_3 + X_4) \cdot (X_5 + X_6) \cdot X_7 \cdot X_8$$
$$= X_1 X_5 X_7 X_8 + X_1 X_6 X_7 X_8 + X_2 X_5 X_7 X_8 + X_2 X_6 X_7 X_8 + X_3 X_5 X_7 X_8$$
$$+ X_3 X_6 X_7 X_8 + X_4 X_5 X_7 X_8 + X_4 X_6 X_7 X_8$$

第二步 根据对结构函数的标准式化简，可求得故障树的最小割集为：

$\{X_1, X_5, X_7, X_8\}$, $\{X_1, X_6, X_7, X_8\}$ $\{X_2, X_5, X_7, X_8\}$, $\{X_2, X_6, X_7, X_8\}$, $\{X_3, X_5, X_7, X_8\}$ $\{X_3, X_6, X_7, X_8\}$, $\{X_4, X_5, X_7, X_8\}$, $\{X_4, X_6, X_7, X_8\}$

第三步 依据结构函数求出故障树的概率函数，通过概率函数求导，可求得结构重要度：$I(7) = I(8) > I(5) = I(6) > I(1) = I(2) = I(3) = I(4)$。

第四步 求最小径集，先将故障树转化成成功树，求成功树的最小割集即为最小径集。即：

$$T' = A_5' + X_8'$$
$$= A_1' + A_6' + X_8'$$
$$= A_3' \cdot A_4' + A_2' + X_7' + X_8'$$
$$= X_1' X_2' X_3' X_4' + X_5 X_6 + X_7' + X_8'$$

则最小径集为：$\{X_1, X_2, X_3, X_4\}$, $\{X_5, X_6\}$, $\{X_7\}$, $\{X_8\}$。

第五步，根据最小割集可得等效故障树，如图 2-4 所示。

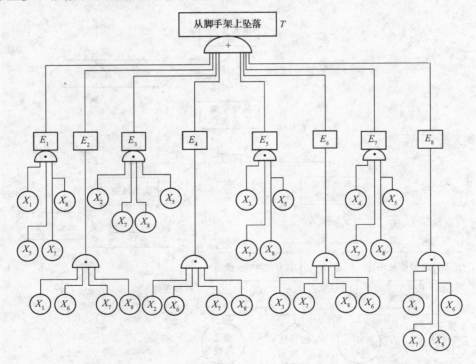

图 2-4 某一建筑施工过程中坠落死亡事故的等效故障树

2.1.2 危险、危害辨识的主要内容

危险、危害因素是指能造成人员伤亡、影响人的身体健康、对物造成急性或慢性损坏的因素。严格地说来，可分为危险因素（强调突发性和短时性）和危害因素（长时间的累积效应），但在此统称为危险、危害因素。

危险、危害因素的分类方法有如下几种。

1. 根据危害性质分类的方法

根据《生产过程危险和危害因素分类与代码》（GB/T 13816—92）的规定，将生产过程的危险因素和危害因素分为 6 大类。

（1）物理性危险因素与危害因素

①设备、设施缺陷（强度不够、刚度不够、稳定性差、密封不良、应力集中、外形缺陷、外露运动件、制动器缺陷、控制器缺陷、设备设施其他缺陷）；

②防护缺陷（无防护、防护装置和设施缺陷、防护不当、支撑不当、防护距离不够、其他防护缺陷）；

③电危害（带电部位裸露、漏电、雷电、静电、电火花、其他电危害）；

④噪声危害（机械性噪声、电磁性噪声、流体动力性噪声、其他噪声）；

⑤振动危害（机械性振动、电磁性振动、流体动力性振动、其他振动）；

⑥电磁辐射（电离辐射：X 射线、γ 射线、α 粒子、β 粒子、质子、中子、高能电子束等非电离辐射；紫外线、激光、射频辐射、超高压电场）；

⑦运动物危害（固体抛射物、液体飞溅物、反弹物、岩土滑动、堆料垛滑动、气流卷动、冲击地压、其他运动物危害）；

⑧明火；

⑨能造成灼伤的高温物质（高温气体、高温固体、高温液体、其他高温物质）；

⑩能造成冻伤的低温物质（低温气体、低温固体、低温液体、其他低温物质）；

⑪粉尘与气溶胶（不包括爆炸性、有毒性粉尘与气溶胶）；

⑫作业环境不良（作业环境不良、基础下沉、安全过道缺陷、采光照明不良、有害光照、通风不良、缺氧、空气质量不良、给水排水不良、涌水、强迫体位、气温过高、气温过低、气压过高、气压过低、高温高湿、自然灾害、其他作业环境不良）；

⑬信号缺陷（无信号设施、信号选用不当、信号位置不当、信号不清、信号显示不准、其他信号缺陷）；

⑭标志缺陷（无标志、标志不清楚、标志不规范、标志选用不当、标志位置缺陷、其他标志缺陷）；

⑮其他物理性危险因素与危害因素。

（2）化学性危险因素与危害因素

①易燃易爆性物质（易燃易爆性气体、易燃易爆性液体、易燃易爆性固体、易燃易爆性粉尘与气溶胶、其他易燃易爆性物质）；

②自燃性物质；

③有毒物质（有毒气体、有毒液体、有毒固体、有毒粉尘与气溶胶、其他有毒物质）；

④腐蚀性物质（腐蚀性气体、腐蚀性液体、腐蚀性固体、其他腐蚀性物质）；

⑤其他化学性危险因素与危害因素。

3）生物性危险因素与危害因素

①致病微生物（细菌、病毒、其他致病微生物）；

②传染病媒介物；

③致害动物；

④致害植物；

⑤其他生物性危险因素与危害因素。

4）心理、生理性危险因素与危害因素

①负荷超限（体力负荷超限、听力负荷趋限、视力负荷超限、其他负荷超限）；

②健康状况异常；

③从事禁忌作业；

④心理异常（情绪异常、冒险心理、过度紧张、其他心理异常）；

⑤辨识功能缺陷（感知延迟、辨识错误、其他辨识功能缺陷）；

⑥其他心理、生理性危险因素与危害因素。

5）行为性危险因素与危害因素

①指挥错误（指挥失误、违章指挥、其他指挥错误）；

②操作失误（误操作、违章作业、其他操作失误）；

③监护失误；

④其他错误；

6）其他行为性危险因素与危害因素。

2. 根据事故形式分类的方法

参照《企业职工伤亡事故分类标准》（GB 6441—86），综合考虑起因物、引起事故的先发的诱导性原因、致害物、伤害方式等，将危险因素分为以下 16 类：

（1）物体打击，是指物体在重力或其他外力的作用下产生运动，打击人体造成人身伤亡事故，不包括因机械设备、车辆、起重机械、坍塌等引发的物体打击；

（2）车辆伤害，是指企业机动车辆在行驶中引起的人体坠落和物体倒塌、飞落、挤压伤亡事故，不包括起重设备提升、牵引车辆和车辆停驶时发生的事故；

（3）机械伤害，是指机械设备运动（静止）部件、工具、加工件直接与人体接触引起的夹击、碰撞、剪切、卷入、绞、碾、割、刺等伤害，不包括车辆、起重机械引起的机械伤害；

（4）起重伤害，是指各种起重作业（包括起重机安装、检修、试验）中发生的挤压、坠落、（吊具、吊重）物体打击和触电；

（5）触电，包括雷击伤亡事故；

（6）淹溺，包括高处坠落淹溺，不包括矿山、井下透水淹溺；

（7）灼烫，是指火焰烧伤、高温物体烫伤、化学灼伤（酸、碱、盐、有机物引起的体内外灼伤）、物理灼伤（光、放射性物质引起的体内外灼伤），不包括电灼伤和火灾引起的烧伤；

（8）火灾；

（9）高处坠落，是指在高处作业中发生坠落造成的伤亡事故，不包括触电坠落事故；

（10）坍塌，是指物体在外力或重力作用下，超过自身的强度极限或因结构稳定性破坏而造成的事故，如挖沟时的土石塌方、脚手架坍塌、堆置物倒塌等，不适用于矿山冒顶片帮和车辆、起重机械、爆破引起的坍塌；

（11）冒顶片帮；放炮，是指爆破作业中发生的伤亡事故；

（12）火药爆炸，是指火药、炸药及其制品在生产加工、运输、贮存中发生的爆炸事故；

（13）化学性爆炸，是指可燃性气体、粉尘等与空气混合形成爆炸性混合物，接触引爆能源时，发生的爆炸事故（包括气体分解、喷雾爆炸）；

（14）物理性爆炸，包括锅炉爆炸、容器超压爆炸、轮胎爆炸等；

（15）中毒和窒息，包括中毒、缺氧窒息、中毒性窒息；

（16）其他伤害，是指除上述以外的危险因素，如摔、扭、挫、擦、刺、割伤和非机动车碰撞、轧伤等（矿山、井下、坑道作业还有冒顶片帮、透水、瓦斯爆炸等危险因素）。

3. 根据职业健康影响危害性质分类的方法

参照卫生部、原劳动部、总工会等颁发的《职业病范围和职业病患者处理办法的规定》，将危害因素分为生产性粉尘、毒物、噪声与振动、高温、低温、辐射（电离辐射、非电离辐射）、其他危害因素等7类。

在某一作业场所，可能存在多种危险因素，可一并组合列出。

2.1.3 危险、危害因素辨识中应考虑的方面

建设工程应急预案编制过程中危险、危害辨识的主要内容主要从建设区平面图、建设区位置、建（构）筑物、生产施工工艺过程、施工设备、装置等方面考虑，结合危险、危害物质分类进行辨识。

1. 建设区平面图

（1）总图：功能分区（生产、管理、辅助生产、生活区）布置；高温、有害物质、噪声、辐射、易燃、易爆、危险品设施布置；施工流程布置；临时建筑物、构筑物布置；风向、安全距离、卫生防护距离等。

（2）运输线路图：建设区道路、材料装卸区、危险品装卸区。

2. 建设区位置和环境条件

从建设区域的工程地质、地形、自然灾害、周围环境、气象条件、资源交通、抢险救灾支持条件等方面进行分析。

3. 建筑物

结构、防火、防爆、朝向、采光、运输、（操作、安全、运输、检修）通道、开门，生产卫生设施、临建。

4. 建设工艺过程

物料（毒性、腐蚀性、燃爆性）温度、压力、速度、作业及控制条件、事故及失控状态。

5. 施工设备、装置

（1）机械设备：运动零部件和工件、操作条件、检修作业、误运转和误操作。

（2）电气设备：断电、触电、火灾、爆炸、误运转和误操作，静电、雷电。

（3）危险性较大设备、高处作业设备、起重机械、运输机械等。

6. 其他

（1）粉尘、毒物、噪声、振动、辐射、高温、低温等有害作业部位。

（2）工时制度、女职工劳动保护、体力劳动强度。

（3）管理设施、事故应急抢救设施和辅助生产、生活卫生设施。

2.1.4 危险、危害辨识中应注意的问题

危险、危害辨识的过程也就是危险源辨识的过程。因此，准确、完整的危险、危害辨识需要对危险源有全面、准确地了解。特别注意危险、危害辨识中对容易忽略的第二类危险源的辨识。

根据上述的危险源定义，我们知道危险源是指一个系统中具有潜在能量和物质释放危险的、在一定的触发因素作用下可转化为事故的部位、区域、场所、空间、岗位、设备及其位置。也就是说，危险源是能量、危险物质集中的核心，是能量从哪里传出来或爆发的地方。危险源存在于确定的系统中，不同的系统范围，危险源的区域也不同。例如，从全国范围来说，对于危险行业（如石油、化工等），具体的一个企业（如炼油厂）就是一个危险源。而从一个企业系统来说，可能是某个车间、仓库就是危险源。一个车间系统可能是某台设备是危险源。因此，分析危险源应按系统的不同层次来进行。

依据上述认识，危险源应由三个要素构成：潜在危险性、存在条件和触发因素。危险源的潜在危险性是指一旦触发事故，可能带来的危害程度或损失大小，或者说危险源可能释放的能量强度或危险物质量的大小。危险源的存在条件是指危险源所处的物理、化学状态和约束条件状态，例如物质的压力、温度、化学稳定性，盛装容器的坚固性，周围环境障碍物等情况。触发因素虽然不属于危险源的固有属性，但它是危险源转化为事故的外因，而且每一类型的危险源都有相应的敏感触发因素。如易燃易爆物质，热能是其敏感的触发因素；又如压力容器，压力升高是其敏感触发因素。因此，一定的危险源总是与相应的触发因素相关联。在触发因素的作用下，危险源转化为危险状态，继而转化为事故。

危险源是可能导致事故发生的潜在的不安全因素。实际上，生产过程中的危险源，即不安全因素种类繁多、非常复杂，它们在导致事故发生、造成人员伤害和财产损失方面所起的作用很不相同。相应地，控制它们的原则、方法也很不相同。根据危险源在事故发生、发展中的作用，把危险源划分为两大类，即第一类危险源和第二类危险源。

1. 第一类危险源分析

现实世界中充满了能量，即充满了危险源，也即充满了发生事故的危险。根据能量意外释放论，事故是能量或危险物质的意外释放，作用于人体的过量的能量或干扰人体与外界能量交换的危险物质是造成人员伤害的直接原因。于是，把系统中存在的、可能发生意外释放的能量或危险物质称作第一类危险源。

一般地，能量被解释为物体做功的本领。做功的本领是无形的，只有在做功时才显现出来。因此，实际工作中往往把产生能量的能量源或拥有能量的能量载体看作第一类危险源来处理。例如，带电的导体、奔驰的车辆等。

（1）常见的第一类危险源

可以列举工业生产过程中常见的第一类危险源，表2-2列出了可能导致各类伤亡事故

的第一类危险源。

1）产生、供给能量的装置、设备

产生、供给人们生产、生活活动能量的装置、设备是典型的能量源。例如变电所、供热锅炉等，它们运转时供给或产生很高的能量。

2）使人体或物体具有较高势能的装置、设备、场所

使人体或物体具有较高势能的装置、设备、场所相当于能量源。例如起重、提升机械、高差较大的场所等，使人体或物体具有较高的势能。

3）能量载体

拥有能量的人或物。例如运动中的车辆、机械的运动部件、带电的导体等，本身具有较大能量。

伤害事故类型与第一类危险源　　　　　　　　　　　　　　表 2-2

事故类型	能量源或危险物的产生、贮存	能量载体或危险物
物体打击	产生物体落下、抛出、破裂、飞散的设备、场所、操作	落下、抛出、破裂、飞散的物体
车辆伤害	车辆，使车辆移动的牵引设备、坡道	运动的车辆
机械伤害	机械的驱动装置	机械的运动部分、人体
起重伤害	起重、提升机械	被吊起的重物
触　电	电源装置	带电体、高跨步电压区域
灼　烫	热源设备、加热设备、炉、灶、发热体	高温物体、高温物质
火　灾	可燃物	火焰、烟气
高处坠落	高差大的场所、人员藉以升降的设备、装置	人体
坍　塌	土石方工程的边坡、料堆、料仓、建筑物、构筑物	边坡土（岩）体、物料、建筑物、构筑物、载荷
冒顶片帮	矿山采掘空间的围岩体	顶板、两帮围岩
放炮、火药爆炸	炸药	
瓦斯爆炸	可燃性气体、可燃性粉尘	
锅炉爆炸	锅炉	蒸汽
压力容器爆炸	压力容器	内容物
淹　溺	江、河、湖、海、池塘、洪水、贮水容器	水
中毒窒息	产生、储存、聚积有毒有害物质的装置、容器、场所	有毒有害物质

4）一旦失控可能产生巨大能量的装置、设备、场所

一些正常情况下按人们的意图进行能量的转换和作功，在意外情况下可能产生巨大能量的装置、设备、场所。例如强烈放热反应的化工装置，充满爆炸性气体的空间等。

5）一旦失控可能发生能量蓄积或突然释放的装置、设备、场所

正常情况下多余的能量被泄放而处于安全状态，一旦失控时发生能量的大量蓄积，其结果可能导致大量能量的意外释放的装置、设备、场所。例如各种压力容器、受压设备，容易发生静电蓄积的装置、场所等。

6）危险物质

除了干扰人体与外界能量交换的有害物质外，也包括具有化学能的危险物质。具有化学能的危险物质分为可燃烧爆炸危险物质和有毒、有害危险物质两类。前者指能够引起火灾、爆炸的物质，按其物理化学性质分为可燃气体、可燃液体、易燃固体、可燃粉尘、易爆化合物、自燃性物质、忌水性物质和混合危险物质8类；后者指直接加害于人体，造成人员中毒、致病、致畸、致癌等的化学物质。

7）生产、加工、储存危险物质的装置、设备、场所

这些装置、设备、场所在意外情况下可能引起其中的危险物质起火、爆炸或泄漏。例如炸药的生产、加工、储存设施，化工、石油化工生产装置等。

8）人体一旦与之接触将导致人体能量意外释放的物体

物体的棱角、工件的毛刺、锋利的刃等，一旦运动的人体与之接触，人体的动能意外释放而遭受伤害。

（2）第一类危险源危害后果的影响因素

第一类危险源的危险性主要表现为导致事故而造成后果的严重程度方面。第一类危险源危险性的大小主要取决于以下几方面情况：

1）能量或危险物质的量

第一类危险源导致事故的后果严重程度主要取决于事故时意外释放的能量或危险物质的多少。一般地，第一类危险源拥有的能量或危险物质越多，则事故时可能意外释放的量也多。当然，有时也会有例外的情况，有些第一类危险源拥有的能量或危险物质只能部分地意外释放。

2）能量或危险物质意外释放的强度

能量或危险物质意外释放的强度是指事故发生时单位时间内释放的量。在意外释放的能量或危险物质的总量相同的情况下，释放强度越大，能量或危险物质对人员或物体的作用越强烈，造成的后果越严重。

3）能量的种类和危险物质的危险性质

不同种类的能量造成人员伤害、财物破坏的机理不同，其后果也很不相同。危险物质的危险性主要取决于自身的物理、化学性质。燃烧爆炸性物质的物理、化学性质决定其导致火灾、爆炸事故的难易程度及事故后果的严重程度。工业毒物的危险性主要取决于其自身的毒性大小。

4）意外释放的能量或危险物质的影响范围

事故发生时意外释放的能量或危险物质的影响范围越大，可能遭受其作用的人或物越多，事故造成的损失越大。例如，有毒有害气体泄漏时可能影响到下风侧的很大范围。

2. 第二类危险源分析

在生产、生活中，为了利用能量，让能量按照人们的意图在生产过程中流动、转换和做功，就必须采取屏蔽措施约束、限制能量，即必须控制危险源。约束、限制能量的屏蔽应该能够可靠地控制能量，防止能量意外地释放。然而，实际生产过程中绝对可靠的屏蔽措施并不存在。在许多因素的复杂作用下，约束、限制能量的屏蔽措施可能失效，甚至可能被破坏而发生事故。导致约束、限制能量屏蔽措施失效或破坏的各种不安全因素称作第二类危险源，它包括人、物、环境三个方面的问题。

在安全工作中涉及人的因素问题时，采用的术语有"不安全行为（Unsafe Act）"和

"人失误（Human Error）"。不安全行为一般指明显违反安全操作规程的行为，这种行为往往直接导致事故发生。例如，不断开电源就带电修理电气线路而发生触电等。人失误是指人的行为的结果偏离了预定的标准。例如，合错了开关使检修中的线路带电；误开阀门使有害气体泄放等。人的不安全行为、人失误可能直接破坏对第一类危险源的控制，造成能量或危险物质的意外释放；也可能造成物的因素问题，物的因素问题进而导致事故。例如，超载起吊重物造成钢丝绳断裂，发生重物坠落事故。

物的因素问题可以概括为物的不安全状态（Unsafe Condition）和物的故障（或失效）（Failure or Fault）。物的不安全状态是指机械设备、物质等明显的不符合安全要求的状态。例如没有防护装置的传动齿轮、裸露的带电体等。在我国的安全管理实践中，往往把物的不安全状态称作"隐患"。物的故障（或失效）是指机械设备、零部件等由于性能低下而不能实现预定功能的现象。物的不安全状态和物的故障（或失效）可能直接使约束、限制能量或危险物质的措施失效而发生事故。例如，电线绝缘损坏发生漏电；管路破裂使其中的有毒有害介质泄漏等。有时一种物的故障可能导致另一种物的故障，最终造成能量或危险物质的意外释放。例如，压力容器的泄压装置故障，使容器内部介质压力上升，最终导致容器破裂。物的因素问题有时会诱发人的因素问题；人的因素问题有时会造成物的因素问题，实际情况比较复杂。

环境因素主要指系统运行的环境，包括温度、湿度、照明、粉尘、通风换气、噪声和振动等物理环境，以及企业和社会的软环境。不良的物理环境会引起物的因素问题或人的因素问题。例如，潮湿的环境会加速金属腐蚀而降低结构或容器的强度；工作场所强烈的噪声影响人的情绪，分散人的注意力而发生人失误。企业的管理制度、人际关系或社会环境影响人的心理，可能造成人的不安全行为或人失误。

第二类危险源往往是一些围绕第一类危险源随机发生的现象，它们出现的情况决定事故发生的可能性。第二类危险源出现得越频繁，发生事故的可能性越大。

3. 危险源与事故发生的关联性

一起事故的发生是两类危险源共同起作用的结果。第一类危险源的存在是事故发生的前提，没有第一类危险源就谈不上能量或危险物质的意外释放，也就无所谓事故。另一方面，如果没有第二类危险源破坏对第一类危险源的控制，也不会发生能量或危险物质的意外释放。第二类危险源的出现是第一类危险源导致事故的必要条件。

在事故的发生、发展过程中，两类危险源相互依存、相辅相成。第一类危险源在事故时释放出的能量是导致人员伤害或财物损坏的能量主体，决定事故后果的严重程度；第二类危险源出现的难易决定事故发生的可能性的大小。两类危险源共同决定危险源的危险性。

第二类危险源的控制应该在第一类危险源控制的基础上进行，与第一类危险源的控制相比，第二类危险源是一些围绕第一类危险源随机发生的现象，它们的控制更困难。

2.1.5 分析潜在紧急事件

施工单位进行内部风险分析时首先要对企业自身进行危险辨识，根据辨识结果在表2-1 风险分析表中的第一栏列会影响到施工单位的所有紧急事件，这些事件应包括那些已由地方应急管理政府辨识的紧急事件。应同时考虑以下两方面的内容：（1）单位可能发生的紧急事件；（2）所在地区可能发生的紧急事件。在进行危险辨识中，应特别考虑以下几个关键因素。

1. 历史上曾发生的紧急事件，本地别的建设项目中是否发生过以下类型的紧急事件？

（1）火灾与爆炸；

（2）气象灾害；

（3）坍塌；

（4）交通事故；

（5）坠落；

（6）起重伤害；

（7）触电；

（8）公共设施破坏。

2. 所处地理位置可能发生的紧急事件，请注意是否处在如下的位置以导致的紧急事件？

（1）洪区周边，地震断层和水坝附近；

（2）生产、储存、使用、运输危险物公司的周边；

（3）主要交通线路和机场附近；

（4）核电站附近。

3. 由于技术原因导致的紧急事件，由于程序或系统失效是否可能导致如下的紧急事件？

（1）火灾、爆炸、危害品事故；

（2）安全系统失效；

（3）电信通信失效；

（4）计算机网络失效；

（5）电力系统失效；

（6）加热/制冷系统失效；

（7）应急预警系统失效。

4. 由于人为失误导致应急事件，员工是否得到安全工作的培训？雇员是否知道如何处理紧急事件？在工作场所发生的紧急事件中大部分是由于人为失误，人为失误是否是由于以下原因导致：

（1）培训不够；

（2）设备失修；

（3）粗心大意；

（4）误操作；

（5）违规操作；

（6）物资使用不当；

（7）疲劳。

5. 单位在进行设计、建造会因失误导致哪些紧急事件？设备是否增强了安全性？考虑如下因素：

（1）设施的建造过程；

（2）有害工序、副产品；

（3）易燃物的储存设备；

（4）设备的设计；

（5）照明设备；

（6）疏散线路和安全出口；

（7）避难区。

6. 考虑规章制度的问题会导致哪些紧急事件。如萨维塞事件的直接原因就是当时意大利法律规定即使生产在进行中，工厂在周末也必须关闭。

在应急分析中，面对可能发生的紧急事件，由于数据资料不全可能只能采用定性分析的方法。而定性分析方法中较为有效的一种则是通过征询企业内外的有关专家的意见确定潜在紧急事件的专家意见法。头脑风暴法和德尔菲法是较为常见的两种。

（1）头脑风暴法（Brainstorming）

头脑风暴法的具体实施过程如下：应急管理小组邀请内外部有关专家聚集在一起，向他们介绍有关情况，请专家各抒己见，各自谈出自己的观点与看法。通过与会专家的启发和互相影响，使所有的与会专家都能开动脑筋，将注意力集中到对潜在紧急事件的风险分析上。头脑风暴法是为与会专家提供一个自由宽松的环境，让他们大胆地提出自己的想法，因此会议主持人要努力营造这样一个氛围，会议时间不应开得太长，要保持与会专家头脑清晰、精力充沛；同时注意专家发言时，尽量避免被他人打断，或遭受他人批评而失去积极性。当所有的专家都发表完自己的观点后，再由会议主持人统一归纳这些意见，并逐一讨论，最终形成对潜在紧急事件的基本结论。头脑风暴法有助于企业发现那些平时容易被忽视的潜在紧急事件。

（2）德尔菲法

德尔菲（Delphe）法是通过函寄的方法收集汇总专家意见。在对企业潜在紧急事件的分析过程中，该方法采用匿名的方式征求有关专家意见，在向专家发送背景资料的基础上，请各位专家独立根据自己的判断写出对潜在意见的看法，然后将意见寄给应急管理小组。企业应急管理小组在对所有的专家意见汇总、整理之后，再将汇总、整理的结果分别反馈给每一位专家，作为重要的参考资料，要求他们重新斟酌自己的意见，重新进行判断，必要时还可以请他们解释为什么自己的估计与大多数人的意见不一致，如此反复，专家的意见将趋于一致。

通过对从以上六个方面分析，将所存在的所有危险或紧急事件列于表 2-1 中，然后从头到尾分析这些紧急事件哪些会导致以下较为严重的结果，对紧急事件后果进行排序。紧急事件的后果是指对企业造成严重的伤害，甚至停工关闭的结果，通常包括以下现象：

（1）企业的停工关闭；

（2）人员伤亡；

（3）人员受困；

（4）结构倒塌、破坏；

（5）电力、通信线路破坏。

2.1.6 评价紧急事件发生的可能性

在危险性分析表可能性一栏中，列出每一紧急事件发生的可能性，这虽是一个主观的考虑，但是却很有用。评价过程中可参考同行业的事故或紧急事件有关记录进行，尽量由工作时间较长、经验丰富的管理和施工人员进行。

评价用一个 1 到 5 的简单刻度等级来表示，其中 1 表示最低可能性，5 表示最高可能性。

2.1.7 评估对人可能造成的影响

分析每一紧急事件可能对人员造成的影响，确定死亡或伤害的可能性。同评价紧急事件可能性一样，评价过程中可参考同行业的事故或紧急事件有关记录进行，且尽量由工作时间较长、经验丰富的管理和施工人员进行。

在危险性分析表中人员影响一栏中填上一个等级。用 1 到 5 的刻度来表示，1 表示最小影响，5 表示最大影响。

2.1.8 评估财产影响

考虑紧急事件对财产可能造成的损失和破坏，同样在财产损失一栏中填上一个等级数字，1 表示最小影响，5 表示最大影响。

这一栏需考虑当紧急事件发生时以下的费用：

（1）替换的成本；

（2）选择暂时替代品的成本；

（3）维修成本。

2.1.9 评估潜在的商业影响

如果是企业或商业机构，在进行风险分析时还应考虑紧急事件对潜在的市场份额占有率减少的影响，在商业影响一栏中标定一个等级数字，同样，1 表示影响最小，5 表示影响最大。对商业潜在影响主要从以下方面评估：

（1）对商业的妨碍；

（2）雇员无法工作；

（3）公司违约；

（4）罚款和法律制裁；

（5）重要供应物资的中断；

（6）产品分配的中断。

2.1.10 评估内部与外部的资源

在评价了企事业可能发生的紧急事件及其影响之后，则完成了风险分析，接下来应结合前一节进一步评估企事业的应急资源和应急反应能力。这里同样选定一个分数来反应应急的内部资源和外部资源，分数越少表示越好。做这项评估，需要从头到尾考虑每一个可能的紧急事件及每一个需要用到的资源，为了便于分析，通常对于每一个紧急事件询问如下问题：

（1）我们是否具备响应的资源和能力？

（2）是否能当我们一需要时，外部资源就能尽快满足？或者还有其他优先应用的领域?

如果答案是肯定的，继续下一个评估，如果答案是否定的则找出能更正问题的措施。例如，你可能需要：

(1) 制定辅助应急系统程序；

(2) 进行额外的训练；

(3) 需要额外设备；

(4) 达成互助协议；

(5) 与有关承包商达成协议。

2.1.11 评估汇总

最后，计算每一个紧急事件的总分，总分越低越好。

尽管这只是一个主观的评定，但通过比较可以有助于确定预案和优先采用的资源，这是下一节的主题。

以上列出的紧急事件可能性和影响的分析方法是一个简单的风险分析方法，实际中，各单位可根据自己行业特点选择更加适用的评价方法，这些方法包括预先危险性分析法、故障类型和影响分析法、事故树、道化学公司法等。

其他适应于建设工程安全风险分析方法如下：

1. 预先危险性分析（Preliminary Hazard Analysis，PHA）

预先危险性分析是在方案开发初期阶段或设计阶段对系统中存在的危险类别、危险产

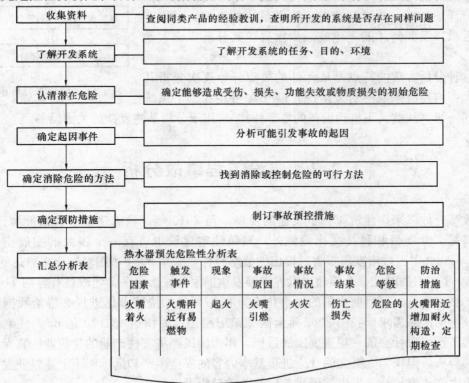

图 2-5 预先危险性分析法

生条件、事故后果等概略地进行分析的方法。其评价过程如图 2-5 所示。

预先危险性分析方法的突出优点有：

（1）由于系统开发时就做危险性分析，从而使得关键和薄弱环节得到加强，使得设计更加合理，系统更加紧固；

（2）在产品加工时采取更加有针对性的控制措施，使得危险部位的质量得到有效控制，最大限度地降低因产品质量造成危险的可能性和严重度；

（3）通过预先危险性分析，对于实际不能完全控制的风险，还可以提出消除危险或将其减少到可接受水平的安全措施或替代方案。

预先危险性分析是一种应用范围较广的定性评价方法。它需要由具有丰富知识和实践经验的工程技术人员、操作人员和安全管理人员经过分析、讨论后实施。

2. 失效模式和后果分析（FMEA）

失效模式和后果分析（Failure Modes and Effects Analysis，FMEA）在风险评价中占重要位置，是一种非常有用的方法，主要用于预防失效。但在试验、测试和使用中又是一种有效的诊断工具。欧洲联合体 ISO9004 质量标准中，将它作为保证产品设计和制造质量的有效工具。它如果与失效后果严重程度分析（Failure Modes，Effects and Criticality Analysis，FMECA）联合起来，应用范围更广泛。

图 2-6　FMEA 分析步骤

失效模式和后果分析是一种归纳法。对于一个系统内部每个部件的每一种可能的失效模式或不正常运行模式都要进行详细分析，并推断它对于整个系统的影响、可能产生的后果以及如何才能避免或减少损失。其分析步骤大致如图 2-6。

这种分析方法的特点是从元件的故障开始逐次分析其原因、影响及应采取的对策措施。FMEA 可用在整个系统的任何一级（从航天飞机到设备的零部件），常用于分析某些复杂的关键设备。

2. 2　建设工程事故分析

改革开放以来，建筑业有了飞速的发展，至 2010 年，除需建设一大批能源、交通、原材料等工业项目和科技文化设施外，城镇住宅建设也将有一个很大的发展空间。据《2001～2002 中国城市发展报告》提出的战略目标，未来 50 年中国城市化率将达到 75%，要用 50 年左右的时间，全面超出世界中等发达国家的城市水平，建成具有容纳 11～12 亿人口的城市容量。而目前中国的城市化率只有 37%，加快城市化进程必将给我国建筑业带来旺盛的产品需求。我国 2002 年全国城镇房屋建筑面积达 131. 78 亿 m^2，住宅建设已经成为实现小康社会的一项重要发展目标。作为国民经济支柱产业的建筑业一直保持高速增长的势头，但作为人类文明社会进步基本内容的安全生产却远远跟不上建筑业发展的步伐，重大伤亡事故频频发生，困扰着建筑业的健康发展。

2.2.1 建设工程事故特性分析

建筑业事故的特点是由建筑施工的特点决定的。建筑施工具有产品固定，人员流动；露天高处作业多，手工操作，体力劳动繁重；建筑施工变化大，规则性差，不安全因素随形象进度的变化而改变等特点。上述特点使得建筑施工生产长期处于高处坠落、触电、物体打击、机械伤害、坍塌等事故的危害之中。

1. 建设工程的生产特点

建设工程是劳动密集型行业，施工是野外作业，具有如下特点：

（1）产品固定，人员流动性大

建筑施工最大的特点就是产品固定，人员流动。任何一栋建筑物、构筑物等一经选定了地址，破土动工兴建，它就固定不动了，生产人员要围绕着它上上下下的进行生产活动。建筑产品体积大、生产周期长，有的持续几个月或一年，有的需要三年五年或更长的时间，工程才能结束。这就形成了在有限的场地上集中了大量的操作人员、施工机具、建筑材料等进行作业，这与其他产业的人员固定、产品流动的生产特点截然不同。建筑施工人员流动性大，不仅体现在一项工程中，当一座厂房、一栋楼房完成后，施工队伍就要转移到新的地点去建设新的厂房或住宅。这些新的工程可能在同一个街区，也可能在不同的街区，甚至是在另一个城市内，施工队伍就要相应在街区、城市内或者地区间流动。改革开放以来，由于用工制度的改革，施工队伍中绝大多数施工人员是来自农村的农民工，他们不但要随工程流动，而且还要根据季节的变化（农忙、农闲）进行流动，给安全管理带来很大的困难。

（2）露天高处作业多，手工操作，体力劳动繁重

建筑施工绝大多数为露天作业，一栋建筑物从基础、主体结构、屋面工程到室外装修等，露天作业约占整个工程的 70%。建筑物都是由低到高构建起来的。以民用住宅每层高 2.9m 计算，两层就是 5.8m，现在一般都是七层以上，甚至是十几层几十层的住宅，施工人员都要在十几米、几十米甚至一百米以上的高空从事露天作业，工作条件差。我国建筑业虽然发展得最早，但至今仍然没有改变大多数工种，如抹灰工、瓦工、混凝土工、架子工等以手工操作为主的局面，劳动繁重、体力消耗大，加上作业环境恶劣，导致操作人员注意力不集中或由于心情烦躁而发生违章操作的现象十分普遍。

（3）建筑施工变化大，规则性差，不安全因素随形象进度的变化而改变

每栋建筑物由于用途不同、结构不同、施工方法不同等，不安全因素不相同；即使同样类型的建筑物，因工艺和施工方法不同，不安全因素也不同；即使在一栋建筑物中，从基础、主体到装修，每道工序不同，不安全因素也不同；即使同一道工序，由于工艺和施工方法不同，不安全因素也不相同。因此，建筑施工变化大，规则性差。施工现场的不安全因素，随着工程形象进度的变化而不断变化。每个月、每天、甚至每个小时都在变化，给安全防护带来诸多困难。从上述的特点可以看出，在施工现场必须随着工程形象进度的发展，及时的调整和补充各项防护设施，才能消除隐患，保证安全，稍有疏忽，就不可避免的要发生事故。但由于建筑施工的复杂多变，加上流动分散、工期变换等原因，人们比较容易形成临时观念，马虎凑合，侥幸心理，而不及时调整和采取可靠的安全防护措施的大有人在，致使伤亡事故频繁发生。

2. 建筑施工伤亡事故的特点

导致建筑施工过程中伤亡事故的情况及类别的特点是：

从建筑物的建造过程以及建筑施工的特点可以看出，施工现场的操作人员随着从基础→主体→屋面等分项工程的施工，就要从地面到地下，再回到地面，再上到高空；经常处在露天高处和交叉作业的环境中从事施工生产活动。建筑施工的伤亡事故也主要发生在高处坠落、物体打击、触电和机械伤害四个类别中。这四个类别的伤亡事故多年来一直居高不下，所造成的死亡人数占死亡总数的70％～80％，仅以1990～1992年三年的统计，来说明4个类别所造成的死亡人数占总死亡人数的比例，见表2-3。

1990～1992年建筑施工4类事故所造成的死亡人数比例　　　　　表2-3

年　份	高处坠落 占（%）	触电 占（%）	物体打击 占（%）	机械伤害 占（%）	四类事故 占死亡总数（%）
1990 年	41.3	17.9	16.4	11.3	86.9
1991 年	43.7	20.1	10.6	9.2	83.6
1992 年	43.2	16.6	12	8.3	80.1

这四类事故成为建筑施工中的顽症，因此被称为四大伤害。四类事故发生的部位主要是：

（1）高处坠落

从临边、洞口，包括屋面边、楼板边、阳台边、预留洞口、电梯井口、楼梯口等处坠落；脚手架上坠落；龙门架（井字架）物料提升机和塔吊在安装、拆除过程坠落；混凝土构件浇筑时因模板支撑失稳倒塌及安装、拆除模板时坠落；结构和设备吊装时坠落。

（2）触电

对经过或靠近施工现场的外电线路没有或缺少防护，在搭设钢管架、绑扎钢筋或起重吊装过程中，碰触这些线路造成触电；使用各类电器设备触电；电线破皮、老化，又无开关箱等触电。

（3）物体打击

主要发生在同一垂直作业面的交叉作业中和通道口处坠落物体的打击。

（4）机械伤害

主要发生在木工机械、混凝土机械、钢筋机械、垂直运输机械设备中的伤害。

随着建筑物的高度从高层到超高层，其地下室亦从一层到二层或三层，土方坍塌事故增多，特别是在城市里见缝插针的建造住宅或公用设施等，造成拆除工程增多，因此，在四大伤害的基础上增加了坍塌事故，其死亡人数占总死亡人数的5％左右，建筑施工也就从四大伤害变成了五大伤害。

2004年，全国建筑施工伤亡事故类别主要是高处坠落、施工坍塌、物体打击、机械伤害和触电等类型，这些类型事故的死亡人数分别占全部事故死亡人数的53.10％、14.43％、10.57％、6.72％和7.18％，总计占全部事故死亡人数的92.0％。各类型事故死亡人数比

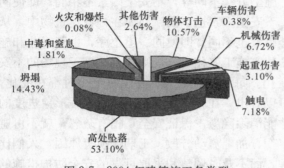

图2-7　2004年建筑施工各类型
事故死亡人数比例

例见图 2-7。

2005 年，全国建筑施工伤亡事故类别仍主要是高处坠落、坍塌、物体打击、机械伤害、触电等，这些类型事故的死亡人数分别占全部事故死亡人数的 45.52％、18.61％、11.82％、5.87％、6.54％，总计占全部事故死亡人数的 88.36％。具体死亡人数比例见图 2-8。

3. 建筑工程质量事故与抗震安全的特点

（1）工程质量事故

在建筑工程中，由于勘察、设计、施工、使用等方面存在的某些缺点和错误，建筑工程的质量也存在着一些问题，这些问题不仅影响建筑工程的使用，造成质量隐患，严重的还会给国家和人民生命财产带来巨大损失。例如近年来所发生的在国内外产生很大影响的彩虹桥垮塌、上海地铁隧道坍塌等事故。

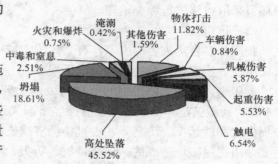

图 2-8 2005 年建筑施工各类型
事故死亡人数比例图

工程质量事故也应该是安全工作的一个主要内容，因为很多质量事故是与安全事故密切相连的。质量事故也同安全事故一样受到政治运动、建设高潮的冲击和影响。从建国初到 20 世纪 80 年代，我国曾有过三次房屋倒塌质量事故较多的时期。第一次是 1958 年"大跃进"时期，由于浮夸风盛行，盲目推行"快速施工"法，不按客观规律办事，一些单位片面追求工程量和工程进度，忽视工程质量，削弱技术监督，在质量检查上采取了所谓的"目测心估"的办法，致使施工质量日趋下降。在全国范围内，出现大量工程倒塌质量事故，以浙江半山钢铁厂第一炼钢车间七榀拱形混凝土组合屋架断裂事故最为严重。再如 1959 年某新建办公楼工程，在施工中为赶工期，擅自修改设计，将原 T 形受力现浇钢筋混凝土梁板，在不改变截面的情况下，变为矩形受力的预制梁板，致使在铺设四层楼板时，部分楼板塌落，将在一层睡觉的 14 名临时工砸死，2 名上料工人随着楼板坠落死亡。

第二次是十年动乱时期，工程质量基本处于无人要求、无人管理、无人检查、无人验收的状态，重大恶性事故不断发生。最为严重的是 1972 年湖北鄂城县四层百货大楼整体倒塌事故；1969 年黑龙江省海伦县食品厂所建的高 28m 砖烟囱，因用腌咸菜的盐汤作为冬季施工措施加入混凝土和砂浆中，破坏了水泥的作用，致使春季解冻时烟囱倒塌，当场死亡 4 人。"文革"期间仅黑龙江省各种建筑物倒塌就有 23 项，建筑面积 53957m²，损失总额达 796.4 万元。

第三次是 1980 年前后，由于我国国民经济发展迅速，建筑工程、施工队伍迅速扩大，管理跟不上要求，出现了许多工程倒塌事故，如：广东海康县大旅社 7 层钢筋混凝土框架结构，因质量不合格刚完工还未使用就一塌到底，压死 4 人；湖南省衡南县泉溪公社猪鬃厂 3 层混合结构加层时倒塌，压死 44 人；大连重型机械厂在加高的五层礼堂中开会，因加层质量低劣，倒塌死亡 46 人。

工业建筑也有类似情况，据原冶金部统计，自 1949 年以来仅钢铁企业发生重大厂房倒塌事故就有 35 起之多。近年来，房屋倒塌事故又呈现出上升趋势，如 2003 年北安市

"7·24"小学校塌楼、哈尔滨"8·16"地下工程塌方两起质量事故造成大量人员伤亡，在国内外产生了较大的影响。

据国家不完全统计，各种原因造成的工程倒塌事故，2/3以上发生在施工期间；从发生倒塌事故的施工企业来看，农村建筑队占70%，集体企业占16.7%，全民企业占13.3%。预防和控制工程质量事故，也同样需要像控制和预防安全生产事故一样，针对薄弱环节采取措施进行综合治理。

（2）抗震安全

我国是多自然灾害的国家，有2/3的大城市处于地震区，历次地震都在不同程度上对人民生命、国家财产和建筑物造成了损害。

近年来，我国大陆发生的7次六级以上破坏性地震（云南丽江7.0级、内蒙古包头6.4级、新疆巴楚6.8级等）总直接经济损失达13.82亿元，而地震灾害中房屋与室内财产损失之和就达11.67亿元，占直接经济损失的84.45%。由此可以看出，地震灾害损失主要是由房屋破坏造成的。那么，抗震防灾、减轻地震灾害的关键是提高房屋建筑的抗震能力，建筑抗震设防是减轻地震灾害损失的根本措施。

我国自发生1976年的唐山大地震后，开始重新审视地震与建筑结构安全问题。国家建设行政主管部门及有关部门和地方政府都成立了抗震办，抗震科研机构也得到加强。中国建筑学会和中国地震学会分别成立地震工程专业委员会，并加入了世界地震工程协会。我国曾于1974年颁发了《工业与民用建筑抗震设计规范》试用本，唐山地震后，重新进行了修订，并于1978年正式颁布。1981年原国家建委要求对抗震设计规范进一步修订，1987年新规范完成。新规范在吸取国内外震害经验的基础上，结合我国国情，确立了以"小震不坏、大震不倒"的设计思想，规定了三水准的设防要求和二阶段的设计步骤；增加变形验算的规定和简化计算法；修改了设计反应谱，考虑了近地震和远地震对不同周期结构的影响；增加了砂土和粉土的液化判别程序（初判和试判别），并修改了现行规范的砂土液化公式，使其能同时适应粉土的液化判别；增加了各类结构的抗震构造措施。

我国有大量建筑物是在抗震设计规范颁发以前建造的，没有抗震设防，缺乏抗震能力，须对这类建筑物进行抗震加固。抗震加固工作自1977年开始，到现在全国共完成了各类建筑物的加固面积2.3亿多平方米；对主要地震区的京包、京广、京浦、龙海等14条铁路干线、90多座骨干电厂、6条主要输油管线、60座水库、20个大型炼油厂、超大型乙烯工程、20多个大型钢铁企业，以及其他涉及国计民生的大型企业完成了抗震加固工作；"九五"期间，对首都圈的大型公共设施、国家机关、教育、医疗等部门的一大批未进行抗震处理的重要建筑进行了抗震加固，共完成了357个项目，511万m^2的加固任务。为适应加固工程需要，制订了一系列的抗震加固技术文件，如《抗震加固规程》、《抗震加固技术措施》、《抗震加固技术管理暂行办法》等。

但是近年来，由于建筑市场不规范，有的地区在一些工程上并没有严格执行本地区的抗震标准，一旦发生较大规模的地震，仍很可能会产生灾难性的后果。

2.2.2 建设工程事故原因分析

通过近几年建设工程事故分析得出我国建设工程事故原因主要有以下几个方面。

1. 监管不到位，责任不落实

按照现行的法律和法规的要求，建设主管部门都制定了安全生产责任制，但由于专职监管人员少、监督覆盖面小、监管力度不够、责任不落实。监管方面，一是与有关部门沟通不力，事故处理不当，造成了很多同类事故在同一个地区经常发生，发生后又不能及时结案并对有关人员进行处罚和教育；二是部分地区建设行政主管部门未能深入分析本地区安全生产形势，针对薄弱环节采取的事故防范措施不到位，安全生产工作主动性和预见性差，政府主管部门安全监管存在盲点；三是未能合理组织利用建设系统各种管理资源和充分发挥各个管理层次、环节的整体效能，未能形成安全生产监管的合力；四是部分地区政府主管部门对安全生产违法违规行为和重大事故执法不严、处罚不力，缺乏强有力的手段措施，对有关责任主体的震慑力不够；五是对一些工程管理体制不顺，存在监管盲区。

责任落实方面，一是部分建设主管部门虽然建立了安全生产责任制，但还未能落实在行动上。如有多起事故没有按照建筑市场的规定办理建筑施工手续，照样施工，对此建设主管部门有监管不到位的责任；二是部分施工企业安全生产主体责任意识不强，重效益、轻安全，安全生产基础工作薄弱，安全生产投入严重不足，安全培训教育流于形式，施工现场管理混乱，安全防护不符合标准要求，"三违"现象时有发生，未能建立起真正有效运转的安全生产保证体系；三是一些建设单位，包括有些政府投资工程的建设单位，未能真正重视和履行法规规定的安全责任，任意压缩合理工期，忽视安全生产管理；四是部分监理单位对应负的安全责任认识不清，对安全生产隐患不能及时作出应有处理，《建设工程安全生产管理条例》规定的安全生产监理责任未能真正落实到位。

2. 安全技术规范在施工中得不到落实

2004 年发生的 42 起三级以上事故中，有 16 起事故（占事故总数的 38.10%）是因为没能按照安全技术规范的要求组织施工，如 9 起现浇混凝土楼板的模板支撑失稳事故，这些楼板的高度都超过了 10m，都未能按照《扣件式钢管脚手架安全技术规范》的要求组织实施；有的虽能按照规范的要求，对模板支撑体系进行了设计计算，但在具体施工时，却把设计时的中心受压的立杆变成了承受由扣件传过来荷载的偏心受压杆件，改变了传力系统，使立杆极易失稳；还有的虽然编制了模板工程专项施工方案，但过于简单、不具备可操作性。另有 5 起是脚手架工程的事故，其中 4 起是由于在使用吊篮时，违规在吊篮两端设置保险绳，这就无法控制当动力钢丝绳断裂时吊篮的坠落。还有 2 起触电事故也是因为未能按照《施工现场临时用电安全技术规范》的要求，对穿过施工现场的外电线路进行防护，造成在施工中碰触高压线。

3. 有章不循，冒险蛮干

有些工程项目对分项工程既不编写施工方案，也不做技术交底，有章不循，冒险蛮干。如：标准明确规定，在不设置临时支撑时，不得采用挖墙角的方法拆除墙体，而近年发生的多起拆除墙体时的倒塌事故，正是违反了此项规定而发生了事故。再如：2004 年 5月 12 日，发生在河南安阳的井字架拆除时倒塌事故，也是没有编制拆除方案，没有考虑有关规定的要求，盲目采用人工拆除，又不设置任何防止架体倾倒的设施，冒险作业，使架体倒塌，造成了 21 人死亡的事故。

4. 以包代管，安全管理薄弱

很多工程项目都是低价中标，中标企业为了取得利润将工程转包给低资质的企业，有的中标企业虽然成立了项目班子，但只管协调、收费和整理资料以便交工使用，施工由分包单位自行组织。分包单位为了抢工期，为了节约资金一切从简，工程项目即使有施工组织设计也只是为投标而编制的，不是用于指导施工的。至于其他的安全管理制度，如三级教育、安全交底、班前活动、安全检查、防护用品、安全措施等能免则免，不能免的也只是走走形式。劳务工的班组长就是带领施工的施工员，不再另配施工员。还有的企业为了谋取利润搞挂靠卖牌子。如：江苏省商业管理干部学院现代教育中心工程由葛荣福（二级项目经理）兄弟三人，以江苏龙海建工集团有限公司（房建一级）的名义去投标，中标后付给龙海公司合同价款的1‰的管理费，自行组织施工。当项目经理因车祸不能工作，建设单位要求改派项目经理时，龙海公司无动于衷，置之不理，任由无项目经理和施工员资质的一名施工人员组织施工，造成了在浇筑18m高的混凝土楼板时因模板支撑失稳倒塌，死亡5人、重伤3人的三级事故。

5. 一线操作人员安全意识和技能较差

当前，很多工程项目不论具有多高资质等级的施工企业中标，基本是由在劳务市场上招聘来的民工施工。这些民工没有经过系统的安全培训，就连入场的三级教育也往往是走形式，特别是对那些刚从农村出来的农民工，他们不熟悉施工现场的作业环境，不了解施工过程中的不安全因素，缺乏安全知识、安全意识、自我保护能力，不能辨别危害和危险，有的农民工第一天来上班，第二天甚至是当天就发生了死亡事故。还有些工程项目对分包单位实行"以包代管"，使得建筑施工中安全生产有关的法规、标准只停留在项目管理班子这一层，落实不到施工队伍手上，操作人员不了解或者不熟悉安全规范和操作规程；又因缺乏管理，违章作业现象不能得到及时的纠正和制止，事故隐患未能及时发现和整改，是造成事故的重要原因。

6. 保障安全生产的各个环境要素尚需完善

一是一些建设项目不履行法定建设程序，游离于建设行政主管部门的监管范围，企业之间恶性竞争，低价中标，违法分包，非法转包，无资质单位挂靠，以包代管现象突出；二是建筑行业生产力水平偏低，技术装备水平较落后，科技进步在推动建筑安全生产形势好转方面的作用还没有充分体现出来；三是建筑施工安全生产领域的中介机构发展滞后，在政府和企业之间缺少相应的机构和人员提供安全评价、咨询、技术等方面服务。

2.2.3　建设工程安全的发展

1. 法制建设

建国伊始，党和政府就把保护劳动者的安全、健康做为一项重要政策，并采取了一系列行之有效的措施。早在1952年，毛泽东主席就指出："在实施增产节约的同时，必须注意职工的安全、健康和必不可少的福利事业。如果只注意前一方面，忘记或稍加忽视后一方面，那是错误的"。

1956年，在周恩来总理主持下，国务院颁布了著名的"三大规程"（即《工厂安全卫生规程》、《建筑安装工程安全技术规程》和《工人、职员伤亡事故报告规程》）。应该说，多年来"三大规程"为保证职工的安全与健康，减少生产过程中的伤亡事故起到了重要的作用。特别是《建筑安装工程安全技术规程》的颁布，使建筑施工安全技术工作有所遵循，指导和规范了建筑施工现场的安全防护技术。时至今日，该规程中的许多条款仍在发挥作用。

自三大规程颁布以后，我国建筑业安全法规建设一直处于停滞不前的状态，"文革"期间，原有的安全生产法规及企业所建立的规章制度都遭到了毁灭性的破坏，直至 20 世纪 80 年代有关法规制度才得以恢复。1980 年原国家建工总局颁布了《建筑安装工人安全技术操作规程》，14 章 832 条，包括土建、安装、机械三部分的 52 个工种的安全技术操作规程；1982 年，原城乡环境建设保护部以（82 城劳字第 241 号）文颁布了《关于加强集体所有制企业安全生产的暂行规定》；1983 年又以（83 城劳字第 333 号）文颁布了《国营建筑安装企业安全生产工作条例》，在条例中明确规定了企业中计划、生产、技术、质量、安全、劳资、人事、财务等各职能部门的安全生产工作职能，规定了从公司经理到各类管理人员及工人班组长的安全生产责任。各地建设行政主管部门在贯彻这三个规程、条例的同时，加强了行业安全管理工作，有的地区根据规程制定了"十防一灭"措施，开展了"防高处坠落、防物体打击、防起重伤害、防机械伤害、防土方坍塌、防车辆伤害、防触电、防爆炸、防火灾、防中毒，消灭一切事故"的活动。国营和集体建筑施工企业也都根据条例开始制定本企业的安全生产责任制，成立安全机构，开展了企业内部的安全生产管理工作。

20 世纪 80 年代末 90 年代初，我国建筑业加快了法规建设的步伐。1989 年 9 月 30 日，建设部以第 3 号令颁布《工程建设重大事故报告和调查程序规定》，将工程建设中发生的事故等按照死亡人数的多少和经济损失金额的大小划分成四个等级，对事故报告、现场保护、事故调查、责任者及责任单位的处罚等做出了明确的规定。1991 年 7 月 9 日，建设部以第 13 号令发布了《建筑安全生产监督管理规定》，其中明确建设行政主管部门对建筑安全生产行业监督管理工作的职责；确立了建设行政主管部门与安全监督站的关系；也对建筑企业应负的安全生产的责任与义务等做出了明确的规定。1994 年建设部又以部文的形式提出了对"四大伤害"即高处坠落、触电、物体打击、机械伤害进行专项治理的规定和要求。

2002 年建设部发布了《建设领域安全生产行政责任规定》、《建设部安全生产制度》和《建设部安全生产工作职责》，明确了建设行政主管部门在行政管理中应当建立防范和处理安全事故的责任制度，各地也据此出台了相应的安全生产责任追究制度，有的地区还制定了《建设系统特大安全事故应急救援指导预案》，加大了监管力度。为了进一步规范有关涉及建设安全的项目审批、审批后的监察、安全生产监督和行政处罚等行政行为，建设部加大了对施工企业安全生产的动态管理，对企业实施安全生产一票否决制，并把企业评优、工程招投标、企业资质年审等工作环节同安全生产相挂钩，促使企业不断强化安全生产管理。

2. 安全技术

从建国初期至 1990 年的 40 年间，我国建筑业施工技术有了长足的进步，施工工艺、施工方法、施工机具等都发生了很大变化，特别是施工机械化程度的提高，减少了手工操作，提高了工作效率。随着施工技术的进步，为保护操作者在施工过程中安全健康的安全技术也有了很大的发展。

（1）机械代替了手工操作

1963 年以后，随着砂浆、混凝土搅拌机的应用结束了搅拌混凝土时工人用"三锹沙子，一锹灰"的手工劳动的历史；各种挖掘机的出现，使大量的土方挖掘工作由施工机械代替，既减轻了工人挖掘土方的劳动强度，也减少了土方塌方所造成群死群伤事故的危险。

电平刨、电锯等的使用，使木工的劳动强度减低，提高了工作效率，减少了木工机械伤人的事故。建设部于1980年开始研究推广使用了定型的木工机械防护装置。

（2）垂直运输机械改变了运输方式

20世纪80年代初，龙门架、井字架等物料提升机逐渐实现了定型化、标准化、装配化，停靠、限位等防护和保险装置逐渐齐全。结束了长期以来施工现场的垂直运输主要靠人抬、肩扛、沿脚手架搭成的"马道"向上运送建筑材料的历史。

近年来，随着塔式起重机和施工用电梯的普遍使用，彻底改变了建筑施工的垂直和水平运输方式，也为操作人员创造了安全的作业条件。

施工机械化减轻了施工人员工作强度，提高了工作效率，但也带来了机械伤害的危险。为此，很多地区和单位开始落实"在使用新材料、新技术、新设备、新工艺的同时，必须研究相应的安全技术，要改革工艺，减少不安全因素"的要求，也开展了研制和使用限位保险装置、停层保险装置和安全防护装置，在一定程度上减少了机械伤害的危险。

（3）附着式升降脚手架的出现，推动了脚手架工程的技术进步

自1993年起，在高层建筑中开始使用附着式升降脚手架。它一般能覆盖四层建筑物，利用钢管脚手架的材料制成了半定型的产品，附着在建筑物上，自行升降。这就改变了外脚手架必须从地面搭起的做法，节约了人工和材料，提高了工作效率，减少了操作人员在高空独立悬空作业的危险。附着式升降脚手架为使架设设施实现工具化、定型化、标准化开辟了先例，推动了脚手架工程的技术进步。

（4）施工现场从开放式防护达到了全封闭式防护

1982年建设部提出建筑施工安全技术的"十项防护措施"。从此，进入施工现场要戴安全帽，上高空要系安全带，在建工程外围要设置水平安全网等规定开始实施。工人们把安全帽、安全带和安全网称为救命的"三宝"，每年在全国范围内由于"三宝"的利用，可以救助几百名建筑工人。尽管安全网可以接住上面掉下来的各种物料和人员，但这仅是一种开放式的防护，操作人员暴露在危险的环境中。为提高防护水平，1993年建设部开始在施工现场推广使用绿色的密目式安全网；1999年建设部又提出废止大网眼的安全网在建筑物外围的使用，即要求用密目式安全网将在建工程全封闭。这不仅为操作人员创建了一个安全舒适的作业环境，阻挡了施工中各种落物，也为城市增添了绿色的新景观。

自1988年以后，建设部不断组织研制新的安全防护技术，目前，在建工程的临边、洞口的防护栏杆、防护门基本实现定型化、工具化。

（5）治理和消除尘毒作业危害

水泥粉尘是施工现场主要的尘毒危害。自1979年起，建设部开始研究治理防止水泥粉尘危害的办法，先后在施工现场推广了布袋式收集粉尘和密闭上料、隔离搅拌等措施，收到了一些效果。自20世纪90年代中期以后，建设部强制推行使用商品混凝土，施工现场不再自行搅拌混凝土，水泥危害已基本消除。

有毒气体的治理：乙炔、沥青等气体也是建筑施工中不可避免的一种污染。乙炔来源于浮桶式乙炔罐，沥青来源于熬制过程，上述设施和工艺已于20世纪80年代中期废止。

因此，施工现场乙炔和沥青的气体危害已经不存在。

电焊锰尘也是建设系统治理的一项重要工作，自 20 世纪 80 年代初开始，各地区通过更新护目镜、定期检查身体、轮休等办法，为缓解电焊工的眼疾及健康状况，收到了一定的效果。

施工现场实现了地坪硬化；沟、槽用密目网覆盖，温暖季节种植绿地草坪，消除了尘土飞扬，美化了环境。

3. 建筑安全行业管理

自 1953 年国家设立了建工部以后，在部内就设置了建筑安全行业管理的机构和人员，那时为了与国家主管安全工作的劳动部对口，将主管建筑安全的部门就设在了劳动工资局，各省、市建设主管部门也和部里一样，分别在劳动工资、技术监督或质量等部门设置了专、兼管建筑安全的处、科、室，配备了专管人员。所以，自建国初期以来建设系统就开展了建筑安全的行业管理工作，不过那时主要工作是调查统计伤亡事故和制定个人防护用品使用标准等。

1979 年，劳动工资局恢复后，在计划处配备了 3 个人管理安全工作。1980 年为吸取"渤海 2 号"事故教训、强化安全生产工作，建筑安全与计划分离，成立了劳动保护处，开始从立法、监督、管理等全方位的进行行业管理工作。但各地区由于受到人员编制等制约，建筑安全行业管理机构始终不健全，配备的人员少，满足不了建筑业发展的需要。1983 年根据国发 85 号文提出的"国家监察、行政管理、群众监督"的管理体制，建设部除要求在各地建设行政主管部门设置主管机构外，还要求在城市中设立建筑安全监督站，负责建筑安全行业管理的日常工作。1988 年，根据劳动部的"在产业部不再设劳动工资部门"的意见，劳资局撤消，劳动保护处转到工程建设监理司并更名为安全监督管理处。2001 年，建设部为强化建筑安全行业管理工作，成立了工程质量安全监督与行业发展司。

4. 事故的起数、伤亡人数、经济损失的历史对比

处在蓬勃发展阶段的建筑业，同时也是伤亡事故的多发部门。20 世纪 90 年代以来，平均每年发生事故 1500 多起，死亡人数在 1200～1500 人左右，每年由伤亡事故造成的直接经济损失达 9800 余万元，间接经济损失近 2 亿元。1997 年发生事故 1145 起，死亡1280 人；1998 年发生事故 1013 起，死亡 1180 人；1999 年发生事故 923 起，死亡 1097人；2000 年发生事故 846 起，死亡 987 人；2001 年发生事故 1004 起，死亡 1045 人；2002 年建筑业发生事故 1208 起，死亡 1292 人。建筑业百亿元产值死亡率 1997 年为14.03，1998 年为 11.73，1999 年为 9.84，2000 年为 7.89，2001 年为 6.8。2002 年为6.97。1997～2001 年 6 年间建筑业百亿元产值死亡率下降了 52%，2002 年与 2001 年相比死亡率略有上升，虽然特大建筑施工安全事故起数和人员死亡有所下降，但建筑业伤亡事故的绝对值有所上升，安全形势依然不容乐观。具体伤亡事故情况见表 2-4。

1997～2002 年建筑业伤亡事故情况表 表 2-4

年　　份	伤亡事故起数（次）	死亡人数（个）	百亿元产值死亡率
1997 年	1145	1280	14.03
1998 年	1013	1180	11.73
1999 年	923	1097	9.84
2000 年	846	987	7.89
2001 年	1004	1045	6.8
2002 年	1208	1292	6.97

2.2.4 建设工程事故预防

建设工程事故属于人为性事故，工程事故发生具有双重性，即微观上的可避免性和宏观上的不可避免性。

工程建设的安全，不仅关系到我国建筑行业的健康发展，更关系到国家的基础设施建设，关系到整个国民经济的发展。工程事故的发生给涉及事故的个人、单位以及社会带来了严重的损失，对整个社会的影响是巨大的，尽管各个工程事故的直接原因各种各样，作为间接原因的技术因素、工人自身素质和建立因素则是相似的。因此建设工程事故预防应从技术、教育和法制三方面考虑。技术、教育和法制对策即国际上公认的"3E 安全对策"。

1. 技术对策

要预防事故的发生，首先要编制各种操作的安全规程，科学指导勘测、设计、施工和建筑使用的整个过程；在建设工程各项工作中都应该将安全因素放在第一位考虑；其次要积极推广目前已经成熟的新工艺，正确使用各种施工机械，提高劳动效率，准确监测各种施工参数，完善预防措施；再次，要推广国际先进的管理体系，提高管理效率。

2. 教育对策

各相关单位的技术人员应熟悉各种规范、规程和安全条例，有必要时对岗位再培训，从源头上防止技术失误的出现。施工企业是工程建设的主体单位，加强基层建筑工人的文化、技术培训和安全教育才能切实保证生产的安全，要让工人清楚地认识到自己所进行的工作性质、危险性程度和避免危险的措施，了解工作场所的危险源。特种作业人员应严格按照国家有关规定，进行培训、持证上岗。

3. 法制对策

只有建立法制对策，才能保证落实安全对策。我国于 1997 年颁布实施了《中华人民共和国建筑法》，2000 年颁布实施了《中华人民共和国招投标法》，2002 年颁布实施了《中华人民共和国安全生产法》，《建设工程安全生产管理条例》也已于 2004 年出台。这些法律法规的颁布，表明了政府对建筑工程生产安全的关注，从法制角度规范了建筑市场，对建设工程的安全进行了宏观的控制，有利于建筑业的健康发展。

2.3 建设工程事故应急预案体系设计

《建设工程安全管理条例》关于应急预案有如下规定：

第四十七条 县级以上地方人民政府建设行政主管部门应当根据本级人民政府的要求，制定本行政区域内建设工程特大生产安全事故应急救援预案。

第四十八条 施工单位应当制定本单位生产安全事故应急救援预案，建立应急救援组织或者配备应急救援人员，配备必要的应急救援器材、设备，并定期组织演习。

第四十九条 施工单位应当根据建设工程施工的特点、范围，对施工现场易发生重大事故的部位、环节进行监控，制定施工现场生产安全事故应急救援预案。实行施工总承包的，由总承包单位统一组织编制建设工程生产安全事故应急救援预案，工程总承包单位和分包单位按照应急救援预案，各自建立应急救援组织或者配备应急救援人员，配备救援器材、设备，并定期组织演习。

因此，建设工程应急预案体系由政府建设工程特大生产安全事故应急预案、施工单位生产安全事故应急预案、施工现场生产安全事故应急预案三级预案构成。其中政府建设工程特大生产安全事故应急预案由县级以上人民政府建设行政主管部门制定。施工单位生产安全事故应急预案、施工现场生产安全事故应急预案由施工单位制定。

2.3.1 政府建设工程特大生产安全事故应急预案

政府建设工程特大生产安全事故应急预案是政府在建设工程方面的专项预案，用于指导政府对管辖地区内建设工程特大安全事故的应急救援。县级以上政府上地方人民政府建设行政主管部门应当根据本级人民政府的要求，制定本行政区域内建设工程特大生产安全事故应急救援预案。

政府建设工程特大生产安全事故应急预案的框架和主要内容一般包括以下几个方面：

1. 总则；
2. 组织机构和职责；
3. 预防预警机制；
4. 应急救援程序（应急响应）；
5. 救护人员培训及器材（应急保障）；
6. 后期处置；
7. 监督检查和考核；
8. 附则。

2.3.2 施工单位生产安全事故应急预案

施工单位生产安全事故应急预案是施工单位为应对生产安全各类事故制定的综合预案，用于指导施工单位进行不同施工现场，各类事故的应急救援。

施工单位生产安全事故应急预案的框架和主要内容一般包括以下几个方面：

1. 总则；
2. 组织机构和职责；
3. 应急预案的启动依据；
4. 报警及通信、联络方式；
5. 重大事故应急救援程序（各类事故应急救援专项预案）；
6. 应急程序技能的培训与演习；
7. 应急预案的修改和完善；
8. 相关法律文件和主要附件清单。

2.3.3 施工现场生产安全事故应急预案

施工现场生产安全事故应急预案是施工现场应对各类事故的方案。

按照工作性质分，施工现场生产安全事故应急预案包括管线敷设事故应急救援预案、装修工程事故应急救援预案、基坑作业事故应急救援预案、模板安装拆除作业事故应急救援预案、脚手架搭拆、塔吊装拆作业事故应急救援预案等。

按照事故类型分，施工现场生产安全事故应急预案包括坍塌事故应急救援预案、倾覆事故应急救援预案、物体打击事故应急救援预案、机械伤害事故应急救援预案、触电事故应急救援预案、高空坠落事故应急救援预案、火灾事故应急救援预案、施工中挖断水、电、通信光缆、煤气管道事故应急救援预案等。

施工现场应急预案的主要内容包括：

1. 目的；
2. 适用范围；
3. 组织机构和职责；
4. 应急救援指挥流程图；
5. 救护器材、人员培训与演习；
6. 应急响应和救援程序；
7. 现场恢复和善后处理；
8. 应急预案的修改与完善。

2.4　建设工程事故应急预案文件体系

应急预案要形成完整的文件体系以充分发挥作用，有效完成应急行动。一个完整的应急预案应包括总预案、程序、说明书和记录四级文件体系。建设工程应急预案同样也分四级。

从记录到预案，层层递进，组成了一个完善的预案文件体系，从管理角度而言，可以根据这四类预案文件等级分别进行归类管理以保证应急预案得以有效的运用。在实际中，由于预案和程序之间的差别并不十分显著，通常需要全体读者知道的内容归于预案，而只有某个人或某部门才需要的信息和方法则作为部门的标准工作程序，应避免在应急预案中提及不必要的细节。对于文件体系的结构设计要结合组织的其他管理体系，要做到兼容。应急救援预案的文件体系要覆盖组织的所有应急活动。

应急预案的文件一般分为四级，如图 2-9 所示。一级文件是"预防手册"，二级是程序文件，三级是说明文件，四级是记录文件。

一级文件预案手册一般涉及的内容是：

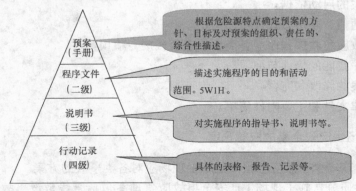

图 2-9　应急预案文件体系

- 事故或突发事件的定义；
- 事故或突发事件的管理政策、方针、原则；
- 事故预案编制的指导思想和目标；
- 应急组织体系及职责；
- 应急预案体系。

一级文件可由一系列为实现紧急管理政策和预案目标而制定的紧急情况管理程序组成，包括对紧急情况的应急准备、现场应急、恢复的程序，以及训练程序、事故后果评价程序等。

二级文件程序文件，内容包括行动的目的；行动的范围；行动的模式；行动程序等。编写和表达的模式可用5W1H，即为什么、做什么、谁去做、什么时间、什么地点、如何做等内容。目的是为应急行动提供信息参考和行动指导；格式可用文字叙述、流程图表、或是两者的组合等。

2.4.1 总预案的编写

一级文件——总预案或称为基本预案。它是总的管理政策和策划。其中应包括应急救援方针、应急救援目标(针对何种重大风险)、应急组织机构构成和各级应急人员的责任及权利，包括对应急准备、现场应急指挥、事故后恢复及应急演习、训练等的原则的叙述。

2.4.2 程序文件编写

二级文件——应是对于总预案中涉及的相关活动具体工作程序。应针对的是每一个具体内容、措施和行动的指导。规定每一个具体的应急行动活动中的具体的措施、方法及责任。每一个应急程序都应包括行动目的和范围、指南、流程表及具体方法的描述，包括每个活动程序的检查表。

程序说明某个行动的目的和范围。程序内容十分具体，其目的是为应急行动提供指南。程序书写要求简洁明了，以确保应急队员在执行应急步骤时不会产生误解。程序格式可以是文字、图表或两者的组合。

不同类型的应急预案所要求的程序文件不同，应急预案的内容取决于它的类型。一个完整的应急预案的程序文件包括预案概况、预防程序、准备程序、基本应急程序、专项应急程序、恢复程序。需要编写的应急程序如表2-5所示，重大危险源应急程序中还要列出应急管理制度清单见表2-6和所需应急附件清单见表2-7。

应急预案中需要编写的应急程序清单   表2-5

预案概况	目　录	预案基本要素	应急计划指导思想
	预案分配表		应急组织与职责
	变更记录		应急计划评估、检查与维护
	实施令	预防程序	消防措施
	名词、定义		关键设备、设施的检测与检查
预案基本要素	简　介		安全评审
	目　的		风险评价程序
	政策、法规依据	准备程序	应急资源和能力评估程序
	安全状况		人员培训程序
	可能的事故情况		演习程序

续表

准备 程序	物资供应与应急设备	基本应急 行动程序	公共关系处理程序
	记录保存		应急关闭程序
	应急宣传	专项应急 程序	火灾和泄漏事故应急程序
基本应急 行动程序	报警程序		爆炸事故应急程序
	应急启动程序		其他事故应急程序
	通信联络程序	恢复 程序	事故调查程序
	疏散程序		事故损失评价程序
	指挥与控制程序		事故现场净化和恢复程序
	医疗救援程序		生产恢复程序
	交通管制程序		保险索赔程序
	政府协调程序		

应急工作制度列表　　表 2-6

应急工作 制度	学习、培训制度
	绩效考核制度
	值班制度
	例会制度
	救灾物资的管理制度
	财务管理制度
	定期演练、检查制度
	总结评比制度
	应急设备管理制度

应急附件列表　　表 2-7

应急附件	应急机构人员通讯录
	组织员工手册
	专家名录
	技术参考（手册、后果预测和评估 模型及有关支持软件等）
	应急设备清单
	重大危险源登记表、分布图
	重要防护目标一览表、分布图
	疏散路线图
	应急力量一览表、分布图
	外部援助机构一览表
	现场平面图
	交通图
	通信联络图
	应急程序图

各种工作制度对应急行动作了各方面的规定，是救援队伍的行为规范和准则。只有健全的规章制度才能保证应急救援工作的顺利开展。

2.4.3　说明书和记录的编写

三级文件——说明书与应急活动的记录（程序中特定细节及行动的说明，责任及任务说明）。

四级文件——对应急行动的记录。包括制订预案的一切记录，如培训记录、文件记录、资源配置的记录、设备设施相关记录、应急设备检修纪录、消防器材保管记录、应急演练的相关记录等等。

说明书是对程序中的特定任务及某些行动细节进行说明，供应急组织内部人员或其他个人使用。例如应急队员职责说明书，应急监测设备使用说明书等。

应急行动记录是指在应急行动期间的所作的通信记录、每一步应急行动的记录等。

3   事故应急救援理论

3.1   应 急 管 理

3.1.1   应急管理的概念

应急一般是指针对突发、具有破坏力事件采取预防、响应和恢复的活动与计划。应急工作的主要目标是：对突发事故灾害做出预警；控制事故灾害发生与扩大；开展有效救援，减少损失和迅速组织恢复正常状态。

应急管理是对事故的全过程管理，尽管事故的发生往往具有突发性和偶然性，但事故的应急管理应贯穿于事故发生前、中、后的各个过程，不只限于事故发生后的应急救援行动。

事故应急管理是为了预防、控制及消除事故，减少其对人员伤害、财产损失和环境破坏的程度而进行的计划、组织、指挥、协调和控制的活动。事故应急管理是一个动态过程，包括预防、预备、响应和恢复四个阶段。尽管在实际情况中，这些阶段往往是重叠的，但他们中的每一部分都有自己单独的目标，并且成为下个阶段内容的一部分。事故应急管理内涵图如图 3-1 所示。

1. 预防

预防工作就是从应急管理的角度，防止紧急事件或事故发生，避免应急行动。对于任何有效的应急管理而言，预防是其核心，此阶段紧急事件最容易控制，成本最小。在应急管理中，预防包含两层含义：一是事故的预防工作，即通过安全管理和安全技术手

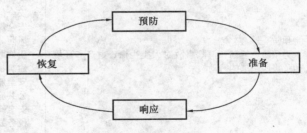

图 3-1   应急管理内涵图

段尽可能避免事故的发生，以实现本质安全的目的；二是在假定事故必然发生的前提下，通过预先采取的预防措施来降低或减缓事故影响和后果严重程度。

2. 准备

准备是应急管理过程中一个极其关键的过程，它是针对可能发生的事故，为迅速有效地开展应急行动而预先所做的各种准备，包括应急机构的设立和职责的落实、预案的编制、应急队伍的建设、应急设备及物资的准备和维护、预案的培训和演习、与外部应急力量的衔接等，其最终目的是保持事故应急救援所需的应急能力。其最终目的是保持紧急事件应急救援所需的应急能力，一旦紧急事件发生，力求损失最小化，并尽快恢复到常态。

3. 响应

响应又称反应，是在紧急事件发生之前以及紧急事件期间和紧急事件后，对情况进行科学合理分析，立即采取的应急救援行动，防止事态的进一步恶化。响应的目的是通过发挥预警、疏散、搜寻和营救以及提供避难所和医疗服务等紧急事务功能，使人员伤亡及财产损失减少到最小。

4. 恢复

恢复工作应在事故发生后立即进行，它首先对紧急事件造成的影响评估，使紧急事件影响地区恢复最起码的服务，然后继续努力，使社区恢复到正常状态。要立即开展的恢复工作包括事故损失评估，清理废墟，食品供应，提供避难所和其他装备；长期恢复工作包括厂区重建和社区的再发展以及实施安全减灾计划。恢复阶段还要对应急救援预案进行评审，改进预案的不足之处。

3.1.2　事故应急管理的内容与应对措施

预备、响应和短期恢复工作，要求在政府部门和企业间协调和决策时具备熟练的战术，以便应对事故情况下的应急行动。长期恢复和减灾，则要求在计划、政策设计和采取降低风险行动以及控制潜在事故的影响方面，具有战略性的行动。在应急行动产生之前，预防和预备阶段可持续几年、几十年，乃至几百年；然而，如果应急发生则导致随之的恢复阶段，新的应急管理又以预防工作开始。

事故应急管理四个阶段的内容与应对措施见表 3-1。

事故应急管理四个阶段的内容与应对措施　　　　　　　　　　　　　　表 3-1

阶　　段	内容与应对措施
预防 　为预防、控制和消除事故对人类生命、财产和环境的危害所采取的行动	安全法律、法规、标准 灾害保险 安全信息系统 安全规划 风险分析、评价 土地勘测 建筑物安全标准、规章 安全监测监控 公共应急教育 安全研究 税务鼓励和强制性措施
预备 　事故发生之前采取的行动。目的是应对事故发生而提高应急行动能力及推进有效的响应工作。	国家政策 应急预案（计划） 应急通告与报警系统 应急医疗系统 应急公共咨询材料 应急培训、训练与演习 应急资源 互助救援协议 特殊保护计划 实施应急救援预案

续表

阶　　段	内容与应对措施
响应 事故发生前及发生期间和发生后立即采取的行动。目的是保护生命，使财产、环境破坏减小到最小程度，并有利于恢复	启动应急通告报警系统 启动应急救援中心 提供应急医疗援助 报告有关政府机构 对公众进行应急事务说明 疏散和避难 搜寻和营救
恢复 使生产、生活恢复到正常状态或得到进一步的改善	清理废墟 损失评估 消毒、去污 保险赔付 贷款和核批 失业评估 应急预案的复查 灾后重建

应急管理工作贯穿紧急事件发生之前、中、后完成。由于紧急事件发生时，人们对其反应的时间有限，而且必须在有限的时间迅速做出准确的决策，但是由于信息来源有限、应急所需的人力和设备可能超过实际可得等情况，因而要求应急管理工作者及应急管理工作必须涉及如下方面：

（1）应急管理者要对组织可能发生的紧急情况提高警惕，提前预防，并将紧急事件的影响控制到最小限度。

（2）在紧急事件发生前应急管理者应制定应急救援预案，做出响应与恢复计划，对员工进行应急培训与演习，并为组织和社区做好准备以应对未来可能出现的紧急情况及其冲击。

（3）在紧急事件发生时，应急管理者应及时出击，在尽快的时间内遏制紧急事件的发展。

（4）在紧急事件的处理过程中，应急管理者需要充分利用有限的物资资源和人力资源，保证应急救援预案的有效实施。

应急过后，管理者需要对随之而来的恢复和重建进行管理，这些工作应在应急预案中充分考虑，在事故发生之前给予充分的准备。

3.2　应急救援系统

事故应急救援系统是指负责事故预测和报警接收、事故应急救援预案的制定、应急救援行动的开展、事故应急救援培训和演习、事故恢复工作等事务，控制和消除事故，使事故损失程度降低到最小的由若干相互联系和作用的应急要素组成的一个有机体。

事故应急救援体系是一个多维多层次的体系，既涉及到救援的组织机构，又涉及救援的支持保障；既包含救援系统的核心要素，又需要响应程序来实现其功能等等。故本节从应急救援系统的组织机构、核心要素、响应机制及响应程序几个方面阐述。

3.2.1　应急救援系统的要素

系统是指由若干相互联系、相互作用、相互依赖和相互制约的若干事物和过程所组成的一个具有整体功能和综合行为的统一体。事故应急救援系统是指负责事故预测和报警接收、事故应急救援预案的制定、应急救援行动的开展、事故应急救援培训和演习、事故恢复工作等事务，控制和消除事故，使事故损失程度降低到最小的由若干相互联系和作用的应急要素组成的一个有机体。从安全系统的动态特性出发，人类的安全系统是人、社会、环境、技术、经济、信息等因素构成的大协调系统。事故应急救援系统是安全系统的子系统，也应是由人、社会、环境、技术、经济、信息等因素构成的协调系统。事故应急救援的总目标是通过预先设计和应急措施，利用一切可以利用的力量，在事故发生后迅速控制其发展，保护现场工人和附近居民的健康与安全，并将事故对环境和财产造成的损失降至最小程度，应急救援系统随事故的类型和影响范围而异，借鉴国外成功的事故应急救援系统。

1. 政府应急预案的基本要素

政府应急预案的基本要素是以下 6 个一级要素。

（1）方针与原则

反映应急救援工作的优先方向、政策、范围和总体目标（如保护人员安全优先，防止和控制事故蔓延优先，保护环境优先），体现预防为主、常备不懈、统一指挥、高效协调以及持续改进的思想。基本原则是：预防为主，统一指挥；分级负责，区域为主；单位自救和社会救援相结合。

（2）应急策划

即进行：①危险分析；②资源分析；③法律法规要求。

（3）应急准备

即要考虑：①机构与职责；②应急资源准备和设计；③教育、训练与演习；④建立互助协议。

（4）应急响应

这是应急预案最重要的要素，涉及内容：①接警与通知；②指挥与控制；③警报和紧急公告；④通信；⑤事态监测与评估；⑥警戒与治安；⑦人群疏散与安置；⑧医疗与卫生；⑨公共关系；⑩应急人员安全；⑪消防和抢险；⑫泄漏物控制。

（5）现场恢复（短期恢复）

即宣布应急结束的程序；撤点、撤离和交接程序；恢复正常状态的程序；现场清理和受影响区域的连续检测；事故调查与后果评价等。目的是控制此时仍存在的潜在危险，将现场恢复到一个基本稳定的状态，为长期恢复提供指导和建议。

（6）预案管理与评审改进

包括对预案的制定、修改、更新、批准和发布做出管理规定，并保证定期或在应急演习、应急救援后对应急预案进行评审，针对实际情况的变化以及预案中所暴露出的缺陷，不断地更新、完善和改进应急预案文件体系。

2. 企业应急预案的基本要素

结合我国的实际情况，企业一个高效的事故应急救援系统应该有如下一些要素：

（1）应急救援计划

应急救援预案是政府或企业为降低事故后果的严重程度，以对危险源的评价和事故预测结果为依据而预先制定的事故控制和抢险救灾方案，是事故应急救援活动的行动指南。它是应急救援系统的重要组成部分，针对各种不同的紧急情况制定有效的应急救援预案不仅可以指导应急人员的日常培训和演习，保证各种应急资源处于良好的备战状态，而且可以指导应急行动有序进行，防止救援不力而贻误战机。

（2）应急救援组织机构

建立坚强有力的应急救援组织是落实事故应急救援预案的关键。健全的应急救援组织应包括处理应急事故的领导机构、专业和资源救护队伍、应急专家咨询系统、医疗以及后勤、保卫等其他必要的机构。小规模企事业单位的应急救援组织机构可由单位其他部门担任，但是系统的各个机构要权责明确，整个应急救援组织应训练有素，保证紧急事故出现后召之即来，来之能战，战之能胜。

（3）通信联系和报警系统

通信联系在应急系统中是一个决定性因素。企业应建立可靠的通信联络与报警系统，确保一旦现场发出警报，就能立即通知应急服务机构，同时必须将事故的性质、正在采取的行动以及控制后果的措施等信息及时向有关人员和公众提供。

（4）应急器材与设施

主要包括消防器材、紧急照明设备、个人防护用品、疏散通道、安全门、急救器材与设备等。

（5）外部援助系统

外部援助系统包括上级指挥中心，特殊专业人员（如分析化学家、毒理学家、气象学家等），事故应急处理数据库、实验室、消防队、警察局、应急专家咨询机构、军事或民防机构，公共卫生机构、医院、运输公司等。

（6）事故预警监测系统

事故预警监测系统是对危险源的情况进行监测，并将信息反馈给相应的管理部门，发生事故时对事故的进展进行监测并将信息反馈给决策部门，以便采取相应的应急救援措施。

3.2.2 应急救援系统的组织机构

应急救援系统包括多个运作中心，主要有应急指挥中心（紧急运转中心）、事故现场指挥中心、支持保障中心、媒体中心和信息管理中心。系统内的各中心都有各自的功能职责及构建特点，每个中心都是相对独立的工作机构，但在执行任务时相互联系、相互协调，呈现系统性的运作状态。应急救援系统组成见图3-2。

1. 应急指挥中心

应急指挥中心在事故应急救援系统中主要进行事故应急行动中的信息协调，提供应急对策、处理应急后方支持及其他管理职责，是进行应急行动全面统筹的中心，能保证整个应急救援行动有条不紊地进行，减少因事故救援不及时或救援组织工作紊乱而造成的额外

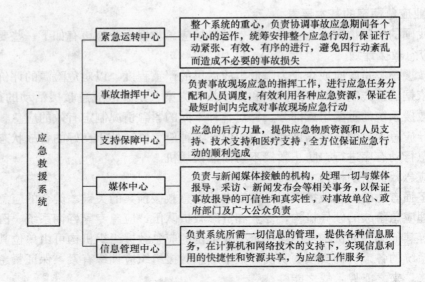

图 3-2 应急救援系统的组织机构

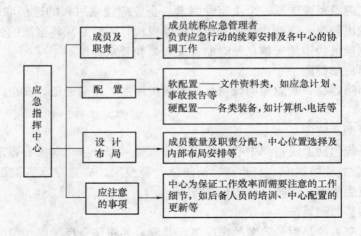

图 3-3 应急指挥中心的建立

人员伤亡和财产损失。应急指挥中心的建立见图 3-3。

2. 事故现场指挥中心

事故现场指挥中心是应急救援系统中与应急指挥中心相对应的现场指挥机构。该中心与应急指挥中心的不同之处在于它偏重于事故现场的应急救援指挥和管理工作,它的职责主要是在事故应急中负责在事故现场制定和实施正确、有效的事故现场应急对策,确保应急救援任务的顺利完成。事故现场指挥中心是整个现场应急救援工作的指挥者和管理者。事故现场指挥中心的建立见图 3-4。

3. 支持保障中心

支持保障中心在整个应急救援系统中起到应急后方力量支持保障的作用,为事故应急救援的完成提供应急所需的物资和人力资源。事故支持保障中心的建立见图 3-5。

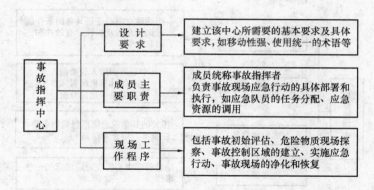

图 3-4　事故现场指挥中心的建立

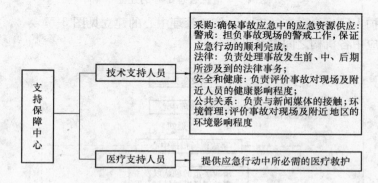

图 3-5　支持保障中心的建立

4. 媒体中心

媒体中心在事故应急救援系统中安排事故应急救援过程中媒体报道、采访和新闻发布。任何一个事故的发生都可能引起媒体的注意。如果事故发生没有专门的机构来处理与媒体的关系，则可能导致媒体报道失真，影响应急救援行动，破坏事故单位在公众的形象，甚至引起公众的恐慌。媒体中心的建立见图 3-6。

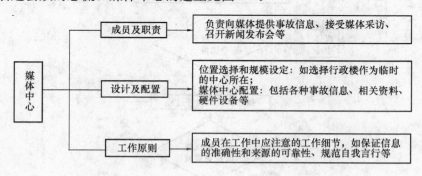

图 3-6　媒体中心的建立

5. 信息管理中心

信息管理中心在事故应急救援系统中的主要任务是信息管理和信息服务。在当今社会，整个社会逐渐进入信息化时代，信息的高效利用能极大地节约原有应急所花费的时

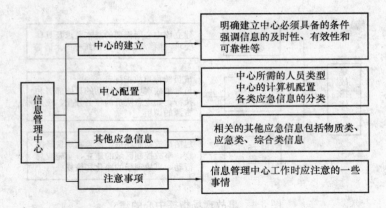

图 3-7　信息管理中心的建立

间，有效地保护人民生命财产的安全。信息管理中心的建立见图 3-7。

在应急响应中各机构之间关系见图 3-8。

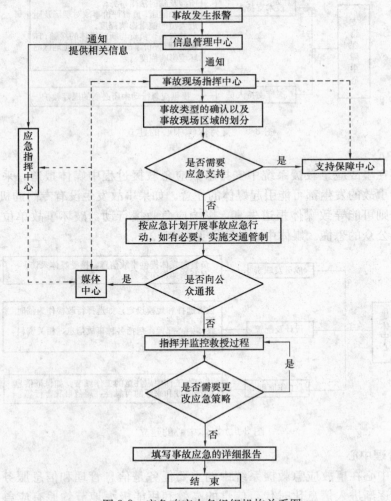

图 3-8　应急响应中各组织机构关系图

3.2.3 应急救援系统的响应机制

应急救援系统根据事故的性质、严重程度、事态发展趋势实行分级响应机制，针对不同的响应级别确定相应的事故通报范围、事故应急中心启动程度、应急力量的出动和设备及物资的调集规模、疏散范围以及应急总指挥的职位。

事故一旦发生，就应即刻实施应急程序，如需上级援助应同时报告当地县（市）或社区政府事故应急主管部门，根据预测的事故影响程度和范围，需投入的应急人力、物力和财力逐级启动事故应急预案。

在任何情况下都要对事故的发展和控制进行连续不断的监测，并将信息传送到社区级指挥中心。社区级事故应急指挥中心根据事故严重程度将核实后的信息逐级报送上级应急机构。社区级事故应急指挥中心可以向科研单位、地（市）或全国专家、数据库和实验室就事故所涉及的危险物质的性能、事故控制措施等方面征求专家意见。

企业或社区级事故应急指挥中心应不断向上级机构报告事故控制的进展情况、所做出的决定与采取的行动。后者对此进行审查、批准或提出替代对策。将事故应急处理移交上一级指挥中心的决定，应由社区级指挥中心和上级政府机构共同决定。做出这种决定（升级）的依据是事故的规模、社区及企业能够提供的应急资源及事故发生的地点是否使社区范围外的地方处于风险之中。

政府主管部门应建立适合的报警系统，且有一个标准程序，将事故发生、发展信息传递给相应级别的应急指挥中心，根据对事故状况的评价，启动相应级别的应急预案。

美国盐湖城市长办公室紧急事务管理计划将紧急事件等级划分为如下三级：

1. 一级紧急事件

（1）定义：能被一个部门正常可利用资源处理的意外事件。这里指的"正常可利用资源"，是指该部门在日常工作中可以响应的人力、物力。

（2）职责：正常职责范围内，是为适当地解决事件而做出决定。

（3）通知：无。

（4）行动：如果需要，主管部门可以建立一个当地的指挥部，而不需要整个城市采取行动。征用事务将由主管部门来处理。所需的后勤支持，增加人员或其他的资源，将是主管部门的附加职责。

2. 二级紧急事件

（1）定义：需要两个或更多的政府管理部门响应的意外事件，或需要本城市以外机构做出响应、给予援助的事件。这些事件需要合作努力，并且提供人员、设备或其他各种资源。它们干扰了部分或全部响应部门的正常工作。

（2）职责：做出主要决定的职责交给了正常管理这种情况的部门，而需要参与合作的部门，则是需要承担支持的部门。这些合作应该能够适当地解决问题。

（3）通知：市长应该得到开始行动部门关于事件情况的报告。

（4）行动：响应部门的上级机构可以建立一个当地的指挥所，并且通知地方上所有的响应部门。响应部门还可以建立一个行政管理指挥所（通常设在它的主要机构或其调度的地区内），并且应该通知所有响应部门及当地的市长。征用事务将由响应部门来处理。所需的后勤支持、增加人员或其他资源，是负责部门的附加职责。紧急事件所需的物资，应提交市长决定，他可以通过物资援助部门来迅速处理这些需求。

3. 三级紧急事件

（1）定义：必须利用城市所有部门及一切资源的意外事件，或者需要城市的各个部门同城市以外的机构联合起来处理各种情况。

（2）职责：做出主要决定的职责交给了紧急事务管理部门。指挥员可在现场做出保护生命和财产以及稳定局面所必需的各种决定。解决整个紧急事件的决定，应该由紧急事务管理部门负责。这一级别的紧急事件通常要由行使官方紧急事务权力的市长发布一个"紧急事件公告"。

（3）通知：将通知下列人员（当他们不在的时候，由该部门其他人员代替）：市长、各部门的第一把手、警察局长、消防局长、市政工程部门的领导及市长指定的其他人员。最早行动的部门负有制定以上通知的职责。开始行动的部门在任何情况下根据需要，可以得到由接到通知的警察局派遣的人员的帮助。

（4）行动：主要部门的主要领导应在当地建立一个指挥所，并通知所有具有职责的部门。警察局长应在城市紧急事务指挥中心中发挥重要作用。紧急事务管理部门的所有成员应向指挥中心报到，并尽可能随身携带一部手机。征用事务将由指挥中心承担。进一步的人员、物资和其他资源的获得，将是紧急事务管理部门的工作。所有支持人员将向消防指挥部报到。在三级紧急事件中，消防部门将承担必需的交通职能。

我国地方政府或企事业单位在确定其应急救援响应机制时可根据各自危险、危害情况具体确定。例如《北京市突发公共事件总体应急预案》为了有效处置各类突发公共事件，依据突发公共事件可能造成的危害程度、波及范围、影响力大小、人员及财产损失等情况，由高到低划分为特别重大（Ⅰ级）、重大（Ⅱ级）、较大（Ⅲ级）、一般（Ⅳ级）四个级别：

（1）特别重大突发公共事件（Ⅰ级）：是指突然发生，事态非常复杂，对北京市公共安全、政治稳定和社会经济秩序带来严重危害或威胁，已经或可能造成特别重大人员伤亡、特别重大财产损失或重大生态环境破坏，需要市委、当地政府统一组织协调，调度首都各方面资源和力量进行应急处置的紧急事件。

（2）重大突发公共事件（Ⅱ级）：指突然发生，事态复杂，对一定区域内的公共安全、政治稳定和社会经济秩序造成严重危害或威胁，已经或可能造成重大人员伤亡、重大财产损失或严重生态环境破坏，需要调度多个部门、区县和相关单位力量和资源进行联合处置的紧急事件。

（3）较大突发公共事件（Ⅲ级）：指突然发生，事态较为复杂，对一定区域内的公共安全、政治稳定和社会经济秩序造成一定危害或威胁，已经或可能造成较大人员伤亡、较大财产损失或生态环境破坏，需要调度个别部门、区县力量和资源进行处置的事件。

（4）一般突发公共事件（Ⅳ级）：指突然发生，事态比较简单，仅对较小范围内的公共安全、政治稳定和社会经济秩序造成严重危害或威胁，已经或可能造成人员伤亡和财产损失，只需要调度个别部门或区县的力量和资源能够处置的事件。

3.2.4　应急救援的响应程序

快速、有序且高效地处理事故需要事故应急救援系统中各个组织机构的协调努力。事故一旦发生，应立即启动事故应急救援系统的应急响应程序。响应程序按过程通常可分为接警、响应级别确定、应急启动、救援行动、应急恢复和应急结束等几个过程。重大事故应急救援系统响应程序如图3-9所示。

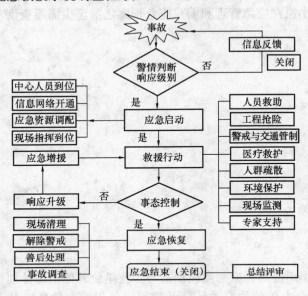

图 3-9 重大事故应急救援体系响应程序

重大事故应急救援体系响应程序包括警情与响应级别的确定、应急启动、救援行动、应急恢复和应急结束五大步骤：

1. 警情与响应级别确定

接到事故报警后，按照工作程序对警情作出判断，初步确定响应级别。如果事故不足以启动应急救援体系的最低响应级别，响应关闭。

2. 应急启动

应急响应级别确定后，按所确定的响应级别启动应急程序，如通知应急中心有关人员到位、开通信息与通信网络、通知调配救援所需的应急资源、成立事故现场等。

3. 救援行动

有关应急队伍进入事故现场后，迅速开展侦测、警戒、疏散、人员救助、工程抢险等有关应急救援工作。专家组为救援决策提供建议和技术支持。当事态超出响应级别，无法得到有效控制，向应急中心请求实施更高级别的响应。

4. 应急恢复

应急行动结束后，进入临时应急恢复阶段。包括现场清理、人员清点和撤离、警戒解除、善后处理和事故调查等。

5. 应急结束

执行应急关闭程序，由事故总指挥宣布应急结束。

一般灾害应急救援响应程序与重大事故相似，但结合具体事故情况，可作调整。

3.3 企业、施工现场应急实施能力的评估

应急预案编制小组进行企业、施工现场应急实施能力分析的首要任务是信息收集。这是应急管理中的一个重要部分，也是编写好应急预案的关键环节。信息所涉及内容包括企业内部有关计划与政策、有关外部组织的要求、相应的法律法规的查询、内部资源和能力的分析以及外部资源的分析。

3.3.1　熟悉企业、施工现场内部有关计划与政策

分析企业、施工现场的应急实施能力，就应熟悉本企业的生产、运营及发展状况，了解其有关的方针与政策，因此，应急小组在应急管理和编写应急预案之前至少需要查询本企业以下的文件：

(1) 疏散撤离计划；

(2) 防火方案；

(3) 安全与卫生方案；

(4) 环境政策；

(5) 治安程序；

(6) 保险方案；

(7) 员工应急手册；

(8) 工艺过程安全评估；

(9) 风险管理计划；

(10) 资本扩大规划；

(11) 互助协议。

应该注意，在预案起草前，应急小组应确保应急救援预案与企业单位其他组织计划相结合。企业的应急救援预案应确保符合本单位的有关计划及政策，与相关文件衔接和兼容。企业单位各部门之间、相邻单位或相关单位以及政府机构、社区组织等之间都应协调一致。

当预案最终定稿时，应急小组还应该与外界组织共同讨论预案的可应用部分，以确保正确估计应急能力，并得到其他的服务和资源补充。

3.3.2　符合外部组织要求

企事业单位应急实施能力的分析虽涉及本单位，但应急预案编制小组应确保与政府机构、团体组织和公共事业机构等部门联络，向他们咨询有关的可能发生的紧急事件以及计划和可利用的资源。在企事业的应急管理中，应急预案编制小组应与以下机构保持联络，并确保从那里获得有关的信息资源：

(1) 国家安全生产监督管理总局及应急管理部门；

(2) 市长或公共管理办公室；

(3) 地方应急委员会；

(4) 消防部门；

(5) 公安机关；

(6) 紧急医疗服务机关；

(7) 国家气象局；

(8) 地方气象局；

(9) 公共工程部；

(10) 计划委员会；

(11) 电信局；

（12）电力部；

（13）相关企业。

3.3.3 辨识法规和章程

企业根据所获得的有关法规明确所应负的相关责任和承担的义务，这是应急预案编制工作的法律依据和保障。因此，企业单位在应急管理中必须遵守相应的法律法规。在此基础上，每个单位根据自己所属行业和各自生产特点还应辨识可采用的国家、地方等有关应急的规章，如：

（1）有关职业安全卫生规则；

（2）有关环境规则；

（3）地方消防法规；

（4）地震安全法规；

（5）地方交通规则；

（6）地方性法规；

（7）地方合作政策。

3.3.4 评审相关的应急预案

某些企业单位可能根本没有应急预案，或只有很简单的预案。在修改或制定一个新的预案之前，对已有预案进行评审是很有必要的，评审相关预案包括已有的预案、周边地区及政府相关应急预案。

1. 评审已有的应急预案

评审与紧急情况相关的预案以加深对过去紧急情况管理方法的理解。相关的内容应包括设备手册、评价报告、防火计划、危险品泄漏应急计划、自然灾害应急预案，以及可能涉及的应急停车及类似活动的操作规程。评审和检查上述内容可以确保应急预案的连续性。在检查这些预案时，应急小组应注意应急预案的时效性。

2. 熟悉周边应急预案

应急小组应了解临近辖区是如何为紧急情况做准备的，熟悉临近辖区的预案可以及时发现自身某些被忽视的信息。

应急小组还应与临近企事业的相关人员对可能发生的事故以及资源和能力信息进行讨论，以寻找对应急操作程序等新的改进措施，并可与他们制定互助协议。

3. 了解政府应急预案

应急小组应了解包括政府和社团组织在内的社会应急网络的运转，了解社区或政府应急预案，使小组能理解这些政府机构或社团组织如何准备、应急和从紧急情况中恢复，这对本单位在紧急情况中得到支持有很大帮助。

印度中部的中央邦 2005 年 4 月 9 日发生了骇人听闻的的人为"洪灾"，100 多名在讷尔默达河里祈祷和沐浴的信教徒被一个水库排放的洪水冲走，造成至少 65 人死亡。

惨案发生在 2005 年 4 月 9 日早晨，地点是位于中央邦首府博帕尔以西 200km 的讷尔默达河段。印度教认为这条河流源自印度教中最受敬畏的神——湿婆神的身体，因此每年都有大批印度教徒到这条河里朝圣。4 月 9 日是这条河一年一度朝圣节日的最后一日，该河及其附近聚集了约 30 万名朝圣者，他们有的在河中沐浴，有的在岸边小憩。突然在没有下雨，也没有其他征兆的情况下，河水暴涨，猝不及防的人们乱成一团，纷纷跑向河堤，但湍急的河水仍把许多人冲走了。河岸上的救生员救起了许多被困在激流中的沐浴者，被冲走的多是在河岸上睡觉的民众。营救者在河流下游 7 公里范围内搜寻，但至少150 人不是死亡就是失踪。

当地政府把责任归咎于讷尔默河水力发电公司，称该公司管理的位于上游 100 公里处的英迪拉·萨加尔水库在毫无预警的情况下打开排水闸门，形成了人造洪水，酿成了这场惨案。

讷尔默达河水力发电公司承认，当时他们正以每秒 600 立方英尺的流量排水属正常发电计划。但该公司称：事前没有任何部门告诉他们下游正在举行宗教活动，而"警告民众和通知我们公司，讷尔默达河两岸有群众聚集是地方政府的职责"。

无论是企业，还是政府在制定预案时都应评审相关预案，但地方政府和公司之间缺乏协调，没有进行很好的沟通是导致这次惨剧的原因。

3.3.5　辨识关键性的产品、服务和操作

企业单位特别是一些商业机构需要辨识其自身关键性的产品、服务和关键性操作来评估潜在的紧急情况对企业自身造成的压力，从而进一步来决定企业进行救援工作的必要条件。需要进行复查的范围包括：

（1）公司产品与服务以及用于生产的设施设备；

（2）由供应商提供的产品与服务，尤其是提供产品的独家供应商；

（3）生命线工程如电源、水、管道、液化气、电信和交通；

（4）对企业持续发展至关重要的操作程序、设备和职工状况。

3.3.6　内部应急资源分析

企业单位内部应急资源主要包括：应急人员与应急设备、应急设施、应急组织对策及应急后援。

1. 应急人员

评价应急人力资源时，主要考虑应急人员的数量、素质和在紧急情况下应急人员的可获得性，以及人员对紧急情况的承受能力和应变能力。应急人员应涉及消防队，危险物响应组，紧急医疗服务，保安，应急管理组，疏散组，公共信息管理人员。

2. 应急设备

应急设备可分为现场应急设备和场外应急设备。现场应急设备包括：灭火装置、危险品泄漏控制装置、个人防护设备、通信设备、医疗设备、营救设备、文件资料等。在对现场区域事故发生可能性及危险性的分析基础上，预案制订者可以依据需要来制定所需设备清单，以便进行具体工作的部署。场外应急设备，这是指在列出设备清单以后，不必自备的应急设备，因为在事故发生现场的附近单位和公共安全机构会有一些必需的应急设备。利用这些设备，可以使内部和外部的应急资源得到互相补充，提高应急工作的效率，节约经费的支出，使节约的资金可以用于其他用途。

应急时要求有良好的报警系统。无论采取什么样的报警方式，应急小组应评估报警系

统及其工作的充分性；如果可能出现辐射能失调或超负荷情况，主要系统最好设有备用系统。另外，应急时使用的通信设备是至关重要的。

应急管理中常用的设备类型有：

（1）洒水灭火系统；

（2）消防供水系统；

（3）火灾检测系统；

（4）消防设备；

（5）毒物泄漏控制设备和供应；

（6）个人防护设备；

（7）医疗设备和供应；

（8）气象设备；

（9）生产和照明的备用电力；

（10）特殊危险的专用工具；

（11）有毒物质的传感装置；

（12）预测有毒化学物质扩散的软件和硬件；

（13）交通设备、培训设备和供应。

在应急管理中，应急要求的、企事业现有的和仍需要的应急设备和供应应以表格形式列出，形成文件。

由于救援设备是开展应急救援工作必不可少的条件。为保证救援工作的有效实施，企事业单位应尽早制定救援装备的配备标准。平时做好装备的保管工作，保证装备处于良好的使用状态，一旦发生事故就能立即投入实用。

救援装备的配备应根据各自承担的救援任务和救援要求选配。选择装备要从实用性、功能性、耐用性和安全性以及客观条件上配置。

另外，做好救援装备的保管工作，保持良好的使用状态是平时救援准备的一项重要工作。各救援部门都应制定救援装备的保管、使用制度和规定，制定专人负责，定时检查。做好救援装备的交接清点工作和装备的调度使用，严禁救援装备被随意挪用，保证应急救援的紧急调用。

3. 应急设施

企事业单位在应急管理中应具备必要的应急设施，具体包括应急操作中心、媒体中心、避难区、急救站和公共卫生站。如果单位不具备一定规模，可考虑一些部门在应急时充当相应的职能或考虑外部资源。

4. 组织对策

企事业单位应急管理中的应急资源还应包括应急培训与教育，因为在应急中只有得到每一名员工的支持才能确保应急的有效性。企事业单位在培训前应结合本单位进行应急培训需要分析，进而制定培训计划，建立培训程序。

（1）培训需求分析

培训需求分析是针对组织内每个层次和职能，结合企业所面临的风险以及相应的应急设备和能力，系统识别所需要的应急知识和技能。在此基础上，针对个人评价现有的应急知识和技能水平，比较个人现有应急知识和技能与其所处的层次和职能需要二者之间的差距，确定培训需求。如果上述二者之一发生了任何变化，则还需要进行培训需求分析。分析完成后，培训者应该按任务和职责对每个应急岗位的能力要求制定一个"工作/任务摘要"。工作/任务摘要简表的基本格式应该包括以下内容：

①使命：岗位的总体目标；

②重要职责：按职责对工作全面说明；

③任务：每项职责下要履行的各种任务；

④任务说明：明确说明责任人该怎么做；

⑤小组与个人：个人执行任务和小组执行任务之间的区别。

完成应急任务表后，应该核实所有职责、任务和相关任务的信息。根据工作/任务分析，可明确学习目标和培训后受训者希望的效果。

（2）制定培训方案

制定培训方案是根据培训需求分析，制定基本应急培训方案、专业应急培训方案。

基本应急培训是对与应急行动所有相关人员进行的最低程度的应急培训，包括除应急救援组织成员以外的与发生事故有关的任何人员，即所有员工及涉及的公众。通过普及教育使公众增加防灾意识，提高应对紧急事件的技能。培训内容包括：

①本区域存在的危险源及可能发生的事故类型；

②事故的预防措施和应急措施；

③发生事故时相关人员的职责；

④事故报警方法；

⑤防护用具的使用；

⑥自救与互救知识；

⑦应急信号识别；

⑧疏散路线。

基本应急培训的方式多种多样，对于一般了解的知识可以利用小册子、壁报、挂图、广播、电视等形式向有关人员做广泛的宣传教育，还可以进行专题讲座。

专业应急培训是对应急救援系统中各应急功能和应急程序的培训，参加人员主要是各应急功能和应急救援程序的执行人员。此培训有助于执行人员明确自己在应急救援中的职责，掌握应急知识和技能。此培训可以采用课堂授课和实际演习的方式进行。

（3）建立培训程序

组织在识别培训需求和实施培训方案时，应按程序进行。但组织需注意的是，在建立培训程序时，需根据组织内不同层次的职责、能力和文化程度以及所面临的风险的不同特点，有针对性地予以考虑，以便使程序更有效可行。

5. 后备系统

应急预案编制小组在进行应急资源分析时还应具备以下信息，这要求有关部门予以提供与支持，具体包括：

（1）通信系统；

（2）运输和接收；

（3）信息支持系统，包括应急电源、抢救支持系统等。

3.3.7 外部应急资源分析

紧急事件的发生可能不仅仅影响企业自身,并且一个单位的应急资源毕竟有限。当紧急事件发生时,有很多外部资源可用于应急管理中。在有些情况下,企事业有必要与外部机构签定正式的协议,以便在紧急事件发生时能够调用外部资源,做到资源共享。所涉及的外部应急机构包括:

(1)地方应急管理机构。国家在国务院设立的应急办,各省市地方政府应急机构,国家专业事故应急救援中心,如 2006 年初国家成立了副部级的生产安全事故应急救援中心。

(2)消防局。我国在公安部设有国家消防局,各省市、区、县都设立地方消防机构。

(3)危险化学品响应机构。我国在上海、青岛等市都设立有危险化学品事故信息中心。

(4)应急医疗服务。我国医疗服务系统也是安全事故应急救援的重要社会资源。

(5)地方和国家公安部门。

(6)社区服务机关。

(7)公用设施。

(8)合作商。相关合作企业和同行业都是应急救援所需要的技术和专业支持保障。

(9)应急设备供应商。

(10)保险公司。

(11)环境保护机构。

3.3.8 应急能力分析

在完成了应急资源评价后,更重要的工作是对应急能力的评价,因为应急能力的大小会影响一个应急行动是否能实现快速有效,其重要性是不可忽视的。与应急资源的评价相似,应急能力评价也分为内部应急能力和外部应急能力的评价。

1. 内部应急能力

指事故发生单位自身对事故的应急能力,这种能力可以确保事故单位采取合理的预防和疏散措施来保护本单位的人员,其余的事故应急工作留给应急救援系统中的其他机构来完成。

2. 外部应急能力

指利用事故单位以外的外部机构来对紧急情况进行应急的处理能力。发展外部应急能力可以节省发展内部应急能力所需的过多的人员培训、人力资源补充和装备配置的费用。

通常,在对现场内和现场外的应急能力进行评价以后,应根据实际情况合理确定两种能力发展的比例。预案编制小组可以结合下一节中危险分析结果采用表 3-2 进行风险评价与应急资源和能力评估结果统计,小组可以依据此表针对每一危险源导致的不同事故编制专项应急方案,依据此表结果制定应急资源清单,应急能力评估结果作为预案培训计划的制定依据。读者可结合下一节完成风险评价与应急资源和能力评估。

风险评价与应急资源和能力评估　　　　　　　　　　　　　表 3-2

危险源名称	导致事故类型	事故严重度	影响范围	应急级别	所需应急资源			应急能力评估
					应急人员	场外应急设备	现场应急设备	

3.4　政府辖区应急资源与能力评估

同企业应急预案编制方法相同，地方政府在建立应急预案编制小组之后，应明确预案小组职责，进行职权划分。预案编制小组在进行预案编制之前，应对现有的预案进行评审、整合，然后进行应急资源和应急能力的分析与评估。

3.4.1　现有应急预案的评审与整合

预案组织领导者自始至终都要有充足的时间和资源执行他负责的应急任务。预案制定完成也就意味该预案已经过时，因此要不断进行预案的重新评估和修订，以适应形势发展的需要，预案编制小组的领导者必须具有一定的能力，确保所有相关的管理部门互相沟通和通力合作。

地方政府预案既要与上级预案协调一致，又要与下级预案相互关联。很可能其他市、省的有关应急救援管理机构、消防或公安部门、环境部门、卫生部门或交通部门已经制定了各自机构的应急预案，下属企业也已经制定了自己的应急预案来应对企业的危险。因此地方政府在编制本辖区应急预案之前，应先了解上级政府有关预案，评审周边应急预案，掌握下级企业专项应急预案。这样可以避免预案重复，消除与现存预案的冲突，同时也减少预案的工作量，从中吸取经验和教训。

应急预案小组工作人员应及时对工厂应急预案和辖区及邻近地区的应急预案进行协调，以便对其中发现的问题提出互相可以接受的解决办法、分工合作有助于及时、有条不紊地对应急行动进行决策。

地方政府、社区和工厂要建立良好的伙伴关系，联合解决出现的问题，虚心地倾听不同看法、公开交换各种意见、有效领导以及充分理解各主要部门参加者的作用是成功的关键。

预案整合也包括各组织机构之间的协调，当由两个或两个以上单位执行同一任务时，确定由谁来负责是非常重要的。如政府与几个汽车公司或与几个救护站签订了协议书后应该任命一个负责人，其他人向负责人汇报。如果因此而引起摩擦，领导职位也可以由各组织成员定期轮流担任。

3.4.2 应急资源初步确认

应急资源是有效实施应急救援工作的重要条件，对一级政府而言，应急资源包括的种类很多，随紧急事件的类型不同而不同，但无论哪类紧急事件，其应急资源至少涉及如下的方面：

（1）应急资源的资金保障；

（2）应急救援物资保障；

（3）通信与信息；

（4）医疗卫生保障；

（5）交通运输保障等。

前面提到应急管理机构中应涉及财政、交通、通信、卫生等部门负责人，他们是应急管理与应急预案有效制定与实施的关键。应急管理机构在成立初始首先完成应急管理的时间安排与财政计划，财政部和县级以上人民政府应当在财政预算中安排资金，用于应急救援的有关工作，同时国家和各级政府应进行财政专行拨款以购置应急救援物资。在国家应急物资储备中，应当安排应急救援物资及装备用于特别重大事故的应急救援，县级以上地方人民政府及有关部门，根据应急救援的需要，在本行政区域内储备必要的应急救援物资和装备。

除了应急资金和应急物资之外，在应急响应过程中，如何能够有效、迅速地控制事态的发展，如何能最大限度地减少人员伤亡和事故损失，通信与信息、医疗卫生与交通运输条件都起着至关重要的作用，在应急资源评估中应充分考虑这些资源的需求。因此，电信部门和通信经营单位应当与国家应急管理机构建立应急救援通信系统和通信服务项目，为应急救援提供畅通的通信服务。当现有通信系统不能满足应急救援需要时，应在县级以上人民政府有关部门的要求下，建立临时性的应急救援通信手段。

国家和县级以上人民政府卫生行政管理部门应当积极配合、协助应急救援管理机构开展应急救援工作。参加应急救援的医疗单位，应当配备相应的医疗救治设备、药品，并对医护人员进行应急医疗救治技能的培训，满足应急救援的需要。

交通、民航、铁路、公安、消防等有关部门应当根据应急救援预案要求，做好应急救援交通运输保障准备。当道路、交通、运输能力不能满足要求时，应当采取相应措施。

国家和县级以上人民政府及其有关部门应当建立应急救援专家队伍，为应急救援工作提供技术支持。

在应急预案的制定过程中，应合理地对政府辖区内的资源进行评估，并在应急管理中对应急资源进行有效地整合。

3.4.3 应急行动人员的确定

在应急预案的编制过程中，必须确定出实施应急预案的人员。常见的地方反应机构如图 3-10，但实施过程中应特别考虑以下部门：

（1）消防部门；

（2）交通部门；

（3）公安部门；

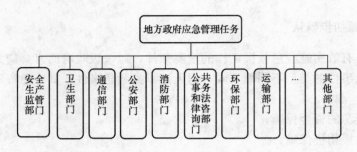

图 3-10　地方政府应急管理组织结构图

（4）志愿组织；

（5）地方医院或卫生机构；

（6）学校和寄宿单位；

（7）环境保护部门；

（8）新闻媒体；

（9）市政设施和公用工程部门。

在这些机构中，应急预案人员应根据他们的职位头衔及其在区域内的职责确认出专门联络社区点。担任这些职位的及其替代人员名单应在指挥系统组织结构图中表示出来。如前所述，人员可能经常变化，但是职位上是固定的，因此预案只以职位表示。相关人员的姓名和 24 小时联系电话应单独放在附录中。

一旦确定了人力资源、职责范围，就可制定出组织与功能的表格。

3.4.4　应急设施的确定

大多数情况下，地方政府具有的应急设施可以应对可能出现的各种紧急事故，并且地方政府制定有启动和使用应急设施的程序。对企事业单位的应急反应只需适当增加资源就可以了。但必须要在事故发生前进行预案，政府与提供应急设施的机构、组织或个人之间必须签订协议书和备忘录。

应急设施一般不是应急专用的。在许多社区，政府、公安或消防指挥部的一部分可作为应急指挥中心。

公众大多从媒体而且主要是电子媒体获得紧急情况的信息。为此，最好专门设立一个媒体中心，并请来自事故现场、地方政府和反应机构的负责人作为发言人。

地方应急反应所需的其他设施要根据风险分析阶段的辨识结果来确定。如果应急人员有可能暴露在有毒或有放射性物质的环境中，还需要设立一个污染清除中心。无论采用什么方法，都应制定好使用程序。受污染的伤员首先要清除污染，然后再接受医疗救治，这样可以避免应急医疗人员的交叉污染、必要时还要对车辆污染进行清除处理。

应急医疗救护也是必需的，在事故发生现场附近应设立专门区域，用于护士或应急医师对伤员进行急救，应急工作人员也可根据指挥，运送重伤员到地方医院或事先签有协议的医疗中心，预案小组应该确保这些医疗人员熟识社区内存在的危险。

对常见的快速移动的工业事故，公众最好的防护性行动是安全躲避。即留在或进入室内并关闭通风设备。但事故发生地附近区域可能还需要疏散，因此除了应制定包括最佳疏散路线的计划外，还要确定疏散人员的收容点和避难所。经验表明，多达 80％的疏散人员可以逃到事故区域外朋友或亲属的家中，因此收容点或避难所计划接收不超过 50％的被疏散人员。学校具有大厅和充足的卫生设施以及开阔的体育场，因此常作为避难所。在避难所，疏散人员可以临时住宿。接待中心也可用于接收短期、小规模的疏散人员。在大型疏散中，接待中心常作为登记处，必要时也可作为污染清除中心。从此场所，人们可到预先确定的避难所长期驻留。在这种情况下，接收中心作为记录疏散人员的位置和通知有关亲属的信息中心。

3.4.5 应急设备的确认

地方政府应急操作所需要的设备在某种程度上与企事业单位级的相同，但与应对的危险有关。应急指挥中心（EOC）要配备各类设备以应付重大紧急事故，必须要配备通信联络设备，以及用于公共预警系统和通信、交通管制、公用工程、执法和卫生医疗服务的设备，一般还要配备收发数据信息的复印和传真设备。

大型应急规划地图应放置在应急指挥中心的显著位置，在地图上标明重要交通、疏散路线和影响区的危险位置。重大危险范围可以用以一个中心点为圆心的圆表示，当已经确认出几个危险场所时，此方法特别有用，既可以避免在图上过于集中，又可以避免当发生紧急情况时不能修改。另外还可以表明特定工厂和受伤害人员的位置。对于交通事故，气态扩散的投影覆盖图或模板也很有用，知道风向和风速后，可以立即确认出需要采取防护行动的危险人群。状态栏可连续更新，以追踪事故和反应行动的进展，及时掌握所有应急反应组织人员的情况。应急指挥中心采用的设备应有标示笔，应急指挥中心还应各有状态栏，以便能在应急信息发布会或媒体中心保证让媒体人员获得最新的信息。

应急预案所需的应急设备信息可从风险分析过程中获得。应急反应人员应该具有应包括以下几个方面的应急设备。

1. 个人防护设备

（1）服装（如防化学品的服装、全身防护服、防热服）；

（2）自用的正压型呼吸设备；

（3）空气储罐。

2. 减缓设备

（1）泄漏修复工具；

（2）采样和检测设备。

3. 清理设备

地方政府不需具备所有上述设备，因为其他管辖区、地方工厂和承包商也可以提供帮助。为保险起见，最好事先签订协议书或备忘录，明确给出协议的限制条件和功能并提供24 小时联系人姓名和电话号码。

资源评价表用来帮助应急预案小组总结现有设备及需要的设备、缺乏的设备。可通过与别人的合作协议或通过租借或购买取得。如果要租借或购买，必须要明确资金来源。

中篇　技术方法篇

4   建设工程应急预案的编制

4.1   应急预案编制步骤

根据建设工程的特点，工地现场可能发生的安全事故有：坍塌、火灾、中毒、爆炸、物体打击、高空坠落、机械伤害、触电等，应急预案的人力、物资、技术准备主要针对这几类事故。

应急预案应立足于安全事故的救援，立足于工程项目自援自救，立足于工程所在地政府和当地社会资源的救助。

事故应急救援预案编制工作是一项涉及面广、专业性强的工作，是一项复杂的系统工程。预案的编制是一个动态的过程，从预案编制小组成立到预案的实施，要经历一个多步骤的工作过程，整个过程如图4-1所示。

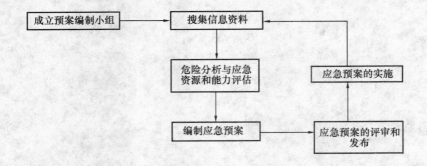

图 4-1   应急预案编制工作图

事故应急救援预案是基于风险评价的基础之上的，风险评价不可能预测到所有的事故情况，在实际实施过程中，往往会有一些预料不到的情况发生；另外，预案编制时的条件，包括人们的认知程度、救援技术的改进、危险源预防措施的改进、危险源数量和种类的变化都是一个动态过程，随着时间的推移，危险源的状况（种类、数量）、救援技术及人们对事故的认知水平都会发生不同程度的变化，针对这些变化，预案编制小组就得重新回到资料收集这一过程，开始对预案进行修订完善，这样一个动态循环的预案编制过程能够使预案更加完善可行。

在建设工程中，企业的管理者和有关人员要比其他人更熟悉本单位的紧急情况，因此他们更适合制定自己单位的反应计划。要进行企事业的应急管理，首先要建立应急预案小组，由管理层某个人或一个小组来负责制定应急管理方案。

4.1.1 建立预案组

企业管理层首先委派本单位 HSE 部门或安监部门承担应急预案的筹建工作，也可直接委派负责筹建预案编制小组的成员。成员在预案的制定和实施过程中或紧急事故处理过程中起着举足轻重的作用，因而预案编制小组的成员应精心挑选。编制小组的规模决定于企业的生产规模、工厂状况以及资源情况，小组通常由一群人员构成，目的在于：

(1) 鼓励参与，能让更多的人参与到这个过程中来；

(2) 增加了参与者所能提供的总的时间与精力；

(3) 增加了应急预案编制过程的透明度，也易于加快其进度；

(4) 为预案的编制过程集思广益。

应急预案编制小组成员应选拔积极活跃的成员和有咨询能力的员工，多数情况下由一两个人负责主体工作，但最低限度，这些人员必须具备从以下各个职能部门获取信息的能力。这些职能部门具体包括如下方面：

(1) 上级领导；

(2) 管理层；

(3) 员工；

(4) 人力资源部；

(5) 工程与维修部；

(6) 安全卫生与环保部门；

(7) 公共信息管理人员；

(8) 保卫部；

(9) 有关团体；

(10) 销售与市场部；

(11) 法律法规；

(12) 资金与收益。

另外，小组成员也可能来自地方社区或地方应急反应委员会，这样既可消除企事业预案与地方政府预案的不一致，也可明确企事业内部紧急情况对其他单位和社区的影响。图4-2 是一个应急预案小组成员组成的例子。

小组成员的任命应由上级领导以书面形式任命，并且明确小组中的主席与副主席。应急预案编制小组成员必须直接参与预案编制过程的各个阶段，应定期开会评价预案的进展情况，必要时还可要求外部协助。

4.1.2 职权划分

企业管理部门应申明自己的承诺，并为授权的应急预案小组创造合作的氛围，为其制定事故应急救援预案提供良好环境。

应急预案编制小组应由首席执行官或企事业负责人来领导。

应急预案编制小组成员与领导间要划清职权范围，当然也不要太刻板、僵硬，阻碍成员思想交流。应急组织的分工及人数应根据事故现场需要灵活调配。

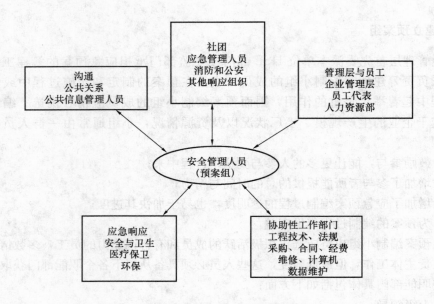

图 4-2 应急预案小组成员组成

应急领导小组职责：建设工地发生安全事故时，负责指挥工地抢救工作，向各抢救小组下达抢救指令任务，协调各组之间的抢救工作，随时掌握各组最新动态并做出最新决策，第一时间向 110、119、120、企业救援指挥部、当地政府安监部门、公安部门救援或报告灾情。平时应急领导小组成员轮流值班，值班者必须住在工地现场，手机 24 小时开通，发生紧急事故时，在项目部应急组长抵达工地前，值班者即为临时救援组长。

现场抢救组职责：采取紧急措施，尽一切可能抢救伤员及被困人员，防止事故进一步扩大。

医疗救治组职责：对抢救出的伤员，视情况采取急救处置措施，尽快送医院抢救。

后勤服务组职责：负责交通车辆的调配，紧急救援物资的征集及人员的餐饮供应。

保安组职责：负责工地的安全保卫，支援其他抢救组的工作，保护现场。

正确实施应急预案必须要明确职责，特别是什么时候由谁来指挥。为了简便，编制小组可根据企业正常生产管理系统职位来分配紧急时的任务。这样会减少培训以保证紧急时正确指挥。决策和权威更容易被企业人员所接受，因为他们平时就是这样工作。这种被确认的领导权会增加自信，减少混乱。编制小组应该认真评估目前企业的组织管理结构，以保证在异常情况下的正确性和充分性。

编制小组应该认真审查领导的能力和在休假时的指挥系统，要保证负责人员经过良好培训后，能够在更高级指挥人员到来前应对局势。代理人员应该在主要领导休假或生病或由于其他原因不在时代替执行职责。该代理人必须像原主管一样能够应付紧急局势。

4.1.3 发表任务申明

首席执行官或企业管理者要对应急管理发表任务声明，表明公司对应急管理的承诺。声明应包括以下两方面内容：

（1）明确定义应急预案的目的，强调该预案与整个企业密切相关；

（2）确定应急救援系统的结构以及应急预案编制小组的职责。

在建设工程应急预案中，应阐述应急预案的目的以及灾害对整个工程的影响，在应急委员会成员及其职责一章中应明确了应急委员会的组成及成员职责。在一般情况下：

（1）应急领导小组：项目经理为该小组组长，主管安全生产的项目副经理，技术负责人为副组长；

（2）现场抢救组：项目部安全部负责人为组长，安全部全体人员为现场抢救组成员；

（3）医疗救治组：项目部医务室负责人为组长，医务室全体人员为医疗救治组成员；

（4）后勤服务组：项目部后勤部负责人为组长，后勤部全体人员为后勤服务组成员；

（5）保安组：项目部保安部负责人为组长，全体保安员为组员。

可以看得出，应急委员会成员来自工程中各个职能部门，应急救援系统结构的确定和应急预案编制小组职责的划分使应急预案的实施更具备有效性。

4.1.4 制定计划表和预算

应急预案小组在完成组成、明确职责之后所要做的第一件事情就是制定应急工作日程表和应急计划期限安排，使应急管理工作有一个明确的时间框架。当然，随着工作重点的明确，有关时限安排可以随之调整。

另外，在应急管理中，诸如研究、打印资料、研讨会、咨询工作以及一些在这个工程中必要的其他开支必须首先做一个预算。

在建立了应急预案编制小组之后，小组应着手分析企事业的应急实施能力及企业所面临的危险。因而接下来需要收集有关目前的本单位以及可能的危险和紧急事件的信息，然后进行风险分析，从而确定企业处理紧急事件的能力。

4.2 应急救援预案的策划与编制

要保证应急救援系统的正常进行，必须事先编制应急救援预案，依据计划指导应急准备、训练和演习以及快速且高效地采取行动。事故应急救援预案（事故应急计划）是应急管理的文本体现，是事故预防系统的重要组成部分。

应急救援预案的内容主要包括：

（1）明确应急预案组织成员及其职责；

（2）确定可能面临的事故灾害；

（3）对可能的事故灾害进行预测与评价；

（4）内部资源与外部资源的确定与准备；

（5）设计行动战术与程序；

（6）制定培训和演习计划。

应急预案的总目标是控制紧急事件的发展并尽可能消除事故，将事故对人、财产和环境的损失减到最低限度。

应急预案的基本要求：

（1）科学性。事故应急救援工作是一项科学性很强的工作，制定预案也必须以科学的态度，在全面调查研究的基础上，开展科学分析和论证，制定出严密、统一、完整地应急反应方案，使预案真正具有科学性。

（2）实用性。应急救援预案应符合企业现场和当地的客观情况，具有适用性和实用性，便于操作。

（3）权威性。救援工作是一项紧急状态下的应急性工作，所制定的应急救援预案应明确救援工作的管理体系，救援行动的组织指挥权限和各级救援组织的职责和任务等一系列的行政性管理规定，保证救援工作的统一指挥。应急预案还应经上级部门批准后才能实施，保证预案具有一定的权威性和法律保障。

以下是某铁路电气化提速改造工程的应急预案编制计划。

范例 1

应急预案编制计划

一、编制目的

为了预防和控制施工现场、生活区、办公区潜在的事故、事件或紧急情况，做好事故、事件应急准备，以便发生紧急情况和突发事故、事件时能及时有效地采取应急控制，最大限度地预防和减少可能造成的疾病、伤害、损失和环境影响，故制定本计划。

二、编制依据

1. 公司一体化管理体系有关规定。

2. 经理部辖区内的工程项目及施工条件、驻地现场情况等。

3. 上级及有关单位的规定和要求。

三、相关职责

1. 经理部主管生产的副经理全面控制应急预案编制计划的制定和编制、应急准备和响应的演习与实施。

2. 工程技术部为应急预案（准备）和响应的主控部门，按照上级规定做好日常管理工作，负责编制部门范围内有关应急预案，并督促、指导其他相应部门制定出有针对性的应急预案。负责督促、指导应急预案的实施工作。

3. 物资设备部负责施工现场、生活和办公区应急物资、设备或设施的配置和管理工作。

4. 公安派出所负责消防工具、设备的规划和管理工作。

5. 安全环保部负责重大事故的调查处理和报告。

6. 综合办公室负责伤害性应急准备的管理工作。

四、编制要求

1. 可能发生的事故性质、后果。

2. 与外部机构的联系（消防、医院、环保局等），公布内外部联系电话、方法等。

3. 报警、联络步骤。公布内外部报警电话和具体联络的方法和程序等。

4. 应急指挥者、参与者的责任、义务。对应急组织中有特殊要求的人员，须经过相应的培训教育，特别是应急组织的关键人员，应具备处理紧急情况和突发事件的能力要求。如：消防应急成员中义务消防员、现场救护和饮食意外事件应急成员中的救护人员等。

5. 指挥中心地点、组织机构。指挥中心设于何处，联系电话和方法，组织机构的设置及人员组成、分工等。

6. 应急物资、设备或设施配备情况。应急物资、设备或设施的配置数量、清单、存放地点、拟用何处等。

7. 可能条件下的事故演习。消防应急响应、现场人员伤害应急响应须进行演习，其他是否要应急演习根据实际需要而定，必要时在应急预案中明确规定。

8. 明确规定任何人发现人身事故、火灾、重大环境影响或自然灾害来临，立即根据公布的应急电话号码报警，不得延误。

9. 紧急情况或突发事件发生后，职能部门须按规定负责事故的调查、处理和统计上报。

五、应急预案的编制和批准程序

1. 应急预案的编制项目计划、责任见附表（略）。

2. 应急预案的批准。

（1）经理部生活和办公区相关应急预案、施工现场消防应急预案以及其他单项预案由项目经理审批。

（2）施工现场突发伤害性事故应急预案由公司工程部审核后，公司分管生产的副总经理审批。

4.2.1 应急预案的层次

基于可能发生的事故或面临的灾害，为保证各种类型预案之间的整体协调以及实现共性与个性的结合，可将应急预案分为三个层次。

1. 综合预案

综合预案从总体上阐述应急方针、政策、应急组织机构及相应的职责，应急行动的思路等。综合预案应全面考虑管理者和应急者的责任和义务，并说明紧急情况应急救援体系的预防、准备、应急和恢复等过程的关联。通过综合预案可以很清晰地了解应急体系及文件体系，特别是针对政府综合预案可作为应急救援工作的基础和"底线"，即使对那些没有预料的紧急情况也能起到一般的应急指导作用。综合应急预案非常复杂、庞大。

2. 专项预案

专项预案是针对某种具体的、特定类型的紧急情况而制定的。某些专项应急预案包括准备措施，但大多数专项预案通常只有应急阶段部分，通常不涉及事故的预防和准备及事故后的恢复阶段。专项预案是在综合预案的基础上充分考虑了某特定危险的特点，对应急的形势、组织机构、应急活动等进行更具体的阐述，具有较强的针对性，但需要作好协调工作。对于有多重危险的灾害来说，专项应急预案可能引起混乱，且在培训上需要更多的费用。

3. 现场预案

现场预案是在专项预案的基础上根据具体情况需要而编制的。它是针对特定的具体场所，通常是该类型事故风险较大的场所或重要防护区域所制定的预案。现场预案是一系列简单行动的过程，它是针对某一具体现场的该类特殊危险及周边环境情况，在详细分析的基础上，对应急救援中的各个方面做出的具体而细致安排，它具有更强的针对性和对现场救援活动的指导性，但现场预案不涉及准备及恢复活动，一些应急行动计划不能指出特殊装置的特性及其他可能的危险，需通过补充内容以完善。

根据可能的事故后果的影响范围、地点及应急方式，我国事故应急救援体系可将事故应急预案分为如下 5 种级别，见图 4-3。

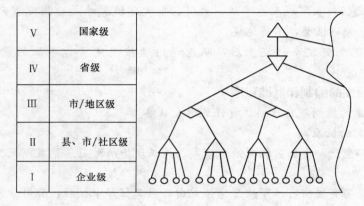

V	国家级
IV	省级
III	市/地区级
II	县、市/社区级
I	企业级

图 4-3　事故应急救援预案的级别

（1）Ⅰ级（企业级）应急预案

这类事故的有害影响局限在一个单位〔如某个工厂、火车站、仓库、农场、煤气或石油管道加压站（终端站）等〕的界区之内，并且可被现场的操作者控制在该区域内。这类事故可能需要投入整个单位的力量来控制，但其影响预期不会扩大到社区（公共区）。

（2）Ⅱ级（县、市/社区级）应急预案

这类事故所涉及的影响可扩大到公共区（社区），但可被该县（市、区）或社区的力量，加上所涉及的工厂或工业部门的力量所控制。

（3）Ⅲ级（地区/市级）应急预案

这类事故影响范围大，后果严重，或是发生在两个县或县级市管辖区边界上的事故。应急救援需动用地区的力量。

（4）Ⅳ级（省级）应急预案

对可能发生的特大火灾、爆炸、毒物泄漏事故，特大危险品运输事故以及属省级特大事故隐患、省级重大危险源等应建立省级事故应急反应预案。它可能是一种规模极大的灾难事故，或可能是一种需要用事故发生的城市或地区所没有的特殊技术和设备进行处理的特殊事故。这类意外事故需用全省范围内的力量来控制。

（5）Ⅴ级（国家级）应急预案

对事故后果超过省、直辖市、自治区边界以及列为国家级事故隐患、重大危险源的设施或场所，应制定国家级应急预案。

企业一旦发生事故，就应该立即实施应急程序，如需上级援助应同时报告当地县（市）或社区政府事故应急主管部门，根据预测的事故影响程度和范围，需投入的应急人力、物力和财力逐级启动事故应急预案。

在任何情况下都要对事故的发展和控制进行连续不断的监测，并将信息传送到社区级指挥中心。社区及事故应急指挥中心根据事故严重程度将核实后的信息逐级送报上级应急机构。社区及事故应急指挥中心可以向科研单位、地（市）获全国专家、数据库和实验室就事故所涉及的危险物质的性能、事故控制措施等方面征求专家意见。

企业级事故应急指挥中心应不断向上级机构报告事故控制的进展情况、所做出的决定与采取的行动。后者对此进行审查、批准或提出替代对策。将事故应急处理移交上一级指挥中心的决定，应由社区级指挥中心和上级政府机构共同决定。做出这种决定（升级）的依据是事故的规模、社区及企业能够提供的应急资源及事故发生地点是否使社区范围外的地方处于风险之中。

政府主管部门应建立适合的报警系统，且有一个标准程序，将事故发生、发展信息传递给相应级别的应急指挥中心，根据对事故状况的评价，启动相应级别的应急预案。

4.2.2 应急预案的文件体系

应急预案要形成完整的文件体系以充分发挥作用，有效完成应急行动。一个完整的应急预案应包括总预案、程序、说明书和记录四级文件体系。

（1）一级文件——总预案。总预案包含对紧急情况的管理政策、应急预案的目标、应急组织和责任等内容。

（2）二级文件——程序。程序说明某个行动的目的和范围。程序内容十分具体，其目的是为应急行动提供指南。程序书写要求简洁明了，以确保应急队员在执行应急步骤时不会产生误解。程序格式可以是文字、图表或两者的组合。程序文件包括：预案概况、预防程序、准备程序、基本应急程序、专项应急程序、恢复程序。

（3）三级文件——说明书。对程序中的特定任务及某些行动细节进行说明，供应急组织内部人员或其他个人使用，例如应急队员职责说明书、应急监测设备使用说明书等。

（4）四级文件——对应急行动的记录。包括在应急行动期间所做的通信记录、每一步应急行动的记录等。

从记录到预案，层层递进，组成了一个完善的预案文件体系，从管理角度而言，可以根据这四类预案文件等级分别进行归类管理，即保持了预案文件的完整性，又因其清晰的条理性便于查阅和调用，保证应急预案能有效地得到运用。

需要编写的应急程序清单见表4-1，重大危险源应急程序中还要列出应急管理制度清单见表4-2和所需应急附件清单见表4-3。

各种工作制度对应急行动作了各方面的规定，是救援队伍的行为规范和准则。只有健全的规章制度才能保证应急救援工作的顺利开展。

应急预案中需要编写的
应急程序清单　　　　表 4-1

	风险评价程序
准备程序	应急资源和能力评估程序
	人员培训程序
	演练程序
	物资供应与应急设备
	记录保存
	应急宣传
	报警程序
	应急启动程序
	通信联络程序
基本应急行动程序	疏散程序
	指挥与控制程序
	医疗救援程序
	交通管制程序
	政府协调程序
	公共关系处理程序
	应急关闭程序
专项应急程序	火灾和泄漏事故应急程序
	爆炸事故应急程序
	其他事故应急程序
恢复程序	事故调查程序
	事故损失评价程序
	事故现场净化和恢复程序
	生产恢复程序
	保险索赔程序

应急工作制度列表　　　表 4-2

	学习、培训制度
	绩效考核制度
	值班制度
应急工作制度	例会制度
	救灾物资的管理制度
	财务管理制度
	定期演练、检查制度
	总结评比制度
	应急设备管理制度

应急附件列表　　　表 4-3

	应急机构人员通信录
	组织员工手册
	专家名录
	技术参考（手册、后果预测和评估模型及有关支持软件等）
	应急设备清单
应急附件	重大危险源登记表、分布图
	重要防护目标一览表、分布图
	疏散路线图
	应急力量一览表、分布图
	外部援助机构一览表
	现场平面图
	交通图
	通信联络图
	应急程序图

说明书是对程序中的特定任务及某些行动细节进行说明，供应急组织内部人员或其他个人使用。例如应急队员职责说明书，应急监测设备使用说明书等。

应急行动记录是指在应急行动期间的所作的通信记录、每一步应急行动的记录等。

从记录到预案，层层递进，组成了一个完善的预案文件体系，从管理角度而言，可以根据这四类预案文件等级分别进行归类管理，以保证应急预案得以有效的运用。在实际中，由于预案和程序之间的差别并不十分显著，通常需要全体读者知道的内容归于预案，而只有某个人或某部门才需要的信息和方法则作为部门的标准工作程序，应避免在应急预案中提及不必要的细节。

4.2.3　应急预案的核心要素

应急预案是针对可能发生的紧急事件所需的应急准备和应急响应行动而制定的指导性文件，其核心内容应包括企事业单位基本情况、应急组织机构及其职责、所面临危险的类型、应急响应优先顺序、事故后的恢复以及预案的更新维护等。以下所罗列的是企事业单位在编写预案时需要分析、掌握的资料，应急预案的编写可结合本单位具体情况。

1. 基本情况及周围环境

（1）生产区、生活区和辅助区的划分；

（2）主要原料、中间产品和产品；

(3) 工艺流程和主要技术参数；

(4) 产量、产值、人数等；

(5) 主要安全设施及其分布；

(6) 周围气象、气候、地理、地形、地貌、水文；

(7) 周围人口分布；

(8) 周围重要单位和设施；

(9) 交通。

2. 组织机构及其职责

(1) 明确应急反应组织机构、参加单位、人员及其作用与职责；

(2) 明确应急反应总负责人，以及每一具体行动的负责人；

(3) 列出本区域以外能提供援助的有关机构；

(4) 明确政府和企业在应急行动中各自的职责。

3. 危害辨识与风险评价

(1) 确认可能发生的事故类型、地点；

(2) 确定事故影响范围及可能影响的人数；

(3) 划分事故严重程度；

(4) 导致那些最严重事件发生的过程；

(5) 对潜在事故的描绘；

(6) 对泄漏物质数量的预测（有毒、易燃、爆炸）；

(7) 对泄漏物质扩散的计算（气体或蒸发液体）；

(8) 有害效应的评估（毒、热辐射、爆炸波）；

(9) 非严重事件可能导致严重事件的时间间隔；

(10) 如果非严重事件被中止，它的规模如何；

(11) 事件之间的联系；

(12) 每一个事件的后果。

4. 报警和通信联络

(1) 确定报警系统及程序；

(2) 确定现场 24h 的通告、报警方式，如电话、广播、网络、警报器等；

(3) 确定 24h 与政府主管部门的通信、联络方式以便应急指挥与疏散居民；

(4) 明确相互认可的通告、报警形式和内容；

(5) 明确应急反应人员向外求援的方式；

(6) 紧急通告及向公众报警形式、内容、标准等；

(7) 明确应急反应指挥中心怎样保证有关人员理解并对应急报警反应。

5. 应急设备与设施

(1) 下列应急设备的数量、型号、存放地点及获取方式：

1) 急救设备；

2) 个体防护设备；

3) 通信设备；

4) 检测设备；

5）消防设备；

6）维修工具；

7）应急物资等。

（2）下列应急机构能力和资源的描述：

1）安全生产监督管理部门；

2）公安、武警部门；

3）消防部门；

4）急救部门；

5）医疗卫生部门；

6）防疫部门；

7）环保部门；

8）水、电、气供应部门；

9）交通运输部门；

10）与有关机构签定的互援协议等。

6. 应急评价能力与资源

（1）明确决定各项应急事件的危险程度的负责人；

（2）描述评价危险程度的程序；

（3）描述评估小组的能力；

（4）描述评价危险场所所使用的监测设备；

（5）确定外援的专业人员。

7. 保护措施程序（响应措施）

（1）事故初期控制措施；

（2）明确可授权发布疏散居民命令的负责人及发布命令的程序；

（3）明确避灾路线、临时避难场所及负责执行避灾疏散的机构和负责人等；

（4）对特殊人群（学校、幼儿园、老弱病残）的保护措施；

（5）对特殊设施的保护措施；

（6）明确启动、终止保护措施的程序和方法。

8. 信息发布与公众教育

（1）明确各应急小组在应急过程中对媒体和公众的发言人；

（2）描述向媒体和公众发布事故应急信息的决定方法；

（3）描述为确保公众了解如何面对应急情况所采取的周期性的宣传以及提高安全意识的措施。

9. 关闭程序

（1）关闭行动的负责人；

（2）设备关闭操作程序；

（3）关闭专用工具；

（4）关闭具体操作人员；

（5）需关闭设备是否有明显标志；

（6）应关闭的设备明细。

10. 事故后的恢复程序

（1）明确决定终止应急，恢复正常秩序的负责人；

（2）明确保护事故现场的方法，确保不会发生未经授权而进入事故现场的措施；

（3）宣布取消应急状态的程序；

（4）恢复正常状态的程序；

（5）描述连续检测影响区域的方法；

（6）描述调查、记录、评估应急反应的方法。

11. 培训与演习

（1）制订每年培训、演练计划；

（2）培训演练目的：测试预案的有效性、检验应急设备、确保应急人员熟悉他们的职责和任务；

（3）培训内容：危险特征、报告、报警、疏散、防护、急救和抢险等；

（4）培训要求：针对性、定期性、真实性、全员性；

（5）通过对应急人员培训，确保合格者上岗。

12. 应急预案的维护

（1）明确每项计划更新、维护的负责人；

（2）描述每年更新和修订应急预案的方法；

（3）根据演练、检测结果完善应急计划。

13. 记录与报告

（1）培训记录；

（2）演练记录；

（3）修改记录。

4.3　应急预案文件要素

应急预案编制小组在完成应急资源与能力分析以及企业所面临的风险分析之后，下一步则要进入应急预案的具体编制工作，在着手预案的编制之前，应急预案编制小组应建立起预案的文件框架体系。应急预案是由程序文件、说明书、记录等一系列文件体系组成的，见第 2 章第 2.4 节。公司在编写预案时其形式可不拘一格，但内容应包括执行概要、管理要素、响应程序及执行文件等。

4.3.1　应急计划纲要

应急计划纲要给应急方案的执行提供一个简要的计划。读者可从第 2.4 节"应急手册"和应用范例篇的一些程序文件中了解以下的内容。

（1）应急准备的目的；

（2）应急管理的基本政策方针；

（3）主要关键人员在应急管理中权力和责任；

（4）可能发生的紧急事件的类型；

（5）哪些地方将进行应急操作响应。

4.3.2　应急管理要素

应急管理要素反映了企事业单位关于应急管理的能力。应急管理的核心要素包括以下几个方面：

（1）指挥与控制；

（2）通信；

（3）生命安全；

（4）财产保护；

（5）外延社区；

（6）恢复与重建；

（7）管理与行政。

这些要素是企事业在保护生命、设备以及恢复操作所进行操作的应急程序的基础。一个预案编制的好坏与否与应急管理要素实现的程度有着密不可分的关系。本章4.4节将对应急管理要素详细展开叙述。

通过应急管理要素分析，至少当紧急事件发生时，所有的人员都应该知道：

（1）我的任务是什么？

（2）我应该去哪儿？

有些企事业单位制定应急预案还需要进一步确定如下的内容：

（1）紧急逃离的程序和路线；

（2）负责进行或关闭在撤退前关键操作人员的程序；

（3）全部撤退后清点所有员工、来宾和承包商的程序；

（4）指派员工的救援和医疗职责；

（5）报道应急情况的程序；

（6）与预案信息有关的人员姓名和部门名称。

4.3.3　应急响应程序

应急响应程序详细地展开了企事业单位如何对紧急情况做出响应；应急响应程序是对应急管理要素具体行动的体现。对企事业单位而言，任何时候，只要有可能，应尽可能将响应程序扩展为一系列的检查表，随时以备上级管理者或部门领导以及有关响应人员或单位员工的快速查询。

在应急响应程序中，企事业单位应弄清楚针对以下状况应采取哪些必要的行动：

（1）评估现状；

（2）保护员工、顾客、来宾、设备、重要的文件以及其他资产的无损害（特别是前3项）；

（3）恢复公司生产重新运转。

应急预案程序所涉及的内容是应急时通常采用的行动措施，常用的基本程序内容如下：

1. 报警程序

在发生紧急情况或突发事故的过程中，任何人员都有可能发现事故或险情，此时他们的首要任务就是向有关部门报警，提供事故的所有信息，并在力所能及的范围内采取适当的应急行动。该程序主要指导人员如何使用报警与通信设备，如电话、报警器、信号灯、无线电等，并明确安全人员、操作人员或其他人员的报警职责。

在具体执行报警操作时，应该根据事故的实际情况，决定报警的接受对象，即通告范围。通常决定因素包括紧急情况的类型和紧急情况的严重程度。例如，一旦发生火灾，通知范围就应该包括消防部门、应急救援系统的各个机构以及其他相关的社会部门；如果发生特殊类型的事故或者涉及危险品的特大事故时，通知范围就应该包括参与现场应急的所有人员、地方政府的应急预案制定部门、政府的环境部门及国家应急中心等。

制定报警程序时，还必须考虑到一些对程序有用的补充图表或说明，例如，制定简易流程表以显示信息散发的途径、如何执行紧急呼叫等内容，这些补充图表或说明能为报警人员提供便利。

2. 通信程序

通信程序描述在应急中可能使用的通信系统，以保证应急救援系统的各个机构之间保持联系。程序中应该考虑下列通信联系：

（1）应急队员之间；

（2）事故指挥者与应急队员之间；

（3）应急救援系统各机构之间；

（4）应急指挥机构与外部应急组织之间；

（5）应急指挥机构与伤员家庭之间；

（6）应急指挥机构与顾客之间；

（7）应急指挥机构与新闻媒体之间。

与报警程序制定相似，在制定和执行该通信程序时，应该考虑到一些必要的补充，例如，重要人员的家庭、办公电话号码、手机号码，事故应急中可能涉及到的关键部门的名称和电话列表等。

3. 疏散程序

疏散程序的主要内容是从事故影响区域内疏散的必要行动。疏散程序的重要地位是十分明显的，因为发生事故时，有关人员安全有序地疏散是最重要的应急行动。

疏散程序应该说明疏散操作步骤及注意事项并确定由谁决定疏散范围（是小部分还是全部的），还应告知被疏散人员疏散区域所使用的标识与具体的疏散路线。在疏散过程中还应针对受伤人员的疏散制定特殊的保护措施。

对该程序的补充包括提供事故现场区域的路线地图、危险区的标注、可供人员休息或隐蔽的掩体等内容，目的是为了保证疏散过程中的人员安全，降低事故损失。

4. 交通管制程序

危险品运输车辆通过重要区域时，为防止交通堵塞和人员的过于密集带来的危险，应该实施交通管制，从而使危险品车辆迅速顺利地通过复杂的关键路段，可以极大地降低危险。

交通管制程序主要包括以下几方面。

（1）警戒

在事故现场或实施交通管制时期，一定的警戒都是必需的。警戒人员主要负责警戒任务，包括：保护事故现场、防止外来干扰、保护现场所有人员的安全等。根据事故情况等决定警戒人员的数量。

（2）约定的交通管制

这是指事先约定的，并按预案制定者所推荐的参考资料和管制步骤，有充足的准备来保证有序和安全地实行交通管制。

（3）快速交通管制

这是指当发生特殊事故或人员生命面临危险时，并且没有足够时间开展有序的约定交通管制时，应该立刻实行快速交通管制，以控制事故情况并拯救伤员，减轻事故的影响。

5. 恢复程序

当事故现场应急行动结束以后，应该开展的最紧迫的工作是使在事故中一切被破坏或耽搁的人、物和事得到恢复，进入正常运作状态，这就是恢复程序的基本内容。由于它需要人员、资源、计划等诸多因素的支持才能开展，因此，它的执行需要较长的时间。所需时间的长短一般取决于下列因素：

（1）受损程度；

（2）人员、资源、财力的约束程度；

（3）有关法规的要求；

（4）气象条件和地形地势等其他因素。

在执行恢复程序中，不可避免地要与新闻媒体接触，接受采访，甚至召开新闻发布会等，必须由负责媒体部门全面负责此类工作，保证不要出现差错以免影响事故恢复的进程。

针对一些商业机构，一些特殊的响应程序还应包括如下功能：

（1）对员工和顾客的提示；

（2）与工作人员和社区负责人联络；

（3）指挥撤退和清点操作设备的所有人员；

（4）操纵响应活动；

（5）启动、实施核心的紧急操作系统；

（6）防火设施；

（7）关闭操作系统；

（8）保护重要文件；

（9）恢复操作。

4.3.4 支持文件

应急管理中可能需要的文件包括：

1. 应急电话清单

列出可能与紧急情况有关的所有在岗或不在岗人员的名单，他们的职责和 24 小时开通的电话号码。

2. 建筑和场所地图

应建立一张标位图，应标出：实用开关，消防水龙头，主要的水阀门和煤气阀门，水管，煤气管，电力开关，变电所，雨雪通道，排水管，每所建筑物的位置，地面设计，报警器，灭火系统，出口楼梯，指明的逃生路线，限制区域，危险材料，高价值项目。

3. 资源列表

列出在紧急事件中需要的资源，包括设备、供给与服务等；以及有互助协议的其他公司和政府机构列表。

4.4 应急预案的制定过程

应急预案的制定是将应急管理中所涉及的一系列庞杂的事情进行规整条理的过程，内容包括行动优化、书写预案、建立应急时刻表、与外部组织协调、应急预案的检查、演练与修正以及预案的批准与分发等。

4.4.1 风险等级分析

所谓风险等级分析是指在前面的风险分析的基础上根据辨识的所有危险确定特别的目标和重要事件。在危险分析的基础上，划分评价单元，根据评价对象的复杂程度选择具体的一种或多种评价方法。对事故发生的可能性和严重程度进行定性或定量评价，在此基础上按照事故风险的标准值进行风险分级，以确定管理的重点和需要制定应急预案的设备、设施和场所。

一般来说，风险等级分析包括如下几个步骤：

（1）资料收集。明确分析的对象和范围，收集国内外相关法规和标准，了解同类设备、设施或工艺的生产和事故情况，分析对象的地理、气象条件及社会环境状况等。

（2）危险危害因素辨识和分析。根据所评价的设备、设施或场所的地理、气象条件、工程建设方案、工艺流程、装置布置、主要设备和仪表、原材料、中间体、产品的理化性质等，辨识和分析可能发生的事故类型，事故发生的原因和机制。

（3）风险分级。在上述危险分析的基础上，划分评价单元，根据评价目的和评价对象的复杂程度选择具体的一种或多种评价方法。对事故发生的可能性和严重程度进行定性或定量评价，在此基础上按照事故风险的标准值进行风险分级，以确定管理的重点和需要制定应急预案的设备、设施和场所。

（4）提出降低或控制风险的安全对策措施。根据分析和分级结果，高于标准值的风险必须采取工程技术或组织管理措施，降低或控制风险。低于标准值的风险属于可接受或允许的风险，应建立监测措施，防止生产条件变更导致风险值增加，对不可排除的风险要采取防范措施。

此外，要列出要执行的任务，并且明确由谁来执行，什么时间执行。明确如何解决前面危险性分析中所辨识出的有问题的区域和不足的资源。

4.4.2　书写预案

起草应急救援预案是应急小组一个合作、协调的过程。应急小组应考虑前面涉及的所有紧急情况并说明如何进行应急准备、响应与恢复。

编制预案时，应急小组负责人应确定编写预案的目标与阶段，制定任务表格。在应急预案书写环节要求给小组的每位成员分配一部分去完成，注意书写前应确定每部分内容恰当的书写形式。针对每一个特殊目标建立一个积极的时限要求，要给予足够的时间去完成工作，但是不适宜拖延，制定如下的阶段安排时间表：

(1) 第一草图；

(2) 检查；

(3) 修正图纸；

(4) 桌面演练；

(5) 最终定稿；

(6) 印制发布；

(7) 分发到个人。

4.4.3　建立应急训练时刻表

让一个人或部门专门负责为单位制定一套应急培训时刻表，关于应急培训一些的特殊事项将在下一章阐述。

4.4.4　与外部组织的协调

定期地与当地政府机构和社团组织会见，使相关政府机构知道本单位正在创建一个应急预案。尽管该预案并非一定要取得官方的批准，但是沟通与交流很可能为应急预案小组提供有价值的见解和信息。

弄清国家和政府关于应急管理报告的要求，并考虑将这些要求融入到单位的应急响应程序中去。

确定关于将响应控制与外界机构衔接的协议，需要详细制定的内容如下：

(1) 响应单位使用哪一个大门和入口？

(2) 他们该去哪里汇报？该向谁汇报？

(3) 他们如何被识别？

(4) 企事业单位人员怎样与外界人员联系？

(5) 谁负责响应行动？

确定紧急情况发生时主要工作人员应与哪些政府部门联系。

应该特别注意：弄清楚伤残人员的需要。例如，一位眼部有残疾的员工，在必须撤离的情况下应该分派给一位搭档以便帮助他。

你的应急预案可能事先就会受到政府规章制度的影响，为了与其保持一致，你可能被要求强调贵单位的专项应急预案的功能，否则，在当年该应急预案将不是你最应该优先考虑的事情。

为了更好地协调和整理需进一步改善应急预案。单个的预案，比如，防止溢出控制措施的预案，火灾防护预案或者安全与健康预案，都应该被考虑到一个全面的预案中去。

4.4.5 与其他社团机构保持联系

除了与外部组织经常保持联系外，应急预案小组还应与单位周围的其他社团机构进行交流，以便学习到以下内容：

（1）他们的应急通知要求；

（2）相互协作的必要条件；

（3）紧急情况发生时单位与各机构之间应如何帮助；

（4）主要人员的电话号码和手机号码。

这些信息在制定预案的程序中都应涉及到。

4.4.6 检查、演练和修正

应急预案小组首先应把第一草稿分发给小组成员进行检查，必要时需进行修正。

第二次检查时，应进行一个由管理者和应急预案主要工作人员参与的桌面演练。在会议室内，模拟紧急事件发生时的情况，让参与者讨论他们的责任和对于该紧急情况他们将如何反应。在此基础上，找出引起混乱或反复出现的问题以做出相应的修改。

4.4.7 寻求最终批准

应急预案文档文件完成之后，应急小组应向企事业单位主要负责人以及高级管理者作一应急预案简报并从他们那里获得书面批准报告。

4.4.8 分发预案

最后，应急预案小组将企业负责人签发的应急预案进行最后整理，并且清点应急预案的份数和页码，然后分发给员工。对每一位收到应急预案的人员都要求签上姓名。对与部分预案有关的事情要特别叮嘱，并且作出相应记录。

明确应急预案中哪一部分需向政府机构展示，有的部分如私人姓名或电话号码属单位秘密。

最终预案至少应分发到以下的人员与部门：

（1）企事业单位法人、公司首席执行官和最高主管；

（2）公司、企事业应急事件响应机构组织的负责人；

（3）企事业领导；

（4）社区应急预案响应机构。

注意：让主要人员保持一份预案在办公室或自己的家中。

通知员工预案的相应内容和他们的训练时刻表。

4.5 常见事故风险预防及应急方法

与其他行业一样，对于建筑行业通常也会面对压力容器、锅炉、电气、高温作业、辐射和毒物危害等方面的事故预防和应急处置问题。本节用表格的方式，表述上述常见事故的预防和应急处置方法。

4.5.1 压力容器事故的预防与应急

压力容器事故的预防与应急见表 4-4。

压力容器事故的预防与应急   表 4-4

事故危害			泄压膨胀爆炸
事故原因			(1) 压力容器的设计、制造、安装不符合安全要求，致使容器存在强度不够、设计结构不合理、焊接质量低劣等先天性隐患。 (2) 压力容器缺少必要的安全装置和监视仪表，或者这些装置、仪表失效。 (3) 对操作人员缺乏安全教育培训，思想麻痹或不懂安全知识，以致违反安全操作规程。 (4) 没有按照规定对容器及其附件进行定期技术检验和及时检修。 (5) 检修压力容器未按规定采取严格的安全措施，有的还带压力去检修容器受压部件
事故预防	法规		《压力容器安全监察规程》、《锅炉、压力容器安全监察暂行体例》
	压力容器焊接		焊接质量是压力容器安全的主要环节。容器焊缝表面质量应符合下列要求： (1) 焊缝外形尺寸应符合技术标准的规定和图样的要求，焊缝与母材应圆滑过渡。 (2) 焊缝热影响区表面不允许有裂纹、气孔、弧坑和肉眼可见的夹渣等缺陷。 (3) 焊缝的局部咬边深度不得大于 0.5mm，低温容器焊缝不得有咬边。对于任何咬边缺陷都应进行修磨或焊补磨光，并做表面探伤，经修磨部位的厚度不应小于设计要求的厚度。焊接质量不合格时，同一部位的返修次数一般不应超过 2 次
	安全附件	安全阀	(1) 安装：安全阀应装在容器本体上，汽化气体贮槽的安全阀必须装在它的气相部位。容器与安全阀之间不得装有任何阀门；但对于某些盛装易燃、有毒或黏性介质的容器，为了便于安全阀的检修、更换，在容器与安全阀之间装了阀门；但正常运行时，阀门必须保持全开，并加铅封。 (2) 维护：为保持安全阀正常有效，必须加强安全阀的维护： ①经常保持安全阀的清洁，防止阀体弹簧被油垢脏物等粘住或锈蚀及排放管被油垢、异物堵塞。室外的安全网在冬季气温过低时应检查有无冻结的可能性。 ②经常检查安全阀铅封是否完好，杠杆式安全阀的重锤有无松动、移动以及另挂重物的现象。 ③发现安全阀渗漏应及时检修，禁止用增加载荷的方法，例如加大弹簧的压缩量或增加重锤对阀瓣的力矩来排除阀的渗漏。 ④为了防止阀瓣与阀座被油污、水垢粘住或堵塞，应定期作提升排气试验，应轻提轻放，不允许将提升把手或重锤迅速提起又突然放下，以防冲击损坏密封面。 ⑤安全阀应定期校验，每年至少一次

事故危害		泄压膨胀爆炸	
事 故 预 防	安全 附件	压力表	(1) 压力表要直接、垂直地安装在容器本体上，要有足够的照明，避开高温辐射和震动的影响。 (2) 每台容器至少安装一个压力表，并根据容器工作压力在压力表刻度盘上画出警戒红线，但严禁画在玻璃上，以免玻璃转动产生错读。 (3) 压力表最大量程应与容器工作压力相适应。 (4) 为了使操作人员能够准确看清压力值，压力表表盘直径不得小于100mm。 (5) 定期检验，每年至少一次，检验合格后应有铅封和检验合格证
		其他安全装置	(1) 有的压力容器，如盛装易燃或剧毒介质的液化气体的容器，应增设板式玻璃液面计或自动液面指示器，液面计或液面指示器上应有防止泄漏的装置和保护罩。 (2) 有的容器需要控制温度，必须装设温度测量或自动控温仪表，防止超温
	安全 管理	(1) 每台压力容器必须建立完整的技术档案。包括：容器原始资料和使用、检验、修理记录。应有容器设计总图和受压部件图纸，出厂合格证，技术说明书和质量证明书，以及安装竣工资料。 (2) 制定压力容器安全操作规程，内容包括： ①容器最高工作压力和温度； ②容器正常操作方法； ③开停的操作程序和注意事项； ④运行中检查的项目、部位及异常现象的判断和应急措施； ⑤容器停用时的检查和维护。 (3) 建立检验制度。 (4) 建立容器的检查及检修制度	
应急		在压力容器发生爆炸时，立即由安环部或公司总部成立指挥中心，抢救受伤人员。若有毒物泄漏，立即组织专业人员抢修	

4.5.2　锅炉的事故预防与应急

锅炉事故的预防与应急见表4-5。

锅炉事故的预防与应急　　　　　　　　　　　　表4-5

事故危害			爆　　炸
锅炉的 危险因素			(1) 由于压力表、安全阀失灵或操作不当引起的超压、锅筒爆炸。 (2) 由于积灰、积垢、腐蚀、磨损引起的爆管。 (3) 由于仪表失灵或操作失误引起的缺水，锅炉干烧，此时进水，引起爆炸。 (4) 由于积灰、结垢或水循环不正常引起的省煤器损坏。 (5) 由于炉排、煤层调节不当，煤炭含水量过低引起的煤斗内着火
事 故 预 防	安 全 附 件	规范	《蒸汽锅炉安全技术监察规程》
		压力表	(1) 压力表选用应符合下列规定要求： 1) 对于额定蒸汽压力小于2.45MPa的锅炉，压力表精确度不应低于2.5级；对于额定蒸汽压力大于或等于2.45MPa的锅炉，压力表的精度不应低于1.5级。 2) 压力表应根据工作压力选用。压力表盘刻度极限值应为工作压力的1.5～3.0倍，最好选用2倍。 3) 压力表表盘大小应保证司炉工人能清楚地看到压力指示值，表盘直径不应小于100mm。 (2) 压力表的装置、校验和维修应符合国家计量部门的规定。装前应进行校验，并在刻度盘上划红线指示出工作压力

事故危害			爆　炸
事故预防	安全附件	水位表	（1）水位表应装在便于观察的地方。水位表距离操作地面高于6m时，应加装低地位水位表。低地位水位表的连接管应单独接到锅筒上，其连接管内径不应小于18mm，并需有防冻措施。以防止出现假水位。 （2）水位表应有下列标志和防护装置： ①水位表应有指示最高、最低安全水位的明显标志。水位表玻璃板（管）的下部可见边缘应比最低安全水位至少低25mm。对于锅壳式锅炉，水位表玻璃板（管）下都可见边缘的位置应比最高火界至少高75mm。对于直径小于或等于1500mm的卧式锅壳式锅炉，水位表玻璃板（管）的下部可见边缘的位置应比最高火界至少高50mm。水位表玻璃板（管）的上部可见边缘应比最高安全水位至少高25mm。为防止水位表损坏时伤人，玻璃管式水位表应有防护装置（如保护罩、快关阀、自动闭锁珠等），但不得妨碍观察真实水位。 ②水位表应有放水阀门（或放水旋塞）和接到安全地点的放水管
	其他保护装置		（1）蒸发量大于或等于2t/h的锅炉应装设高低水位警报器（高、低水位警报信号须能区分）。 （2）蒸发量大于或等于6t/h的锅炉，还应安装蒸汽超压的报警和连锁保护装置。 （3）用煤粉、油或气体做燃料的锅炉，应装具有下列功能的连锁装置：全部引风机断电时，自动切断全部送风和燃料供应；全部送风机断电时，自动切断全部燃料供应；燃油、燃汽压力低于规定值时，自动切断燃油或燃气的供应。 （4）用煤粉、油或气体做燃料的锅炉，应装设点火程序控制和熄火保护装置。 （5）煤粉锅炉应有炉膛风压保护装置。炉膛风压（负压）过高或过低时发出警报。 （6）蒸发量大于或等于400t/h的悬浮式燃烧锅炉，应装设防止炉膛风压负波动超过安全允许范围的自动切断燃料供应的装置。 （7）几台锅炉共用一个总烟道时，在每台锅炉支烟道内应装设烟道挡板。挡板应有可靠的固定装置，以保证锅炉运行时，挡板处在全开启位置，不能自行关闭
	水质		水质应符合《低压锅炉水质标准》
	锅炉检验		运行锅炉的检验包括外部检验、定期停炉内外部检验和水压试验。运行的锅炉每两年应进行一次停炉内、外部检验；新锅炉运行的头两年及实际运行时间超过10年的锅炉、汽改水的卧式锅壳式锅炉，每年应进行一次内、外部检验；移装锅炉投运、锅炉停止运行一年以上需恢复运行、受压元件经重大修理改造及重新运行一年后和锅炉运行对设备可靠性有怀疑等情况，均应进行内、外部检验。水压试验一般每6年进行一次
锅炉事故应急预案			（1）燃煤锅炉： ①超压：停鼓引风，开大主汽阀，拉起安全阀，适量进水。 ②爆管：轻微渗漏可降负荷运行，监视水位，待停炉修理；严重爆管则紧急停炉，然后安排修理。 ③缺水：轻微缺水则缓慢进水，减小负荷，停风，待水位正常后恢复运行。严重缺水则紧急停炉，然后再作事故处理，此时严禁进水。 ④省煤器损坏：紧急停炉，检修调换。 ⑤煤斗内着火：关小送风，适当加快炉排速度，调节煤层厚度，处理掉煤斗内火种。 （2）燃油锅炉： ①发生火警时，应立即上报，并组织进行灭火。 ②发生锅炉爆炸时，应立即上报，并封锁现场，然后拉好警戒线组织抢救。爆炸发生后，应立即关闭燃油装置，并关闭各类启动装置。将受伤人员立即送往急诊室抢救

4.5.3　电气事故的预防与应急

电气事故的预防与应急见表4-6。

电气事故的预防与应急

表 4-6

	电气事故原因	(1) 缺乏用电安全常识：在操作、移动、清洁电气设备时，不检查外壳是否带电，不戴绝缘手套，不切断电源等。 (2) 违反操作规程：如在高压设备操作、检修中不严格执行"二票一制"，造成倒闸误操作、提前送电、检修中误触带电部分；在低压设备上带电工作措施不力。 (3) 电气设施、各线路安装不合格：高压架空线路架设不符合安全距离要求；电力线同广播电话线同杆架设；机床设备接零线不符合要求；电气设备带电部分裸露无防护；闸刀开关安装倒置或平放；照明线路的开关不控制火线；"四防一通"没有做好使小动物进入室内易发生短路事故； (4) 维修防护不善：用电配电设备和电气线路长期不进行检修，以至绝缘损坏、机械磨损、过热；开关、灯头插座盖子损坏长期不修理不更换；保险丝超容使用或用铜、铝线代替等。电缆等其他用电设施遭到破坏等。电气周围存在发生事故的重要隐患，如：雨水、潮湿、积灰油污、带电性粉尘、高温等
预防措施	组织保障	(1) 组织管理：健全规章制度，安全检查，安全教育和培训。 (2) 电气检修工作制度：电工工作票制度，变、配电室的倒闸操作票制度。 (3) 安全措施：采用安全电压；保证电气设备的绝缘性能；做好屏蔽与保护；保证安全间距；合理选用电气装置和漏电保护装置等
	车间用电安全	(1) 车间电气设备应符合以下要求：①设备上安装的开关设备、保护装置、控制装置、信号装置必须齐全完好；②所有不带电的金属外壳都应根据其供电系统的特点进行接地或接零；③设备上的裸露带电体要有防护；④设备的相间绝缘电阻、对地绝缘电阻必须合格。 (2) 电气设备发生故障时，应首先断开电源，由电工进行处理，严禁非电气人员修理以免发生事故。电气设备在没有验明无电时，一律认为有电，不能盲目触及。 (3) 清理擦拭设备卫生时，应首先停电，电气设备不准用水冲洗，更不准用酸碱水擦洗。 (4) 落实停电挂牌制度和准挂牌准摘牌的程序
	爆炸、火灾危险场所电气安全	(1) 爆炸、火灾危险场所电气设备选用：防爆型（标志 A）、隔爆型（标志 B）、防爆充油型（标志 C）、防爆通风充气型（标志 F）、防爆安全火花型（标志 H）、防爆特殊型（标志 T）。 (2) 爆炸、火灾危险场所电气安全管理： ①在爆炸、火灾危险场所的电气线路不允许有中间接头； ②线路与设备的接地保护应选用高灵敏度的漏电继电器或漏电开关； ③接地电阻应严格按要求保证。设备上的保护装置、闭锁装置、监视指示装置等不得随意拆除，并应保持其灵敏性、完整性和可靠性； ④检查设备时，禁止解除保护、连锁和信号； ⑤禁止在故障停电后强行送电； ⑥禁止在防爆设备处带电对接电线； ⑦禁止使用能产生火花的工具； ⑧清理设备时一定要先断电； ⑨在确认设备内部符合条件时方可动火
	防止静电危害的措施	防止静电引起火灾的措施包括： (1) 接地； (2) 等电位； (3) 导电或低导电的物质中，掺入导电性能好的物质，降低其起电能力； (4) 在有火灾危险的生产场所，应尽量避免皮带传动，而采用轴传动，可避免产生静电； (5) 降低易燃液体、可燃气体在管道中的流速； (6) 倾倒或灌注易燃液体时应防止飞溅冲击。最好用导管在液面下接近容器的地方导出； (7) 在易燃易爆场所，要严格防止设备、容器、阀门等处的泄漏，应积极加强通风，以降低场所内可燃气体、粉尘的浓度。在易产生静电的场所，禁止存放易燃易爆物品； (8) 在条件允许时，可采用提高作业场所相对湿度的办法，以控制静电； (9) 在危险场所的作业人员应穿用防静电服和鞋； (10) 用电离中和的方法导除静电
	应急措施	(1) 一旦发生事故，应切断电源，防止上一级电器设备事故的扩大。 (2) 若遇火灾：切断电源，控制明火，做好现场监护，根据事故汇报制度及时汇报，查明火源，以便采取相应的灭火措施。 (3) 若遇触电：切断电源，现场组织抢救，并向有关部门汇报，做好现场监护，若有人触电，则应先进行现场急救再送医院

4.5.4 高温作业区的预防与应急

高温作业区的预防与应急见表 4-7。

高温作业区的预防与应急　　　　　　　　　　　　表 4-7

高温危害		在从事各类高温作业时，人体都可能出现一系列生理功能改变，其主要表现是体温调节、水盐代谢、循环系统、消化系统、神经系统、泌尿系统、肝脏等方面的变化。长期从事高温作业，心脏经常处于紧张状态，久而久之，可使心脏发生生理性肥大，甚至可能转为病态。中枢神经系统受到抑制，注意力不集中，肌肉工作能力降低，动作的准确性及协调性也降低，反应迟钝，致使工作能力下降，容易发生工伤事故。如果补充盐分不及时，就会使尿液浓缩，加重肾脏负担，有时甚至可能出现肾功能不全。上呼吸道感染患病率较一般车间增加 10% 乃至 1 倍，降低人体的免疫力
防范措施	制度措施	合理安排劳动时间，实行工间休息制度，或工间插入短暂的休息制度，以利于人体机能的恢复。在炎热季节露天作业，应合理调整作息时间，中午延长休息时间。有条件时应设立冷气休息室等
	技术措施	(1) 合理改革或设计工艺过程，改进生产设备和操作方法，改善高温作业的劳动条件； (2) 合理安排热源； (3) 通风降温
	卫生保健	(1) 加强医疗预防工作：凡患心脏病、高血压、肝肾病、中枢神经系统器质性病变，以及体弱多病者，均不宜从事高温作业。 (2) 供给合理饮料和补充营养：为了补偿高温作业工人因大量出汗而损失的水分及盐分，最好供给含盐饮料。一般每天每人供给 6～5L 水，20～24g 盐。此外，还可供应盐汽水、盐茶水、绿豆汤等
应急措施		中暑患者，应迅速离开高温作业环境，在通风处休息，必要时可采用针刺、中药或静脉滴注葡萄糖生理盐水等治疗措施。对严重者，应采用物理降温与药物降温，防止休克

4.5.5 辐射类危险源的预防与应急

辐射类危险源的预防与应急见表 4-8。

辐射类危险源的预防与应急　　　　　　　　　　　　表 4-8

非电离辐射	射频辐射	场源	非电离辐射包括：射频辐射、红外辐射、紫外辐射、激光。 射频辐射包括高频电磁场和微波，也称为无线电波。射频辐射是电磁辐射中量子能量最小、波长最长的频段，波长范围 1mm～3km。 工业上射频辐射场源主要有： (1) 高频感应加热。如高频淬火，高频熔炼，高频焊接，半导体材料的加工等； (2) 高频介质加热。如塑料制品热合，木材、棉纱、菜叶的烘干，橡胶的硫化等； (3) 高频广播通信设备。主要有发射机； (4) 微波发射设备。主要有：通信、雷达导航、探测、电视等； (5) 微波加热设备。如：木材、纸张、药材、皮革的干燥，食品加工，理疗等，还有家庭烹调
		危害	(1) 较大强度的射频辐射对人体的主要影响是，引起中枢神经和植物神经系统的机能障碍。导致神经衰弱综合症。常有：头痛、乏力、睡眠障碍、记忆力减退等症状。此外还有：情绪不稳定、多汗、脱发、消瘦等。 (2) 较具有特征的是植物神经功能紊乱，出现心动过缓，血压下降，在持续影响后阶段，有的反呈相反症状，有出现心悸、心区疼痛等症状。 (3) 微波接触者除有上述神经衰弱症状外，往往还伴有其他方面的改变，如心血管系统。此外微波辐射会加速晶状体正常老化的过程，影响视力。 (4) 射频射辐对人体引起的机能性改变一般在停止接触数周后可以恢复

非电离辐射	射频辐射	防护	(1) 高频电磁场的防护： ①场源的屏蔽。即以金属材料包围场源。以吸收和反射场能。使操作地点电磁场强度降低，屏蔽材料可用铁、铝、铜，铝最佳。屏蔽还应接地； ②远距离操作。对难以屏蔽的场源，应实行远距离操作； ③合理的车间布局。高频加热车间应屏蔽，各高频机之间有一定的间距，使场源尽可能地远离操作岗位和休息地； ④严格的卫生标准。即规定工作地点射频辐射场强的最大允许值，以保障工人的身体健康。 (2) 微波的防护： ①微波辐射能的吸收：调试微波机时应安装功率吸收器，如等效天线以吸收微波能量，使微波不向空间发射。需在屏蔽小室中调试时，室内上下四周应敷设微波吸收材料，以免工作人员受到较强反射波的作用； ②合理配置工作位置。微波辐射有较强的方向性，工作地点应置于辐射强度最小的部位； ③采用个体防护用品。如防护衣帽、防护眼镜等； ④定期体检，重点是晶状体和心血管系统有无异常变化
	红外辐射	场源	红外辐射也称为热射线辐射。温度在 0K（－273℃）以上的物体，都能发射出红外线。物体温度越高，辐射强度越大，而辐射波长愈短（即远红外成分愈多）。自然界中所有物体都可看做红外辐射源，但以太阳为最强。在生产中存在大量的人工红外辐射源。如：加热的金属，熔融的玻璃，强发光体（如碳弧汞气灯等）；红外探照灯，红外激光器，还有黑体型辐射源，如用电阻丝加热的球、柱、锥型腔体。直接从事炼钢、轧钢、铸锻、玻璃熔吹、焊接等工作可受到红外线照射
		危害	适量的红外线，对人体无损且有益于健康，但过量照射，会对人体造成以下伤害作用： (1) 对人体皮肤的影响：红外线照射皮肤时大部分被吸收，较大强度的照射使皮肤温度局部升高，血管扩张，出现红斑，色素沉着，皮肤急性灼伤，损害皮下组织、血液及深部组织。 (2) 对眼睛的影响：眼睛吸收大量红外辐射可导致热损伤，使角膜表皮细胞受到破坏、导致红外线白内障、视网膜脉络灼伤等
		防护	对红外辐射的防护措施，主要有严禁裸眼看强光源。接触红外辐射的操作应戴绿色玻片防护镜。镜片中需含氧化亚铁或其他能有效滤红外线的成分，如钴等
	紫外辐射	场源	紫外线来自于太阳及温度 1200℃ 以上的物体，如：炼钢的马丁炉、高炉、电炉炼钢、电焊、氩弧焊等离子焊接等
		危害	紫外线对人体的影响主要有： (1) 对皮肤的作用。不同波长的紫外线为不同深度的皮肤组织所吸收，波长小于 20nm 的紫外线，几乎全部被角化层吸收。波长 297nm 的紫外线对皮肤的作用最强，能引起红斑反应。红斑可在停止照射后几小时至几天内消退。若受到过强紫外线照射，可发生弥漫性红斑，有发痒或烧灼感，可形成小水泡或水肿，还往往伴有全射症状，如：头痛、疲劳、周身不适等。一般可在几天内消退。 (2) 对眼睛的损伤。波长在 250～320nm 的紫外线可引起急性角膜结膜炎，常因电弧光引起，所以称为电光性眼炎。一般在受照后 6～8h 发病，最长不超过 24h，且多在清晨或夜间发病。发病早期，轻症仅有双眼异物感和轻度不适。重症者则有眼部烧灼感或剧痛，并伴有高度畏光、流泪和眼疼挛。短时重复照射，有累积作用，可引起慢性睑缘炎和结膜炎，并引起角膜变形而造成视力障碍
		防护	为防止紫外线对人体的危害，可采取以下措施： (1) 采用半自动化或自动化焊接，以增大与辐射源的距离。还可改革工艺过程实现"无光焊接"； (2) 采用合理的防护用品，如能阻挡或吸收紫外线的防护面罩及眼镜； (3) 电焊作业地点应隔离或单设房间，以防止其他人受紫外线照射
	激光	场源	激光是由处于激发状态的原子、离子或分子，在光子的作用下形成受激光辐射而产生的。 激光具有亮度、单色性、方向性、相干性好等优异特性。激光的亮度可比太阳高几十亿倍。可产生几百万度高温和几百个大气压，能使陶瓷熔化、汽化。 产生激光的装置称为激光器。目前已有数百种之多。有固体激光器（如红宝石激光器）、气体激光器（如二氧化碳）、液体激光器和半导体激光器。 典型应用：工业上用于激光加工、激光划线，激光焊接；农业上用于激光育种；医学上用于眼科、皮肤科及外科的激光手术；军事上用于通信、测距、瞄准和导弹制导等

非电离辐射	激光	危害	激光对人体的作用主要有： (1) 对眼睛的伤害：激光的高能量能烧伤生物组织，尤其是视网膜。 (2) 激光对皮肤的伤害：大功率激光器在较远距离即可灼伤皮肤，甚至能引燃工作服；灼伤的皮肤可出现红斑、水泡，甚至焦化、溃疡、结疤
		防护	对激光的防护可采取以下措施： (1) 严格安全制度。各类激光作业场所均应制定安全操作规程，特别要严禁用眼直接观看激光束。 (2) 防护设施。激光室的墙壁应采用暗色吸光材料制成，室内不应安放能较强反射，折射光的物品，激光束的防光罩应以耐火材料制成
电离辐射		场源	能引起物质电离的辐射称为电离辐射。α粒子、β粒子和 P 粒子等带电粒子穿入物质时，能直接引起物质电离，因此称为直接电离粒子。X 和 r 射线及中子等不带电粒子容易穿透物质，是通过与物质作用时产生的次级带电粒子引起物质电离，因而称为间接电离粒子。 接触电离辐射的工作主要有：核工业系统，如核原料的勘探、开采、冶炼、加工；核燃料及反应堆的生产使用、研究部门；射线发生器的生产、使用部门，如各种加速器，X 线发生器，以及电子显微镜、彩电显像管等；放射性核素及其制剂的生产、加工、使用部门；如夜光粉、r 射线治疗机等。此外，还有宇宙航行等
		危害	辐射粒子作用于机体时，一部分打到细胞的生物大分子上，直接使其受到损伤；另一部分先引起水分子电离，再通过次级带电粒子间接使生物大分子损伤，如使蛋白质分子链断裂，核糖核酸或脱氧核糖核酸链断裂等。生物分子损伤可导致细胞代谢失常，结构破坏以至死亡，从而导致组织和器官的损伤。 (1) 急性放射病 在短时间内受到过一定剂量的照射，称为急性照射。全身照射超过 100 拉德时，可引起急性放射病或综合症，急性放射伤害仅见于核事故和放射治疗的病人，或战时核武器袭击。 急性放射病可分为以下几种： ①造血型急性放射病，人体受到 100～1000 拉德照射后，可出现造血系统损伤为主的造血型急性放射病。白血球显著减少。重者会有咯血、尿血、便血等症状。2000 拉德以上可引起死亡。重者可留下贫血等后遗症。 ②肠型急性放射病。人体受到 1000～1500 拉德的照射，可出现以消化道症状为主的肠型急性放射病。它使造血机能严重受损。但肠道损伤更为严重。病程短，在 2 周内可 100％死亡。 ③脑型急性放射病。受到 5000 拉德以上照射，即可发生此病。此病病程短，可在 2 天内死亡。 (2) 慢性放射病 在较长时间内分散接受一定剂量的照射，称为慢性照射，可引起慢性放射病。以神经衰弱综合症为主要症状，并伴有造血系统或有关脏器功能改变。如白血球数量减少，视力减退，牙齿松动，脱发，白发及免疫机能障碍。 (3) 远期随机效应 ①辐射致癌。在受到急性或慢性照射的人群中，白血病、肺癌、甲状腺癌、乳腺癌、骨癌等各种癌症的发生率随着受照射剂量的增加而增高。 ②遗传损伤。辐射能使生殖细胞的基因突变和染色体畸变。例如：染色体数目变化等，而使受照者的后代各种遗传病的发生率增高。 (4) 辐射对胎儿的影响 对原子弹爆炸幸存者的调查表明，受到大剂量照射的胎儿，出生后小头症、智力障碍的发生率增高。在胎儿期曾受辐射的儿童中，白血病及某些癌症的发生率相对较高。 (5) 内照射伤害 一些放射性粒子可引起人体的内照射伤害。如 α、β 粒子。α 粒子穿透力较弱，一般在空气中运行 3～8cm 后被吸收了。一张纸或健康的皮肤就能挡住它。但它的电离能力很强，一旦进入器官、组织就会造成很大伤害。应预防吸入或食入 α 粒子源，防止伤口污染。β 粒子穿透力比 α 粒子强，而伤害力不如 α 粒子，但也要注意其内照射伤害
		防护	遵守放射防护标准。 尽量减少辐射源的用量。 屏蔽防护。不同的辐射源用不同的屏蔽材料。如对 X 射线、γ 射线，可用铝、铁、混凝土、砖石等高原子序数物质。防其他辐射的材料还有：铝、有机玻璃、塑料、石蜡、硼酸、水等。 作业人员应远离辐射源。采用自动化或遥控装置、机械手等进行作业。以防止或减少辐射危害。 尽量减少人员受照射时间，采取轮换工作制度，减少不必要停留时间等，以减少个人受照剂量。 搞好个人防护

4.5.6 煤气事故预控及应急处理

煤气事故的预防与应急见表 4-9。

煤气事故的预防与应急 表 4-9

危险成分	硫化氢、一氧化碳、氨、苯、氢、甲烷、一氧化碳
危险因素	中毒、燃烧、爆炸

预防	管理制度	认真贯彻落实国标《工业企业煤气安全规程》。 建立健全煤气设备"点检制",除当班应进行常规性重点部位检查外,还应进行月、季、年度大检查,对设备的严密性、管道的壁厚、支架的标高、腐蚀老化,煤气、空气的高低压报警及泄爆装置、一氧化碳检测报警装置,防护仪器的反应灵敏性、准确性、可靠性等情况的检查,并做好记录。 技术改造项目的煤气工程竣工验收时应按照国家规定的标准进行严格的气密性试验或强度试验。 煤气管网、设施应明确划分管理区域,设施的管辖单位要建立严格的煤气操作、运行、检修、维护等有关规程,对各种主要的煤气设施,各类切断装置,放散装置,排水器、膨胀器、支架等附属设施编号,号码应写在明显的地方。 煤气管理室应挂有"煤气工艺流程简图",图上标明设备及附属装置的号码。 煤气管网、设施的管辖单位,应建立技术档案,设备图纸,技术文件,设备检修报告,竣工说明书等完整资料,并归档保存,对设备大、中修及重大情况的设备故障,设备缺陷,事故隐患及工艺变更作好详细记录
	基本要求	一氧化碳含量及允许工作时间 <table><tr><td>工作区域中 CO 浓度</td><td>允许工作时间</td></tr><tr><td>CO 含量不超过 30mg/m³ (24ppm)</td><td>可较长时间工作</td></tr><tr><td>CO 含量不超过 50mg/m³ (40ppm)</td><td>连续工作时间不得超过 1h</td></tr><tr><td>CO 含量不超过 100mg/m³ (80ppm)</td><td>连续工作时间不得超过 30min</td></tr><tr><td>CO 含量不超过 200mg/m³ (160ppm)</td><td>连续工作时间不得超过 15~20min</td></tr><tr><td colspan="2">注:每次工作时间间隔至少在 2h 以上</td></tr></table>
	煤气设施的操作	在煤气燃烧时,看火人必须坚守岗位,防止煤气熄火、回火、脱火及爆炸性混合气体产生,发生煤气事故。 送煤气操作要求:(1)送煤气前要制定送气方案,包括送气作业时间、地点、工作要求、操作步骤、安全注意事项,并做好送气前的全面检查工作;(2)关闭入孔,排水器充满水并保持溢流,关闭炉前烧嘴,打开末端放散管;(3)送煤气操作时,应通知用户并通入蒸汽或氮气进行置换,方可送煤气;(4)关闭蒸汽或氮气,送煤气。送煤气后,末端放散 5~10min,经做爆发试验或做含氧量分析,三次合格后,停止放散;(5)炉窑点火时,炉内燃烧系统应具有一定负压,点火程序:必须先点火后送煤气,严禁先送煤气后点火。凡送煤气前已烘炉的炉子,其炉膛温度超过 1073K(800℃)时,可不点火直接送煤气,但应严密监视是否燃烧;(6)送煤气时不着或着火后又熄灭,应立即关闭煤气阀门。查清原因,排净炉内混合气体后,再按规定程序重新点火;(7)凡强制通风的炉子,点火时应先开鼓风机,但不送风,待点火送煤气燃烧后,再逐渐增大供风量和煤气量,停煤气时,应先关闭所有的烧嘴,然后再停鼓风机;(8)点火时,煤气压力必须在 1000Pa 以上,低于 1000Pa 以下,停止使用。 送煤气后应检查所有连接部位和隔断装置是否泄漏煤气

预防	带煤气作业安全	(1) 原则上夜间不适宜带煤气作业，特殊情况下，若在夜间进行，应设两处以上投光照明，照明应距离施工地点 10m 以上，并保证照度。(2) 带煤气作业不准在低气压、大雾、雷雨天气进行。(3) 操作时有大量煤气冒出时，应注意警戒煤气对周围环境的影响，周围 40m 内为禁区，有风力吹向下风侧应视情况延长禁区范围。(4) 凡带压力进行的煤气危险作业，因压力过高影响施工，威胁到附近岗位人身安全和施工的顺利进行，应通知煤气管理单位和生产单位降低煤气压力。(5) 凡进行带煤气作业，应降低和维持煤气压力在 1000～2000Pa 范围。(6) 凡在室内进行带煤气作业，对室内操作岗位，加热炉的高温火源、电火花等可能引起煤气火灾等危险源应有防范措施。(7) 带煤气作业不准穿钉子鞋或携带火柴、打火机等引火装置。(8) 高空带煤气作业地点应设斜梯、平台、围栏等安全设施，并符合标准要求。(9) 带煤气作业地点的现场负责人应配备对讲机，随时与总调、煤气生产、管理单位取得联系，以便掌握控制煤气压力波动，及时联系压力情况。(10) 焦炉煤气带煤气抽堵盲板、更换流量孔领、抢修闸阀等项工作，应考虑法兰盘和螺栓年久腐蚀生成氧化铁，因受摩擦发热而引起火灾，为此应将氧化铁中和
	煤气动火安全	动火手续：(1) 凡在煤气设备上动火，必须有动火单位提前一天到安环处煤气防护站填写办理《煤气动火许可证》。(2) 计划检修动火时间和地点有变动，应重新办理手续。 动火前要严格检查动火区域附近的易燃物、爆炸品和煤气可能泄漏点（法兰、焊口、阀门、水封等）的防范措施是否绝对可靠。 带煤气动火要求：(1) 煤气压力不低于 2000Pa，并保持正压稳定，高压管道的加压机必须保持正常运转，并做含氧量分析，含氧量不得超过 1%。(2) 在动火处附近设临时压力表或利用就近值班室的压力表来观察煤气压力的变化情况，要设专人看守压力表，当压力低于规定极限时，应立即通知动火现场，停止作业。(3) 准备好灭火器，降温用具，如黄泥、湿草袋、蒸汽、氮气等，当压力突然降低，要立即停止动火。(4) 动火现场除有关领导、安全人员、操作人员和监护人员外，其他无关人员不得靠近。 停煤气动火：(1) 煤气来源必须彻底切断，否则必须加盲板，严禁以阀门或水封代替盲板。(2) 煤气切断后，煤气设备及管道必须彻底清扫，凡煤气管道要用蒸汽、氮气或自然通风进行清扫，在处理煤气的全过程要杜绝一切燃烧物和火源，清扫完毕要选代表性强、准确可靠的采样点进行 CO 采样分析，合格后方可动火。(3) 取样分析确认无可燃性气体存在，并经三次间隔测试合格为准。(4) 焦炉煤气、混合煤气管道必须用蒸汽或氮气进行清扫，同时在动火过程中，管道内必须带有适量蒸汽或氮气，以防管道内其他易燃物质发生同样危险
	煤气检测设备	常用的检测仪器设备有： (1) 检测管：分比长型和比色型两种。比长型是根据指示胶变色长度来测量气体浓度的；比色型检测管根据指示胶变色程度来测定气体浓度，适用于浓度较高的环境。 (2) 便携式检测报警仪：可在现场直接给出气体浓度，但有量程范围限制，不能在较高浓度环境中使用。 (3) 固定式检测报警仪：有在线测试型和扩散型两种，前者用于监测生产线中气体，后者用于监测气体的泄漏情况，有量程限制
	防护设备	(1) 轻防护：有毒有害气体体积浓度在 1% 以下，环境中氧含量在 17% 以上时采用的一种防护措施。轻防护一般采用各种型号带滤毒罐的鼻夹式、半面罩、全面罩式的防毒面具，以及逃生器等四种形式。 (2) 重防护：有毒有害气体浓度大于 1% 时采取重防，自带呼吸气源，不使用现场环境的空气。重防护所使用的仪器、设备有：背负式压缩空气呼吸器、背负式氧气呼吸器、长管式呼吸器等

煤气事故的应急	急救设备	最常见的急救设备： (1) 自动苏生器：是一种自动进行正负压人工呼吸的急救设备，它能把含有氧气的新鲜空气（或纯氧）自动地输入伤员的肺内，然后又自动地将肺内的气体抽除，并连续工作，具有清理口腔、喉腔、人工呼吸及氧吸入功能，适于抢救呼吸麻痹或呼吸抑制的伤员，如胸外伤、一氧化碳（或其他有毒气体）中毒、溺水、触电等原因所造成的呼吸抑制或窒息，都能适应。 (2) 高压氧舱：是指医疗上给病人进行氧气治疗用的高压密封舱。将病人放入富氧空气的舱内，逐渐增加舱内气压到 2～3 个绝对大气压，然后让病人吸入并渗入氧气。在高压下给氧，可以迅速提高血液氧含量、血氧张力和氧弥散率，从而改善全身细胞和组织的氧合情况，对中毒的人员进行高压氧治疗，特别是对煤气中毒人员的抢救，治愈率高达 97.6%，高压氧舱可同时供给 7～8 人使用
	通用处理	发生煤气中毒、着火、爆炸和大量泄漏煤气等事故，应立即报告生产总调度室和安全环保处煤气防护站，如发生煤气着火事故，应立即打火警电话 119；发生煤气中毒事故应立即通知医院或安全环保处煤气防护站，前来现场急救。 发生煤气事故后应迅速弄清事故现场情况，采取有效措施，严防冒险抢救，扩大事故，抢救事故的所有人员都必须服从统一领导和指挥，并由事故单位厂长、车间主任或班组长负责，并视事故性质和涉及范围划定危险区域，布置岗哨，阻止非抢救人员进入。 进入煤气危险区域的抢救人员必须佩戴氧气呼吸器等防毒仪器。严禁只凭热情或一时冲动，以口罩或其他物品代替防毒误入险区，扩大事故
	煤气中毒的抢救	迅速将患者安置在空气新鲜的地方，解开衣扣、腰带（有湿衣时应脱掉），使患者能自由呼吸到新鲜空气，冬季注意保暖，恢复后喝点浓茶，使血液循环加快，减轻症状，随后可根据症状轻重，对症治疗。 及时输氧效果好，可加速一氧化碳排出体外。在有条件的情况下，可送高压氧舱进一步治疗。 注射细胞色素 C，可对细胞内氧化过程起重要作用，以改善组织缺氧，如呼吸衰竭时，应立即注射尼可刹米等。 当呼吸停止或呼吸微弱时应立即进行人工呼吸（包括举臂压胸法、仰压法、口对口人工呼吸）和体外心脏按摩术
	煤气爆炸事故的处理	发生煤气爆炸事故，一般是煤气设备被炸坏，导致冒、跑煤气或冒出的煤气着火。因此，煤气爆炸事故发生后，一般接着而来的是：可能发生煤气中毒、着火事故或者产生二次爆炸。所以发生爆炸事故时： (1) 应立即切断煤气来源，并迅速把煤气处理干净。 (2) 对出事地点严加警戒，绝对禁止通行，以防更多的人中毒。 (3) 在爆炸地点 40m 之内禁止火源，以防着火事故。 (4) 迅速查明事故原因，在未查明原因和采取可靠措施前，不准送煤气。 (5) 煤气爆炸后，产生着火事故，按着火事故处理。产生煤气中毒事故，按煤气中毒事故处理
	煤气着火事故的处理	由于设备不严密而轻微泄漏引起着火，可用湿泥、湿麻袋等堵住着火处灭火，火熄灭后，再按有关规定补漏。 直径小于 100mm 的管道着火时，可直接关闭阀门，切断煤气灭火。 直径大于 100mm 的管道着火，切记不能突然把煤气阀门关死，以防回火爆炸。 对大于 100mm 的煤气管线泄漏着火，采取逐渐关阀门降压，通入蒸汽或氮气灭火。在降压时必须在现场安装临时压力表。使压力逐渐下降，不致造成突然关死阀门引起回火爆炸，其压力不能低于 100Pa。 煤气设备烧红时，不得用水骤然冷却，以防管道和设备急剧收缩造成变形或断裂。 煤气设备附近着火，影响煤气设备温度升高，但还未引起煤气着火和设备烧坏时，可正常供气生产，但必须采取措施，将火源隔开及时灭火，当煤气设备温度不高时，可用水冷却设备。 煤气设备内的沉积物如萘、焦油等着火时，可将设备的入孔、放气阀等一切与大气相通的附属孔关闭，使其隔绝空气自然熄灭或通入蒸汽或氮气灭火，熄火后切断煤气来源，再按有关规程处理

4.5.7 燃烧类事故的预防与应急

燃烧类事故的预防与应急见表4-10。

燃烧类事故的预防和应急 表 4-10

火灾预防		消除明火。明火是指敞开的火焰，如火炉、电炉、油灯、电焊、气焊、火柴与烟火等。易燃易爆场所严禁携带烟火；生产过程中加热易燃物料时应用热水或其他间接加热介质，不得采用火炉、电炉、煤气炉等；设备检修时必须停止生产、用水蒸汽或惰性气体进行吹扫，并经安全技术部门检验合格发给动火证才能动火。
		易燃易爆场所不得使用油灯、蜡烛等明火光源照明；普通电气照明灯具和开关使用中会发生火花，应采用防爆型或封闭式电气照明灯具或室外投光灯照明。
		消除电气火花。电气动力设备要选用防爆型或封闭式的；启动和配电设备要安装在另一房间；引入易燃易爆场所的电线应绝缘良好，并敷设在铁管内。
		消除静电放电火花。物料之间摩擦会产生静电，聚积起来可达到很高的电压。静电放电时产生的火花能点燃可燃气体、蒸汽或粉尘与空气的混合物，也能引爆火药。
		消除雷电火花。雷电产生的火花温度之高可以熔化金属，是引起燃烧爆炸事故的祸源之一。雷电对建筑物的危害也很大，必须采取排除措施，即在建筑物上或易燃易爆场所周围安装足够数量的避雷针，并经常检查，保持其有效。
		防止撞击摩擦产生火花。钢铁、玻璃、瓷砖、花岗石、混凝土等一类材料，在相互摩擦撞击时能产生温度很高的火花，在易燃易爆场合应避免这种现象发生。
		避免太阳能形成点火源。直射的太阳光，通过凸透镜、圆形玻璃瓶、有气泡的平板玻璃等会聚焦形成高温焦点，能够点燃易燃易爆物质。为此，有爆炸危险的厂房和库房必须采取遮阳措施；窗户采用磨砂玻璃
灭火措施		消防用水：通常用水，但与水反应能产生可燃气体，容易引起爆炸的物质着火时，不能用水扑救。
		泡沫灭火剂：用作泡沫灭火剂的气体可以是空气或二氧化碳，用水作为泡沫的液膜。
		卤代烷灭火剂：目前以1211灭火剂应用较广。
		惰性气灭火剂：二氧化碳是常用的惰性气灭火剂。
		不燃性挥发液：常用的灭火剂有四氯化碳和二氟二溴甲烷。
		干粉灭火剂：常用的干粉有碳酸氢钠、碳酸氢钾、磷酸二氢氨、尿素干粉等

4.5.8 气体毒物的危害与防治

气体毒物的危害与防治见表4-11。

气体毒物的危害与防治 表 4-11

毒物危害	刺激性气体	刺激性气体是化学工业中的重要原料产品和副产品，其种类繁多，最常见的有：酸（硫酸、盐酸、硝酸等），卤族元素（氯、氟、溴、碘等），醚类，醛类，强氧化剂（臭氧）金属化合物（氧化银）等，刺激性气体具有腐蚀性，在生产过程中容易跑、冒、滴、漏。外逸的气体通过呼吸道而进入人体，可造成中毒事件。它对人体的眼和呼吸道粘膜有刺激作用，以局部损害为主，但是，在刺激作用过程时，也会引起全身反应。下面，介绍其中几种：
		制造和使用氯气的工业有电解食盐、漂白粉、造纸、印染、颜料、制药、橡胶等。在这些产品的生产、使用及运输过程中，都会接触到氯气。
		在生产中常见的是急性吸入中毒，轻者表现为眼和上呼吸道粘膜刺激症状（流泪、流鼻涕、咽痛、胸闷等），此外，还有咯血，烦燥，呼吸困难，体温升高等症状，严重中毒的可引起肺炎、肺水肿和休克，突然吸入高浓度的氯气，会出现所谓"闪电式"中毒死亡

刺激性气体	二氧化硫及三氧化硫	燃烧含硫的煤，熔炼含硫矿物，制造硫酸及其盐类，利用二氧化硫漂白兽毛、纸浆、稻草、消毒，杀虫等都会接触到二氧化硫。 在酸洗金属、电镀、蓄电池充电过程中，均会接触到二氧化硫酸雾，它主要在使用发烟硫酸或硫酸加热时，被释放出来。 这两种物质引起的急性中毒，主要表现为上呼吸道刺激症，眼睛灼痛，眼结膜发红。浓度较高时，可产生咯血及呕吐，支气管炎、肺炎等，在大量吸入二氧化硫时，可因声门痉挛引起窒息死亡。慢性中毒主要表现为口腔及上呼吸道慢性炎症。牙齿被腐蚀，并有血液方面的病变
	氨	氨可用于冷藏库、人造冰工业冷冻剂、石油提炼、水净化、化肥工业、硝酸、医药及化工原料等。 氨中毒主要是由于阀门或管道外溢气体及使用液态氨时被人们接触所引起的，氨从呼吸道进入人体内，或直接损坏皮肤。氨中毒轻者可引起上呼吸道炎症有时咯血，声音嘶哑不能讲话。重者在体表部位出现灼伤，眼皮、口唇、鼻、咽等溃烂、溃疡。眼睛溅入氨水，轻者刺痛，流泪，重者瞳孔散大，失明。吸入高浓度氨气，可因呼吸停止而造成闪电式死亡，高浓度氨气或氨水接触皮肤，可造成烧伤、水疱或坏死，此外，急性氨中毒还可引起中毒性肝坏死。 由于刺激性气体容易跑、冒、滴、漏，因而外逸的气体波及面广，危害较大，不仅直接危害工人，而且还会污染环境，造成更大的危害
毒物危害	窒息性气体	窒息性气体按其对人体的毒害作用，可分为两类。一类称为单纯性窒息性气体，如氨气，甲烷和二氧化碳等。它本身无毒，但由于它们对氧的排斥，使肺内氧分压降低，因而造成人体缺氧，窒息。另一类称为化学性窒息性气体，如一氧化碳，氰化物和硫化氢等。它的主要危害是对血液和组织产生特殊的化学作用，阻碍氧的输送，抑制细胞呼吸酶的氧化作用，阻断组织呼吸，引起组织的"内窒息"。下面简单介绍几种窒息性气体
	二氧化碳	二氧化碳是空气的组成成分之一，在正常大气中，其含量约0.04%，人体呼出气中约合4.2%。在不通风的菜窖、矿井，装有腐烂物质的船舱，利用植物发酵制糖，酿酒，下水道作业，地质勘探，岩层中喷等情况下，都可能发生高浓度二氧化碳气体喷出的现象。高浓度的二氧化碳对人体有毒性（如果此时空气中氧气供应充足，其害处会大为减小）。中毒症状主要表现为缺氧窒息。轻者头痛，头晕，无力、呕吐，呼吸困难。重者先兴奋，后抑制，最后可导致中枢神经麻痹，发烧，神志不清，肺水肿，脑水肿，甚至死亡
	一氧化碳	一氧化碳是含碳物质不完全燃烧的而产生的，剧毒，是煤气和水煤气的主要成分。通常所说的煤气中毒，就是由于室内一氧化碳过多而引起的。 在工业生产中，炼铁、炼钢、炼焦、采矿、爆破，机械制造的铸造、锻造，耐火材料、玻璃、建材等化工产品的生产，以及工业使用的窑炉、煤炉等，都会接触一氧化碳。 以急性中毒最为常见，可分三级： （1）轻度中毒：头疼、头晕、呕吐、无力、短暂昏厥，只要脱离现场，呼吸新鲜空气，就可迅速好转。 （2）中度中毒：除上述症状外，还有烦躁、多汗、脉搏加快，昏迷状。抢救及时。可较快苏醒，一般没有后遗症。 （3）重度中毒：因吸入高浓度一氧化碳而昏迷。离开现场后，可以昏迷几小时甚至几昼夜，同时可能伴发脑水肿心肌损害，肺水肿，高烧等。抢救及时可恢复。但个别人在几天，几周，甚至$1\sim2$个月后，又可能出现癫痫、失语、失明、偏盲、烦躁、幻听、幻觉、迫害妄想、麻痹、皮肤感觉丧失、水肿等症状

续表

毒物危害	窒息性气体	硫化氢	在生产中，硫化氢是作为废气排出的。工人接触硫化氢的机会很多。例如：含硫石油的开采和加工，粪坑下水道，废水井或矿井作业，制造二氧化碳，硫化染料，人造纤维，制革过程中使用硫化钠放出大量硫化氢，化学工业中使用硫化氢作为原料。 硫化氢有臭鸡蛋气味，有毒性。高浓度吸入（1g/L）时可发生“电击样中毒”，中毒者即刻昏倒，痉挛，失去意识，很快死亡。 吸入浓度（0.7mg/L）的硫化氢，引起急性中毒，呈昏迷、抽搐、瞳孔缩小，及时救出后，会发生头疼、头晕、肺水肿等。 吸入浓度再低（0.2～0.3mg/L）时，引起头疼、头晕、恶心、流泪、咳嗽、眼结膜充血、视力模糊等刺激症状
		氢化物	各类氢化物都有很大毒性，而且作用迅速。 接触氢化物的作业有：化工中制造草酸等，许多合成工业都要用到氢化物，制造高级油漆，塑料，有机玻璃，人造羊毛等以及钢的淬火，镀银，镀锌，清洗金及宝石制品等。 氢化物主要经呼吸道进入人体，经口腔、消化道吸收速度也较快。在高温时，由于皮肤出汗及充血，也可加快吸收速度。 在工业生产中，除发生事故外，氢化物急性中毒是很少见的。急性中毒初期，上呼吸道有刺激症状，头疼，乏力，流口水，接着会出现意识模糊、血压下降、呕吐，再后就会丧失意识，瞳孔散大，肺水肿，昏迷不醒，全身肌肉松弛。抢救不及时就会造成死亡。 在工业生产中，长期吸入一定量氢化物可引起慢性中毒，产生神经衰弱，肌肉疼，过度健忘，语言不连贯，贫血，消瘦，皮炎等症状。 为了防止各类气态毒物对人体的危害，应着重从改革生产技术和加强个人防护方面入手。 （1）改革生产工艺，以无毒或毒小的物质代替。 （2）实行生产过程自动化、机械化，加强管道密闭和通风，或远距离操作。 （3）灌注、贮存、运输液态刺激性气体时，要注意防爆、防火、防漏。 （4）生产设备要有防腐蚀措施。经常检修，防止跑、冒、滴、漏。 （5）初建或扩建厂房时，对厂址的选择，安全设备和设施，尾气的排放，必须严格遵守国家规定。 （6）做好三废（废气、废水、废渣）的回收利用。 （7）定期检测空气各类毒性气体的含量，如果超过了最高允许浓度，应及时采取措施。 （8）严格遵守安全操作规程，并采取轮换工作的方法。 （9）加强个人防护，工作时要穿戴采用过滤式防毒面具或蛇管式防毒面具，防护眼镜，胶靴、手套等，皮肤的暴露部位应涂防护油膏。 （10）实行就业前体检，凡有过敏性哮喘、皮肤病及慢性呼吸道炎症或肺结核患者，不应做这类工作。定期对工人进行体检，早发现，早治疗，早解决
毒物防治措施	组织管理措施		积极研究职业毒害，推广防毒经验、改进措施。 严守有关防毒的操作规程，加强宣传教育，定期检查，加强设备维修等制度
	防毒技术措施		主要是控制有毒气体的粉尘，即有毒的气体、蒸汽和气溶胶（雾、烟、尘）。技术措施如下： （1）以无毒、低毒的物料或工艺代替有毒、高毒的物料或工艺。 （2）生产设备的密闭化、管道化和机械化。 （3）通风排毒和净化回收。 （4）隔离操作和自动化控制
	卫生保健		这是从医学卫生方面直接保护从事有毒作业工人的健康。主要措施有：保持个人卫生、增加营养、定期健康检查、做好中毒急救。对一些新的有毒作业和新的化学物质，应当请职业病防治院、卫生防疫站或卫生科研部门协助进行卫生学调查，做动物试验。弄清致毒物质、毒害程度、毒害机理等情况，研究防毒对策，以便采取有关的防毒措施

| 毒物应急 | 抢救和治疗急性中毒者 | 急性中毒一般是在生产中或生活中，系意外事故或其他原因，使毒害品经口腔、呼吸道进入人体内所引起。一旦发生急性中毒，必须立刻进行抢救。
抢救急性中毒的原则是：
（1）立即使患者脱离与毒物的接触，以避免毒物继续进入人体。并使已进入体内的毒物尽快排出。
（2）尽快消除或中和进入体内毒害品的作用（解毒疗法）。
解除毒物在体内已引起的某些病象，减少痛苦，促进机体恢复健康（对症及支持疗法）。
排毒方法如下：
根据毒物进入途径不同，采取相应排除方法。如毒物是气体（氯气、一氧化碳等），从呼吸道吸入，应立即自中毒现场移走，加强室内通风，积极吸氧，以排除呼吸道内残留的毒气。如毒物是从皮肤吸收（如有机磷触药中毒），应立即脱去污染衣服，迅速用大量微温水冲洗皮肤，特别注意毛发、指甲部位。对不溶于水的毒物，可用适当溶剂，例如用 10％酒精或植物油中酰酚类毒物污染，也可用适当的化学解毒剂加入水中冲洗。毒物污染限内，必须立即用清水冲洗，至少 5min，并滴入相应中和剂。如碱性毒物用 3％硼酸液冲洗等。极大多数中毒患者是经口中摄入，排毒的最好方法是催吐及洗胃 |
| | 治疗慢性中毒者 | 慢性中毒具体治疗办法分述如下：
使慢性中毒者暂时脱离与毒物的接触。
大多数患者需要一段时间的休息。补充一些维生素，尤其是维生素 B 及维生素 C。
少数毒物的慢性中毒，可使用驱毒剂。如依地酸钙钠可以驱铅，二硫基丙碳酸钠、二硫基丁二酸钠及青霉胺能驱铅、汞及砷等。这些药物的疗效较好。近年来的趋势是使用较小的剂量。
对于很多毒物尚无特效驱毒药物。治疗时，主要依靠休息、营养与对症治疗。
轻度与中度患者痊愈之后，若原单位的卫生条件已得到改善，一般则可回原单位工作。例外的如中度苯中毒及四乙基铅中毒，治愈很不容易，一般不宜再回原单位工作。重度中毒患者获得良好治疗效果之后，一般应改变工作，不再接触毒物 |

5 建设工程应急预案的实施

5.1 建筑企业应急预案的实施

建筑施工复杂且变换不定，加上流动分散，工期不固定，因此，不安全的因素较多，安全管理工作难度较大，是伤亡事故多发的领域。建筑施工具有的特点是：（1）场地固定。在有限的场地上集中了大量的工人、建筑材料、机械设备等，施工人员要随着施工的进程进行作业，不安全的因素随时都可能存在；（2）露天及高处作业多。受到施工环境，以及季节和气候等自然条件的影响，容易造成一定的隐患；（3）手工操作及繁重体力劳动多。建筑机械化施工的比重虽然在逐渐增大，但还是相当落后，大量施工还是靠手工劳作，劳动强度仍然很大；（4）生产工艺和方法多样，规律性差。在建筑施工中，每道工序不同，不安全因素也不同。即使同一道工序由于工艺和施工方法不同，生产过程也不相同。随着工程进度的发展，施工状况和不安全因素也随着变化。由于建筑施工的这些特点，工地现场可能发生的安全事故有：坍塌、火灾、中毒、爆炸、物体打击、高空坠落、机械伤害、触电等，应急预案的人力、物资、技术准备主要针对这几类事故。

应急预案应立足重大事故的救援，立足于工程项目自援自救，立足于工程所在地政府和当地社会资源的救助。

应急预案的实施不仅仅意味着在紧急阶段对预案的简单的练习，它是指根据前面危险性分析、内容的改进措施采取行动，将应急预案融入企事业单位或公司的运营操作、培训员工以及评价应急预案，确保当紧急事件真正发生时，所制定的应急预案能迅速有效地避免或减少事故损失。

5.1.1 将应急预案与单位的运营相结合

对企事业单位而言，应急预案应该成为其文化的一部分内容。因而，企事业单位应寻找所有机会向管理层、向员工提供警示、教育和培训，测试响应程序，要使各个管理层、各个部门及各个社团融入在应急预案的程序中，同时使应急管理成为每个人日常工作的一部分。

通过下列提问可以检查企业应急预案与其运营结合的程度：

（1）高层管理对应急预案中所列出的责任支持程度有多少？

（2）应急预案的概念是否已经完全和企事业单位的人员及财务各方面的要求结合起来？

（3）企事业单位评价员工和工作分配等方面的方针政策是否较好地体现了应急管理职责？

（4）企事业单位有没有通过单位的业务通信录、员工手册或员工的邮件等方式传递应急预案准备信息？

（5）什么样的安全标语或其他可见的安全提示物将起作用？

（6）员工们知道他们要在紧急情况发生时该做些什么吗？

（7）如何使各级机构参与应急预案的评估与更新？

每一个进入企事业单位工作或是参观的人员都应该接受有关的应急预案的培训。应急培训应包括用来检验应急响应程序有效性的周期性员工讨论会，有关应急响应时使用设备的技术训练、撤离演练及全面演练。

5.1.2　应急预案培训与演练计划

应急预案是行动指南，应急培训是应急救援行动成功的前提和保证。通过培训，可以发现应急预案的不足和缺陷，并在实践中加以补充和改进；通过培训，可以使事故涉及到的人员包括应急队员、事故当事人等都能了解一旦发生事故，他们应该做什么，能够做什么，如何去做以及如何协调各应急部门人员的工作等。

应急培训的范围应包括：（1）政府主管部门的培训；（2）社区居民培训；（3）企业全员培训；（4）专业应急救援队伍培训。

政府应急主管部门培训的重点，应放在事故应急工作指导思想和与政府部门有关的事故应急行动计划的关键部分。但也有必要了解整个预案，以保证参加培训的人员理解他们如何适应大局。为确保充分理解事故应急行动计划和应急预案，最好的办法是应急管理人员同他们单位的领导一起进行培训。

政府主管部门培训可在地方消防队或医院、企业现场进行。所有负有应急管理职责的地方政府部门、志愿者，如果可能，还应包括军队都应参加。下列机构和人员应该接受应急救援培训：安全、消防、校车司机、学校校长、医院职工、急救人员以及应急指挥中心的工作人员。

公安消防部门通常参加他们自己的专业课程。应急管理人员也可以参加消防部门进行的应急管理培训。它将帮助消防队员了解他们在协调应急工作中的作用，也给应急管理人员同消防队员和培训主管人员接触的机会。

除了哪些人要接受培训以外，另一个重要问题是，应该怎么进行培训。在技术上已经有了很大的选择范围：闭路电视、有线电视和电视录像，这些都可用于培训。

当发生事故，期望现场附近居民能采取某些行动或遵从应急管理人员的指挥。于是，需要对事故应急作出准备的居民便是应急管理培训规划的一部分。与居民交流的主要方式是书面材料、广播、有线电视以及报告会。

为了有效地应急相应工作，居民必须知道对可能发生的事故采取什么应急响应行动，还必须遵守命令。对这两项内容他们都必须接受培训。

企事业单位应明确分配制定应急预案培训计划任务。在制定计划时，要考虑到员工、承包商、参观者、管理人员和其他在紧急事件中响应的人员的培训情况及有关信息。

在一年的十二个月内应急培训应确定以下内容：

（1）谁将是被培训者？

（2）谁将进行培训？

（3）将会采用哪些培训活动？

（4）每一个会议将在什么时候及什么地点召开？

（5）如何评估该会议，如何记录该会议？

企事业单位可按照表 5-1 安排本单位的应急培训与演练，也可用自己设计的方法和表格来规划培训的内容。

应急预案培训与演练计划表　　　　　　　　表 5-1

	1月	2月	3月	4月	5月	6月	7月	8月	9月	10月	11月	12月
管理部门方针的确定和复查												
员工方针的确定和复查												
合作双方方针的确定和复查												
团体/媒体方针的确定和复查												
管理部门桌面演练												
救援小组桌面演练												
走动式培训												
疏散培训												
大规模演练												

在此基础上，企事业单位还应该考虑到有关的可能响应的团体也来参加该培训活动。

每一项培训活动结束后都要进行反思，将有关修改意见补充到应急预案中；在评价过程中可能参加响应的员工和社区都应该参加。

5.1.3　员工应急培训

应急管理的一个典型的特点就是有效性，要保证当紧急事件发生时应急预案真正有效，那么就必须做好应急培训和应急演练工作。在应急培训中，通常的应强调：

（1）每个人在应急预案中角色和所承担的责任；

（2）知道如何获得有关危险和保护行为的信息；

（3）紧急情况发生时，如何进行通报、警告和信息交流；

（4）在紧急情况中寻找家人的联系方法；

（5）面对紧急情况时的响应程序；

（6）疏散、避难并告之事实情况的程序；

（7）寻找、使用公用应急设备；

（8）紧急关闭程序。

在风险性分析中确定的紧急事件可以作为应急培训的基础。

注意：当重新选取一个工作场所时，就应该对该地重新进行危险分析和风险评价。一旦新的场所确定，就应该修改已经制订的预案，重新进行应急演习的准备。

5.1.4　应急演练基础

1. 演练的类型

（1）桌面演练

桌面演练仅限于有限的应急响应和内部协调活动，由应急组织的代表或关键岗位人员参加，按照应急预案及标准工作程序讨论发生紧急情况时应采取的行动。这种口头演练一般在会议室内举行，目的是锻炼参演人员解决问题的能力，解决应急组织相互协作和职责划分的问题。事后采取口头评论形式收集参演人员的建议，提交一份简短的书面报告，总结演练活动和提出有关改进应急响应工作的建议，为功能演练和全面演练做准备。

（2）功能演练

针对某项应急响应功能或其中某些应急响应行动举行的演练活动，一般在应急指挥中心或现场指挥部举行，并可同时开展现场演练，调用有限的应急设备，主要目的是针对应急响应功能，检验应急人员以及应急体系的策划和响应能力。演练完成后，除采取口头评论形式外，还应向地方提交有关演练活动的书面汇报，提出改进建议。

（3）全面演练

针对应急预案中全部或大部分应急响应功能，检验、评价应急组织应急运行的能力和相互协调的能力，一般持续几个小时，采取交互式方式进行，演练过程要求尽量真实，调用更多的应急人员和资源，并开展人员、设备及其他资源的实战性演练。演练完成后，除采取口头评论外，还应提交正式的书面报告。

2. 演练的基本任务

在事故真正发生前暴露预案和程序的缺陷；发现应急资源的不足（包括人力和设备等）；改善各应急部门、机构、人员之间的协调；增强公众应对突发重大事故救援的信心和应急意识；提高应急人员的熟练程度和技术水平；进一步明确各自的岗位与职责；提高各级预案之间的协调性；提高整体应急反应能力。

3. 演练的实施过程

综合性应急演练的过程可划分为演练准备、演练实施和演练总结三个阶段，各阶段的基本任务教材有明确要求。建立由多种专业人员组成的应急演练策划小组是成功组织开展演练工作的关键。参演人员不得参与策划小组，更不能参与演练方案的设计。

应急演练结束后对演练的效果做出评价，提交演练报告，并详细说明演练过程中发现的问题。

（1）不足项。不足项指演练过程中观察或识别出的应急准备缺陷，可能导致在紧急事件发生时，不能确保应急救援体系有能力采取合理应对措施。应在规定的时间内予以纠正。策划小组负责人应对该不足项进行详细说明，并给出应采取的纠正措施和完成时限。

（2）整改项。整改项指演练过程中观察或识别出的，单独不可能在应急救援中对公众的安全与健康造成不良影响的应急准备缺陷。在下次演练前予以纠正。以下两种情况的整改项可列为不足项：某个应急组织中存在两个以上整改项，共同作用可影响保护公众安全与健康能力；某个应急组织在多次演练过程中，反复出现前次演练发现的整改项。

（3）改进项。改进项指应急准备过程中应予改善的问题，不会对人员的生命安全与健康产生严重的影响，视情况予以改进，不要求必须纠正。

5.1.5 应急演练设计

应急演练是检验应急预案有效性的最直观的方法，但一次演练会动用大量的人力、物力与财力。因而在演练之前编写一个好的演练方案是实施预案的一个关键任务。

演练方案应以演练情景设计为基础。演练情景是指对假想事故按其发生过程进行叙述性的说明，情景设计就是针对假想事故的发展过程，设计出一系列的情景事件，包括重大事件和次级事件，演练情景中必须说明何时、何地、发生何种事故、被影响区域、气象条件等事项，即必须说明事故情景。事故情景可通过情景说明书加以描述。情景事件主要通过控制消息通知演练人员，消息的传递方式主要有电话、无线通信、传真、手工传递或口头传达等。

情景设计过程中，应急小组应考虑如下注意事项：

（1）编写演练方案或设计演练情景时，应将演练参与人员、公众的安全放在首位；

（2）负责编写演练方案或设计演练情景的人员，必须熟悉演练地点及周围各种有关情况；

（3）设计演练情景时应尽可能结合实际情况，具有一定的真实性；

（4）情景事件的时间尺度可以与真实事故的时间尺度相一致；

（5）设计演练情景时应详细说明气象条件，如果可能，应使用当时当地的气象条件，必要时也可根据演练需要假设气象条件；

（6）设计演练情景时应慎重考虑公众卷入的问题，避免引起公众恐慌；

（7）设计演练情景时应考虑通信故障问题，以检测备用通信系统；

（8）设计演练情景时应对演练顺利进行所需的支持条件加以说明；

（9）演练情景中不得包含任何可降低系统或设备实际性能，影响真实紧急情况检测和评估结果，减损真实紧急情况响应能力的行动或情景。

在应急演练中，为了提高学习效果，应注意以下方面：

（1）演练过程中所有消息或沟通必须以"这是一次演练"作为开头或结束语，事先不通知开始日期的演练必须有足够的安全监督措施，以便保证演练人员和可能受其影响的人员都知道这是一次模拟紧急事件；

（2）参与演练的所有人员不得采取降低保证本人或公众安全条件的行动，不得进入禁止进入的区域，不得接触不必要的危险，也不得使他人遭受危险，无安全管理人员陪同时不得穿越高速公路、铁道或其他危险区域；

（3）演练过程中不得把假想事故、情景事件或模拟条件错当成真的，特别是在可能使用模拟的方法来提高演练真实程度的那些地方，如使用烟雾发生器、虚构伤亡事故和灭火地段等，当计划这种模拟行动时，事先必须考虑可能影响设施安全运行的所有问题；

（4）演练不应要求承受极端的气候条件（不要达到可以称为自然灾害的水平）、高辐射或污染水平，不应为了演练需要的技巧而污染大气或造成类似危险；

（5）参演的应急响应设施、人员不得预先启动、集结，所有演练人员在演练事件促使其做出响应行动前应处于正常的工作状态；

（6）除演练方案或情景设计中列出的可模拟行动及控制人员的指令外，演练人员应将演练事件或信息当作真实事件或信息做出响应，应将模拟的危险条件当作真实情况采取应急行动；

（7）所有演练人员应当遵守相关法律法规，服从执法人员的指令；

（8）控制人员应仅向演练人员提供与其所承担功能有关并由其负责发布的信息，演练人员必须通过现有紧急信息获取渠道了解必要的信息，演练过程中传递的所有信息都必须具有明显标志；

（9）演练过程中不应妨碍发现真正的紧急情况，应同时制定发现真正紧急事件时可立即终止、取消演练的程序，迅速、明确地通知所有响应人员从演练到真正应急的转变；

（10）演练人员没有启动演练方案中的关键行动时，控制人员可发布控制消息，指导演练人员采取相应行动，也可提供现场培训活动，帮助演练人员完成关键行动。

5.1.6 应急演练方式

应急演练方式有多种，包括应急会议、桌面演练及功能演练和全面演练等多种方式。企事业单位在应急管理工作进展的不同阶段，或结合自身条件进行不同方式的演练，最终根据演练结果将预案进行修改和完善。

1. 确定方针和教育会议

多为设定一些能提供信息、回答问题和确定需要和关注事物的常规讨论会。

2. 桌面演练

桌面演练是指由应急组织的代表或关键岗位人员参加的，按照应急预案及其标准运作程序，讨论紧急情况时应采取行动的演练活动。桌面演练的主要特点是对演练情景进行口头演练，一般是在会议室内举行非正式的活动。主要作用是在没有时间压力的情况下，演练人员在检查和解决应急预案中问题的同时，获得一些建设性的讨论结果。主要目的是在友好、较小压力的情况下，锻炼演练人员解决问题的能力，以及解决应急组织相互协作和职责划分的问题。

桌面演练只需展示有限的应急响应和内部协调活动，应急响应人员主要来自本地应急组织，事后一般采取口头评论形式收集演练人员的建议，并提交一份简短的书面报告，总结演练活动和提出有关改进应急响应工作的建议。桌面演练方法成本较低，主要用于为功能演练和全面演练做准备。

应急预案管理小组成员聚集在会议室一起讨论他们在应急预案中的职责以及在紧急事件发生时他们该如何做行动。这是一种有价值并有效率的方法，它可以在进行更多的培训活动之前确定出应急预案存在的缺陷。

3. 走动式演练

应急预案小组和应急预案有关响应小组实际演练他们在紧急事件出现时应急响应功能。一般来说，走动式培训会涉及更多的人，而且会比桌面演练更全面。

4. 功能演练

功能演练是指针对某项应急响应功能或其中某些应急响应活动举行的演练活动。功能演练一般在应急指挥中心举行，并可同时开展现场演练，调用有限的应急设备，主要目的是针对应急响应功能，检验应急响应人员以及应急管理体系的策划和响应能力。例如，指挥和控制功能的演练，目的是检测、评价多个政府部门在一定压力情况下集权式的应急运行和及时响应能力，演练地点主要集中在若干个应急指挥中心或现场指挥所举行，并开展有限的现场活动，调用有限的外部资源。外部资源的调用范围和规模应能满足响应模拟紧急情况时的指挥和控制要求。又如针对交通运输活动的演练，目的是检验地方应急响应官员建立现场指挥所，协调现场应急响应人员和交通运载工具的能力。

功能演练比桌面演练规模要大，需动员更多的应急响应人员和组织。必要时，还可要求国家级应急响应机构参与演练过程，为演练方案设计、协调和评估工作提供技术支持，因而协调工作的难度也随着更多应急响应组织的参与而增大。功能演练所需的评估人员一般为 4～12 人，具体数量依据演练地点、社区规模、现有资源和演练功能的数量而定。演练完成后，除采取口头评论形式外，还应向地方提交有关演练活动的书面汇报，提出改进建议。

这是针对应急响应过程中某些特殊功能程序的演练，如医疗救助响应功能，紧急通知功能，警告与通信设备功能等，当然，某一次的培训中不一定包括这么多内容。应该广泛征求员工意见，请他们评估应急响应系统并找出存在的问题。

5. 撤离演练

员工顺着疏散路线到达一个指定的地方。在那里向所有参加测试的员工说明所要经历的内容。受训所有人员应注意他们在紧急事件中可能会遇到一些危险情况，例如：楼道里堆满了杂物，过道起火等。

6. 全面演练

全面演练指针对应急预案中全部或大部分应急响应功能，检验、评价应急组织应急运行能力的演练活动。全面演练一般要求持续几个小时，采取交互方式进行，演练过程要求尽量真实，调用更多的应急响应人员和资源，并开展人员、设备及其他资源的实战性演练，以展示相互协调的应急响应能力。

与功能演练类似，全面演练也少不了负责应急运行、协调和政策拟订人员的参与，以及国家级应急组织人员在演练方案设计、协调和评估工作中提供的技术支持。但全面演练过程中，这些人员或组织的演示范围要比功能演练更广。全面演练一般需 10～50 名评价人员。演练完成后，除采取口头评论、书面汇报外，还应提交正式的书面报告。

以上各种演练类型的最大差别在于演练的复杂程度和规模，所需评价人员的数量与实际演练、演练规模、地方资源等状况有关。无论选择何种应急演练方法，应急演练方案必须适应组织辖区重大事故应急管理的需求和资源条件。应急演练的组织者或策划者在确定应急演练方法时，应考虑组织重大事故应急预案和应急执行程序制定工作的进展情况、组织面临风险的性质和大小、组织现有应急响应能力、应急演练成本及资金筹措状况、相关政府部门对应急演练工作的态度和各类应急组织投入资源的状况等因素。

针对不同性质的风险，组织可依据有关法律、法规和专项应急预案的要求选择其他类型的演练方式，如针对核事故，按照《国家核应急计划》开展单项演练、联合演练和综合演练。应急演练频次首先应满足法律、法规、规章、标准和应急预案的规定，如果没有相应的规定，建议组织能每两年进行一次针对生产安全重大事故的全面演练，并在全面应急演练前，开展若干次桌面演练和功能演练。通信演练每年应不少于一次。

注意应急预案的演练要真实，尽可能地模仿紧急事件的形势。这样的演练应包括企事业单位所有应急响应人员、员工、管理部门和相关社会组织。

对于那些有消防队，有危险物质管理小组，有救援小组，有紧急医疗小组的企事业单位，OHSA 培训要求是一个最低的标准。

5.1.7 评价并修改预案

为了保证应急预案的有效性，企事业单位对于应急预案每年至少进行一次正式审核，在审核中应考虑如下的问题：

（1）在评价和更新预案时，你如何带动所有的管理部门进行参与？

（2）在危险性分析中存在的问题和所确定的不足项是否已经被充分地改善？

（3）预案是否体现了预案在培训中或现实中所接受的教训？

（4）应急预案小组成员和有关响应小组成员是否了解他们各自的职责吗？新成员经过培训了吗？

（5）预案是否反映了工厂在自然布局上的改变？它是否反映了新的工艺过程？

（6）企事业单位有关图纸或其他资产记录是否为最新的？

（7）公司培训是否客观？

（8）已存在的危险是否有改变？

（9）预案中所包含名字、主题和电话号码是否为最近的？

（10）所实施的应急管理的方案与其他公司、企事业是否一致？

（11）在预案中是否向社区组织和机构进行应急情况简报？他们参与评价预案了吗？

另外，除年审外应该在以下情况下对预案进行审核、评价和修改：

（1）每年培训或是演练之后；

（2）每次紧急事件之后；

（3）当员工改变或是他们调换工作之后；

（4）当公司布置或设计改变时；

（5）当政策或是过程改变时。

记住要传达预案中的人员变更。

5.2　应急演练的组织与实施

事故应急救援预案编制发布后，并不能保证个人、企业和政府主管部门有效地对实际发生的事故做出响应。要使预案在应急行动中得到有效的运用，充分发挥其指导作用，还必须对组织内员工和所有相关人员进行宣传和培训，对预案进行演练，让他们掌握应急知识和技能。如果不进行培训和演练，就如同只给战士发枪，而不给他弹药和教给他使用方法，这样只有武器是不能够作战的。应急培训和演练的基本任务是，锻炼和提高队伍在突发事故情况下的快速抢险堵源、及时营救伤员、正确指导和帮助群众防护或撤离、有效消除危害后果、开展现场急救和伤员转送等应急救援技能和应急反应综合素质，有效降低事故危害，减少事故损失。

5.2.1　应急培训

应急预案是行动指南，应急培训是应急救援行动成功的前提和保证。通过培训，可以发现应急预案的不足和缺陷，并在实践中加以补充和改进；通过培训，可以使事故涉及到的人员包括应急队员、事故当事人等都能了解一旦发生事故，他们应该做什么，能够做什么，如何去做以及如何协调各应急部门人员的工作等。

应急培训的范围应包括：（1）政府主管部门的培训；（2）社区居民培训；（3）企业全

员培训；（4）专业应急救援队伍培训。

政府应急主管部门培训的重点，应该放在事故应急工作指导思想和与政府部门有关的事故应急行动计划的关键部分。但也有必要了解整个预案，以保证参加培训的人员理解他们如何适应大局。为确保充分理解事故应急行动计划和应急预案，最好的办法是应急管理人员同他们单位的领导一起进行培训。

应急救援训练与演练是检测培训效果、测试设备和保证所制定的应急预案和程序有小型的最佳方法。它们的主要目的在于测试应急管理系统的充分性和保证所有反应要素都能全面应对任何应急情况。因此，应该以多种形式开展有规则的应急训练与演练，使应急队员能进入"实战"状态，熟悉各类应急操作和整个应急行动的程序，明确自身的职责等。

应急救援演练是为了提高救援队伍间的协同救援水平和实战能力，检验应急救援综合能力和运作情况，以便发现问题，及时改正，提高应急救援的实战水平。

事故时效概率事件，因此应急救援预案似乎从来没有实施过，于是演练便是应急管理人员检验和评估应急救援的主要方式。以便确定他们在实际紧急事件中是否可以运行。

训练和演练将尽可能地模拟实际紧急状况，因此，它们是实现以下目标的最好方法：

（1）在事故发生前暴露预案和程序的缺点；

（2）辨识出缺乏的资源（包括人力和设备）；

（3）改善各种反应人员、部门和机构之间的协调水平；

（4）在企业应急管理的能力方面获得大众认可和信心；

（5）增强应急反应人员的熟练性和信心；

（6）明确每个人各自岗位和职责；

（7）努力增加企业应急预案与政府、社区应急预案之间的合作与协调；

（8）提高整体应急反应能力。

组织应让所有有关的人员接受应急救援知识的培训，掌握必要的防灾和应急知识，以减少事故的损失。根据建设工程的特点，相关人员应该掌握坍塌、火灾、中毒、爆炸、物体打击、高空坠落、机械伤害、触电等事故的特点。通过培训，可以发现应急预案的不足和缺陷，并在实践中加以补充和改进；通过培训，可以使事故涉及到的人员包括应急队员、事故当事人等都能了解一旦发生事故，他们应该做什么，能够做什么，如何去做以及如何协调各应急部门人员的工作等。企事业应急管理小组在培训之前应充分分析应急培训需求、制定培训方案、建立培训程序以及评价培训效果。

5.2.2　应急演练

应急演练是指来自多个机构、组织或群体的人员针对假设事件，执行实际紧急事件发生时各自职责和任务的排练活动，是检测重大事故应急管理工作的最好度量标准，是评价应急预案准确性的关键措施，演练的过程也是参演和参观人员的学习和提高的过程。我国多部法律、法规及规章都对此项工作有相应的规定。

应急演练的目的是：验证应急预案的整体或关键性局部是否可能有效地付诸实施；验证预案在应对可能出现的各种意外情况方面所具备的适应性；找出预案可能需要进一步完善和修正的地方；确保建立和保持可靠的通信联络渠道；检查所有有关组织是否已经熟悉并履行了他们的职责；检查并提高应急救援的启动能力。重大事故应急准备是一个长期的持续性过程，在此过程中，应急演练可以发挥如下作用：

1. 评估组织应急准备状态，发现并及时修改应急预案、执行程序、行动核查表中的缺陷和不足；

2. 评估组织重大事故应急能力，识别资源需求，澄清相关机构、组织和人员的职责，改善不同机构、组织和人员之间的协调问题；

3. 检验应急响应人员对应急预案、执行程序的了解程度和实际操作技能，评估应急培训效果，分析培训需求。同时，作为一种培训手段，通过调整演练难度，进一步提高应急响应人员的业务素质和能力；

4. 促进公众、媒体对应急预案的理解，争取他们对重大事故应急工作的支持。

应急演练类型有多种，不同类型的应急演练虽有不同特点，但在策划演练内容、演练情景、演练频次、演练评价方法等方面时，必须遵守相关法律、法规、标准和应急预案规定；在组织实施演练过程中，必须满足"领导重视、科学计划、结合实际、突出重点、周密组织、统一指挥、分步实施、讲究实效"的要求。

通过演练，可以具体检验以下项目：

(1) 在事故期间通信是否正常；

(2) 人员是否安全撤离；

(3) 应急服务机构能否及时参与事故救援；

(4) 配置的器材和人员数目是否与事故规模匹配；

(5) 救援装备能否满足要求；

(6) 一旦有意外情况，是否具有灵活性；现实情况是否与预案制定时相符。

应急演练大概可以分为全面演练、组合演练和单项演练。演练既可在室外也可在室内进行。演练既可由机关单独进行，以指挥、通信联络为主要内容，也可由机关带部分应急救援专业队伍进行演练。

(1) 单项演练。这是为了熟练掌握应急操作或完成某种特定任务所需的技能而进行的演练。这种单项演练或演练时在完成对基本知识的学习以后才进行的。根据不同事故应急的特点，单项演练的大体内容有：

1) 通信联络、通知、报告程序演练；

2) 人员集中清点、装备及物资器材到位演练；

3) 化学监测动作演练：固定检测网络中各点之间的配合，快速出动实施机动监测，食物、饮用水的样品收集和分析，危害趋势分析等；

4) 化学侦查动作演练：对事故发生区边界确认行动，对危害区边界变化情况时判定行动，对滞留区地点及危害程度侦察等；

5) 防护行动演练：指导公众隐蔽与撤离，通道封锁与交通管制，发放药物与自救互救练习，食物与饮用水控制，疏散人员接待中心的建立，特殊人群的行动安排，保卫重要目标与街道巡逻的演练等；

6) 医疗救护行动演练；

7) 消毒去污行动演练；

8) 消防行动演练；

9) 公众信息传播演练；

10）其他有关行动演练。

（2）组合演练。这是一种为了发展或检查应急组织之间及其与外部组织（如保障组织）之间的相互协调性而进行的演练。由于部分演练主要是为了协调应急行动中各有关组织之间的相互协调性，所以演练可以涉及各种组织，如化学监测、侦察与消毒去污之间的衔接；发放药物与公众撤离的联系；各机动侦察组之间的任务分工与协同方法的实际检验；扑灭火灾、消除堵塞、堵漏、闭阀等动作的相互配合练习等。通过带有组合性的部分联系，可以达到交流信息，加强各应急救援组织之间的配合协调。

（3）全面演练或称综合演练。这是应急预案内规定的所有任务单位或其中绝大多数单位参加的，为全面检查执行预案可能性而进行的演练。主要目的是验证各应急救援组织的执行任务能力，检查他们之间相互协调能力，检查各类组织能否充分理由现有人力、物力来减小事故后果的严重度以确保公众的安全与健康。这种演练可展示应急准备及行动的各方面情况。因此，演练设计要求能全面检查各个组织及各个关键岗位上的个人表现。通过演练，应该能发现应急预案的可靠与可行度，能发现预案中存在的主要问题。能提供改善预案的决策性措施。全面演练要考虑公众的有关问题，尤其要顾及危险源区附近公众的情绪，使公众能够正确评价危害的性质，从而使推荐的防护措施能得到公众的确认。公众信息传播部门应借助全面演练的机会，向有关公众宣传演练的目的，以及当真实事故发生时，应该采取的措施。必要时可组织公众中骨干力量参观，甚至参加演练。全面演练应该在单项和组合演练进行后实施，并应有周密的演练计划，严密的演练组织领导，充分的准备时间。

建设工程在我国属于事故率比较高的行业之一，因此应定期举办大型的综合演练，在工程施工结束，投入使用前进行一次各部门联合举办的联合演练。

全面演练是最高水平的演练，并且是演练方案的最高潮。全面演练是评价应急管理系统在一个持续时期里的行动能力。它通过一个高压力环境下的实际情况，检验应急救援预案的各个部分。

一个全面演练需要很长的准备时间，一般超过 3 个月。这是因为必须保证演练应急预案所规定的行动：响应机构必须做的事、资源转移、开放避难所、派遣车辆等。

5.2.3　演练实施的基本过程

由于应急演练是由许多机构和组织共同参与的一系列行为和活动，因此应急演练的组织与实施是一项非常复杂的任务，应急演练过程可以划分为演练准备、演练实施和演练总结三个阶段。各阶段基本任务见图 5-1。

组织应建立应急演练策划小组，由其完成应急准备阶段，包括编写演练方案、制定现场规则等在内的各项任务。

5.2.4　演练结果的评价

演练结束后，进行总结与讲评是全面评价演练是否达到演练目标、应急准备水平及是否需要改进的一个重要步骤，也是演练人员进行自我评价的机会。演练总结与讲评可以通过访谈、汇报、协商、自我评价、公开会议和通报等形式完成。

评价的主要目的是：

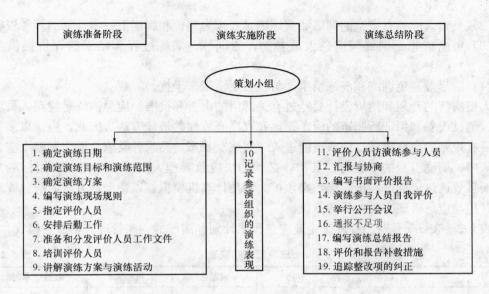

图 5-1 应急演练实施基本过程

（1）辨识应急预案和程序中的缺陷；

（2）辨识出培训和人员需要；

（3）确定设备和资源的充分性；

（4）确定培训、训练、演练是否达到预期目标。

确定评价什么的第一步是审查训练演练的专项目标。评估每项目标的标准应该在培训、训练、演练计划制定过程中考虑。如果它不能测定或评价，它不应考虑作为目标。

训练和演练的评价可分为三个阶段：（1）评价人审查；（2）参加者汇报；（3）训练和演练的改正。

评价者和上级主管人员在一定位置观察和记录参加者的反应，通过观察参加者在训练和演练中出现的每个问题。如果参加训练或演练的人数规模较小，总结时每个参加者都要进行口头汇报，依次被提问，提出意见。如果人数规模很大，则可要求书面意见。评价会议中要使参加者反映对应急预案和应急行动的评价意见。

训练和演练改正：这项评价的不同在于它的目的不是评价应急预案和应急行动，而是要求评价训练或演练管理本身。训练或演练改正单应该在训练或演练完成之后立刻发给所有参加人员并配有说明。

策划小组负责人应在演练结束规定期限内，根据评价人员演练过程中收集和整理的资料，以及演练人员和公开会议中获得的信息，编写演练报告并提交给有关管理部门。

追踪是指策划小组在演练总结与讲评过程结束之后，安排人员督促相关应急组织继续解决其中尚待解决的问题或事项的活动。为确保参演应急组织能从演练中取得最大益处，策划小组应对演练中发现的问题进行充分研究，确定导致该问题的根本原因、纠正方法、纠正措施及完成时间，并指定专人负责对演练中发现的不足项和整改项的纠正过程实施追踪，监督检查纠正措施的进展情况。

此外，在应急演练中应注意以下事项：

（1）可设立专门的小组来负责演练的设计、监督和评价；

（2）负责人应拥有完整的训练和演练记录，作为评价和制定下一步计划的参考资料；

（3）可邀请非受训部门应急人员参加，为训练、演练过程和结果的评价提供参考意见；

（4）应尽量避免训练和演练给生产与社会生活带来干扰。

大型演练的计划和情境设计要经过有关部门的审查和批准。应急演练是检测人员培训效果、测试设备和保证所制定的应急预案和程序有效性的最佳方法。因此，应该以多种形式开展有规则的应急演练，使队员能进入"实战"状态，熟悉各类应急操作和整个应急行动的程序，明确自身的职责等。其次，必须加快应急管理人员的职业化，雇用标准要严格，而且要通过培训进一步强化，必须扩大利用计算机模拟，以帮助地方政府应急管理人员和其他与应急管理有关人员的演练。

表 5-2～表 5-5 是对工程施工企业应急预案计划和演练的一些管理表格参考模式。

应急预案明细表 表 5-2

编　号	应急预案名称	编制人	批准人	最终版本时间

编制人：　　　　　　　　　　　　　　　　　　　　　　　　　日期：

应急设备清单

表 5-3

编号：

序　号	设备名称	型号规格	配备数量	批准人	购入时间

编制人：　　　　日期：　　　　批准人：　　　　　　　　　　　日期：

应急预案演练记录

表 5-4

编号：

演练名称		地 点	
演练时间			
主要参加人员			

演练主要内容：

演练效果：

负责人：

记录人		审核人	

应急预案演练考核表   表 5-5

演练单位：负责人：

演练时间	
演练地点	
演练预案名称	
演练总结	

演练问题：

主要经验：

改进措施：

总得分（满分100分）	
考核人员签字	组长： 成员：

下篇　实用范例篇

6 政府建筑事故应急预案范例

6.1 政府重大安全事故应急预案框架指南

6.1.1 指导思想

以邓小平理论和"三个代表"重要思想为指导，紧紧围绕全面建设小康社会的总目标，坚持以人为本和全面、协调、可持续的科学发展观，遵循预防为主、常备不懈的方针，按照集中领导、统一指挥，分级管理、分级响应，职责明确、规范有序，结构完整、功能全面，反应灵敏、运转高效的思路，加快编制、修订突发事件应急预案的工作进程，全面提高国家应对突发事件的综合管理水平和应急处置能力，保障人民群众的生命财产安全、社会政治稳定和国民经济的持续快速协调健康发展。

6.1.2 工作原则

1. 统一领导，分级负责。在国务院统一领导下，各有关部门、有关单位负责制定和修订本行业、本系统突发事件的应急预案，按照分级管理、分级响应的要求，落实应急处置的责任制。

2. 依靠科学，依法规范。制订和修订应急预案要充分发挥专家的作用，实行科学民主决策，尽可能采用先进的预测、预警、预防和应急处置技术，提高预案的科技含量。预案要符合有关法律法规，与相关政策相衔接，与深化行政管理体制改革，完善政府社会管理和公共服务职能相结合，确保应急预案的规范性、科学性、全局性、前瞻性和可操作性。

3. 加强协调配合，确保快速反应。应急预案的预案制定和修订是一项系统工程，涉及相关部门和地方政府的，要主动配合、密切协同、形成合力；涉及关系全局或多领域的，由牵头部门负责组织有关方面，协调各方制定，使预案能够保证突发事件信息的及时准确传递、快速有效的反应。

4. 坚持平战结合，充分利用现有资源。经常性地做好应对突发事件的思想准备、预案准备、机制准备和工作准备，做到常备不懈。按照条块结合、资源整合和降低行政成本的要求，建立健全调动全社会人力、物力和财力应对突发事件的有效机制。

5. 借鉴国外经验，符合我国国情。认真借鉴国外处置突发事件的有益经验，深入研究我国实际情况，切实加强我国应急能力和机制的建设。同时，要充分发挥我们的政治优势、组织优势，在各级党委和政府的领导下，依靠广大人民群众，发挥基层组织的作用。

6.1.3 内容和范围

根据国务院发布的国家突发公共事件总体应急预案，所称突发事件是指突然发生，造成或者可能造成重大伤亡、重大财产损失和重大社会影响的涉及公共安全的事件。根据突发事件的发生过程、性质和机理，突发事件主要分类如下：

1. 自然灾害。主要包括水旱灾害，台风、暴雨、冰雹、沙尘暴等气象灾害，地震灾害，山体崩塌、滑坡、泥石流等地质灾害，风暴潮、海啸等海洋灾害，以及重大生物灾害和森林草原火灾等。

2. 事故灾难。主要包括民航、铁路、公路、水运等重大交通运输事故，工矿企业、建设工程、公共场所及机关、企事业单位发生的各类重大安全事故，造成重大影响和损失的供水、供电、供油和供气等城市生命线事故以及通信、信息网络等安全事故，核辐射事故，重大环境污染和生态破坏事故等。

3. 突发公共卫生事件。主要包括突然发生，造成或可能造成社会公众健康严重损害的重大传染病疫情、群体性不明原因疾病、重大食物和职业中毒，以及其他严重影响公众健康的事件，如鼠疫、霍乱、肺炭疽、传染性非典型肺炎、食物中毒、重大动物疫情及外来有害生物入侵等。

4. 突发社会安全事件。主要包括重大刑事案件、涉外突发事件、经济安全事件以及规模较大的群体性事件等。

随着形势的发展变化，根据出现的新情况，突发事件的类别需要进行适当调整。

各部门应通过总结分析近年来国内外发生的各类突发事件，及其处置过程中的经验、教训，根据国家相关要求，在原有工作基础上，制定、修订相应的应急预案。

6.1.4 需要注意的问题

1. 紧紧围绕应急工作体制、工作运行机制和法制建设等方面制定、修订应急预案。体制方面主要是明确应急体系框架、组织机构和职责，强调协作，特别要落实各级责任制。运行机制方面主要包括：应急信息报告机制、应急决策协调机制、应急公众沟通机制、应急响应级别确定机制、应急处置程序、应急社会动员机制、应急资源配置、征用机制和责任追究机制等内容。同时，应急预案工作一定要与加强法制建设相结合，建立健全以《宪法》为依据，以《紧急状态法》为基础，以应急专门法律和行政法规为主体的一整套法律制度，要依法行政，努力使突发事件的应急处置逐步走向规范化、制度化和法制化轨道。并注意通过对实践的总结，促进法律、法规和部门规章的不断完善。

2. 协作配合部门或单位制定的配套预案，可作为主管部门预案的附件。

3. 要按照分级管理、分级响应的原则，结合突发事件的严重性、可控性，所需动用的各类资源，影响区域范围等因素，分级设定启动预案的级别，制定相应的信息报送级别标准。

4. 突发事件的新闻报道，要按照及时主动、准确把握、正确引导、讲究方式、注重效果、遵守纪律、严格把关的原则研究制定、修订。

5. 各部门针对各自机关内部工作制定的应急预案（如防火、保密、安全等），不具有全国性的指导意义，可作为完善该部门内部规章制度的重要措施。

6. 应急预案要不断充实、完善和提高。

范例2

应急预案框架指南

一、总则

1. 目的

包括预防、迅速控制、减损等方面，突出以人为本，最大限度减少人员伤亡、财产损失和社会影响。

2. 工作原则

要求明确具体，有指导实践的价值。如统一指挥、分级管理、属地化为主，整合资源、信息共享、分工协作、形成合力，平战结合、军民结合、公众参与等。

3. 编制依据

列出具有直接指导意义的法律、法规、部门规章或其他文件等。

4. 适用范围

应有明确的范围、级别限定和很强的针对性。

二、组织指挥体系及职责任务

1. 应急组织机构与职责

包括决策机构、咨询机构、运行管理机构、应急指挥和救援机构、现场指挥机构等，同时明确各参与部门的职责及权限。

2. 组织体系框架描述

最好附图表说明，充分体现应急联动机制要求。以突发事件应急响应全过程为主干线，即自突发事件发生、报警开始，到应急活动全部结束为止，明确每个环节的主办部门与协作部门。以应急准备及保障机构为支线，明确各参与部门的职责，为主干线提供支持。

三、预防和预警机制

1. 预防预警信息

信息来源与分析，常规数据监测，风险分析与分级，包括发生在境外、有可能对我国造成重要影响的事件的信息收集与传报。按照早发现、早报告、早处置的原则，明确影响范围，信息渠道、审批程序、监督与管理、责任机制建设等。

2. 预防预警行动

方式、方法、渠道以及监督检查措施。

3. 预警支持系统

报警服务系统的建设，相关技术支持平台，信息反馈与确认等。

四、应急响应

1. 分级响应程序

制定科学的事件等级标准，明确预案启动级别及条件，以及相应级别指挥机构的工作职责。各级指挥机构权限内可以发布实施的措施。阐明突发事件发生后，通报的组织、通报顺序、通报的时间要求、主要联络人及备用联络人。应急响应及处置过程。对于跨国（境）、跨区域的重大突发事件，还可针对不同区域的不同情况列举不同措施。注意各级别及次生、衍生、耦合灾害事件的衔接与行动。

2. 信息报送和处理

主要阐明常规信息、现场信息采集的范围、内容、方式、传输渠道和要求。信息分析和共享的方式、方法、报送及反馈程序。如果突发事件中的伤亡、失踪、被困人员有港澳台人员或外国人，或者突发事件可能影响到境外，需要向香港、澳门、台湾地区有关机构或有关国家进行通报时，明确通报的程序和部门。突发事件如果需要国际社会的援助时，需要说明援助形式、内容、时机等，明确向国际社会发出呼吁的程序和部门。

3. 通信

明确参与应急活动的所有部门通信方式，分级联系方式，并提供备用方案。

4. 指挥和控制

各级指挥机构的内部设置及工作任务，包括总负责人及成员单位，决策机制，报告、请示制度，信息分析、专家咨询、损失评估等相应工作小组。现场指挥以属地化为主。

5. 紧急处置

各级指挥机构调派处置队伍的权限和数量；落实处置措施；队伍集中、部署的方式；专用设备、器械、物资、药品的配备；不同处置队伍间的分工协作。

6. 救护和医疗

明确相应现场救护、后方支援、医疗防疫的机构、人员及工作程序。

7. 应急人员的安全防护

提供不同类型突发事件救援人员的装备及发放与使用要求。说明为进入和离开事件现场制定的初始程序和随后的程序，包括人员安全预防措施以及医学监测、人员和设备去污程序等。

8. 群众的安全防护

根据突发事件特点，明确保护群众安全的必要防护措施，紧急情况下的群众疏散撤离方式、程序，组织、指挥、疏散撤离的范围、路线、紧急避难场所，以及医疗防疫、疾病控制、治安管理等。

9. 社会力量动员与参与

明确动员的范围、组织程序、决策程序等。

10. 突发事件的调查、处理、检测与后果评估

明确机构、职责与程序等事项。

11. 新闻报道

要特别重视媒体作用和及时有效的公共沟通。新闻发布原则、内容、规范性格式，审查，发布时机、方式、途径等。

12. 应急结束

突发事件结束指标、提供公开发布的信息，宣布紧急状态解除。注意区别于现场抢救活动的结束。

五、应急保障

1. 通信与信息保障

确保应急期间信息通畅，建立通信系统维护制度以及信息采集制度等。

2. 应急支援与装备保障

以下各方面制定相应的保障制度，列出机构、人员的名单及装备、物资、药品、食品、资金名称与数量等。

（1）现场救援和工程抢险保障

说明突发事件现场可供应急响应单位使用的应急设备类型、数量、性能和存放位置，备用措施，相应的制度等。

（2）应急队伍保障

列出各类应急响应的人力资源，包括政府、军队、武警、机关团体、企事业单位、公益团体和志愿者等。

（3）交通运输保障

常备交通运输工具、征用交通运输工具等来源，维护要求、人员使用与管理等制度。

（4）医疗保障

医疗药品、器械、机构和医护人员等。

（5）治安保障

包括应急各阶段、各级场所的社会治安。

（6）物质保障

采购、储备、管理等保障制度。

（7）资金保障

来源与管理等。

（8）社会动员保障。

3. 技术保障

成立覆盖全面的专家组，提供多种联系方式，并依托有专长的相应技术支持机构，建立相应的数据库。

4. 宣传、培训和演习

（1）公众信息交流

最大限度公布突发事件应急预案信息，接警电话和部门，宣传应急法律法规和预防、避险、避灾、自救、互救的常识等。

（2）培训

应急管理与救援人员。

（3）演习

演习的场所、频次、范围、内容要求、组织等，根据需要开展国内外的工作交流。

六、后期处置

1. 善后处置

包括人员安置、补偿、灾后重建、污染物收集、清理与处理等工作程序、要求与内容。

2. 社会救助

社会救助机构的组织协调、资金和物资的管理与监督等事项。

3. 保险

保险机构的工作程序和内容，包括应急人员保险和受灾人员保险。

4. 突发事件调查报告和应急经验教训总结及改进建议。

七、附则

1. 名词术语和缩写语的定义与说明

突发事件类别、等级以及对应的指标定义。

2. 预案管理与更新

明确周期性评审制度、备案制度、评审方式方法、主办机构等。

3. 国际沟通与协作

国际机构的联系方式、协作内容与协议，参加国际活动的程序等。

4. 奖励与责任追究

参照相关规定具体说明，如追认烈士、表彰奖励及依法追究有关责任者责任等。

5. 制定与解释部门

注明联系人和电话。

附件：

1. 与本部门突发事件相关的应急预案。包括可能导致本类突发事件发生的次生、衍生和耦合突发事件预案。

2. 可能发生重大突发事件行业、领域的分预案。综合性管理部门列出管理范围内各类突发事件的应急预案。

3. 预案总体目录、分预案目录。说明分应急预案与上一级应急预案的关系，应急响应管理部门上下之间的关系。最好列图表说明。

4. 各种规范化格式文本，如新闻发布、预案启动、应急结束及各种通报的格式等。

5. 相关机构和人员通信录。注意及时更新并通报相关机构、人员。

范例 3

××市重特大安全事故应急救援预案

一、总则

（一）目的

为了积极应对可能发生的重特大安全事故，快速、高效、有序地组织开展事故抢险、救灾工作，最大限度减少人员伤亡和财产损失，维护正常的社会秩序和工作秩序，根据《中华人民共和国安全生产法》、《国务院关于特大安全事故行政责任追究的规定》、《国务院关于进一步加强安全生产工作的决定》和《××省人民政府突发公共事件总体应急预案（试行）》，结合我市安全生产实际，制定本预案（以下简称《预案》）。

（二）应急救援原则

事故应急救援工作应当坚持"预防为主、常备不懈、救人第一"的方针，贯彻政府领导、统一指挥、分级负责、区域为主、单位自救和社会救援相结合，依靠科技、加强协作，快速有效处置、防止事故扩大的原则，按照事故类别、严重程度和事故地点，分级分别启动预案，实施应急救援。

（三）适用范围

本《预案》适用于我市行政区域内可能发生的造成 1 次死亡 3～9 人或中毒 11～99 人的重大安全事故和 1 次死亡 10 人以上（含 10 人）或中毒 100 人以上（含 100 人）以及其他性质特别严重、产生重大影响的特大安全事故应急救援工作。根据我市存在的危险源和危险因素，我市行政区域内可能发生的重、特大安全事故包括：

（1）重大、特大火灾事故；

（2）重大、特大烟花爆竹、民爆器材爆炸事故；

（3）重大、特大道路交通事故；

（4）重大、特大水上交通事故；

（5）重大、特大危险化学品泄漏、爆炸事故；

（6）重大、特大中毒事故；

（7）重大、特大锅炉、压力容器、压力管道和特种设备爆炸、坠落、倒塌事故；

（8）重大、特大城市燃气泄漏、爆炸事故；

（9）重大、特大建筑事故；

（10）重大、特大电力事故；

（11）重大、特大非煤矿山安全事故；

（12）重大集会及其他重大、特大安全事故。

（四）应急救援责任制

事故应急救援工作实行行政首长负责制和分级分部门负责制。重特大安全事故发生后，各有关职能部门要在政府的统一领导下，按照《预案》要求，履行职责，分工协作，密切配合，快速、有效、有序地开展应急救援工作。

当地政府对在事故应急救援、抢险救灾工作中成绩显著的单位和个人，给予表彰和奖励。对不履行职责的，依照有关规定给予行政处分，构成犯罪的，移交司法机关追究刑事责任。

二、应急救援组织机构、分工及职责

（一）应急救援组织机构

1. 市重、特大安全事故应急救援总指挥部

总指挥长：市人民政府市长

副总指挥长：市人民政府常务副市长、市人民政府分管副市长

成员：当地政府办公室、市安监局、市公安局、市卫生局、市环保局、市交通局、市建委、市国土局、市质量技术监督局、市教育局、市粮食局、市民政局、市劳动保障局、市发改委、市财政局、市监察局、市气象局、市总工会、当地政府新闻办、市工商局、市食品药品监管局、市农委、市水务局、市供销社、市广电局、市房产局、市电力公司、×× 军分区和有关县区、开发区以及驻地部队、武警支队、消防支队等负责人组成。市重特大安全事故应急救援总指挥部下设办公室，办公室设在当地政府安全生产委员会办公室（市安全生产监管局），办公室主任由市安全生产监管局局长担任。

2. 市重特大安全事故应急救援专业指挥部

市重特大安全事故应急救援总指挥部下设 8 个专业指挥部，分别由相关分管副市长担任指挥长，相关分管副秘书长、市安监局和负有相应安全生产监管职责的部门（以下简称

相关监管部门）及事故单位主要负责人为副指挥长。相关监管部门为牵头单位。专业指挥部办公室设在牵头单位，办公室主任由牵头单位主要负责同志担任。

应急救援专业指挥部救援办公室（牵头单位）值班电话如下：

（1）工矿商贸企业、非煤矿山、危险化学品及烟花爆竹事故

市安监局：××××××××

（2）道路交通、火灾、民爆器材及重大聚集活动事故

市公安局：122（交通事故）119（火灾）110（爆炸）

（3）水上交通事故

市交通局：××××××××

（4）中毒事故

市卫生局：××××××××

（5）建筑及城市燃气事故

市建委：××××××××

（6）房屋拆除事故

市房产局：××××××××

（7）特种设备事故

市质量技术监督局：××××××××

（8）学校事故

市教育局：××××××××

旅游、电力、水利、铁路等领域的事故，分别成立专业指挥部，负责各自领域的重特大安全事故的应急救援工作，由其相关行政主管部门负责牵头。

（二）现场抢险救援分工

事故抢险救援分成8个专业组：

（1）事故抢险组：相关监管部门牵头，救护队、事故单位参加，负责现场抢险、搜救人员、抢修设施、供电供水、畅通信息、消除险情等工作；

（2）技术指导组：相关监管部门牵头，市安全专家组，环保、气象部门，事故单位专业技术人员参加，结合政府专项预案和企业场内预案，负责灾情分析监控、现场抢险技术方案的制定和抢险救援中的技术指导等工作；

（3）治安管理组：公安部门牵头，负责现场警戒、维护秩序、疏导交通、疏散群众及伤亡人员身份确认等工作；

（4）医疗救护组：卫生部门牵头，负责现场伤员抢救和治疗工作；

（5）后勤保障组：市发改委牵头，当地政府和事故单位参加，负责现场抢险物资装备供应及其他后勤保障工作；

（6）善后处理组：民政部门牵头，劳动和社会保障、工会、保险、当地政府、事故单位参加，负责伤亡家属接待及安抚，处理善后事宜；

（7）信息新闻组：由政府新闻办牵头，相关监管部门、电信部门、当地政府参加，负责事故情况的收集、整理、报告和新闻发布等工作；

（8）事故调查组：由安监部门牵头，公安、监察、劳动和社会保障、工会等部门参加，协助抢险，搜集有关证据，初步分析事故原因，会同抢险组、技术组制定防止事故扩

大的安全措施，按照有关规定，提交事故调查报告书。

（三）主要职责

1. 应急救援指挥部主要职责

（1）发布启动和解除重特大安全事故应急救援预案的命令；

（2）按照《预案》程序，组织、协调、指挥重特大安全事故应急救援预案的实施；

（3）根据事故发生状态，统一部署应急预案的实施工作；

（4）随时掌握《预案》实施情况，并对《预案》实施过程中的问题采取应急处理措施；

（5）在本行政区域内紧急调用各类物资、设备、人员和占用场地，并负责督促事故单位及时归还或给予补偿；

（6）办理省应急救援指挥部交办的其他事项。

2. 指挥部（专业指挥部）办公室职责

（1）传达指挥部命令并监督落实；

（2）通知并联络应急救援各专业组组长及有关成员，做好应急准备或立即投入救援；

（3）选址并建立现场救援指挥部，综合协调各专业组救援工作；

（4）事故灾害有危及周边单位和人员的险情时，组织协调人员和物资疏散工作；

（5）检查现场救援工作，收集险情和救援状况并向指挥部报告，提出救援建议，协助指挥部开展工作；

（6）做好稳定社会秩序和伤亡人员的善后及安抚工作；

（7）配合上级部门进行事故调查处理工作；

（8）适时发布公告，将事故的原因、责任及处理意见公布于众；

（9）监督检查各县区、各部门、各单位应急救援预案的制定和实施；

（10）承办指挥部日常工作，定期组织预案演练，根据预案实施过程中存在的问题及有关情况变化，及时对预案进行调整、修订、补充和完善。

3. 应急救援指挥部各成员单位职责

（1）市公安局

①负责各类重特大道路交通、火灾、爆炸及重大集会等事故的应急救援和技术支持，协调、组织武警部队参与抢险救灾；

②负责事故区域的警戒和交通管制，有关人员的紧急疏散、撤离；

③负责确定事故伤亡人数和伤亡人员的姓名、身份；

④负责有关事故直接责任人的监控及逃逸人员的追捕；

⑤参加事故调查工作；

⑥负责职责范围内重大危险源、重大事故隐患和危险因素的排查、建档、监控、整改工作，制定《××市重特大火灾事故应急救援专项预案》、《××市重特大道路交通事故应急救援专项预案》、《××市重特大民爆器材、爆炸事故应急救援专项预案》、《××市重大聚集活动安全预案》。

（2）市安监局

①负责工矿商贸企业、非煤矿山、危险化学品等重特大安全事故应急救援工作；

②牵头负责安全专家组，提供重特大安全事故应急救援的技术支持；

③监督并参加事故调查工作；

④负责职责范围内重大危险源、重大事故隐患和危险因素的排查、建档、监控、整改工作，制定《××市重特大危险化学品泄漏、非煤矿山、烟花爆竹爆炸事故应急救援专项预案》；

⑤根据事故类别，负责协调有关部门和单位提供各类应急装备器材。

（3）市建委

①负责建筑重特大安全事故的应急救援和技术支持；负责城市燃气设施重特大安全事故的应急救援和技术支持；负责提供事故场所地下水、气、管网情况；

②负责对事故中受损建筑物的评估、鉴定工作；

③参加相关事故调查；

④负责本行业内重大危险源、重大事故隐患和危险因素的排查、建档、监控、整改工作，制定《××市重特大建筑事故应急救援专项预案》和《××市重特大城市燃气泄漏、爆炸事故应急救援专项预案》。

（4）市房产局

①负责拆除房屋重特大安全事故应急救援和技术支持；

②负责拆除危险房屋的安全评估鉴定工作；

③参加相关事故调查；

④负责本行业内重大危险源、重大事故隐患和危险因素的排查、建档、监控、整改工作，制定《××市重特大拆房事故应急救援专项预案》。

（5）市交通局

①负责所辖水域、河道及码头重特大安全事故应急救援工作；

②负责事故水域、河道的管制；

③负责各类重特大事故应急救援物资运输工作，及时把应急救援物资和设备运送到事故抢救现场；

④参加相关事故的调查；

⑤负责本行业内重大危险源、重大事故隐患和危险因素的排查、建档、监控、整改工作，制定《××市重特大水上交通事故应急救援专项预案》。

（6）市质量技术监督局

①负责锅炉、压力容器、压力管道和特种设备重特大安全事故应急救援和技术支持；

②参加相关事故调查；

③负责职责范围内重大危险源、重大事故隐患和危险因素的排查、建档、监控、整改工作，制定《××市重特大锅炉、压力容器、压力管道爆炸事故应急救援专项预案》、《××市重特大特种设备坠落、倒塌事故应急救援专项预案》。

（7）市卫生局

①负责中毒事故的应急救援和技术支持；

②负责重特大安全事故中受伤人员抢救治疗工作；

③负责调运急救药品、器材，组织医疗卫生应急救援队伍，提供医疗保障；

④参加相关事故调查；

⑤负责职责范围内重大危险源、重大事故隐患和危险因素的排查、建档、监控、整改

工作，制定《××市重特大中毒事故应急救援专项预案》和《××市重特大安全生产事故急救专项预案》。

（8）市环保局

①负责危险化学品重特大安全事故现场监测工作，及时确定并通报危险、危害的范围；

②负责监督指导污染物的处置工作；

③参加相关事故调查；

④负责职责范围内重大危险源、重大事故隐患和危险因素的排查、建档、监控工作，制定《××市重特大危险化学品泄漏、爆炸事故现场监测专项预案》。

（9）教育局

①负责市属学校学生安全监督管理工作，建立学校安全管理、安全教育和监督检查制度，完善学校学生安全预防机制，防止学校建筑物、构筑物质量安全事故、食物中毒事故、拥挤踩踏伤害事故、火灾、交通、触电和煤气中毒等事故发生；

②建立学校事故应急自救和外援抢险救护工作制度，配合有关部门做好学校重特大安全事故应急救援工作；

③参加相关事故调查；

④负责市属学校重大危险源、重大事故隐患和危险因素的排查、建档、监控、整改工作，制定《××市学校校内突发安全事故应急处置救援专项预案》和《××市学生校外集体活动安全应急救援专项预案》。

（10）市发改委

①负责铁路路外重特大安全事故现场监测工作，及时确定并通报危险、危害的范围；

②参加相关事故调查；

③负责职责范围内重大危险源、重大事故隐患和危险因素的排查、建档、监控、整改工作，制定《××市铁路路外事故应急救援专项预案》；

④根据事故类别，负责协调有关部门和单位提供各类抢救物资。

（11）市供电公司

①负责电力事故的应急救援和技术支持；

②负责事故现场供、用电应急处置；

③快速修复损坏的供配电设备，及时恢复正常供电；

④负责本行业内重大危险源、重大事故隐患和危险因素的排查、建档、监控、整改工作，制定《××市重特大电力事故应急救援专项预案》。

（12）市劳动和社会保障局

①负责参保伤亡人员的工伤保险、医疗保险待遇的落实；

②负责协调事故单位相关人员再就业安置工作；

③参加事故调查工作。

（13）市民政局

①负责受灾人员的安置工作；

②组织落实社会救灾物资和资金临时救助，对受灾人员、特困家庭实施救助并做好善后处理工作。

（14）市气象局

负责重特大安全事故所在区域的气象监测和预报工作，提供气象数据资料。

（15）市财政局

负责确保事故抢险和事故处理资金的需要。

（16）救护机构

负责组织指导救护队做好事故的抢险和伤员救助工作，与技术指导组共同拟定抢险方案和措施。抢险人员应当根据事先拟定的抢险方案，在确保抢险人员安全、做好个体防护的前提下，以最快的速度及时排险、迅速救出被困人员。

（17）当地政府新闻办

负责事故报道、信息新闻发布工作。

（18）市军分区

负责调动并组织驻地部队援助事故抢险工作。

（19）电信部门（电信公司、移动公司、联通公司）

负责保障应急救援通信联络畅通。

（20）事故单位

做好事故自救工作，负责疏散人员，关停设施，组织技术人员研究应急措施，提供基本情况和技术资料，配合有关部门工作。

（21）县、区政府

负责组织制定、实施并定期演练本辖区重特大安全事故应急救援预案，加强对本辖区的安全管理，及时汇报可能造成重特大安全事故的信息和情况，服从市重特大安全事故应急救援总指挥部的统一指挥，负责本辖区内重特大安全事故的应急救援工作。

三、应急救援体系和演练

（一）应急救援预案分级

制定企业各类事故现场应急救援预案、县（区）级政府应急救援预案、市级政府应急救援预案、政府有关部门的专项应急救援预案，构建企业、县、市三级应急救援体系。

（1）企业应急救援预案（场内预案）

针对企业内各生产经营环节存在的重大危险源、重大事故隐患和危险因素而有可能导致发生的各类事故制定的应急救援预案。一旦事故发生，按企业场内预案实施救护，需要场外救援的，请求政府启动政府应急救援预案。

（2）县（区）应急救援预案（场外预案）

针对县（区）行政区域内存在的重大危险源、危险因素而有可能导致发生重特大安全事故制定的应急预案。

（3）市级应急救援预案（场外预案）

本市行政区域内发生特大安全事故，需迅速启动市级应急救援预案。市属企业或县（区）发生重大安全事故，需当地政府救援的，可请求当地政府启动市级应急救援预案，实施救援。场外预案应包括各类事故的专项应急救援预案。专项应急救援预案由政府有关部门针对所管理的行业系统内有可能发生的事故，制定的单项应急救援预案。政府总体预案启动，相关的专项应急救援预案同时启动。

（二）专项预案和企业预案的编制要求

部门专项预案、企业场内预案应当包括以下主要内容：

（1）基本情况（附厂区总平面图、标注安全通道、危险源、危险因素分布）；

（2）重大危险源，危险因素辨识和评价（附重大危险源、危险因素清单）；

（3）应急救援组织、分工、职责及通信联络方式；

（4）应急救援队伍、应急装备、救援物资保障（附名单、清单）；

（5）应急救援的技术保障（附专业技术人员名单）；

（6）应急救援的医疗保障（附医院及救护装备名录）；

（7）应急救援的交通运输保障；

（8）事故报告和现场保护；

（9）事故应急响应；

（10）事故现场应急处置的具体措施；

（11）企业外援方案；

（12）企业场内预案应制定各类重特大安全事故发生的防范措施、避灾路线及救援路线图。

（三）应急培训和演练

各级、各部门、各单位应当定期组织事故应急救援预案的训练和演习。事故应急救援预案应纳入安全技术培训和安全宣传教育的内容，掌握应急救援知识，增强应急救援意识，提高应急救援能力。

四、应急救援资源与设备

（一）应急资源管理

各级政府、各有关部门、各生产经营单位应当重视应急救援队伍和应急设施建设，重视救援物资、设备和个人防护装备贮备，制定配备标准，建立管理制度，加强日常性的维护、保养、检查，保证设施、装备性能的安全可靠。

在抢险救灾过程中，市应急救援指挥部（专业指挥部）有权紧急调用本辖区内所有救援队伍、物资、设备和场地，任何组织和个人都不得阻拦和拒绝。事故后所调用救援物资、设备等应当及时归还或给予补偿。

（二）应急队伍建设

危险物品生产、贮存、经营单位，建筑施工单位和其他行业规模较大的生产经营单位应当建立应急救援组织，生产经营规模较小的，应当配备兼职的应急救援人员。各类生产经营单位应急救援力量满足不了救护要求的，应当与企业外的消防救护、医疗救护等救护组织签订救护协议。

（三）应急救援经费

重特大安全事故应急救援经费应当纳入各级财政预算、企业财务专项经费，专款专用。企业无力承担抢险救护费用时，余款由当地政府承担。

五、事故报告和现场保护

（一）通信联络

当地政府办公室值班电话：××××××××

当地政府安委会办公室值班电话：××××××××

（二）事故报告

（1）重特大安全事故发生后，事故单位或当场人必须用最快捷的方式拨打救护电话，请求紧急救护，并立即将所发生的重特大安全事故情况报告事故相关监管部门和当地政府办公室、当地政府安委会办公室。事故报告的内容为：

① 发生事故的单位、时间、地点、位置；

② 事故类型（火灾、爆炸、泄漏等）；

③ 伤亡情况及事故直接经济损失的初步评估；

④ 事故涉及的危险材料性质、数量；

⑤ 事故发展趋势，可能影响的范围，现场人员和附近人口分布；

⑥ 事故的初步原因判断；

⑦ 采取的应急抢救措施；

⑧ 需要有关部门和单位协助救援抢险的事宜；

⑨ 事故的报告时间、报告单位、报告人及电话联络方式。

当地政府办公室接到重特大安全事故报告后，应立即通知秘书长转报市长、常务副市长、分管副市长，同时报告市委值班室、市委秘书长、市委书记。

（2）发生特大安全事故，立即通知应急救援指挥部办公室和相关专业指挥部办公室；发生重大安全事故，根据事故性质和严重程度以及事故单位请求，通知相关应急救援专业指挥部办公室，做好应急救援准备或立即赶往事故现场。

当地政府安委会办公室、事故相关监管部门接报后，应立即赶赴事故现场，了解掌握事故情况，组织协调事故抢险救灾和调查处理等事宜，并及时向市领导反馈情况。

（3）按照有关规定，当地政府办公室、当地政府安委会办公室和有关部门接到重特大安全事故报告后，应立即上报省政府办公厅、省安委会办公室和省有关部门。

（4）相关监管部门、当地政府应当在重特大安全事故发生后12小时内，将事故情况书面报告市委办公室、当地政府办公室、当地政府安委会办公室。

（三）事故现场保护

重特大安全事故发生后，事故发生地和有关单位必须严格保护事故现场，并迅速采取必要措施，抢救人员和财产。因抢救伤员、防止事故扩大以及疏通交通等原因需要移动现场物件时，必须做出标志、拍照、详细记录和绘制事故现场图，并妥善保存现场重要痕迹、物证等。

六、应急救援预案启动

（一）重特大安全事故应急救援预案启动条件

市重特大安全事故应急救援指挥部或专业指挥部办公室接到重特大安全事故报告后，应立即根据事故类型、性质和严重程度向指挥部指挥长提出是否启动应急救援预案的建议。符合下列条件之一的，应启动当地政府应急救援预案：

（1）重特大安全事故造成众多人员伤亡的；

（2）重特大安全事故涉及到危险物品的；

（3）发生重大险情、危及公共安全、有可能造成严重后果的；

（4）企业或县级应急救援指挥部请求援助的。

事故应急救援预案的启动应当在确保完成救援任务和充分考虑多种突变可能性的前提下，遵循分级启动和最小化启动的原则。事故发生后，应当按照企业场内预案、县级预案、市级预案先后顺序启动实施应急救援工作。基层预案能够完成救援任务的，原则上不启动上一级预案；专项预案能够完成救援任务的，原则上不启动总体预案；部分预案能够完成救援任务的，原则上不启动全部预案。

（二）重大安全事故应急救援预案的启动

当地政府接到重大安全事故报告后，应急救援指挥部或专业指挥部办公室提出启动《预案》的建议，并由分管市长发布应急救援预案启动命令。《预案》启动命令发布后，按照"二、（一）2."中规定，由专业指挥部办公室协助当地政府迅速成立重大安全事故应急救援专业指挥部，各相关部门立即行动，按照启动命令和本《预案》的要求，实施救援。

（三）特大安全事故应急救援预案的启动

特大安全事故发生后，应急救援指挥部办公室提出启动《预案》的建议，并报市长决定。特大安全事故应急救援预案启动命令由市长发布，市长不在本行政区域内时，由常务副市长发布。《预案》启动命令发布后，指挥部办公室协助当地政府，按照启动命令和本《预案》的要求，迅速组成当地政府应急救援指挥部和专项应急救援指挥部（即现场专业指挥部），相关成员单位立即赶赴事故现场，在事故现场专业指挥部统一指挥、指导下，按照事故专项应急救援预案，结合事故单位场内应急救援预案，实施救援。必要时可将事故情况通报驻军或武警支队，请求事故抢救或支援。救援情况及时报告省政府办公厅、省政府安委会办公室。发生重大安全事故，分管市长应及时赶往事故现场；发生特大安全事故，市长或常务副市长应及时赶往事故现场指导、协调事故抢险救护和调查处理工作。

七、事故应急措施

（一）事故发生初期，事故单位或现场人员应积极采取应急自救措施，同时启动场内预案，实施现场抢险，防止事故的扩大。

（二）重特大安全事故政府应急救援预案启动后，指挥部应立即投入运作，指挥部及各成员单位负责人应迅速到位履行职责，及时组织实施相应事故应急救援预案，并随时将事故抢险情况报告上一级政府。

（1）交通、电信、供电、供水等公用设施管理部门应尽快恢复被损坏的道路、水、电、通信等有关设施，确保应急救援工作的顺利开展；

（2）公安部门应加强事故现场安全保卫、治安管理和交通疏导工作，预防和制止各种破坏活动，维护社会治安，对肇事者等有关人员应采取监控措施，防止逃逸；

（3）卫生部门应当立即组织医疗急救队伍，及时提供救护所需药品，利用各种医疗设施，抢救伤员。其他相关部门应做好抢救配合工作；

（4）交通运输部门应当保证应急救援物资的运输。

八、应急救援的终止

（一）发布应急救援终止令

事故现场危险因素完全控制并处于永久稳定安全状态，事故受害人被完全救出，送到医院抢救，符合此条件的情况下，由启动场外应急预案人，宣布场外应急救援状况解除。场内应急救援状态的解除，由其发布人视情况宣布终止令。有需抢救的伤员，仍由医疗救护组继续负责，直至脱离危险。

（二）恢复正常秩序

事故场外应急救援状况解除后，事故单位或当地政府应当及时恢复生产、恢复正常秩序。有关部门和事故单位在恢复活动中，要制定并落实安全防范措施，进一步做好清洁、防疫、消毒和灾后重建、善后处理、事故调查等项工作。

九、工作要求

（一）本《预案》是当地政府及有关部门针对可能发生的重特大安全事故，组织实施应急救援工作并协助上级部门进行事故调查处理的指导性文件，在实施过程中可根据不同情况进行处理。

（二）重特大安全事故发生后，必须立即上报，不得迟报、瞒报、谎报。事故单位所在地党政一把手要立即赶赴事故现场，按照市重特大安全事故应急救援指挥部的指令，全力做好抢险救灾工作。

（三）任何组织和个人都有义务参加重特大安全事故的抢险救灾。各类医院都不得以任何理由拒绝抢救伤员。

（四）各县区政府、市直各部门、中央、省驻本市及市属企业应当在本《预案》发布实施之日起 30 日内，按照本《预案》的要求，结合本地区、本系统、本单位的特点和实际情况，制定出本地区、本系统、本单位的重特大安全事故应急救援预案（县级政府预案、当地政府部门专项预案、企业场内预案），报当地政府办公室、当地政府安委会办公室审查备案。

（五）各类预案要根据条件、环境的变化，及时修改、补充和完善，并组织有关人员认真学习、掌握预案的内容和相关措施，定期组织演练，确保在紧急情况下，按照预案的要求，有条不紊地开展事故应急救援工作。

（六）各级、各部门、各生产经营单位应当建立和完善事故应急救援工作的值班制度、检查制度和例会制度。建立 24 小时值班制度，遇有紧急问题，及时处理。定期检查应急救援工作，应当根据季节和事故发生期等情况，列入安全例会内容，定期分析和研究。

（七）各县区政府、当地政府有关部门、市属及中央、省驻本市各生产经营单位必须高度重视重特大安全事故的预防工作，加强对本辖区、本行业、本单位的安全监督管理。建立重大危险源、重大事故隐患和危险因素档案，实行重大危险源、重大事故隐患定期零报告制度，每月 10 日前书面报当地政府安委会办公室，当地政府安委会办公室汇总后报当地政府。各地、各部门、各单位要落实责任，制定监控整改措施，限期消除重大事故隐患，防止重特大安全事故的发生。

十、责任追究

（一）违反本《预案》和有关法律、法规的规定，有下列行为之一的，责令改正、通报批评、给予警告；对主要负责人、负有责任的主管人员和其他责任人员，按照干部管理权限，视情节轻重，给予警告、记过、记大过、降级、撤职的行政处分；造成严重后果的，依法给予开除的行政处分；构成犯罪的，依法追究刑事责任。

（1）迟报、瞒报重特大安全事故的；

（2）未及时到位、延误抢险救援时机的；

（3）对事故中受伤人员拖延或拒绝医疗救治的；

（4）阻挠应急救援物资、设备调用的；

（5）拒不履行应急救援职责的；

（6）未按规定编制、上报应急救援预案的；

（7）未定期报告重大危险源、重大事故隐患的；

（8）安全生产监管部门对没有按照法律法规规定编制应急救援预案、采取应急救援措施的生产经营单位，实施批准、许可、核准、登记的。

（二）法律、法规另有规定的，依照其规定实施责任追究。

十一、附则

本《预案》自发布之日起实施。

6.2　城市建筑工程安全质量重大事故应急救援预案实例

范例 4

××市建筑工程事故应急预案

一、总则

（一）目的

为保护国家和人民生命财产安全，提高全市建筑行业对突发重大事故的快速反应能力，确保科学、及时、有效地应对建筑工程重大事故，最大限度地减少人员伤亡和国家财产损失，维护社会稳定，结合我市建筑行业实际，制定《××市突发建筑工程重大事故应急预案》（以下简称《预案》）。

（二）工作原则

坚持"以人为本"、"预防为主"的原则，在政府的统一领导下，分级管理，落实一把手负责制，一旦发生重大事故，需启动《预案》时，能够做到通信联络及时畅通，指挥调动灵活，运转高效，救援有力。

（三）编制依据

本《预案》依据《中华人民共和国安全生产法》、国务院《建设工程安全生产管理条例》等相关法律、法规制定。

（四）适用范围

××市规划区域内从事建筑工程新建、扩建、改建、拆除施工生产过程中发生的重大生产安全事故，包括火灾事故、建筑施工事故、房屋拆除事故、起重设备事故等。

（五）××市建筑行业突发事故现状

建筑行业属高危作业行业，具有作业场所分散，受自然条件影响，作业人员密集，各种机械设备集中，高空作业较多，易突发坍塌、高空坠落、物体打击、触电、中毒、火灾、机械伤害、吊车倒塌等重大人身伤亡和重大财产损失事故。

二、组织机构与职责

（一）应急指挥中心

指挥长：市建设局局长。

副指挥长：市建设局副局长。

成员：市建设局建工科科长；

市建设局房管科科长；

市建设局乡建科科长；

市建筑工程质量监督站站长；

市房屋拆迁管理办公室主任；

市建设局办公室主任。

（二）应急指挥中心职责

应急指挥中心为××市突发建筑工程重大事故应急预案非常设领导机构，负责××市规划区域内重大建筑事故应急救援的指挥、布置、实施和监督；贯彻执行国家、省和当地政府的指示精神，及时向上级汇报事故情况；指挥、协调应急救援工作及善后处理；按照国家有关规定参与对事故的调查处理。

应急指挥中心下设应急指挥中心办公室、安全保卫组、新闻报导组、事故救援组、医疗救护组、后勤保障组、专家技术组、善后处理组、事故处理组等九个专业处置组。

（三）各专业组职责

1. 应急指挥中心办公室设在建设局办公室，为市突发建筑工程重大事故应急处置常设机构。

主要职责是：负责《预案》日常管理工作，具体负责重大建筑事故的报告，通知指挥中心成员立即赶赴事故现场。在实施应急救援任务时，与其他处置组协调工作，按照指挥长的指令调动抢险队伍、机械设备及救援物资及时到位，实施抢险救援工作。

2. 安全保卫组

主要职责是：组织警力对事故现场及周边地区和道路进行警戒、控制，组织人员有序疏散。

3. 新闻报导组

主要职责是：具体负责收集相关信息，统一组织新闻媒体及时客观地报道事故应急处置和抢险救援工作。

4. 事故救援组

主要职责是：根据专家技术组的技术建议和事故现场情况制定救援方案，按照方案迅速组织抢险力量进行抢险救援。

5. 医疗救护组

主要职责是：组织有关医疗单位迅速展开对受伤人员的现场急救、医院治疗和死亡人员遗体的临时安置。

6. 后勤保障组

主要职责是：市建设局负责落实抢险队伍、抢险工程车辆、抢险器材，确保抢险队伍、器材到位，抢险工作有效运转；市交通局具体负责抢险队伍和疏散人员的运输工作；市政公司、供热办负责提供事故现场周边的地下管线情况，必要时切断供水、供热管道；市公安局负责抢险车辆的交通疏导，确保抢险队伍、车辆、器材及时赶赴事故现场。

7. 事故调查组

主要职责是：负责对事故现场的勘察、取证，查清事故原因和事故责任，总结事故教训，制定防范措施，提出对事故责任单位和责任人的处理意见，同时积极配合上级事故调查组的调查工作。

8. 专家技术组

主要职责是：具体负责及时组织有关单位及专家，根据施工现场情况对事故救援和防范次生灾害提出技术建议，为抢险救援和事故调查工作提供技术支持。

9. 善后处理组

主要职责是：市劳动和社会保障局具体负责确定事故伤亡人员的赔付标准，确保伤亡人员得到及时赔付；市建设局具体负责督促事故的发生单位及时通知伤亡人员家属，并督促事故责任单位和保险公司及时支付事故赔偿款；市民政局具体负责伤亡人员家属的安置和死亡人员的火化事宜。

（四）应急抢险队伍编成及任务

1. 快速反应力量

事故发生单位（施工现场），按照本单位（施工现场）《预案》迅速组织抢救，同时向应急指挥中心办公室报告。

2. 基本救援力量（略）。

三、预测、报告

（一）预测

各施工单位及施工现场安全生产管理部门及安全生产管理人员对施工现场进行日检查，发现事故隐患及时整改。市建设局负责日常对全市施工现场进行巡回检查，发现事故隐患及信息迅速采取预控措施。

（二）事故报告

1. 报告原则

有关单位应遵循"迅速、准确"的原则，在第一时间上报重大建筑事故情况。

2. 紧急通信联络

紧急报警电话：110

火警电话：119

急救中心电话：120

应急指挥中心办公室：×××××××、×××××××。

3. 报告程序

（1）发生建筑重大事故后，事故发生单位应立即向应急指挥中心办公室报告，报告事故发生的时间、地点和简要情况，并随时报告事故的后续情况；同时根据实际情况需要立即与"110"、"120"、"119"等部门联系。

（2）应急指挥中心办公室接报后，立即报告应急指挥中心指挥长，指挥长接报后，立即赶赴事故现场勘察事故情况，通知相关部门，调动抢险队伍实施抢险救援，判定是否需要启动市级应急预案，向分管副市长报告，同时向省建设厅报告。

4. 报告内容

重大建筑事故报告的内容包括：

（1）事故发生的时间、地点、事故类别、人员伤亡情况；

（2）建筑工程事故中的建设、勘察、设计、施工、监理等单位名称、资质等级情况；

（3）事故发生的简要经过，险情的基本情况；

（4）原因的初步分析；

（5）已采取的救援措施；

（6）事故报告单位及报告时间。

（三）建筑事故分级

建筑重大事故按伤亡人数和财产损失分为四个等级：

（1）Ⅰ级重大事故：

死亡30人以上；直接经济损失300万元以上。

（2）Ⅱ级重大事故：

死亡10人以上、29人以下；直接经济损失100万元以上、不满300万元。

（3）Ⅲ级重大事故：死亡3人以上、9人以下；重伤20人以下；直接经济损失30万元以上，不满100万元。

（4）Ⅳ级重大事故：

死亡2人以下；重伤3人以上、19人以下；直接经济损失10万元以上，不满30万元。

四、应急响应

（一）分级响应、响应程序及指挥程序

应急指挥中心办公室接到重大事故报告后，科学、准确地判定重大事故级别和影响程度，立即向指挥长报告，并通知应急指挥中心成员单位负责人赶赴事故现场开展应急救援工作，由指挥长向分管副市长报告。

1. Ⅲ～Ⅳ级重大事故由应急指挥中心负责组织救援，根据事故的具体情况，请当地政府相关部门协助。

2. Ⅰ～Ⅱ级重大事故需启动市级应急预案。

由应急指挥中心指挥长向分管副市长提出启动市级应急预案建议，由分管副市长向市长请示发出启动市级应急预案指令。

3. 现场救援处置

（1）应急指挥中心

迅速了解、掌握事故发生的时间、地点、原因、人员伤亡和财产损失情况，涉及或影响范围，已采取的措施和事故发展趋势等；迅速制定事故现场处置方案并指挥实施。

（2）各专业处置组

根据事故现场情况及应急指挥中心的职责，按照本预案在"应急组织、机构与职责"中各专业处置组的职责要求，迅速组织力量，展开工作。

（3）应急结束

应急指挥中心根据重大建筑事故的救援处置工作进展情况，由指挥中心指挥长宣布应急状态结束。

（二）新闻报导

市重大建筑事故的信息和新闻发布，由市建设局办公室集中、统一管理发布。

五、后期处置

（一）善后处理

由善后处理组按照职责和工作内容进行妥善处理。

（二）调查、总结

由事故调查组按照职责和工作内容对事故进行调查处理，并写出书面总结上报。

六、相关保障

（一）通信保障（由市移动公司及市通信分公司负责）。

（二）设施设备保障（略）。

（三）物资保障（由市建设局负责协调与调配）。

（四）人员力量保障（略）。

七、宣传、培训和演习

（一）宣传、培训教育

按照当地政府的统一要求，有计划、有针对性地开展预防重大建筑事故有关知识的宣传教育，提高预防重大建筑事故的防范意识和防范能力；积极组织应急预案培训工作，使参加救援的人员熟悉掌握应急预案中应承担职责和救援工作程序；要定期检查本部门应急设施、设备、物资等应急资源的准备状况，提高防范能力和应急反应能力。

（二）演练

市重大建筑事故应急预案每年组织一次演练，各应急机构要参加重大建筑事故的演练工作，采用桌面演习、功能演习、全面演习等形式进行演练。通过演练，检验应急人员对应急预案、程序的了解程度，及时发现本部门应急工作程序和应急资源准备中的不足，增强各应急成员单位之间的相互协调能力，确保一旦启动预案，能及时有序地开展救援工作。

八、附则

（一）预案管理

应急指挥中心办公室负责应急预案的日常管理，加强对工程抢险力量的教育、培训，确保抢险力量熟悉掌握应急救援的操作技能及安全知识；组织协调各成员单位进行演练，加强各成员单位的沟通；按照当地政府的要求，每两年组织相关单位对应急预案进行一次修订，必要时及时修订。

（二）预案制定与解释

本预案由市建设局制定并负责解释。

（三）预案实施时间

本预案自公布之日起实施。

范例 5

××地区处置特大建筑质量安全事故应急预案

为确保我市一旦发生特大建筑质量安全事故后，能够及时、有序、高效地做好应急抢险救灾工作，最大限度地减轻由灾害造成的人员伤亡和经济损失。根据《安全生产法》、

《国家突发公共事件总体应急预案》、《建筑工程安全管理条例》、《建筑施工企业安全生产许可证管理条例》、《国务院关于特大安全事故行政责任追究的规定》和市委、当地政府的部署要求，特制定本应急预案。

一、适应范围

我市行政区域内的房屋建筑、土木工程、设备安装、管线敷设等建筑施工发生坍塌、火灾等造成重大人员伤亡或严重影响交通、通信、供水、供电、供气等特大建筑质量安全事故，均适应本应急预案。

二、组织机构

成立××地区处置特大建筑质量安全事故应急预案领导小组。领导小组职责：负责全市特大建筑质量安全事故应急抢险救灾的指挥、部署、实施和督察；贯彻执行市委、当地政府的指示精神，及时汇报抢险救灾情况；妥善解决、协调抢险救灾工作及善后工作的有关问题。

领导小组名单：

组长：×××

副组长：×××

成员：×××　　×××　　×××　　×××　　×××

领导小组下设办公室。办公室设在市建管局，×××兼任办公室主任。在应急预案领导小组的统一指挥下，办公室具体负责全市特大建筑质量安全事故应急抢险救灾工作。办公室下设通信、技术、监督实施和人力机械保障组，按照职责分工做好应急预案的实施工作。

（一）通信

组长：×××

负责与有关部门、有关单位的人员联络，在最短的时间内，传达应急预案领导小组的指示精神。做好与"110"、"120"、"119"等部门的联系。

（二）技术

组长：×××

负责现场抢险救灾方案的制定，组织指导方案的实施。全面了解现场事故的情况，协调解决各抢险救灾责任部门、责任单位在抢险救灾工作中遇到的问题。

（三）监督实施

组长：×××

负责检查督促抢险救灾方案的实施，确保抢险救灾措施的落实；及时向应急预案办公室汇报抢险救灾进展情况。

（四）人力机械保障组

组长：×××

负责组织调动抢险救灾所需的人员、机械、物资，保证抢险救灾人力、物力的优化配置。

组建应急预案抢险救灾队伍，具体实施全市特大建筑质量安全事故应急抢险救灾工作。抢险救灾队伍由下列成员：

××建设集团公司

　　××安装工程公司

　　××施工运输公司

三、应急预案的实施

　　一旦发生特大建筑质量安全事故，迅速启动抢险救灾应急预案。领导小组统一指挥抢险救灾工作。办公室要迅速查明事故发生的基本情况，针对事故现场的情况，立即制定抢险救灾措施，及时向领导小组汇报。各保障组按职责分工在最短的时间内下达抢险救灾通知，组织调动抢险队伍和设备物资，快速赶赴事故现场，实施抢险救灾。根据事故的具体情况迅速联系协调公安、消防、交通、医院等部门，积极做好抢险救灾和善后工作。

四、要求

　　1. 办公室要定期召开专题会议，分析研究形势和存在的问题，不断完善应急预案措施。检查指导各成员单位抢险队伍的演练工作，确保应急预案的针对性和实效性。

　　2. 各成员单位的抢险救灾机械、物资等必须时刻保持良好的使用性能和状态。

　　3. 各成员单位定期对抢险人员进行专业培训和抢险演练，提高实战能力，做到招之即来、来之能战、战之能胜。

　　4. 领导小组成员及有关成员单位责任人必须保持每天 24 小时畅通的通信联系。通信电话如有变化，要及时通知办公室。

6.3　地区建筑工程安全质量重大事故应急救援预案实例

范例 6

××市××区建筑工程重大安全事故应急预案

　　为了确保我区建筑工程重大安全事故应急处理工作及时、高效、有序进行，最大限度地减轻事故灾害，保障人身及财产安全，维护社会稳定，根据《中华人民共和国安全生产法》、《国务院关于特大安全事故行政责任追究的规定》（国务院令第 302 号），以及《××区重、特大安全事故应急处理预案》，结合我区建筑行业实际情况和我局职能，制定本预案。

一、应急处理的基本原则

　　（一）本预案为××市××区建设局指导本行政区域内房屋建筑工程、建筑装饰装修工程、线路管道和设备安装工程、市政基础设施工程的新建、扩建、改建和拆除等施工活动中，发生重大安全事故应急处理工作的基本程序和组织原则。

　　（二）本预案适用于发生三级（死亡 3 人以上，或重伤 20 人以上）重大安全事故的应急处理。

　　（三）本预案在实施应急处理工作中实行统一指挥、各负其责、密切协同，救人第一、快速反应、属地保障，科学决断、有效处置、确保安全的原则。

二、工作机制

在市、区政府统一领导下，我局对各建筑业企业建立和完善建筑工程重大安全事故应急体系和应急预案以及实施进行指导、协调和监督；各建筑业企业应根据我局制定的应急预案原则，制定本单位安全事故应急救援预案，建立应急救援组织或者配备应急救援人员。

三、应急组织体系与职责

（一）区建设局的应急组织与职责

区建设局成立××区建筑工程安全事故应急救援领导小组。组长由建设局局长担任，副组长由建设局分管副局长、事故发生地的镇长（街道办主任）担任，成员由局建管科、区质监站、事发地安委会、质监分站主要负责人担任。

主要职责：

（1）拟定××区建筑工程重大安全事故应急工作制度，指导建立和完善应急组织体系和应急预案；

（2）及时了解掌握建筑工程重大安全事故情况，及时向区人民政府和上级建设行政主管部门报告事故情况；

（3）发生三级重大安全事故时，在事故前线全面负责应急救援救护和善后处理的组织指挥及监督协调工作；与区指挥中心保持密切联系并接收指令，随时报告事故现场应急处理的情况或者请求予以必要的救援救护力量增援；

（4）事故应急处理工作结束后，负责召集有关部门、单位对事故发生原因进行调查分析，对事故的应急处理情况进行总结，并写出书面报告上报区政府、市建设局；

（5）组织开展事故应急救援技术研究、应急知识宣传教育工作。

（二）建筑业施工企业的应急组织与职责

1. 施工企业应根据国家有关法律法规的规定和建设行政主管部门制定的应急救援预案（适用范围为四级及以上安全事故），建立本单位安全生产事故应急救援组织，配备应急救援器材、设备，定期组织演练，组织开展事故应急知识培训教育和宣传工作，及时向建设行政主管部门报告事故情况。

2. 工程项目部应根据建设行政主管部门和本企业制定的应急救援预案，结合工程特点制定应急预案，定期组织演练，组织开展事故应急知识培训教育和宣传工作，及时向建设行政主管部门报告事故情况。

工程项目部施工安全事故应急救援预案由工程承包单位编制。实行工程总承包的，由总承包单位编制。实行联合承包的，由承包各方共同编制。

3. 工程项目部施工安全事故应急救援预案应包括如下内容：

（1）建筑工程的基本情况。含规模、结构类型、工程开工、竣工日期；

（2）建筑施工项目经理部基本情况。含项目经理、安全负责人、安全员等姓名、证书号码等；

（3）施工现场安全事故救护组织。包括具体责任人的职务、联系电话等；

（4）事故报告联系电话，包括项目安全监督员及建设局联系电话；

（5）救援器材、设备的配备；

（6）安全事故救护单位。包括建筑工程所在镇（街道）医疗救护中心、医院的名称、电话、行驶路线等。

四、应急准备

（一）抢险救灾队伍

实行施工总承包的，由总承包单位统一成立建筑工程生产安全事故应急救援组织，总承包单位和分包单位按照应急救援预案和分工，配备应急救援人员和救援器材、设备。

各施工企业为事故发生工地的抢险救灾单位，各施工企业应按要求建立事故应急救援组织，由企业经理或主管安全工作的副经理为负责人，由企业质量安全部门参加，成立抢险救灾队伍。

区建设局商请本区××建筑工程有限公司、××建筑工程有限公司、××建筑工程有限公司、市政工程有限公司、水电建设有限工程公司、××建筑工程有限公司等单位为应急抢险救灾后备单位，组织有关专业人员和机械设备，成立机动抢险队伍，负责事故发生的施工企业、工程建设（使用）单位不能独立完成的抢险救灾工作。机动抢险队伍救援时所产生的费用由事故责任单位承担。

（二）应急抢险救援工作需多部门配合的，应在区政府统一领导下，及时与区指挥中心保持密切联系，与安监、公安、卫生、消防、民政等政府有关部门及时沟通、密切合作，共同开展应急抢险救援工作。

（三）工程项目部施工安全事故应急救援预案应当告知施工班组、现场施工作业人员。施工期间，其内容应当在施工现场显著位置予以公布。

五、应急处置办法

1. 发生重大建筑工程安全事故，施工企业、监理企业及有关目击人员必须立即报告区建设局（电话：×××××××）或工程项目安全监督员，区建设局应报告区政府办公室（电话：×××××××）和区安全生产委员会办公室（电话：×××××××）。

2. 事故发生企业的主要负责人、区建筑工程安全事故应急救援领导小组成员应在事故首发第一时间赶赴事故现场，按照本应急处理实施预案指挥处置，组织救援救护，同时将情况及时报告上级政府和上级有关部门。

3. 事故发生企业必须迅速疏散人员，如实向应急救援领导小组报告事故发生原因，并堵塞危险源。

4. 发生三级重大建筑事故后，应急救援领导小组成员应立即赶赴现场组织抢救人员，防止事故扩大。

5. 事故发生企业无力承担救援工作时，应急救援领导小组应立即调动机动抢险队伍，必要时向区指挥中心请求予以增援。

6. 事故发生单位、区建设局和当地政府要积极妥善做好受灾人员的善后工作，事故发生单位解决受灾人员及其家属的吃、穿、住等问题。

7. 根据区应急预案的规定，发生重大建筑安全事故由区政府新闻办公室负责统一对外新闻发布工作。

6.4 政府环境事件应急预案实例

范例7

××市突发环境污染事故应急预案

一、应急预案适用范围

本预案适用于在本市行政区域内人为或不可抗力造成的废气、废水、固废（包括危险废物）、危险化学品、有毒化学品、电磁辐射，以及核、生物化学等环境污染、破坏事件；在生产、经营、贮存、运输、使用和处置过程中发生的爆炸、燃烧、大面积泄漏等事故；因自然灾害造成的危及人体健康的环境污染事故；影响饮用水源地水质的其他严重污染事故等。

二、组织机构

市环境保护局成立市环境污染事故应急处理领导小组，由市环保局局长××同志任组长，下辖市环境监察应急小组和市环境监测应急小组。领导小组负责受理辖区内环境污染和生态破坏事故报告，调查事故原因、污染源性质及发展过程，立即作出应急处置措施反应；及时向当地政府报告辖区内重大环境污染和生态破坏事故及其处理情况；组织辖区内重大环境污染及生态破坏事件的现场监察、监测及处理；领导市环境监察应急小组和市环境监测应急小组的应急处理工作。

市环境监察应急小组由市环保局污染控制科和市环境监察大队组成。负责应急事故的现场调查、取证；提供应急处置措施建议；协助有关单位做好人员撤离、隔离和警戒工作；立案调查事故责任；做好应急处理领导小组交办的其他任务。

市环境监测应急小组由市环保局自然保护科和市环境监测站组成。负责污染物的现场快速定性分析、为应急处理提供依据；对环境污染物的性质、危害程度作出准确的认定；对环境恢复、生态修复提出建议措施等；办好应急救援领导小组交给的其他任务。

三、工作程序

（一）任务受领及要求

市环境污染事故应急处理领导小组在接到污染事故发生的警报后，应立即通知市环境监察应急小组和市环境监测应急小组赶赴现场，当出现重、特大突发性环境污染事件时，领导小组应有一名以上成员到现场指挥应急救援工作。

市环境监察应急小组受领导任务后，应尽可能了解以下内容并及时向市环境污染事故应急救援领导小组汇报：

（1）事故发生的时间、地点、性质、原因以及已造成的污染范围；

（2）污染源种类、数量、性质；

（3）事故危害程度、发展趋势、可控性及预采取的措施；

（4）本小组基本任务、到达时限等要求；

（5）友邻小组的任务，可能得到的支援及协同规定；

（6）上级指挥机构（指挥员）位置、指挥关系、联络方法；

（7）受领任务后48h内发出速报，报告事故发生的时间地点、污染源、经济损失、人员受害情况等；

（8）其他需要清楚的情况。

市环境监测应急小组受领任务后、应尽可能做好以下工作并及时向市环境污染事故应急救援领导小组汇报：

（1）一般情况下，水污染在4h内，气污染在2h内定性检测出污染物的种类及其可能的危害；

（2）一般情况下，24h内定量检测出污染物的浓度、污染的程度和范围，并发出监测报告。

（二）赶赴现场

市环境污染事故应急处理领导小组按指定路线组织环境监察和环境监测应急人员和车辆赶赴现场，明确途中联络方法，灵活果断地处置开进途中情况，确保按时到达应急地区。

（三）应急处置

环境监察和环境监测应急小组到达现场附近后，应根据危害程度及范围、地形气象等情况，组织个人防护，进入现场实施应急。要尽快弄清污染事故种类、性质，污染物数量及已造成的污染范围等第一手资料，经综合情况后及时向领导小组提出科学的污染处置方案，经批准后迅速根据任务分工，按照应急与处置程序和规范组织实施，并及时将处理过程、情况和数据报指挥部。

1. 现场污染控制

（1）立即采取有效措施，与相关部门配合，切断污染源，隔离污染区，防止污染扩散；

（2）及时通报或疏散可能受到污染危害的单位和居民；

（3）参与对受危害人员的救治。

2. 现场调查与报告

（1）污染事故现场勘察；

（2）技术调查取证；

（3）按照所造成的环境污染与破坏的程度认定事故等级，共分四级。根据《报告环境污染与破坏事故的暂行办法》进行报告。

（4）环境监测应急小组应采取污染跟踪监测，直至污染事故处理完毕、污染警报解除。

四、后勤保障

（一）通信保障

1. 应急启动时的通信保障。应急通知下达与接收以有线通信为主，利用办公电话，实现应急信息快速传输。在外应急员的联络以移动电话等无线通信为主，确保应急通知快速下达。

2. 开进中的通信保障。以无线通信为主。应急指令的下达与接收，事故现场应急信息的通报与反馈，主要利用移动通信。

3. 处置中的通信保障。采取无线通信、有线通信与运动通信相结合的方式，以无线通信为主。指挥部（或应急办）可利用现场临时架设开通有线电话指挥网、固定电话、移动电话，实现上传下达；应急小组在应急过程中，主要是利用移动电话，辅以运动通信，实现信息双向交流。

（二）运输保障

运转的确认和调度由局应急领导小组组织实施。平时各应急车辆须保证 100 公里以上的行车用油。开进中根据实际情况由局应急领导小组统一组织交通等勤务保障。

（三）其他保障

1. 医疗保障。应急过程中如出现人员中毒或受伤，可就近送至医院救治或及时与医疗单位联系，组织现场救治，也可送至现场指挥所指定的医院、医疗单位救治。应急终止后根据实际情况组织转院或继续治疗。

2. 生活保障。由应急领导小组拟定计划统一组织实施。

7 建筑工程企业事故应急预案范例

7.1 建筑工程公司事故应急救援预案实例

7.1.1 概述

根据建设工程的特点，工地现场可能发生的安全事故有：坍塌、火灾、中毒、爆炸、物体打击、高空坠落、机械伤害、触电等，应急预案的人力、物资、技术准备主要针对这几类事故。

应急预案应立足于安全事故的救援，立足于工程项目自援自救，立足于工程所在地政府和当地社会资源的救助。

7.1.2 应急组织

应急领导小组：项目经理为该小组组长，主管安全生产的项目副经理，技术负责人为副组长；

现场抢救组：项目部安全部负责人为组长，安全部全体人员为现场抢救组成员；

医疗救治组：项目部医务室负责人为组长，医疗室全体人员为医疗救治组成员；

后勤服务组：项目部后勤部负责人为组长，后勤部全体人员为后勤服务组成员；

保安组：项目部保安部负责人为组长，全体保安员为组员。

应急组织的分工及人数应根据事故现场需要灵活调配。

应急领导小组职责：建设工地发生安全事故时，负责指挥工地抢救工作，向各抢救小组下达抢救指令任务，协调各组之间的抢救工作，随时掌握各组最新动态并作出最新决策，第一时间向110、119、120、企业救援指挥部、当地政府安监部门、公安部门求援或报告灾情。平时应急领导小组成员轮流值班，值班者必须住在工地现场，手机24h开通，发生紧急事故时，在项目部应急组长抵达工地前，值班者即为临时救援组长。

现场抢救组职责：采取紧急措施，尽一切可能抢救伤员及被困人员，防止事故进一步扩大。

医疗救治组职责：对抢救出的伤员，视情况采取急救处置措施，尽快送医院抢救。

后勤服务组职责：负责交通车辆的调配，紧急救援物资的征集及人员的餐饮供应。

保安组职责：负责工地的安全保卫，支援其他抢救组的工作，保护现场。

7.1.3 救援器材

应急小组应配备下列救援器材：

医疗器材：担架、氧气袋、塑料袋、小药箱；

抢救工具：一般工地常备工具即基本满足使用；

照明器材：手电筒、应急灯36V以下安全线路、灯具；

通信器材：电话、手机、对讲机、报警器；

交通工具：工地常备一辆值班面包车，该车轮、值班时不应跑长途；

灭火器材：灭火器日常按要求就位，紧急情况下集中使用。

7.1.4 应急知识培训

应急小组成员在项目安全教育时必须附带接受紧急救援培训。

培训内容：伤员急救常识、灭火器材使用常识、各类重大事故抢险常识等。务必使应急小组成员在发生重大事故时能较熟练地履行抢救职责。

7.1.5 通信联络

项目部必须将110、119、120、项目部应急领导小组成员的手机号码、企业应急领导组织成员手机号码、当地安全监督部门电话号码，明示于工地显要位置。工地抢险指挥及保安员应熟知这些号码。

7.1.6 事故报告

工地发生安全事故后，企业、项目部除立即组织抢救伤员，采取有效措施防止事故扩大、保护事故现场，做好善后工作外，还应按下列规定报告有关部门：

轻伤事故：应由项目部在24h内报告企业领导、生产办公室和企业工会；

重伤事故：企业应在接到项目部报告后24h内报告上级主管单位、安全生产监督管理局、工会组织；

重伤三人以上或死亡一至二人的事故：企业应在接到项目部报告后4h内报告上级主管单位、安全监督部门、工会组织和人民检察机关，填报《事故快报表》，企业工程部负责安全生产的领导接到项目部报告后4h应到达现场；

死亡三人以上的重大、特别重大事故：企业应立即报告当地市级人民政府，同时报告市安全生产监督管理局、工会组织、人民检察机关和监督部门，企业安全生产第一责任人（或委托人）应在接到项目部报告后4h内到达现场；

急性中毒、中暑事故：应同时报告当地卫生部门；

易爆物品爆炸和火灾事故：应同时报告当地公安部门。

员工受伤后，轻伤的送工地现场医务室医治，重伤、中毒的送医院救治。因伤势过重抢救无效死亡的，企业应在8h内通知劳动行政部门处理。

范例8

××××建筑公司重大事故应急救援预案

一、总则

（一）根据局"安全生产目标管理责任书"及坚持"安全第一、预防为主"的方针，保障国家财产和人民生命安全，特制定本预案。

（二）本预案贯彻"安全第一、预防为主"的方针，本着救援与生产相结合的原则，立足于自救、互救，以自我保护、自我生存为基点，在非常情况下实施有效的救援。

（三）重大事故应急救援系统由公司应急救援领导小组、应急救援办公室、公司所属各单位共同组成。

（四）本预案应急救援中的成员均享有紧急情况下请求救援的权利，同时也有就近救援的义务。

（五）重大事故应急救援，分为三级救援：第一级，自救。发生重大事故后，首先自行实施抢救，同时将事故基本情况逐级报告。发生交通事故，在抢救的同时要保护现场，由交警部门处理勘查。第二级，实施就近救援。发生重大事故后，向附近公司所属单位发出请求救援信号，附近单位接到救援通知后，立即组织抢救。第三级，公司实施救援。发生重大事故后，实施自我救援困难、附近又无求援单位，由公司派专人前往事故地点进行救援。

二、应急救援机构成员及职责

（一）××××公司应急救援领导小组成员：

组长：公司经理×××；

副组长：公司副经理×××；

成员：质量安全科科长×××，生产技术科科长×××，办公室主任×××，财务科科长×××。

（二）应急救援领导小组下设办公室，办公地点在公司质量安全科，科长兼办公室主任。其日常工作由办公室完成。

（三）应急救援办公室：办公室人员由质量安全科工作人员组成。

（四）应急救援办公室主要职责：

1. 负责重大事故的逐级上报以及上传下达，并负责事故救援预案的实施。

2. 办公室接到重大事故报告后，立即向领导小组组长报告（组长不在时向副组长报告）。报告的主要内容有：发生事故的时间、地点、伤亡人数、事故原因及自救情况。同时将事故的基本情况向领导小组其他成员报告。

3. 听从领导小组的随时调遣，随时投入救援工作，实施救援方案。

4. 按照领导小组的指示，及时赶往事发现场或及时与事发单位联系，并指导事故单位做好事故抢救工作。

三、事故的分类及救援措施

（一）事故的分类是指公司各单位建筑施工、交通事故、火灾等事故、煤烟中毒等事故。

（二）救援措施

1. 凡一次事故中发生死亡3人以上重大事故，在24h之内报告公司应急救援办公室。

2. 应急救援办公室接到报告后，立即报告领导小组组长、副组长及其他成员，同时按规定上报有关部门。办公室工作人员立即进入各自工作岗位。

3. 通信联络保证全天候服务，及时与公司、事故单位、事故现场保持联络，及时将抢救情况反馈到公司救援领导小组。

4. 实施现场救援工作，首先实行自救，并及时向附近单位发出求救信号。应急救援系统中任何一个单位接到报险信号后，应根据就近救援的原则，迅速组织救援力量前往事发地点。

5. 一次事故中发生死亡 3 人以上（含 3 人）的重大事故，领导小组组长或副组长要亲自到现场进行指挥抢险工作。

6. 一次事故中发生 3 人以上的交通事故，全部责任由我方（公司）承担的，领导小组组长或副组长，委托小组成员到现场协助事故单位及当地交警部门进行事故的调查处理。事故责任在 50％以下的事故，事故单位第一责任人，亲自到现场抢救并协助当地交警部门进行事故的调查处理。

四、施工作业安全管理

（一）作业人员进入工地前，项目负责人必须召开全体人员安全生产会议，分析不安全因素，讲明注意事项，严格遵守操作规程，并做好"三级安全教育"和"安全技术交底"工作。

（二）各作业班组分散作业前，必须进行班前教育，认真做好个人防护。必须严格遵守《建筑安全操作规范》。

（三）所有危险品的使用、储存单位，不管其生产经营规模大小，均应配备与生产经营活动相适应的应急救援器材和设备。

（四）专职和兼职的应急救援人员，应当进行专门的应急救援培训，具备相应的应急救援知识，适应应急救援工作的需要，熟练掌握应急救援器材和设备的使用。

（五）对于配备的所有应急救援器材和设备要进行经常性的维修和保养，按要求及时废弃和更新，保证应急救援器材和设备的正常运转。

五、附则

本预案下列用语的含义

1. "应急救援"是指发生重大事故，为了抢救事故遇险作业人员而采取的不同于正常工作程序的紧急救援行动。

2. "遇险"是指建筑施工、交通事故、火灾等因不可抗拒因素造成生命危险或发生重大事故，靠自己能力难以摆脱困境，需要外界援助。

3. "就近救援义务"指凡是应急救援系统中的成员，当接到在本区域或临近区域内的求救信号或局应急救援领导小组的指令后，必须无条件立即前往救援。

7.2　道桥工程事故应急救援预案实例

范例 9

特大桥生产安全事故的应急预案

一、方针与目标

坚持"安全第一、预防为主"、"保护人员安全优先、保护环境优先"的方针，贯彻

"常备不懈、统一指挥、高效协调、持续改进"的原则。更好地适应法律和经济活动的要求；给企业员工的工作和施工场区周围居民提供更好更安全的环境；保证各种应急资源处于良好的备战状态；指导应急行动按计划有序地进行；防止因应急行动组织不力或现场救援工作的无序和混乱而延误事故的应急救援；有效地避免或降低人员伤亡和财产损失；帮助实现应急行动的快速、有序、高效；充分体现应急救援的"应急精神"。

二、应急策划

(一) 工程概况及地质条件

(1) 工程概况

×××大桥中心里程为 K1+600，平台尾里程为 K0+675.6，临台尾里程为 K2+524.4，全长 1848.8m，交角 90°。上部构造为 46—40 预应力混凝土组合箱梁，桥台为肋式、钻孔桩基础，桥墩为柱式、钻孔灌注桩。桥面净宽为 2×12m，桥跨布置从东向西共分 6 联，其布置为 1 联 (7×40m 预应力组合梁) +4 联 (8×40m 预应力组合梁) +1 联 (7×40m 预应力组合梁)，采用 D80、D160 型系列伸缩缝。肋式桥台 2×2 个，桥台钻孔桩 2×8 根，φ150cm，每根桩长 28m；桥墩 45×4 根，每根桩长 36~45m 不等；立柱 45×4 根，柱高 2~14m 不等。本桥所在区域处于×××冲积平原，桥位处河道基本顺直，宽约 1000m，深水区约 200m，水深 7m 左右，河床两侧发育有狭长的河漫滩，外侧为人工构筑的大堤，堤高 3~5m，与河道基本平行，晴天车辆可通行。

×××大桥其中约 5 跨位于深水区，水上施工难度大。40m 箱梁结构设计类型多，施工工艺复杂，模板设计要求高。箱梁质量大，运输、架设要求高。桥面连续、体系转换施工较复杂。

(2) 工程地质

该地区地震设防烈度为 6 度。本标段位于平原区，主要为淮河冲积物，沉积厚度较大，分布面积广。岩性主要由灰黄色、土黄色厚层亚砂土、粉细砂、中细砂层，具二元结构，松散，多含分散钙质结核，含砂率一般 40% 以上。

(3) 气候

工程所在区属大陆性半湿润半干旱季风气候区，四季分明，年平均气温 14.94℃。冬季寒冷，多北风，元月份气温最低；夏季炎热多南风，7、8 月份气温最高，平均为 27.79℃。多年平均降雨量 701.9mm，雨量集中在 6~8 月，占全年的 50%~60%，夏季多暴雨，春秋两季阴雨绵绵，年平均蒸发量 1967.4mm。全年无霜期 214~236d。

(4) 水文特征

×××河源于伏牛山东麓，河流经至平原区后，由于坡降减缓，河床变浅，汛期容易泛滥成灾。流量随季节而变化，枯水季节为头年 12 月到来年 2 月，6、7、8 三个月为丰水季节，占全年径流量的 60%。28 号墩~33 号墩之间河水较深，其余墩台处河水较浅或无水。

(二) 桥梁架设方案

××特大桥均为 40m 箱梁，计划采用一台 HZQ 型架桥机架设 (可以纵横向移动，边梁直接就位)。运梁平车将箱梁喂至起吊门架下，架桥机横移到起吊门架上，由架桥机吊梁天车提升箱型梁并横移、前移，当梁体纵向移到位后，再由架桥机连同梁体整体一起沿墩顶横向既有轨道移至所需位置并直接落梁就位，然后予以焊接加固。具体措施如下：

（1）利用×××大桥1号墩、2号墩之间的沙河大堤，在大堤上拼装架桥机，利用吊车将架桥机安放到1号墩、2号墩上。

（2）从梁场至1号墩、2号墩左侧修筑运梁路基，降低1号墩、2号墩左侧大堤高度，使运梁纵坡≤3％；从预制梁场铺设运梁轨道，保证正常运梁至1号墩、2号墩左侧位置。

（3）1号墩、2号墩左侧安装起吊门架，并与1号墩、2号墩上的架桥机横向轨道联结。

（4）轨道运梁车从梁场将箱梁运至起吊门架下，架桥机横向移至起吊门架上吊梁，开始正常架梁。

（三）应急预案工作流程图

根据本工程的特点及施工工艺的实际情况，认真地组织了对危险源和环境因素的识别和评价，特制定本项目发生紧急情况或事故的应急措施，开展应急知识教育和应急演练，提高现场操作人员应急能力，减少突发事件造成的损害和不良环境影响。其应急准备和响应工作程序见图7-1。

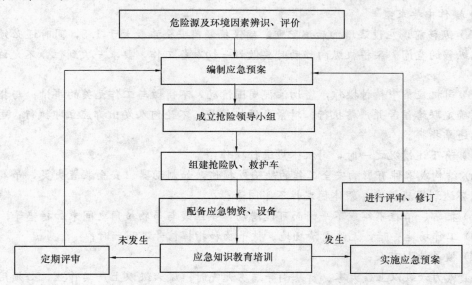

图7-1　应急准备和响应工作程序图

（四）突发事件风险分析和预防

为确保正常施工，预防突发事件以及某些预想不到的、不可抗拒的事件发生，事前有充足的技术措施准备、抢险物资的储备，最大程度地减少人员伤亡、国家财产和经济损失，必须进行风险分析和预防。

1. 突发事件、紧急情况及风险分析

根据本工程施工特点及复杂的地质情况，在辨识、分析评价施工中危险因素和风险的基础上，确定本工程重大危险因素是架桥机在架梁中倾覆、掉梁、物体打击、高处坠落、触电、火灾等。在工地已采取机电管理、安全管理各种防范措施的基础上，还需要制定架桥机倾覆的应急方案，具体如下：假设架梁工程中架桥机可能倾翻；假设架桥机的力矩限位失灵，架桥机司机违章作业，可能造成塔吊倾翻。

2. 突发事件及风险预防措施

从以上风险情况的分析看，如果不采取相应有效的预防措施，对工程施工、施工人员的安全造成威胁。

(1) 架桥机安全技术要求：

1) 作业条件：

(A) 架桥机组装完毕，须经有关部门安全验收签证合格后，方可投入使用。

(B) 操作司机须经安全培训、考核合格，身体健康，并定人定岗。

2) 作业前要求：

(A) 移机、吊梁前，必须对制动器、控制器、吊具、钢丝绳、安全装置和架体的稳定性等进行全面的检查，发现工作性能不正常时应在操作前排除；确认符合安全要求后方可进行操作。

(B) 吊梁前，应做好警戒措施，正下方不得有人停留或通过；各工种人员到岗，在专人指挥下操作；清除导梁架、轨道及前进沿途障碍物；通知其他非作业人员撤退。

3) 操作中要求：

(A) 纵移前，应设法增加后端配重，确保抗倾覆安全系数大于 1.5，同时还必须保证前移、纵移的空间。架桥机纵向移动时要做好一切准备工作，要求一次到位，不允许中途停顿。

(B) 司机应集中精神操作，密切注视周围情况，不得做与工作无关的事情；与指挥人员事先确定联络信号并严格执行；对紧急停机信号，不论何人发出都应立即执行；司机有权拒绝违章指挥。

(C) 有下述情况之一时，司机不应进行操作：

(a) 结构或零件有影响安全工作的缺陷或损伤，如制动器、安全装置失灵，吊具、钢丝绳损坏达到报废标准，架体稳定性不牢固等；

(b) 捆绑、吊挂不牢或不平衡而可能滑动，钢丝绳与吊物棱角之间未加衬垫等；

(c) 工作场地昏暗，无法看清场地、被吊物和指挥信号不明确时；

(d) 被吊物上有人；

(e) 风力六级以上或大雾、雷暴雨等恶劣天气时；风六级以上严禁作业，必须用索具稳固起吊小车和架桥机整机，架桥机停止作业时应切断电源。

(D) 各台卷扬机钢丝绳端头固定要牢靠，在卷筒上排列整齐密实，吊钩下降至最低工作位置时，卷筒上的钢丝绳必须保持 6 圈以上。

(E) 在正常运转过程中不得利用限位开关、紧急开关制动停车。

(F) 操纵控制器时用力要均匀，逐级变换档位；运行中发生机件损坏等故障应放下吊物，拉下闸刀开关，应及时排除故障，不得在运行中进行维修。

(G) 吊运时应进行小高度、短行程试吊，确认安全可靠后再吊运。

(H) 大、小车运行操作应尽量减少启（制）动次数。

(I) 构件就位时，指挥员应与操作司机配合好，防止碰撞吊物；当下降到位时，注意避免钢丝绳松得太多而发生倾侧事故。

(J) 必须待构件锚固可靠后方可拆除吊具。

(K) 吊装第二片构件下降就位时，应注意避免碰撞。

（L）运行中，遇到突然停电时，应把所有的控制器手柄拔回零位，拉下闸刀开关。

（M）架桥机作业必须明确分工，统一指挥，设专职操作员、专职电工、专职安全检查员。

（N）安装桥梁有上下坡时，架桥机纵向要有防滑措施。

（O）当液压油温超过 70℃ 时应停机冷却，当气温低于 0℃ 应考虑更换低温液压油。严格按起吊方案进行，禁止斜吊提升，超负荷运转。

（P）架桥机作业过程中要加强日常检查，对轨道系统、起重系统、电气系统等要严格检查，发现问题要请专业人员进行整改，禁止私自拆卸。

（Q）作业结束后，应把所有控制器置于零位，拉下闸刀开关，切断电源，将机架锚定可靠。

（2）现场安全防范措施

1）加强施工管理，严格按标准化、规范化作业。施工中要经常分析假设过程中出现各种问题。

2）工地和附近医院建立密切联系，工地设医务室，配齐必要的医疗器械。一旦出现意外的工伤事故，可立即进行抢救。

3）加强施工现场的警戒。

（五）法律法规要求

《特种设备安全监察条例》、《关于特大安全事故行政责任追究的规定》第七条、第三十一条；《安全生产法》第三十条、第六十八条；《建筑工程安全管理条例》、《安全许可证条例》。

三、应急准备

（一）成立抢险领导小组，明确责任分工

1.公司抢险领导小组

（1）人员组成

组长：总经理

副组长：主管施工生产的副总经理、总工程师

成员：安质部工程部、工会公安处、劳资部社保部、设备物资部、集团中心医院

（2）职责：研究、审批抢险方案；组织、协调各方抢险救援的人员、物资、交通工具等；保持与上级领导机关的通信联系，及时发布现场信息。

2.项目部应急预案领导小组

（1）人员组成

组长：×××；

副组长：×××；

组员：×××、×××、×××、……×××；

下设　通信联络组组长：×××；

　　　技术支持组组长：×××；

　　　消防保卫组组长：×××；

　　　抢险抢修组组长：×××；

　　　医疗救护组组长：×××；

　　　　　后勤保障组组长：×××。

（2）应急组织的职责：

1）组长职责

（A）决定是否存在或可能存在重大紧急事故，要求应急服务机构提供帮助并实施厂外应急计划，在不受事故影响的地方进行直接操作控制；

（B）复查和评估事故（事件）可能发展的方向，确定其可能的发展过程；

（C）指导设施的部分停工，并与领导小组成员的关键人员配合指挥现场人员撤离，并确保任何伤害者都能得到足够的重视；

（D）与场外应急机构取得联系及对紧急情况的记录作业安排；

（E）在场（设施）内实行交通管制，协助场外应急机构开展服务工作；

（F）在紧急状态结束后，控制受影响地点的恢复，并组织人员参加事故的分析和处理。

2）副组长（即现场管理者）职责

（A）评估事故的规模和发展态势，建立应急步骤，确保员工的安全和减少设施和财产损失；

（B）如有必要，在救援服务机构来之前直接参与救护活动；

（C）安排寻找受伤者及安排非重要人员撤离到集中地带；

（D）设立与应急中心的通信联络，为应急服务机构提供建议和信息。

3）通信联络组职责

（A）确保与最高管理者和外部联系畅通、内外信息反馈迅速；

（B）保持通信设施和设备处于良好状态；

（C）负责应急过程的记录与整理及对外联络。

4）技术支持组职责

（A）提出抢险抢修及避免事故扩大的临时应急方案和措施；

（B）指导抢险抢修组实施应急方案和措施；

（C）修补实施中的应急方案和措施存在的缺陷；

（D）绘制事故现场平面图，标明重点部位，向外部救援机构提供准确的抢险救援信息资料。

5）保卫组职责

（A）设置事故现场警戒线、岗，维持工地内抢险救护的正常运作；

（B）保持抢险救援通道的通畅，引导抢险救援人员及车辆的进入；

（C）抢救救援结束后，封闭事故现场直到收到明确解除指令。

6）抢险抢修组职责

（A）实施抢险抢修的应急方案和措施，并不断加以改进；

（B）寻找受害者并转移至安全地带；

（C）在事故有可能扩大进行抢险抢修或救援时，高度注意避免意外伤害；

（D）抢险抢修或救援结束后，直接报告最高管理者并对结果进行复查和评估。

7）医疗救治组职责

（A）在外部救援机构未到达前，对受害者进行必要的抢救（如人工呼吸、包扎止血、防止受伤部位受污染等）；

（B）使重度受害者优先得到外部救援机构的救护；

（C）协助外部救援机构转送受害者至医疗机构，并指定人员护理受害者。

8）后勤保障组职责

（A）保障系统内各组人员必须的防护、救护用品及生活物质的供给；

（B）提供合格的抢险抢修或救援的物质及设备。

（二）应急资源

应急资源的准备是应急救援工作的重要保障，项目部应根据潜在的事故性质和后果分析，配备应急资源，包括：救援机械和设备、交通工具、医疗设备和必备越频、生活保障物资。主要应急机械设备储备见表7-1。

主要应急机械设备储备表   表7-1

序号	设备名称	单位	数量	规格型号	主要工作性能指标	现在何处	备注
1	装载机	辆	2	ZL50D	斗容量 2m³	现场	
2	挖掘机	辆	3	卡特320、大宇300、日立220	斗容量 1.6m³	现场	
3	挖掘机	辆	2	PC200	斗容量 1.6m³	现场	
4	机动翻斗车	辆	8	8t		现场	
5	吊车	台	6	20t、8t、16t		现场	
6	自卸车	辆	14		25t	现场	
7	千斤顶	台	4	YCW-120型	120t	现场	
8	电焊机	台	6	B×500		现场	
9	卷扬机	台	2	JJ2-0.5	拉力 5t	现场	
10	对讲机	台	10	GP88S		现场	
11	发电机	台	1		200kW	现场	

（三）组建抢险队，进行应急知识教育培训

项目部组建抢险队，队长为×××，副队长为×××。发现危险时首先抢险队进行抢险，需用较多人员时可由各工区及时进行汇集，对抢险队和项目部所有人员均进行针对性的应急知识培训。

（四）进行应急演练，提高应急救援能力

为了在出现险情时处理迅速，不至于手忙脚乱，项目部对预设险情进行实地演练，由综合部×××负责组织安排，演练时间安排在项目部施工相对空闲的时间，使所有人员均参与其中，并填写应急演练记录表，记录演练内容、人员分工、方案、处理程序等。

（五）互助协议

项目部应先与地方医院、宾馆建立正式的互助协议，以便在事故发生后及时得到外部救援力量和资源的援助。

相关单位联系电话：

主管部门：×××××××

安全监管部门：×××××××

公安部门：××××××××

危险化学品安全监管部门：×××××××

特种设备监察部门：×××××××

卫生部门：×××××××

消防部门：×××××××

四、应急响应

施工过程中施工现场或驻地发生无法预料的需要紧急抢救处理的危险时，应迅速逐级上报，次序为现场、办公室、抢险领导小组、上级主管部门。由综合部收集、记录、整理紧急情况信息并向小组及时传递，由小组组长或副组长主持紧急情况处理会议，协调、派遣和统一指挥所有车辆、设备、人员、物资等实施紧急抢救和向上级汇报。事故处理根据事故大小情况来确定，如果事故特别小，根据上级指示可由施工单位自行直接进行处理。如果事故较大或施工单位处理不了则由施工单位向建设单位主管部门进行请示，请求启动建设单位的救援预案，建设单位的救援预案仍不能进行处理，则由建设单位的质量安全室向建委或政府部门请示启动上一级救援预案。其应急事故发生处理程序见图7-2。

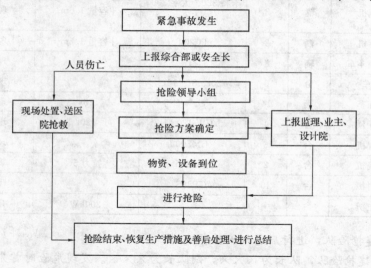

图 7-2　应急事故发生处理流程图

（1）值班电话：××××××××，实行昼夜值班制，项目部值班时间和人员如下：7：30～20：30、20：30～7：30。

（2）紧急情况发生后，现场要做好警戒和疏散工作，保护现场，及时抢救伤员和财产，并由在现场的项目部最高级别负责人指挥，在 3min 内电话通报到值班室，主要说明紧急情况性质、地点、发生时间、有无伤亡、是否需要派救护车或警力支援到现场实施抢救，如需要可直接拨打 120、110 等求救电话。

（3）值班人员在接到紧急情况报告后必须在 2min 内将情况报告到紧急情况领导小组组长和副组长。小组组长组织讨论后在最短的时间内发出如何进行现场处置的指令。分派人员车辆等到现场进行抢救、警戒、疏散和保护现场等。由综合部在 30min 内以小组名义打电话向上一级有关部门报告。

（4）遇到紧急情况，全体职工应特事特办、急事急办，主动积极地投身到紧急情况的处理中去。各种设备、车辆、器材、物资等应统一调遣，各类人员必须坚决无条件服从组长或副组长的命令和安排，不得拖延、推诿、阻碍紧急情况的处理。

五、突发事件应急预案

1. 接警与通知

如桥梁架设作业施工中发生掉梁事故、高空坠落和物体打击时，在现场的项目管理人员要立即用对讲机向项目经理汇报险情，主要说明紧急情况性质、地点、发生时间、有无伤亡、是否需要派救护车或警力支援到现场实施抢救，如需要可直接拨打120、110等求救电话。必要时，向上级主管部门汇报事故情况。现场有关人员要做好警戒和疏散工作，保护现场，及时抢救伤员和财产，并由在现场的项目部最高级别负责人指挥。

项目经理立即召集、抢救指挥组其他成员，抢救、救护、防护组成员携带着各自的抢险工具，赶赴出事现场。

2. 指挥与控制

抢救组到达出事地点，在项目经理×××指挥下分头进行工作。

保卫组保持抢险救援通道的通畅，引导抢险救援人员及车辆的进入。设置事故现场警戒线、岗，安排寻找受伤者及安排非重要人员撤离到集中地带，维持工地内抢险救护的正常运作。

首先，抢救组和项目经理一起查明险情，确定是否还有危险源。如钢筋笼是否有继续倒塌的危险；人员伤亡情况；商定抢救方案后，项目经理×××向公司主管安全生产的副总经理请示汇报批准，然后组织实施。

防护组负责把出事地点附近的作业人员疏散到安全地带，并进行警戒，不准闲人靠近，对外注意礼貌用语。

工地值班电工负责切断有危险的低压电气线路的电源。如果在夜间，接通必要的照明灯光。

抢险组在排除无其他危险源的情况下，立即救护伤员：边联系救护车，边及时进行止血包扎，用担架将伤员抬到车上送往医院。

对掉梁的处理由副经理指挥架梁人员吊离作业面。

事故应急抢险完毕后，封闭事故现场直到收到明确解除指令。项目经理立即召集相关人员进行事故调查，找出事故原因、责任人以及制定防止再次发生类似的整改措施，并对应急预案的有效性进行评审、修订。

技术组进行事故现场评审，分析事故的发展趋势。

组织技术人员制定恢复生产方案。向公司质量安全部书面汇报事故调查、处理的意见。

3. 通信

项目部必须将110、120、项目部应急领导小组成员的手机号码、企业应急领导组织成员手机号码、当地安全监督部门电话号码，明示于工地显要位置。工地抢险指挥及保安员应熟知这些号码。

4. 警戒与治安

安全保卫小组在事故现场周围建立警戒区域，实施交通管制，维护现场治安秩序。

5. 人群疏散与安置

疏散人员工作要有秩序地服从指挥人员的疏导要求进行疏散，做到不惊慌失措，勿混乱、拥挤，减少人员伤亡。

6. 媒体机构、信息发布管理

综合管理部为项目部各信息收集和发布的组织机构，人员包括：×××。综合管理部届时将起到项目部的媒体的作用，对事故的处理、控制、进展、升级等情况进行信息收集，并对事故轻重情况进行删减，有针对性定期和不定期地向外界和内部如实地报道，向内部报道主要是向项目部内部各工区、集团公司的报道等，外部报道主要是向业主、监理、设计等单位的报道。

六、恢复生产及应急抢险总结

抢险救援结束后，由监理单位主持，业主、设计、咨询等相关单位参加的恢复生产会，对生产安全事故发生的原因进行分析，确定下一步恢复生产应采取的安全、文明、质量等施工措施和管理措施。项目部主要从以下几个方面进行恢复生产：

1. 做好事故处理和善后工作，对受害人或受害单位进行领导慰问或团体慰问。对良性事迹加强报道。

2. 严格落实公司 ISO 9002 质量体系《程序文件》和《质量手册》，推行全面质量管理，认真学习应急预案，以项目经理为中心，将创优目标层层分解，责任到队，责任到人，从单位工程到分部、分项直至工序。

3. 健全各组织机构，加强人员管理，建立矩阵管理。完善安全、质量保证体系，健全安全、质量管理组织机构，整个项目形成一套严密完整的安全、质量管理体系，各级、各部充分发挥管理的机能、职能和人的作用。

4. 依据安全、质量体系有关文件，制定安全、质量检查计划制度，形成安全、质量管理依据，做到"有法可依"。严格实施岗位责任制。

5. 做好技术、试验、测量、机械、施工工艺、后勤等各项保证工作。

6. 对恢复生产确保资金投入不受阻。

7. 确保设计、施工方案可行，符合现场实际情况，可利用现场存有的机械、设备和材料。

8. 及时调用后备人员和机械设备，补充到该工区，进行生产恢复，尽快达到生产正常。

抢险结束和生产恢复后，对应急预案的整个过程进行评审、分析和总结，找出预案中存在的不足，并进行评审及修订，使以后的应急预案更加成熟，遇到紧急情况等能处理及时，将安全、财产损失降低到最低限度。

七、预案管理与评审改进

公司和项目部对应急预案每年至少进行一次评审，针对施工的变化及预案演练中暴露的缺陷，不断更新和改进应急预案。

7.3　隧道施工安全事故应急救援预案实例

范例 10

隧道施工安全事故应急预案

一、应急预案的方针与原则

坚持"安全第一，预防为主"、"保护人员安全优先，保护环境优先"的方针，贯彻"常备不懈、统一指挥、高效协调、持续改进"的原则。更好地适应法律和经济活动的要求；给企业员工的工作和施工场区周围居民提供更好更安全的环境；保证各种应急资源处于良好的备战状态；指导应急行动按计划有序地进行；防止因应急行动组织不力或现场救援工作的无序和混乱而延误事故的应急救援；有效地避免或降低人员伤亡和财产损失；帮助实现应急行动的快速、有序、高效；充分体现应急救援的"应急精神"。

二、应急策划

（一）工程概况及地质条件

工程区内的地形地质条件复杂，辅助洞的主要地质问题包括岩溶水文地质、断层破碎带、高地应力与岩爆、地高地温和有害气体等。在已揭露的大水沟长探洞中已碰到了各类地质问题，有些已构成了较严重的地质灾害，尤以突水、突泥现象最为突出，涌水地点、长度及规模难以判定。工程区内地表岩溶虽不发育，但赋存有丰富的地下水，大量可溶岩地质，具备了溶洞的条件，可能会出现溶洞及突水、突泥现象。

辅助洞位于×××，属川西高原气候区，主要受高空西风环流和西南季风影响，干湿季节分明。每年 5～10 月为丰水期，气候湿润，降雨集中，雨量占全年量的 80％以上。工程区域地形复杂，且赋存有丰富的地下水，由 NNE、NEE、NWW 向三组结构面构成了主要导水网络，在已揭露的大水沟长探洞中已碰到瞬时涌水量≥0.1m³/s 的突水突泥点 10 处，突水点最大瞬时涌水量达 4.91m³/s。这些涌水点除具有高压、突发性、稳定流量大的特点外，涌水初期还携带有砂黏土。所以在辅助洞施工过程中必然会遇到突水突泥现象，为保证本工程顺利进行，确保施工人员和设备的安全，突破高压水这一难关，圆满完成施工任务，特制定本预案。

（二）应急预案工作流程图

根据本工程的特点及施工工艺的实际情况，认真地组织了对危险源和环境因素的识别和评价，特制定本项目发生紧急情况或事故的应急措施，开展应急知识教育和应急演练，提高现场操作人员应急能力，减少突发事件造成的损害和不良环境影响。其应急准备和响应工作程序见图 7-3。

（三）突发事件风险分析和预防

为确保正常施工，预防突发事件以及某些预想不到的、不可抗拒的事件发生，事前有充足的技术措施准备、抢险物资的储备，最大程度地减少人员伤亡、国家财产和经济损

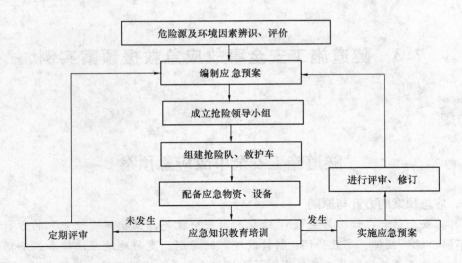

图 7-3　应急准备和响应工作程序图

失，必须进行风险分析和预防。

1. 突发事件、紧急情况及风险分析

根据本工程辅助洞工程及水文地质情况，施工中会遇到高压力、大流量的地下水，水压力达 10MPa 以上，在隧道施工中实属罕见。根据以上分析，并充分考虑到施工技术难度和困难、不利条件等，经多方讨论和分析，确定本项目的突发事件、风险或紧急情况为高压水涌水。

2. 突发事件及风险预防措施

从以上风险情况的分析看，如果不采取相应有效的预防措施，不仅给施工造成很大影响，而且对施工人员的安全造成威胁。

（1）项目部加大科研力度和资金投入，组织国内外高压水处理专家研究防治方案，项目部购买 TSP203 型超前地质预报系统，探测地质情况。

（2）施工前期和施工过程中详细了解工程的地形地质和水文地质情况，并密切注意地质条件的变化及地下水出水的迹象，发现异常情况及时采取措施。

（3）加强超前地质探测和围岩监测，根据开挖面揭露的地质条件及对地下水的观察情况，对开挖面前方地下水的赋存情况做出详细准确的超前地下水预报，并根据超前预报资料制定详细的高压水防治方案。并按监理人员批准的格式填写预报报监理。

（4）突水处理方案

在洞内富水构造被揭穿后，发生大的突水（有水无泥）后，采用以下方式处理：

1）待其水量减少或消退、水压降低后再进行注浆处理。

2）若水流很大、水压很高、人员无法靠近，且无减弱趋势，采用以下两种方式处理：

①在地下水补给区与辅助洞涌水点之间布置泄流钻孔分流泄压，降低引水隧洞涌水点的涌水量和流速；

②采用迂回导洞在出水的上游揭穿水道，排水减压，为辅助洞掌子面处理创造条件；

③直接在迂回导洞（不揭穿水道）内进行超前注浆处理，阻断水流，再在辅助洞掌子面进行补充注浆处理。

（5）突水涌泥段处理方案

突水涌泥通常来势猛、速度快、流量大，只有待其减退后再行处理。水量减退后，淤泥充填洞内，在清淤引起涌泥增加、掌子面不稳、欲进反退时，封闭掌子面，采用全断面帷幕注浆加固，超前小导管支护，短台阶开挖方案。

（四）应急资源分析

（1）应急力量的组成及分布：机关有关部门负责人、项目部成员、顾问专家组、业主、监理等。

（2）应急设备、物资准备：医疗设备、救护车辆充足，药品齐全，各施工小分队配有对讲机。地方可用的主要应急资源是救护车。

（3）上级救援机构：公司应急领导小组。

（五）法律法规要求

《铁路隧道施工安全技术规程》、《关于特大安全事故行政责任追究的规定》第七条、第三十一条；《安全生产法》第三十条、第六十八条；《建筑工程安全管理条例》、《安全许可证条例》。

三、应急准备

（一）机构与职责

一旦发生隧道施工安全事故，公司领导及有关部门负责人必须立即赶赴现场，组织指挥抢险，成立现场应急领导小组。

1. 公司应急领导小组

（1）人员组成

组长：总经理

副组长：主管施工生产的副总经理

　　　　总工程师

成员：安全质量部、工程部、工会、公安处、劳资部、社保部、设备物资部、集团中心医院。

（2）职责

研究、审批抢险方案；组织、协调各方抢险救援的人员、物资、交通工具等；保持与上级领导机关的通信联系，及时发布现场信息。

2. 项目部应急预案领导小组

（1）人员组成

组长：×××

副组长：×××

下设

　　通信联络组组长：×××

　　技术支持组组长：×××

　　抢险抢修组组长：×××

　　医疗救护组组长：×××

　　后勤保障组组长：×××

（2）应急组织的分工职责

1）组长职责

① 决定是否存在或可能存在重大紧急事故，要求应急服务机构提供帮助并实施场外应急计划，在不受事故影响的地方进行直接控制；

② 复查和评估事故（事件）可能发展的方向，确定其可能的发展过程；

③ 指导设施的部分停工，并与领导小组成员的关键人员配合指挥现场人员撤离，并确保任何伤害者都能得到足够的重视；

④ 与场外应急机构取得联系及对紧急情况的记录作出安排；

⑤ 在场（设施）内实行交通管制，协助场外应急机构开展服务工作；

⑥ 在紧急状态结束后，控制受影响地点的恢复，并组织人员参加事故的分析和处理。

2）副组长（即现场管理者）职责

① 评估事故的规模和发展态势，建立应急步骤，确保员工的安全和减少设施和财产损失；

② 如有必要，在救援服务机构来之前直接参与救护活动；

③ 安排寻找受伤者及安排非重要人员撤离到集中地带；

④ 设立与应急中心的通信联络，为应急服务机构提供建议和信息。

3）通信联络组职责

① 确保与最高管理者和外部联系畅通、内外信息反馈迅速；

② 保持通信设施和设备处于良好状态；

③ 负责应急过程的记录与整理及对外联络。

4）技术支持组职责

① 提出抢险抢修及避免事故扩大的临时应急方案和措施；

② 指导抢险抢修组实施应急方案和措施；

③ 修补实施中的应急方案和措施存在的缺陷；

④ 绘制事故现场平面图，标明重点部位，向外部救援机构提供准确的抢险救援信息资料。

5）保卫组职责

① 设置事故现场警戒线、岗，维持工地内抢险救护的正常运作；

② 保持抢险救援通道的通畅，引导抢险救援人员及车辆的进入；

③ 抢救救援结束后，封闭事故现场直到收到明确解除指令。

6）抢险抢修组职责

① 实施抢险抢修的应急方案和措施，并不断加以改进；

② 寻找受害者并转移至安全地带；

③ 在事故有可能扩大进行抢险、抢修或救援时，高度注意避免意外伤害；

④ 抢险、抢修或救援结束后，直接报告最高管理者并对结果进行复查和评估。

7）医疗救治组职责

① 在外部救援机构未到达前，对受害者进行必要的抢救（如人工呼吸、包扎止血、防止受伤部位受污染等）；

② 使重度受害者优先得到外部救援机构的救护；

③ 协助外部救援机构转送受害者至医疗机构，并指定人员护理受害者。

8）后勤保障组职责

①保障系统内各组人员必需的防护、救护用品及生活物资的供给；

②提供合格的抢险抢修或救援的物资及设备。

（二）应急资源

应急资源的准备是应急救援工作的重要保障，项目部根据潜在事故性质和后果分析，配备应急救援中所需的救援机械和设备、交通工具、医疗设备和药品、生活保障物资。

主要应急物资：

（1）在洞内显著位置配备适当的救生器具，如救生圈、安全绳、长竹竿等；

（2）内部电话、对讲机等联系工具保持畅通；

（3）自备发电机和照明专线保持良好工作状态；

（4）洞口和通道口预备沙袋等物，利于堵水和引导水流方向。

主要应急机械设备和物资储备见表 7-2。

主要应急机械设备和物资储备表　　　　　　　　　　　　表 7-2

序号	材料、设备名称	单位	数量	规格型号	主要工作性能指标	现在何处	备注
1	挖掘装载机	台	2	ITC312	3	现场	
2	装载机	台	2	Z150c		现场	
3	装载机	台	2	Z150-E		现场	
4	机动翻斗车	辆	2	FC-1	斗容 0.75m³	现场	
5	液压汽车吊	辆	1	KY-25	25t	现场	
6	电焊机			BX500		现场	
7	卷扬机	台	2	JJ2-0.5	拉力 5t	现场	
8	移动式螺杆空压机	台	4	SP522		现场	
9	移动式内燃空压机	台	2	FDR500		现场	
10	风动凿岩机	台	40	YT-28		现场	
11	水泵	台	30	10sh-13		现场	
12	水泵	台	20	10sh-28		现场	
13	水泵	台	15	250JQC140×2		现场	
14	发电机	台	3	202kW		现场	
15	发电机	台	2	30kW		现场	
16	通风机	台	2	DT125-F110		现场	
17	通风机	台	1	DT180		现场	
18	注浆泵	台	3	PH-250		现场	
19	注浆泵	台	3	ZJB-35		现场	
20	混凝土喷射机	台	2	MEYCOPotenza		现场	
21	混凝土喷射机	台	1	TK-961		现场	

3. 教育

为全面提高应急能力，项目部应对抢险人员进行必要的抢险知识教育，制定出相应的规定，包括应急内容、计划、组织与准备、效果评估等。公司每年进行两次应急预案指导，必要时，协同项目部进行应急预案演练。

4. 互相协议

项目部应事先与地方医院、宾馆建立正式的互相协议，以便在事故发生后及时得到外部救援力量和资源的援助。相关单位联系电话见表7-3。

相关单位联系电话表 表7-3

序 号	单 位	联系人	电 话	备 注
1	当地急救电话	×××	120	
2	医院	×××	×××××××	
3	宾馆	×××	×××××××	
4	设备租赁	×××	×××××××	
5	业主工程部	×××	×××××××	
6	当地安监局	×××	×××××××	
7	当地安监站	×××	×××××××	
8	当地政府办公室	×××	×××××××	

四、应急响应

施工过程中施工现场或驻地发生无法预料的需要紧急抢救处理的危险时，应迅速逐级上报，次序为现场、办公室、抢险领导小组、上级主管部门。由安全质量部收集、记录、整理紧急情况信息并向小组及时传递，由小组组长或副组长主持紧急情况处理会议，协调、派遣和统一指挥所有车辆、设备、人员、物资等实施紧急抢救和向上级汇报。事故处理根据事故大小情况来确定，如果事故特别小，根据上级指示可由施工单位自行直接进行处理。如果事故较大或施工单位处理不了则由施工单位向建设单位主管部门进行请示，请求启动建设单位的救援预案，建设单位的救援预案仍不能进行处理，则由建设单位的质量安全室向建委或政府部门请示启动上一级救援预案。应急事故发生处理流程如图7-4所示。

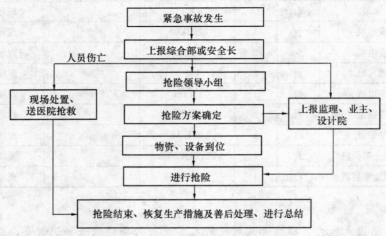

图7-4 应急事故发生处理流程图

（1）值班电话：项目部安全质量部电话：×××，项目部实行昼夜值班制度，值班时间和人员如下：7：30～20：30、20：30～7：30。

（2）紧急情况发生后，现场要做好警戒和疏散工作，保护现场，及时抢救伤员和财产，并由在现场的项目部最高级别负责人指挥，在3min内电话通报到值班室，主要说明紧急情况性质、地点、发生时间、有无伤亡、是否需要派救护车、消防车或警力支援到现场实施抢救，如需要可直接拨打120、110等求救电话。

（3）值班人员在接到紧急情况报告后必须在2min内将情况报告到紧急情况领导小组组长和副组长。小组组长组织讨论后在最短的时间内发出如何进行现场处置的指令。分派人员车辆等到现场进行抢救、警戒、疏散和保护现场等。由综合部在30min内以小组名义打电话向上一级有关部门报告。

（4）遇到紧急情况，全体职工应特事特办、急事急办，主动积极地投身到紧急情况的处理中去。各种设备、车辆、器材、物资等应统一调遣，各类人员必须坚决无条件服从组长或副组长的命令和安排，不得拖延、推诿、阻碍紧急情况的处理。

五、突发事件应急预案

1. 施工过程中若发现较弱突水突泥现象，立即报告应急组织领导同志，现场施工人员可根据现场实际情况迅速打随机排水孔，安置塑料弹簧软管进行排水（塑料弹簧排水管引入排水沟），释放水压力，并及时喷锚进行围岩封闭。如果围岩破碎，可在初喷混凝土结束后迅速安置钢拱架，然后再进行复喷混凝土封闭围岩，加强支护。

2. 施工过程中若发生高强压力突水突泥现象，应立即尽可能地撤离人员和机械设备，确保安全。及时向现场应急领导小组汇报，根据实际情况迅速组织救护工作。准确记录水量的流量、流速、水压，采取有效措施进行突水突泥控制。

（1）指挥与控制

1）观测预警

由工程部技术干部和各工班指定人员加强日常观测，确保在第一时间确认涌水险情，提前发出预警提示。

①与当地气象台建立天气服务联系，根据天气预报和降水量统计，加强隧道涌水观测；

②注意观测雅砻江水位变化、隧道涌水流量及变化时间、流速、水压及扩拱处有无渗涌水；

③观测数据有变化时，及时向生产副经理×××汇报，以便组织施工抢险。

2）施工报告

①赋存高压水段在开挖时，工人要身系安全带，安全带长度松紧适宜，如有涌水，应立即停止施工回到安全地带，并及时汇报；

②破拱处发现有水从拱顶渗涌时，施工工人应立即停止施工并回到安全地带，并及时汇报；

③赋存高压水段要准备两台抽水机，保证不积水，水涌过急，抽不干时要向指挥部及时报告。

3）安全撤离

当确认出现涌水时，由项目部领导下令，立即电话通知值班室，组织所有现场施工人员将施工机械加以安置保护，洞内施工人员由班组长带队全部撤离。被困施工人员来不及撤离的，应选择衬砌台车等安全平台进行自我保护，等待公司组织救援。

4）组织抢险

①各班组及时清点人员，确认有无被困人员，并集结待命，不得私自外出；

②组织抢险突击队，由各工班抽调精壮工人组成，负责安装挡护拱架，堆砌砂袋，规范水流方向；

③在配备充分照明、救生设备时，由项目部决定组织身体素质好、水性高的工人进洞执行搜索救援活动；

④卫生员做好准备，并视情况提前与定点医院联系。

5）供电和照明

①在涌水可能危及到洞内变配电设施时，应果断断电，防止个别线路漏电发生意外；险情排除后，经检查确认安全后可恢复供电；

②启动专用照明线路，保障隧道内必要的照明需要。

6）设备

在发生涌水时，如设备不能撤离到安全位置，应使设备处于动力关闭、加固和适当防护状态，防止设备造成不必要的损坏。

3. 通信

各救援小组、新闻媒体、医院、上级机关和外部救援机构，必须建立起畅通的通信网络。

4. 警戒与治安

（1）在发生涌水险情时，保安应加强洞外巡视，隔离安全地带，禁止闲杂人员围观，禁止一切人员进入危险区域，禁止地方老百姓进入施工现场；

（2）加强洞口看护，未经公司统一组织不得放入任何人员。

5. 人群疏散与安置

疏散人员工作要有秩序地服从指挥人员的疏导要求进行疏散，做到不惊慌失措，不混乱、拥挤，减少人员伤亡。

6. 公共关系

项目部安全质量部为事故信息收集和发布的组织机构，人员包括：×××、×××，安全质量部届时将起到项目部的媒体的作用，对事故的处理、控制、进展、升级等情况进行信息收集，并对事故轻重情况进行删减，有针对性定期和不定期地向外界和内部如实地报道，向内部报道主要是向项目部内部各工区、集团公司的报道等，外部报道主要是向业主、监理、设计等单位的报道。

六、现场恢复

充分辨识恢复过程中存在的危险，当安全隐患彻底清除，方可恢复正常工作状态。

七、预案管理与评审改进

公司和项目部对应急预案每年至少进行一次演练和评审，针对施工的变化及预案中暴露的缺陷，不断更新完善和改进应急预案。

7.4 城市轨道交通工程事故应急救援预案实例

范例 11

××市城市轨道交通土建工程生产安全事故的应急预案

一、应急预案的方针与目标

坚持"安全第一、预防为主"、"保护人员安全优先、保护环境优先"的方针，贯彻"常备不懈、统一指挥、高效协调、持续改进"的原则。更好地适应法律和经济活动的要求；给企业员工的工作和施工场区周围居民提供更好更安全的环境；保证各种应急资源处于良好的备战状态；指导应急行动按计划有序地进行；防止因应急行动组织不力或现场救援工作的无序和混乱而延误事故的应急救援；有效地避免或降低人员伤亡和财产损失；帮助实现应急行动的快速、有序、高效；充分体现应急救援的"应急精神"。

二、应急策划

（一）工程概况及地质条件

（1）工程概况

××地铁×号线××东站地处××岭南麓，地势略呈北高南低，地面高程为13.74～21.13m，北面有××路，中部为铁路站场，南面为××东站大片站房建筑。××东站折返线大部分位于××岭下，其余部分位于××路下方。所处的地形起伏较大，地面高程为19.91～105m。××路及××路以南为山前冲积平原地貌为主，××岭地段为山地。××路上的地面和高架桥上交通繁忙。

××东站主要包括××东站及站后折返线暗挖隧道工程。站后折返线暗挖隧道下穿部分××岭地段、××路、××高架桥等，起点里程为Y（Z）DK0+36.0，终点里程为Y（Z）DK0+336.676，总长为300.676m。××东站暗挖隧道地表主要为火车东站站区，起点里程为YDK0+336.676，终点里程为Y（Z）DK0+605.182，总长268.51m。车站及折返线隧道防水等级分别为一级和二级。

（2）车站暗挖隧道

××东站主体结构双线暗挖隧道，线路线间距为22.2m，位于火车东站南站房及铁路站场的下方，埋深25m左右，处于微风化岩层中，采用开挖跨度分别为12.3～13.1m（右线）和7.05～10.65m（左线）的两单洞暗挖结构；初期支护采用C20喷射钢纤维混凝土，承担施工期间的围岩压力，二次衬砌为C30（S8）钢筋混凝土；左、右线隧道在站台层由7个横通道连接，横通道宽度为3.5m、6m、6.3m不等，均为暗挖结构；初期支护与二衬间设全包防水层，防水层采用土工布+2.0mm防水板。

（3）站后折返线

站后折返线暗挖隧道包括单洞和双洞两种结构形式，断面为马蹄形断面形式，结构断面频繁，共有14种断面，开挖跨度为6.2～13.5m；结构采用复合式衬砌，初期支护分为：喷 C20 混凝土锚杆支护和喷锚＋钢筋网＋格栅钢架联合支护两种方式。在破碎带处采用大管棚超前注浆支护，二次衬砌为 C30（S10）钢筋混凝土；在左右线端部设横通道 1 座，宽度为 3.4m，横通道为暗挖结构，横通道内设泵房；初期支护与二衬间设全包防水层，防水层采用土工布＋1.5mm 防水板。

（4）工程地质

××东站处在××，无断层通过。折返线隧道横跨白云山—罗岗断隆区及××断陷区，线路在本段内穿越走向近东西向的××岭断裂带。该断裂带总体产状倾向南，倾角 50°～60°，为早期压扭性冲断裂转为后期张扭性断裂。该断裂带宽 40～80m，据观测目前仍在活动。在线路范围内断裂带分布区域界限为左线 ZDK0＋140～ZCK0＋185，右线 YDK0＋120～YCK0＋165。

1）地层岩性

本工程区段上覆土层为第四系（Q）土层，××岭断裂带以北岩性上部主要为震旦系石英岩、下部为发生硅化的变质砂岩（PZI）。断层带部位的岩性主要上部为断层碎裂岩，瘦狗岭断裂带以南岩性主要为白垩系上统大朗山组三元里段（K2d）砾岩、含粒粉砂岩。

2）水文地质

本区间范围内无大的地表水系。车站范围内地下水位平均深 2.4～4.0m，主要补给来源为大气降水。素（杂）填土和全风化带孔隙水、基岩强-中风化带裂隙水为本站主要含水层，其中杂填土层孔隙水具水力联系，主要由大气降水补给，整体为弱透水层。黏土层、残积层、全风化带富水性弱，可视为隔水层。基岩强风化带、中风化带风化裂隙发育，富水性弱至中等，为弱透水层。微风化带风化裂隙发育，富水性弱，为微、弱透水性。

地下水对混凝土结构无腐蚀性，对钢筋混凝土结构中的钢筋无腐蚀性，对钢结构具弱腐蚀性。

3）气象特征

本工程地区地处南亚热带，属海洋季风性气候。全年降水丰沛，雨期明显，日照充足。夏季炎热，冬季一般比较温暖。年平均气温 21.8℃，极端最高气温 38.7℃（1953 年 8 月）。在季风环流控制下，旱季（9 月至翌年 3 月）天气干燥、降水少；雨期（4 月至 8 月）天气炎热，降水量大。每年 5～10 月可能受台风影响。

4）地震设防烈度

本区段地震设防烈度为 7 度。

5）主要工程地质问题

在××路以南及××路的粉砂岩及砾岩区域，基岩存在软弱夹层分布，造成同一剖面中上下岩层强度差异较大，风化不均。另外，软弱夹层区正是裂隙发育区，基岩裂隙水相对较大。在××岭断裂带，围岩主要为断层碎裂岩，岩体破碎，两边基岩因受挤压而较为破碎，断层两边岩石强度差异较大，断层构造破碎带水的存在对隧道施工不利。

（二）应急预案工作流程图

根据本工程的特点及施工工艺的实际情况，认真地组织了对危险源和环境因素的识别和评价，特制定本项目发生紧急情况或事故的应急措施，开展应急知识教育和应急演练，提高现场操作人员应急能力，减少突发事件造成的损害和不良环境影响。其应急准备和响应工作程序见图7-5。

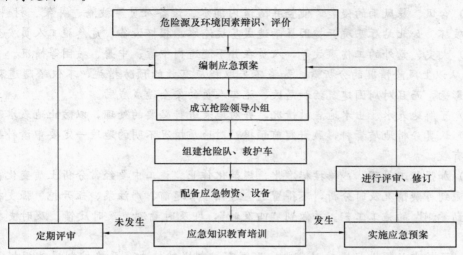

图 7-5 应急准备和响应工作程序图

（三）突发事件风险分析和预防

为确保正常施工，预防突发事件以及某些预想不到的、不可抗拒的事件发生，事前有充足的技术措施准备、抢险物资的储备，最大程度地减少人员伤亡、国家财产和经济损失，必须进行风险分析和预防。

1. 突发事件、紧急情况及风险分析

根据本工程施工特点及复杂的地质情况，充分考虑到施工技术难度和困难、不利条件等，经多方讨论和分析，确定本项目的突发事件、风险或紧急情况如下：

（1）隧道穿过不良地层时，因围岩自稳性差、涌水、涌砂引起开挖面塌方或隧道冒顶。里程从 ZDK0＋200～ZDK0＋225 基岩存在软弱夹层，折返线大跨隧道开挖及里程 ZDK0＋140～ZDK0＋185、右线 YDK0＋120～YDK0＋165 存在断裂带，车站主体暗挖隧道右线大跨隧道拱部存在风化层薄，基岩含裂隙水，开挖暴露时间过长，引起基岩风化变弱、自稳性差，引起塌方；楼扶梯斜通道穿过土层＜4－1＞、＜5－2＞、＜7＞等地质，开挖易坍塌。

（2）隧道开挖原因引起重要建筑物不均匀沉降，造成建筑物的裂缝、倾斜、倒塌、变形、地面沉降等，如南站厅、铁路站场、高架桥、××路、××食品厂、军事重地。

（3）竖井或明挖基坑开挖时引起周边建筑物倾斜、裂缝等，如南站厅开挖对××地下车库的影响、地铁一号线的影响，北站厅开挖对铁路站场的影响、铁路专用线的影响。

（4）竖井或明挖基坑开挖时对地下管线的影响，特别是北站厅开挖位于东站铁路站场边，且铁路专用线横跨明挖基坑，各种排水管、煤气管、电信等管线特别重要且较多。

（5）爆破施工对临近建筑物的影响，飞石、噪声影响了过往行人的伤害和恐慌，如一号线桩基托换工作隧道开挖在一号线底板下方施工，南站厅明挖基坑紧邻车站出入口处爆破。北站厅楼扶梯通道爆破施工，Ⅱb、Ⅱc进入地铁一号线站厅层和站台层，北站厅风井爆破施工；车站北端竖井及折返线竖井、隧道开挖在××路附近或正下方爆破等。

（6）明挖基坑（桩）因涌砂流出引起支护开裂，基坑开裂、倾斜、沉陷等，如人工挖孔桩及北站厅开挖须穿过 2~4m 的砂层。

（7）台风、暴风雨的侵袭，使竖井隧道内涌水、设备人员等被淹，井架、材料库房、工棚被破坏。如北站厅基坑开挖因暴雨造成基坑淹水，损坏设备、危急施工人员安全等。

（8）火灾、意外的工伤事故等，人员在井下隧道内中毒、中暑、被困等情况。

2. 从以上风险情况的分析看，如果不采取相应有效的预防措施，不仅给隧道施工造成很大影响，而且对周围建筑物和居民、施工人员的安全造成威胁。

（1）了解地表水、出水地点的情况，并对地表进行必要的处理，以防止地表水下渗。

（2）认真分析地质资料，做好超前预报；对地质情况不明的地段一定要申请补勘，做到心中有数。

（3）加强施工管理，严格按标准化、规范化作业。施工中要经常分析土质变化、围岩参数，遇到可疑情况及时分析，不得冒进。遵循"管超前、严注浆、短开挖、强支护、快封闭、勤量测"的施工工艺。并做到"四及时"，即及时量测、及时反馈、及时支护、及时封闭。

（4）开挖中必须进行爆破时，要采用微震控制爆破技术，严格控制爆破规模，遵循"短进尺、少装药、多段别、弱爆破"的原则，使爆破振动速度降到安全范围内。通过监测数据分析，不断修正爆破参数，满足环境要求。

（5）施工工地的生活用房及生产用房均按抗台风的标准进行搭建，施工围墙牢固，堆放在建筑工地的轻型材料要捆绑固定，以防台风吹走。

（6）成立抗洪、抗台风抢险领导小组，并成立抢险救灾队伍，与当地气象部门密切联系，做好预防工作，工地自备内燃发电机组，抽水设备，以防停电。

（7）做好抗震防灾工作，所有的工作间及职工住房均要满足抗震要求。

（8）施工场地设专门抢险救灾物资库，库房距施工现场近，道路保持畅通，以备急用。

（9）工地和附近医院建立密切联系，工地设医务室，配齐必要的医疗器械。一旦出现意外的工伤事故，可立即进行抢救。

（10）明挖基坑爆破，严格控制爆破振速、噪声、粉尘、飞石，主要从控制单段起爆药量、加强覆盖、加强警戒，必要时对爆破区域进行拉网封闭等防护措施。控制起爆药量，执行爆破设计/爆破说明书。

（四）法律法规要求

《关于特大安全事故行政责任追究的规定》第七条、第三十一条；《安全生产法》第三十条、第六十八条；《建筑工程安全管理条例》、《安全许可证条例》以及《爆破安全规程》等。

三、应急准备

1. 成立抢险领导小组，明确责任分工

（1）公司抢险领导小组的组成及分工

组长：总经理

副组长：主管施工生产的副总经理总工程师

成员：安全质量部、工程部、工会、公安处、劳资部、社保部、设备物资部、集团中心医院

（2）领导小组职责：研究、审批抢险方案；组织、协调各方抢险救援的人员、物资、交通工具等；保持与上级领导机关的通信联系，及时发布现场信息。

（3）项目部应急预案领导小组及其人员组成

项目部抢险领导小组组织机构如下：

1）组长：项目经理，负责全面管理和协调工作。

组长职责：负责本项目应急预案的启动实施、小组人员分工、向上级单位请示启动上级部门应急预案等。

2）副组长：项目副经理、总工、安全长

副组长职责：协助组长工作，在组长不在场的情况下行使组长权利、协调处理相关工作，具体负责各分工区生产安全的现场管理，恢复和保证生产正常进行。

×××负责一工区的现场安全、危险情况的管理和协调工作；

×××负责二工区的现场安全、危险情况的管理和协调工作；

×××负责三工区的现场安全、危险情况的管理和协调工作；

×××负责四工区的现场安全、危险情况的管理和协调工作。

3）组员：

其中×××负责一工区的现场监控，×××负责二工区的现场监控，×××负责三工区的现场监控，×××负责四工区的现场监控，×××负责宣传报道工作。

2. 应急资源

应急资源的准备是应急救援工作的重要保障，项目部应根据潜在的事故性质和后果分析，配备应急资源，包括：救援机械和设备、交通工具、医疗设备和必备药品、生活保障物资。主要应急物资机械设备储备见表7-4。

主要应急物资机械设备储备表　　　　　　　　　表7-4

序号	材料、设备名称	单位	数量	规格型号	主要工作性能指标	现在何处	备注
1	机械设备						
2	湿喷机	台	4	TK-961	$5m^3/h$	现场	
3	注浆泵	台	3	BW-250		现场	
4	空压机	台	5	SA-5150W	$20m^3/min$	现场	
5	管棚钻机	台	1	金星-900		现场	
6	钻机	台	1	CY-2A		现场	
7	砂浆泵	台	2	KUBJ 型		现场	
8	装载机	辆	3	ZL40	斗容量 $2m^3$	现场	
9	蛙式打夯机	台	2	YZS0.6B	12kN	现场	
10	风镐	台	10	G10	26L/s	现场	
11	凿岩机	台	12	7655	$3.2m^3/min$	现场	
12	小型挖掘机	辆	3	WY-4.2	斗容量 $0.2m^3$	现场	
13	挖掘机	辆	2	PC200	斗容量 $1.6m^3$	现场	
14	机动翻斗车	辆	12	FC-1	斗容 $0.75m^3$	现场	
15	东风车	辆	8	8T		现场	

序号	材料、设备名称	单位	数量	规格型号	主要工作性能指标	现在何处	备注
16	液压汽车吊	辆	1	QY-25	25t	现场	
17	千斤顶	台	4	YCW-120型	120t	现场	
18	混凝土输送泵	台	3	HBT60	输送 60m³/h	现场	
19	滚筒式搅拌机	台	2	JS350	斗容 350L	现场	
20	电焊机	台	6	BX500		现场	
21	卷扬机	台	2	JJ2-0.5	拉力 5t	现场	
22	对讲机	台	10	GP88S		现场	
23	发电机	台	1		200kW	现场	
24	通风机	台	3	JBT61-2	250～390m³/min	现场	
25	污水泵	台	2	BW250/50型	150～250L/min	现场	
26	主要材料						
27	钢拱架	榀	20	43kg/m 钢轨		现场	
28	临时立柱	榀	10	ϕ600 钢管		现场	
29	砂袋	只	120			现场	
30	编织袋	只	1000			仓库	

3. 组建抢险队，进行应急知识教育培训

项目部组建抢险队，队长为×××，副队长为×××。发现危险时首先抢险队进行抢险，需用较多人员时可由各工区及时进行汇集，对抢险队和项目部所有人员均进行针对性的应急知识培训。

4. 进行应急演练，提高应急救援能力

为了在出现险情时处理迅速，不至于手忙脚乱，项目部对预设险情进行实地演练，由综合部×××负责组织安排，时间为 2003 年 9～10 月，使所有人员均参与其中，并填写应急演练记录表，记录演练内容、人员分工、方案、处理程序等。

5. 互助协议

与相关单位建立快速联系通道，以便及时处理问题，主要有：××实业公司、××火车东站、车站管委会、××路公司、省军区干休所、省军区、天天食品厂、××公安分处等建立联系。

相关单位联系电话表（略）。

四、应急响应

施工过程中施工现场或驻地发生无法预料的需要紧急抢救处理的危险时，应迅速逐级上报，次序为现场、办公室、抢险领导小组、上级主管部门。由综合部收集、记录、整理紧急情况信息并向小组及时传递，由小组组长或副组长主持紧急情况处理会议，协调、派遣和统一指挥所有车辆、设备、人员、物资等实施紧急抢救和向上级汇报。事故处理根据事故大小情况来确定，如果事故特别小，根据上级指示可由施工单位自行直接进行处理。如果事故较大或施工单位处理不了则由施工单位向建设单位主管部门进行请示，请求启动建设单位的救援预案，建设单位的救援预案仍不能进行处理，则由建设单位的质量安全室向建委或政府部门请示启动上一级救援预案。应急事故发生处理流程见图7-6。

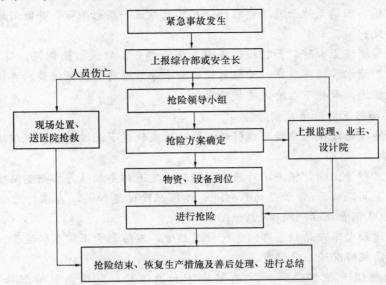

图 7-6 应急事故发生处理流程图

(1) 值班电话：××××××××，实行昼夜值班制，项目部值班时间和人员如下：7：30～20：30×××、20：30～7：30×××。

(2) 紧急情况发生后，现场要做好警戒和疏散工作，保护现场，及时抢救伤员和财产，并由在现场的项目部最高级别负责人指挥，在3min内电话通报到值班室，主要说明紧急情况性质、地点、发生时间、有无伤亡、是否需要派救护车、消防车或警力支援到现场实施抢救，如需要可直接拨打120、119、110等求救电话。

(3) 值班人员在接到紧急情况报告后必须在2min内将情况报告到紧急情况领导小组组长和副组长。小组组长组织讨论后在最短的时间内发出如何进行现场处置的指令。分派人员车辆等到现场进行抢救、警戒、疏散和保护现场等。由综合部在30min内以小组名义打电话向上一级有关部门报告。

(4) 遇到紧急情况，全体职工应特事特办、急事急办，主动积极地投身到紧急情况的处理中去。各种设备、车辆、器材、物资等应统一调遣，各类人员必须坚决无条件服从组长或副组长的命令和安排，不得拖延、推诿、阻碍紧急情况的处理。

五、突发事件应急预案

1. 隧道防塌方、涌水、涌泥应急预案

开挖掌子面始终存有钢筋网、锚杆、管棚、钢格栅、注浆设备、喷射机等抢险物资，一旦出现开挖掌子面或隧道上方冒顶、涌砂、涌水时：

(1) 隧道内其他掌子面立即停止作业，所有人员立即撤至竖井外等待命令；

(2) 立即对掌子面挂网、喷射混凝土，当出水较大时应集中引排水，及时架设格栅，对塌体进行封堵和反压；

(3) 从封堵墙位置打设超前大管棚，大管棚采用 $\phi108$ 的钢管作成，长度为25m，间距为 0.6～0.8m，并从大管棚钢管中注水泥水玻璃双液浆进行加固周围土体；

（4）如果隧道冒顶到地面，则采用 C15 片石混凝土、或碎石土分层夯实，从地面将塌陷处进行回填，回填至地面处平整顺畅，在其上铺设一层彩条布，并做好地面排水以防雨水进入塌陷处；

（5）破除封堵墙上台阶，开挖掘进隧道上台阶部分，架设格栅钢架，形成初期支护，如果仍有塌方、涌水、涌泥现象，紧跟打设超前小导管进行超前预注浆，再按照隧道正常掘进方法进行掘进，开挖下台阶，支护紧跟。

2. 铁路站场防沉降应急预案

车站暗挖隧道通过铁路站场可能引起沉降，造成轨道下沉过大，发现该情况时，采取的措施为：

（1）洞内立即停止向前掘进，对原喷射钢纤维隧道初支加强为格栅钢架喷射混凝土支护，锚杆加密至间距 0.5m，长度为 6～8m；站场沉降过度加大，再在对应位置的隧道中部支顶一排 $\phi600$ 钢管立柱，间距 2.0m；

（2）及时通知火车东站相应部门进行轨道起道，以防影响正常车辆运营。

3. ××路高架桥沉降应急预案

在折返线隧道开挖掘进到××高架桥下和通过后，发现高架桥沉降达到警戒值 3.3mm 时或沉降速度达到 0.1mm/d 时，采取的措施为：

（1）隧道通过高架桥下时发现高架桥沉降速率或沉降值超过要求，立即停止隧道开挖掘进，加强隧道内初期支护，措施为：增加锚杆数量，将锚杆间距加密为 500mm，锚杆长度加强为 6.0～8.0m；情况较差时，先采用 $\phi600$ 钢管临时立柱进行支顶，间距为 1.0m，再架设格栅钢架加强初支；

（2）地面加强措施为在高架桥墩周边 5.0m 范围内采用注浆进行加固土体，地面注浆材料采用纯水泥浆，注浆压力 0.5～1.0MPa，土体加固深度为 8.0m。

4. ××东站地铁一号线、火车东站南站房和××车库应急预案

（1）××东站桩基托换及车站暗挖隧道施工时在控制爆破前提下主要从增加钢拱架和临时立柱进行，钢拱架采用 43kg/m 钢轨，钢拱架间距为 1.0m，在既有柱桩基处，钢架间距加密至 0.5m，对应每根桩基共设 4 根。

（2）车站隧道及地铁一号线工作隧道内出现突水、涌泥时采用小导管注双液浆进行加固和封堵，隧道出现塌方、涌泥和地面沉降值超过 10mm 时增加格栅钢架进行加强初期支护和支顶。

（3）××车库底板沉降速率超过 0.1mm/d 或沉降值超过 10mm 时，对××车库底板进行加固，采用方法为：沿竖井周边位置向底板下进行注浆加固，注 1:1 水泥浆，必要时注水泥—水玻璃双液浆；沿柱周边打设 $\phi108$ 钢管加固柱基，钢管长 9.0m，间距 0.5m，与竖向夹角为 15°；当柱发生水平位移 0.1m/d 时除采用上两种方法外，还采用 $\phi32$ 预应力锚杆进行加固，预应力锚杆长 9.0m，间距 1.0m。

（4）在桩基托换梁支顶阶段，发生危险时，采用 $\phi600$ 钢管进行支顶托换纵梁，钢管间距为 1.0m，横向采用 I20 工字钢进行连接牢固；托换拱工作隧道内采用型钢钢架进行加强，间距根据现场实际情况确定为 0.5～1.2m。

（5）当地铁一号线底板在沉降值和沉降速率均较小的情况下，发生底板开裂、冒水现象时，立即通知监理、设计、业主和联系地铁一号线东站值班室，进入地铁一号线进行处

理，采用方法为通过裂缝或冒水处注水玻璃进行止水，然后再注水泥—水玻璃双液浆进行加固，防止继续沉陷；当通过地铁一号线进入底板较困难时，则通过南站厅竖井靠近一号线一侧进行打设 $\phi42$ 小导管注浆和 $\phi108$ 长钢管进行注浆，$\phi108$ 钢管注一号线左线底板范围部分，$\phi42$ 小导管注靠近竖井侧的一号线右线底板范围，注浆采用注 1：1 水泥—水玻璃双液浆，注浆压力控制在 0.5～2.0MPa 范围内。

5. 明挖基坑工程施工阶段的防淹措施

考虑到××处于南亚热带地区，降水十分丰富，年平均降水量约 1696.5mm，雨期多发生在 4～8 月，季风还不定期出现。为了确保工程不受影响，拟采取以下措施：

(1) 对北站厅基坑围护挖孔桩施工时，在其施工期间可在挖孔桩两侧预先开挖临时导水沟，防止地面水流入桩孔内，同时备足抽水泵排除桩孔内的积水；遇到暴雨天气可对桩孔采取临时覆盖措施。

(2) 在基坑开挖阶段，则需先建立地面明排水系统，排水系统的设计要满足使用要求，同时在基坑内也要开挖导沟和集水坑，排水利用汲水泵或泥浆泵。

(3) 在整个施工阶段要从人员、设备、材料和制度做好充分的准备工作，一旦遇到险情能迅速投入抢险工作。

(4) 对于雨期施工，要及时了解天气信息。遇到暴雨天气要委派专人值班，掌握施工现场情况并及时汇报。

6. 隧道施工阶段的防淹措施

(1) 竖井及明挖基坑的周边砌筑 300mm 高的防淹挡墙，作为通常情况下的挡水设施；配备足够数量的草包，紧急时对竖井及基坑周围施做围堰，防止地面水大量流入井下。

(2) 在竖井及明挖段各配备两台泥浆泵（其中一台备用），用于排除井下积水。

(3) 施工现场仓库配备足够数量的潜水泵、泥浆泵。

(4) 及时获取天气信息，预先做好准备工作。

(5) 在进行现场平面布置时，考虑适当加大明排系统的能力，并加强管理，保持其畅通。

7. 桩基明挖基坑开挖防止涌砂、涌水造成支护坍塌措施

(1) 减少每节护壁的高度。待穿过松软层或流砂层后，再按一般方法边挖边灌注混凝土护壁，继续开挖桩孔。

(2) 当采用上述方法仍无法施工时，迅速用砂回填桩孔到能控制塌孔为止，并用高 1.5～2.0m 直径略小于混凝土护壁内径的钢护筒，用小型千斤顶将钢护筒压入土中阻挡流砂或涌水，压入一段开挖一段，直至穿过流砂层 0.5～1.0m；还可考虑增加护壁厚度、增加护壁配筋等措施。

(3) 开挖流砂严重的桩时，先将附近无流砂的桩孔挖深，使其起集水井作用。集水井选在地下水流的上向。

(4) 在整个施工阶段要从人员、设备、材料和制度做好充分的准备工作，一旦遇到险情能迅速投入抢险工作。

(5) 加强监测，随时掌握地表隆陷情况、地下水情况等，以便采用相应的措施。

8. 管线保护

（1）施工前对地下管线的相对位置、埋深、类型等详细调查，采用有限元分析系统软件，对基坑开挖及结构施工过程中的地面沉降进行施工验算，预测地面沉降量，依此对地下管线的沉降进行预测。调查的具体工作内容包括：

①制定详细的调查计划和调查方案。

②对设计给出的管线资料进行整理和确认。

③走访沿线所有地下管线的主管单位，以确保没有管线资料被遗漏，对所有有关的地下管线将争取在现场进行勘查和确认。

④在区间隧道两侧15m范围内的管线，应准确定出其种类、位置、形状、尺寸和材料性能，并将调查结果递交相应部门确认。

⑤向有关部门确认各种管线的允许变形量。

⑥经过确认的地下管线资料将被标注到指导隧道掘进的形象进度图上（平面和剖面）。

（2）施工前根据管线类型、位置及埋深等，对基坑周边重要的地下管线进行保护。施工过程中，对管线进行监控量测，根据量测结果确定保护方案。

（3）北站厅明挖基坑施工时，在场地沿纵横人工开挖基槽探查管线情况，必要时进行迁移。

（4）其他位置的管线根据管线沉降情况，倾斜率小于2‰时且变化较大时，进行对管线保护，主要措施为：一是地层土质较差时采用注浆进行加固，二是附近条件允许时采用悬吊的方法进行保护，三是隧道开挖采用分部台阶法和微振爆破技术进行，加强洞内的支护，并及时进行支护，减少洞内的变形。

（5）快速联系处理，当发现管线有大的变形和趋势时，及时快速与监理、业主、设计等单位联系，确定处理方案，现场准备好任何一种方案的所有物资设备，以便随时调用。

9. 爆破应急预案

（1）爆破知识教育和培训

本工程多次聘请爆破专家进行爆破知识讲课，参加人员为本工程所有人员，从项目管理人员到施工班组，使施工人员都能了解爆破知识、安全注意事项、技术要点等，做到心中有数，使爆破人员持证上岗。

（2）编制可行有效的爆破方案

针对本工程编制可行的和有针对性的爆破方案报监理审批，并上报××市公安部门进行审批和备案。项目部在爆破前出具爆破说明书。

（3）爆破施工通告

在工程进行爆破施工前，向周围居民和单位发出爆破施工通告，使居民和周边单位心中有数。在每次爆破时设专人警戒，对过往人员警示将要进行爆破，并使过往行人撤离安全范围之外。

（4）爆破监测

本工程爆破由××爆破协会进行爆破监测，保证爆破各参数符合要求，使爆破控制在安全和有效的范围之内，保证施工、建筑物、人员等安全。

（5）对爆炸物品严格管理

库房采用双门双锁，内外门钥匙分别由现场仓管员、指挥部材料员保管，领药时必须两人同时到场；加强库房值班制度，每天24h有人轮流值班。制定《爆炸物品管理细则》，并专门设计《爆炸物品领取审批单》，执行严格的审批手续，每次领取时首先有爆破员填写审批单写明所需的品种、数量、用药部位，由工班长、现场值班工程师复核确认签字后，交由爆破工程师再次复核签认，然后到库房领取所审批的爆破器材，爆破器材由工班长亲自送到工作面，放到专用的箱内，并有专人看管，中途不得交其他人代拿。爆破后爆破器材如有剩余立即退回仓库。平时安全人员、物资人员、现场值班人员加强监督。火工品的领料和退库执行三联单制度。

（6）爆破跟踪检查

爆破每一循环均有现场值班工程师进行检查合格后方可起爆，爆破后先有施工人员进行找顶，去掉危石后再进行出碴。

（7）洞内备好方木、沙袋、钢格栅，发现隧道爆破安全时进行紧急支护和支顶，最后采用格栅进行常规支护。

（8）与××市××区公安部门、附近医院建立联系。

（9）发生爆破物品丢失，立即报告当地公安机关，由公安机关立案侦察，并封锁现场和人员，等待公安机关破案。

（10）放炮后，要经过20min后方可检查，如发生拒爆和熄爆时，应分析原因，采取措施，并必须遵守下列规定：

①在专人监视下进行检查，并在危险区边界设警戒，严禁无关人员进入警戒区或在警戒区内进行其他作业。

②因地面网络连接错误或地面网络断爆出现拒爆，可再次连线起爆。

③如炮孔内为非防水炸药，可向孔内注水浸泡炸药，使其失效；浅孔拒爆可用风或水将炸药清除，重新装药爆破。

④严禁穿孔机按原穿孔位穿孔，应在距拒爆孔0.5～1.0m处重新穿孔装药爆破，孔深应与原孔相等。

⑤如不能立即处理，应报告，并设置拒爆警戒标志，派专人指挥挖掘机挖掘。

10. 火灾事故的应急准备与响应

安全长、综合部、物资部等有关部门，对可能引起的火灾的危险源认真辨识，进行科学评价，火灾应急预案如下：

（1）在现场配备合适的消防器材、设施，做好日常维修保养和按期检测工作，办公区域的消防通道要保持畅通；

（2）与当地消防、救援及医疗机构建立可靠的联络渠通，以便得到及时救助；

（3）对员工进行灭火和疏散逃生能力培训和教育；

（4）若发生火灾，要对应急预案进行评审和修订。

11. 发生食物中毒、流行病及人身伤亡事故的应急准备措施

根据本工程属地铁施工、城市施工的特点，施工工艺、施工环境复杂等实际情况，应对可能发生的食物中毒、流行病及人身伤害类别进行辨识。并进行以下工作：

（1）成立现场救护领导小组

组长：×××

副组长：×××

组员：×××、×××、……、×××

(2) 由×××保管急救药品及医疗器械，紧急时使用。电话：×××××××。

(3) 遇食物中毒、流行病及人身伤害时，首先由救护小组在现场组织紧急处置或抢救，然后由综合部派车或联系救护车辆在最短时间内送到××武警医院救护。

六、媒体机构信息发布管理

综合管理部为项目部各信息收集和发布的组织机构，人员包括×××，综合管理部届时将起到项目部的媒体的作用，对事故的处理、控制、进展、升级等情况进行信息收集，并对事故轻重情况进行删减，有针对性定期和不定期地向外界和内部如实地报道，向内部报道主要是向项目部内部各工区、集团公司的报道等，外部报道主要是向业主、监理、设计等单位的报道。

七、恢复生产及应急抢险总结

抢险救援结束后，由监理单位主持，业主、设计、咨询等相关单位参加的恢复生产会，对生产安全事故发生的原因进行分析，确定下部恢复生产应采取的安全、文明、质量等施工措施和管理措施。施工单位主要从以下几个方面进行恢复生产：

1. 做好事故处理和善后工作，对受害人或受害单位进行领导慰问或团体慰问。对良性事迹加强报道。

2. 严格落实公司 ISO9002 质量体系《程序文件》和《质量手册》，推行全面质量管理，认真学习应急预案，以项目经理为中心，将创优目标层层分解，责任到队，责任到人，从单位工程到分部、分项直至工序。

3. 健全各组织机构，加强人员管理，建立矩阵管理。完善安全、质量保证体系，健全安全、质量管理组织机构，整个项目形成一套严密完整的安全、质量管理体系，各级、各部充分发挥管理的机能、职能和人的作用。

4. 依据安全、质量体系有关文件，制定安全、质量检查计划制度，形成安全、质量管理依据，做到"有法可依"。严格实施岗位责任制。

5. 做好技术、试验、测量、机械、施工工艺、后勤等各项保证工作。

6. 对恢复生产确保资金投入不受阻。

7. 确保设计、施工方案可行，符合现场实际情况，可利用现场存有的机械、设备和材料。

8. 及时调用后备人员和机械设备，补充到该工区，进行生产恢复，尽快达到生产正常。

抢险结束和生产恢复后，对应急预案的整个过程进行评审、分析和总结，找出预案中存在的不足，并进行评审及修订，使以后的应急预案更加成熟，遇到紧急情况等能处理及时，将安全、财产损失降低到最低限度。

八、预案管理与评审改进

公司和项目部对应急预案每年至少进行一次评审，针对施工的变化及预案演练中暴露的缺陷，不断更新和改进应急预案。

7.5 工程勘察单位事故应急救援预案实例

地质工程（勘察工程）建筑施工现场重大事故应急预案

一、建筑施工的特点

建筑施工复杂又变换不定，加上流动分散，工期不固定，因此，不安全的因素多，安全管理工作难度较大，是伤亡事故多发的行业。建筑施工的特点是：（1）场地固定。在有限的场地上集中了大量的工人、建筑材料、机械设备等，施工人员要随着施工的进程进行作业，不安全的因素随时都可能存在。（2）露天及高处作业多。受到施工环境，以及季节和气候等自然条件的影响，容易造成一定的隐患。（3）手工操作及繁重体力劳动多。建筑机械化施工的比重虽然在逐渐增大，但还是相当落后，大量施工还是靠手工劳作，劳动强度仍然很大。（4）生产工艺和方法多样，规律性差。在建筑施工中，每道工序不同，不安全因素也不同，即使同一道工序由于工艺和施工方法不同，生产过程也不相同。随着工程进度的发展，施工状况和不安全因素也随着变化。由于建筑施工的这些特点，工地现场可能发生的安全事故有：坍塌、火灾、中毒、爆炸、物体打击、高空坠落、机械伤害、触电等，应急预案的人力、物资、技术准备主要针对这几类事故。

应急预案应立足重大事故的救援，立足于工程项目自援自救，立足于工程所在地政府和当地社会资源的救助。

二、预案的编制依据

（一）中华人民共和国《建筑法》、《安全生产法》、《消防法》；

（二）国务院《危险化学品安全管理条例》；

（三）建设部《工程建设重大事故的调查程序规定》；

（四）《建筑工程安全操作规程》。

三、预案的编制原则

（一）贯彻"安全第一，预防为主"的原则。

（二）贯彻"以人为本，快速有效"原则。

（三）"属地救援"原则。

四、工程简况

预案中要写明建筑工程的地理位置、从业人数、主要生产作业内容和周围的环境情况；以及规划用地红线内的面积，所用地内建筑物的组成情况，施工范围、总建筑面积、高度，包括地上、地下及相关建筑和设备用房等有关内容；及周边区域重要基础设施、道路等情况。

五、重大事故（危险）发展过程及分析

（一）塔吊作业中突然安全装置失控，发生撞击高压护栏及相邻塔吊或坠物，或违反

安全规程操作，造成重大事故（如倾覆、折臂）。

（二）基坑边坡在外力荷载作用下滑坡坍塌。

（三）高处脚手架发生部分或整体倒塌及搭拆作业发生人员伤亡事故。

（四）施工载人升降机操作失误或失灵。

（五）压力容器受外力作用或违反安全规程发生爆炸及由此引起的连锁反应事故（如起火）。

（六）自然灾害（如雷电、沙尘暴、地震强风、强降雨、暴风雪等）对设施的严重损坏。

（七）塔吊、升降机安、拆过程中发生的人员伤亡事故。

（八）运行中电气设备故障或发生严重漏电。

（九）其他作业可能发生的重大事故（高处坠落、物体打击、起重伤害、触电等）造成的人员伤亡、财产损失、环境破坏。

六、应急区域范围划定

（一）工地现场内应急区域范围制定

1. 塔吊、脚手架、施工用载人电梯事故，以事故危害形成后的任何安全区域为应急区域范围。

2. 基坑边坡及自然灾害事故等危害半径以外的任何安全区域为应急区域范围。

3. 电气设备故障、严重漏电事故以任何绝缘区域（如木材堆放场等）为应急区域范围。

（二）工地场外应急区域范围的划定

对事故可能波及工地（围挡）处，引起人员伤亡或财产损失的，需要当地政府的协调，属政府职能。在事故（危害）发生后及时通报政府或相关部门确定应急区域范围。应急电话：火灾：119；医疗救护：120；公安：110。

七、应急预案的组织措施

（一）成立应急预案的独立领导小组（指挥中心）

应急预案领导小组及其人员组成：

组长：项目经理为该小组组长；

副组长：主管安全生产的项目副经理、技术负责人为副组长；

组员：各组组长。

指挥部下设机构：

通信联络组组长：项目部综合部负责人为组长，全体人员为组员；

技术支持组组长：项目部总工办主任为组长，全体人员为组员；

消防保安组组长：项目部保安部负责人为组长，全体保安员为组员；

抢险抢修组组长：项目部安全部负责人为组长，安全部全体人员为现场抢救组成员；

医疗救护组组长：项目部医务室负责人为组长，医疗室全体人员为医疗救治组成员；

后勤保障组组长：项目部后勤部负责人为组长，后勤部全体人员为后勤服务组成员。

应急组织的分工及人数应根据事故现场需要灵活调配。

（二）应急组织的分工职责

1. 应急领导小组职责

建筑工地发生安全事故时，负责指挥工地抢救工作，向各抢救小组下达抢救指令任务，协调各组之间的抢救工作，随时掌握各组最新动态并做出最新决策，第一时间向110、119、120、企业就援指挥部、当地政府安监部门、公安厅部门求援或报告灾情。平时应急领导小组成员轮流值班，值班者必须住在工地现场，手机24h开通，发生紧急事故时，在项目部应急组长抵达工地前，值班者即为临时救援组长。应急组织机构如图7-7所示。

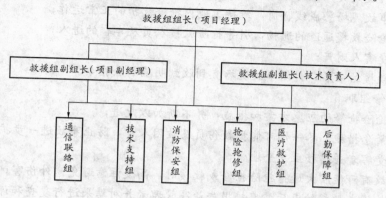

图7-7 应急组织机构图

2. 组长职责

（1）决定是否存在或可能存在重大紧急事故，要求应急服务机构提供帮助并实施场外应急计划，在不受事故影响的地方进行直接操作控制；

（2）复查和评估事故（事件）可能发展的方向，确定其可能的发展过程；

（3）指导设施的部分停工，并与领导小组成员的关键人员配合指挥现场人员撤离，并确保任何伤害者都能得到足够的重视；

（4）与场外应急机构取得联系及对紧急情况的记录作出安排；

（5）在场（设施）内实行交通管制，协助场外应急机构开展服务工作；

（6）在紧急状态结束后，控制受影响地点的恢复，并组织人员参加事故的分析和处理。

3. 副组长（即现场管理者）职责

（1）评估事故的规模和发展态势，建立应急步骤，确保员工的安全和减少设施和财产损失；

（2）如有必要，在救援服务机构来之前直接参与救护活动；

（3）安排寻找受伤者及安排非重要人员撤离到安全地带；

（4）设立与应急中心的通信联络，为应急服务机构提供建议和信息。

4. 通信联络组职责

（1）确保与最高管理者和外部联系畅通、内外信息反馈迅速；

（2）保持通信设施和设备处于良好状态；

（3）负责应急过程的记录与整理及对外联络。

5. 技术支持组职责

（1）提出抢险抢修及避免事故扩大的临时应急方案和措施；

（2）指导抢险抢修组实施应急方案和措施；

（3）修补实施中的应急方案和措施存在的缺陷；

（4）绘制事故现场平面图，标明重点部位，向外部救援机构提供准确的抢险救援信息。

资料。

6. 消防保卫组职责

(1) 负责工地的安全保卫，支援其他抢救组的工作，保护现场；

(2) 事故引发火灾，执行防火方案中应急预案等程序；

(3) 设置事故现场警戒线、岗，维持工地内抢险救护的正常运作；

(4) 保持抢险救援通道的通畅，引导抢险救援人员及车辆的进入；

(5) 保护受害人财产；

(6) 抢救救援结束后，封闭事故现场直到收到明确解除指令。

7. 抢险抢修组职责

(1) 实施抢险抢修的应急方案和措施，并不断加以改进；

(2) 采取紧急措施，尽一切可能抢救伤员及被困人员，防止事故进一步扩大；

(3) 寻找受害者并转移至安全地带；

(4) 在事故有可能扩大进行抢险抢修或救援时，高度注意避免意外伤害；

(5) 抢险抢修或救援结束后，直接报告最高管理者并对结果进行复查和评估。

8. 医疗救治组

(1) 对抢救出的伤员，在外部救援机构未到达前，对受害者进行必要的抢救（如人工呼吸、包扎止血、防止受伤部位受污染等）；

(2) 使重度受害者优先得到外部救援机构的救护；

(3) 协助外部救援机构转送受害者至医疗机构，并指定人员护理受害者；

9. 后勤保障职责

(1) 负责交通车辆的调配，紧急救援物资的征集；

(2) 保障系统内各组人员必须的防护、救护用品及生活物资的供给；

(3) 提供合格的抢险抢修或救援的物资及设备。

八、应急预案的技术措施

（一）基本装备

(1) 特种防护品：如绝缘鞋、绝缘手套等；

(2) 一般防、救护品：安全带、安全帽、安全网、防护网；救护担架 1 副、医药箱 1 个及临时救护担架及常用的救护药品等；

(3) 专用饮水源、盥洗间和冲洗设备。

（二）专用装备

(1) 医疗器材：担架、氧气袋、塑料袋、小药箱；

(2) 抢救工具：一般工地常备工具即基本满足使用；

(3) 照明器材：手电筒、应急灯 36V 以下安全线路、灯具；

(4) 通信器材：电话、手机、对讲机、报警器；

(5) 交通工具：工地常备一辆值班面包车，该车轮值班时不应跑长途；

(6) 灭火器材：消防栓及消防水带、灭火器等；灭火器日常按要求就位，紧急情况下集中使用。

九、应急知识培训

制定应急培训计划，对应急救援人员的培训和员工应急响应的培训要分开进行。培训内容：伤员急救常识、灭火器材使用常识、各类重大事故抢险常识等。务必使应急小组成员在发生重大事故时能较熟练地履行抢救职责，员工能在发生重大事故时会采取正确的自救措施。

十、应急预案措施的演练

（一）成立演练组织，由系统内的最高管理者或其代表适时组织实施。

（二）演练时必须准备充分。

（三）划分演练的范围和频次。

（四）演练应有记录。

十一、通信联络

项目部必须将110、119、120、项目部应急领导小组成员的手机号码、企业应急领导组织成员手机号码、当地安全监督部门电话号码，明示于工地显要位置。工地抢险指挥及保安员应熟知这些号码。

十二、事故报告

工地发生安全事故后，企业、项目部除立即组织抢救伤员，采取有效措施防止事故扩大和保护事故现场。除做好善后工作外，还应按下列规定报告有关部门：

（1）轻伤事故：应由项目部在24h内报告企业领导、生产办公室和企业工会；

（2）重伤事故：企业应在接到项目部报告后24h内报告上级主管单位，安全生产监督管理局和工会组织；

（3）重伤3人以上或死亡1～2人的事故：企业应在接到项目部报告后4h内报告上级主管单位、安全监督部门、工会组织和人民检察机关，填报《事故快报表》，企业工程部负责安全生产的领导接到项目部报告后4h应到达现场；

（4）死亡3人以上的重大、特别重大事故：企业应立即报告当地市人民政府，同时报告市安全生产监督管理局、工会组织、人民检察机关和监督部门，企业安全生产第一责任人（或委托人）应在接到项目部报告后4h内到达现场；

（5）急性中毒、中暑事故：应同时报告当地卫生部门；

（6）易爆物品爆炸和火灾事故：应同时报告当地公安部门；

（7）员工受伤后，轻伤的送工地现场医务室医治，重伤、中毒的送医院救治。因伤势过重抢救无效死亡的，企业应在8h内通知劳动管理部门处理。

7.6　工程质量安全事故应急救援预案实例

范例 13

建设工程重大质量安全事故应急预案

为提高建设工程重大质量安全事故应急的快速反应能力，确保科学、及时、有效地应对建设工程重大质量安全事故，最大限度减少人员伤亡和财产损失，维护社会稳定，依据有关法律法规和我部职能，制定建设工程重大质量安全事故应急预案。

一、适用范围

（一）我国境内从事建设工程新建、扩建、改建和拆除活动中，发生一次死亡3人及以上的生产安全事故。

（二）我国境内已建房屋建筑或者在建房屋工程和市政基础设施工程出现重大质量问题，或者可能造成一次死亡3人及以上的重大险情。

二、工作机制

在国务院统一领导下，建设部对各地区建设行政主管部门建立和完善建设工程重大质量安全事故应急体系和应急预案以及实施进行指导、协调和监督；县级以上地方人民政府建设行政主管部门负责建立和拟定本地区建设工程重大质量安全事故应急体系和应急预案，并负责应急预案批准后的组织实施工作；各施工、产权和物业管理等单位根据本地区建设行政主管部门制定的应急预案的原则，制定本单位质量安全事故应急救援预案，建立应急救援组织或者配备应急救援人员。

国务院铁道、交通、水利等有关部门按照国务院规定的职责分工，负责建立和完善有关专业建设工程重大质量安全事故应急体系和应急预案以及实施的指导、协调和监督。

三、应急组织体系与职责

建设工程重大质量安全事故应急组织体系，包括各级建设行政主管部门的应急组织以及各施工、产权和物业管理等单位的应急组织。

（一）各级建设行政主管部门的应急组织与职责

1. 国务院建设行政主管部门：根据国务院应急工作原则和方案，建立应急组织体系，由分管部长任应急组织体系负责人。建设部是负责建设工程重大质量安全事故应急预案工作的部门，包括办公厅、工程质量安全监督与行业发展司、城市建设司和住宅与房地产业司等，由工程质量安全监督与行业发展司牵头负责。应急职责包括拟定建设工程重大质量安全事故应急工作制度和办法，指导、协调地方建立完善应急组织和应急预案，及时了解掌握建设工程重大质量安全事故情况，根据情况需要，向国务院报告事故情况，为地方提供专家和技术支持，组织事故应急技术研究、应急知识宣传教育等工作。

2. 省、自治区、直辖市建设行政主管部门：根据同级人民政府和建设部应急工作制度和办法，建立应急组织体系，由分管厅长（主任）任应急组织体系负责人。应急职责包括拟定本地区建设工程重大质量安全事故应急工作制度，指导本地区建立完善应急组织体系和应急预案，及时了解掌握建设工程重大质量安全事故情况，及时向同级人民政府和建设部报告事故情况，指导、协调本地区建设工程重大质量安全事故应急救援工作，组织开展事故应急技术研究、应急知识宣传教育工作。

3. 地（市、区）级建设行政主管部门：根据同级人民政府和上级建设行政主管部门应急工作制度和办法，建立应急组织体系，由分管领导任应急组织体系负责人。应急职责包括拟定本地区建设工程重大质量安全事故应急工作制度，指导本地区建立和完善应急组织体系和应急预案，及时了解掌握建设工程重大质量安全事故情况，及时向同级人民政府和上级建设行政主管部门报告事故情况。指挥、协调本地区建设工程重大质量安全事故应急救援工作，组织开展事故应急技术研究、应急知识宣传教育工作。

4. 县（市、区）级建设行政主管部门：根据同级人民政府和上级建设行政主管部门应急工作制度和办法，建立应急组织体系，由分管领导任应急组织体系负责人。应急职责包括拟定本地区建设工程重大质量安全事故应急工作制度，建立和完善应急组织体系和应急预案，及时掌握建设工程重大质量安全事故情况，及时向同级人民政府和上级建设行政主管部门报告事故情况，指挥、协调本地区建设工程重大质量安全事故应急救援工作，指导本地区施工单位建立完善应急组织体系和应急预案，组织开展事故应急技术研究、应急知识宣传教育工作。

（二）各施工、产权和物业管理等单位的应急组织与职责

1. 施工单位：根据国家有关法律法规的规定和当地建设行政主管部门制定的应急救援预案，建立本单位生产安全事故应急救援组织，配备应急救援器材、设备，定期组织演练，组织开展事故应急知识培训教育和宣传工作，及时向当地建设行政主管部门报告事故情况。

2. 产权、物业管理等单位：根据国家有关法律法规和当地建设行政主管部门制定的应急救援预案，结合已建工程的具体情况，制定应急救援预案，定期组织演练，开展事故应急知识宣传，及时向有关部门报告事故情况。

3. 建筑施工企业工程项目部应根据当地建设行政主管部门制定的应急救援预案和本企业的应急救援预案，结合工程特点制定应急预案，定期组织演练，组织开展事故应急知识培训教育和宣传工作，及时向当地建设行政主管部门报告事故情况。

四、应急准备

（一）县级以上地方人民政府建设行政主管部门应当定期研究建设工程质量安全事故应急救援工作，指导本行政区域内应急救援组织及应急救援队伍的建立和完善，加强建设工程质量安全的宣传教育、监督检查工作，防患于未然。

（二）建设工程的产权单位应当定期检查本单位职责范围内所属建设工程质量安全应急预案的落实情况。

（三）施工单位应当定期检查本单位建设工程质量安全应急预案的落实情况，安全生产事故应急救援组织应定期演练，器材、设备等应设专人进行维护。

实行施工总承包的，由总承包单位统一成立建设工程生产安全事故应急救援组织，制定应急救援预案，总承包单位和分包单位按照应急救援预案和分工，配备应急救援人员和救援器材、设备。

（四）应急抢险救援工作需多部门配合的，县级以上地方人民政府建设行政主管部门应在本地区人民政府统一领导下，与公安、卫生、消防、民政等政府有关部门及时沟通、密切合作，共同开展应急抢险救援工作。

（五）各地区公安消防专业队伍是建设工程重大质量安全事故应急抢险救援的主力军，建设系统的应急抢险救援组织应注意发挥施工单位的优势和特长，应对突发事件，随时处理和排除险情。

五、应急响应

（一）事故报告

1. 报告原则

有关单位应遵循"迅速、准确"的原则，在第一时间上报建设工程重大质量安全险情或重大事故情况。

2. 报告程序

（1）发生建设工程重大质量安全险情或重大事故后，施工、产权和物业管理等单位应立即将事故情况如实向事故所在地建设行政主管部门或其他有关部门报告。

实行施工总承包的建设工程，由总承包单位负责上报事故。

（2）事故所在地建设行政主管部门接到事故报告后，迅速核实有关情况，并立即报告同级人民政府和上一级建设行政主管部门。省、自治区、直辖市建设行政主管部门接到事故报告后，及时上报同级人民政府和建设部。由建设部工程质量安全监督与行业发展司负责受理事故报告，涉及市政基础设施工程或已建房屋建筑的，与城市建设司或住宅与房地产业司沟通、协商后，上报有关部领导。

（3）一次死亡 10 人及以上事故，建设部接到事故报告后，由部办公厅及时向国务院专报。

3. 报告内容

建设工程重大质量安全险情或重大事故报告的内容包括：

（1）险情或事故发生的时间、地点、事故类别、人员伤亡情况；

（2）建设工程事故中的建设、勘察、设计、施工、监理等单位名称、资质等级情况，施工单位负责人、工程项目部经理、监理单位有关人员的姓名及执业资格等情况；

（3）险情基本情况，事故的简要经过，紧急抢险救援情况，伤亡人数、直接经济损失等；

（4）原因的初步分析；

（5）采取的措施情况；

（6）事故报告单位、签发人及报告时间。

（二）事故处置

有关单位应遵循"统一指挥、快速反应、各司其职、协同配合"的原则，共同做好建设工程重大质量安全险情或重大事故的应急处置和抢险救援工作。

1. 建设部派出督察组，由部工程质量安全监督与行业发展司组织督察组赶赴现场实地督察，涉及市政基础设施工程或已建房屋建筑的，会同城市建设司或住宅与房地产业司组成督察组，5 人及以上事故，由处领导带队；10 人及以上事故，由司领导带队；20 人及以上事故，由部领导带队，对有关情况进行调查、核实，指导当地政府做好抢险救援和事故调查，选派专家对地方处理建设工程重大质量安全事故和已建房屋建筑质量事故中遇到的问题给予技术支援，并将有关情况及时向国务院专报。

省、自治区、直辖市建设行政主管部门派出督察组，赶赴现场监督检查，指导当地政府研究处置对策，协助做好抢险救援工作，组织专家协助事故调查，及时向建设部续报有关情况。

地（市、区）级建设行政主管部门及有关县（市、区）级建设行政主管部门，在当地政府统一领导指挥下，立即启动相关应急预案，迅速赶赴现场，按照政府应急指挥命令和应急预案中的职责分工，协助公安、消防、卫生等部门做好抢险救援工作，会同安全监管、工会等部门开展事故调查，及时将有关情况向当地政府和省、自治区、直辖市建设行政主管部门报告。

2. 施工、产权和物业管理等有关单位，在公安、消防、卫生等专业抢险力量到达现场前，应立即启动本单位的应急救援预案，全力协助开展事故抢险救援工作。同时协助有关部门保护现场，维护现场秩序，妥善保管有关证物，配合有关部门收集证据。

（三）信息发布

建设工程重大质量安全事故的信息和新闻发布，由县以上各级人民政府实行集中、统一管理，以确保信息正确、及时传递，并根据国家有关法律法规规定向社会公布。

六、应急终止

（一）省级建设行政主管部门应急组织应根据建设工程重大质量安全事故抢险救援工作进展和结束情况，及时向建设部报告。

（二）应急状态终止后，各有关单位应及时作出书面报告。书面报告的基本内容是：事故发生及抢险救援经过；事故原因；事故造成的后果，包括伤亡人员情况及经济损失等；采取防止事故再发生的措施，应急预案效果及评估情况；应吸取的经验教训以及对事故责任单位及责任人的处理情况等。

七、保障工作

（一）宣传教育

各级建设行政主管部门以及各施工、产权和物业管理等单位要按照政府的统一部署，有计划、有目的、有针对性地开展预防建设工程重大质量安全事故及有关知识的宣传，增加预防建设工程重大质量安全事故的常识和防范意识，提高防范能力和应急反应能力。

（二）人员力量保障

各省、自治区、直辖市建设行政主管部门要对本辖区内的建设工程重大质量安全事故应急工作基本人员力量进行摸底检查，做到心中有数，必要时组织跨地区的应急增援。

各省、自治区、直辖市建设行政主管部门要组织好三支建设工程重大质量安全事故应急工作基本人员力量：

1. 工程设施抢险力量：主要由施工、检修、物业等人员组成。担负事发现场的工程设施抢险和安全保障工作。

2. 专家咨询力量：主要由从事科研、勘察、设计、施工、质检、安监等工作的技术专家组成，担负事发现场的工程设施安全性鉴定、研究处置和应急方案、提出相应对策和意见的任务。

3. 应急管理力量：主要由建设行政主管部门的各级管理干部组成，担负接收同级人民政府和上级建设行政主管部门应急命令、指示，组织各有关单位对建设工程重大质量安全事故进行应急处置，并与有关单位进行协调及信息交换的任务。

8 建筑施工分部工程事故应急预案范例

8.1 建筑施工生产事故应急救援预案实例

范例 14

建筑施工生产安全事故应急救援预案

为加强对施工生产安全事故的防范，及时做好安全事故发生后的救援处置工作，最大限度地减少事故损失，根据《中华人民共和国安全生产法》、《建设工程安全生产管理条例》等有关规定，结合本企业施工生产的实际，特制本企业施工生产安全事故应急救援预案。

一、应急预案的任务和目标

更好地适应法律和经济活动的要求，给企业员工的工作和施工场区周围居民提供更好更安全的环境；保证各种应急反应资源处于良好的备战状态；指导应急反应行动按计划有序地进行，防止因应急反应行动组织不力或现场救援工作的无序和混乱而延误事故的应急救援；有效地避免或降低人员伤亡和财产损失；帮助实现应急反应行动的快速、有序、高效；充分体现应急救援的“应急精神”。

二、应急救援组织机构情况

本企业施工生产安全事故应急救援预案的应急反应组织机构分为一、二级编制，公司总部设置急应预案实施的一级应急反应组织机构，工程项目经理部或加工厂设置应急计划实施的二级应急反应组织机构。具体组织框架图如图1（略）、图2（略）。

图1：公司总部一级应急反应组织机构框架图（略）

图2：工程项目经理部或加工厂二级反应组织机构框架图（略）

三、应急救援组织机构的职责、分工、组成

（一）一级应急反应组织机构各部门的职能及职责

1. 应急预案总指挥的职能及职责

（1）分析紧急状态确定相应报警级别，根据相关危险类型、潜在后果、现有资源控制紧急情况的行动类型；

（2）指挥、协调应急反应行动；

（3）与企业外应急反应人员、部门、组织和机构进行联络；

（4）直接监察应急操作人员行动；

（5）最大限度地保证现场人员和外援人员及相关人员的安全；

（6）协调后勤方面以支援应急反应组织；

（7）应急反应组织的启动；

（8）应急评估、确定升高或降低应急警报级别；

（9）通报外部机构，决定请求外部援助；

（10）决定应急撤离，决定事故现场外影响区域的安全性。

2. 应急预案副总指挥的职能及职责

（1）协助应急总指挥组织和指挥应急操作任务；

（2）向应急总指挥提出采取减缓事故后果行动的应急反应对策和建议；

（3）保持与事故现场副总指挥的直接联络；

（4）协调、组织和获取应急所需的其他资源、设备以支援现场的应急操作；

（5）组织公司总部的相关技术和管理人员对施工场区生产过程各危险源进行风险评估；

（6）定期检查各常设应急反应组织和部门的日常工作和应急反应准备状态；

（7）根据各施工场区、加工厂的实际条件，努力与周边有条件的企业为在事故应急处理中共享资源、相互帮助，建立共同应急救援网络和制定应急救援协议。

3. 现场抢救组的职能及职责

（1）抢救现场伤员；

（2）抢救现场物资；

（3）组建现场消防队；

（4）保证现场救援通道的畅通。

4. 危险源风险评估组的职能和职责

（1）对各施工现场及加工厂特点以及生产安全过程的危险源进行科学的风险评估；

（2）指导生产安全部门安全措施落实和监控工作，减少和避免危险源的事故发生；

（3）完善危险源的风险评估资料信息，为应急反应的评估提供科学的、合理的、准确的依据；

（4）落实周边协议应急反应共享资源及应急反应最快捷有效的社会公共资源的报警联络方式，为应急反应提供及时的应急反应支援措施；

（5）确定各种可能发生事故的应急反应现场指挥中心位置以使应急反应及时启用；

（6）科学合理地制定应急反应物资器材、人力计划。

5. 技术处理组的职能和职责

（1）根据各项目经理部及加工厂的施工生产内容及特点，制定其可能出现而必须运用建筑工程技术解决的应急反应方案，整理归档，为事故现场提供有效的工程技术服务做好技术储备；

（2）应急预案启动后，根据事故现场的特点，及时向应急总指挥提供科学的工程技术方案和技术支持，有效地指导应急反应行动中的工程技术工作。

6. 善后工作组的职能和职责

（1）做好伤亡人员及家属的稳定工作，确保事故发生后伤亡人员及家属思想能够稳定，大灾之后不发生大乱；

（2）做好受伤人员医疗救护的跟踪工作，协调处理医疗救护单位的相关矛盾；

（3）与保险部门一起做好伤亡人员及财产损失的理赔工作；

（4）慰问有关伤员及家属。

7. 事故调查组的职能及职责

（1）保护事故现场；

（2）对现场的有关实物资料进行取样封存；

（3）调查了解事故发生的主要原因及相关人员的责任；

（4）按"四不放过"的原则对相关人员进行处罚、教育、总结。

8. 后勤供应组的职能及职责

（1）协助制定施工项目或加工厂应急反应物资资源的储备计划，按已制订的项目施工生产厂的应急反应物资储备计划，检查、监督、落实应急反应物资的储备数量，收集和建立并归档；

（2）定期检查、监督、落实应急反应物资资源管理人员的到位和变更情况及时调整应急反应物资资源的更新和达标；

（3）定期收集和整理各项目经理部施工场区的应急反应物资资源信息、建立档案并归档，为应急反应行动的启动，做好物资资源数据储备；

（4）应急预案启动后，按应急总指挥的部署，有效地组织应急反应物资资源到施工现场，并及时对事故现场进行增援，同时提供后勤服务。

（二）二级应急反应组织机构各部门的职能及职责

1. 事故现场副指挥的职能及职责

（1）所有施工现场的操作和协调，包括与指挥中心的协调；

（2）现场事故评估；

（3）保证现场人员和公众应急反应行动的执行；

（4）控制紧急情况；

（5）做好与消防、医疗、交通管制、抢险救灾等各公共救援部门的联系。

2. 现场伤员营救组的职能与职责

（1）引导现场作业人员从安全通道疏散；

（2）对受伤人员进行营救至安全地带。

3. 物资抢救组的职能和职责

（1）抢救可以转移的场区内物资；

（2）转移可能引起新危险源的物资到安全地带。

4. 消防灭火组的职能和职责

（1）启动场区内的消防灭火装置和器材进行初期的消防灭火自救工作；

（2）协助消防部门进行消防灭火的辅助工作。

5. 保卫疏导组的职能和职责

（1）对场区内外进行有效的隔离和维护现场应急救援通道畅通；

（2）疏散场区内外人员撤出危险地带。

6. 后勤供应组的职能及职责

（1）迅速调配抢险物资器材至事故发生点；

（2）提供和检查抢险人员的装备和安全防护；

（3）及时提供后续的抢险物资；

（4）迅速组织后勤必须供给的物品，并及时输送后勤物品到抢险人员手中。

（三）应急反应组织机构人员的构成

应急反应组织机构在应急总指挥、应急副总指挥的领导下由各职能科室、加工厂、项目部的人员分别兼职构成。

1. 应急总指挥由公司的法定代表人担任；

2. 应急副总指挥由公司的副总经理担任；

3. 现场抢救组组长由公司的各工程项目经理担任，项目部组成人员为成员；

4. 危险源风险评估组组长由公司的总工担任，总工办其他人员为成员；

5. 技术处理组组长由公司的技术经营科科长担任，科室人员为成员；

6. 善后工作组组长由公司的工会、办公室负责人担任，科室人员为成员；

7. 后勤供应组组长由公司的财务科、机械管理科、物业管理科科长担任，科室人员为成员；

8. 事故调查组组长由公司的质量安全科科长担任，科室人员为成员；

9. 事故现场副指挥由项目部的项目经理或加工厂负责人担任；

10. 现场伤员营救组由施工队长担任组长，各作业班组分别抽调人员组成；

11. 物资抢救组由施工员、材料员、各作业班组抽调人员组成；

12. 消防灭火组由施工现场或加工厂的电工、各作业班组抽调人员组成；

13. 后勤供应组由施工现场或加工厂的后勤人员、各作业班组抽调人员组成。

四、应急救援的培训与演练

（一）培训

应急预案和应急计划确立后，按计划组织公司总部、施工项目部及加工厂的全体人员进行有效的培训，从而具备完成其应急任务所需的知识和技能。

1. 一级应急组织每年进行一次培训；

2. 二级应急组织每一项目开工前或半年进行一次培训；

3. 新加入的人员及时培训。

主要培训以下内容：

1. 灭火器的使用以及灭火步骤的训练；

2. 施工安全防护、作业区内安全警示设置、个人的防护措施、施工用电常识、在建工程的交通安全、大型机械的安全使用；

3. 对危险源的突显特性辨识；

4. 事故报警；

5. 紧急情况下人员的安全疏散；

6. 现场抢救的基本知识。

（二）演练

应急预案和应急计划确立后，经过有效的培训，公司总部人员、加工厂人员每年演练一次。施工项目部在项目开工后演练一次，根据工程工期长短不定期举行演练，施工作业人员变动较大时增加演练次数。每次演练结束，及时作出总结，对存有一定差距的在日后的工作中加以提高。

五、事故报告指定机构人员、联系电话

公司的质量安全科是事故报告的指定机构，联系人：×××，电话：×××、×××，质量安全科接到报告后及时向总指挥报告，总指挥根据有关法规及时、如实地向负责安全生产监督管理的部门、建设行政主管部门或其他有关部门报告，特种设备发生事故的，还应当同时向特种设备安全监督管理部门报告。

六、救援器材、设备、车辆等落实

公司每年从利润中提取一定比例的费用，根据公司施工生产的性质、特点以及应急救援工作的实际需要，有针对、有选择地配备应急救援器材、设备，并对应急救援器材、设备进行经常性维护、保养，不得挪作他用。启动应急救援预案后，公司的的机械设备、运输车辆统一纳入应急救援工作之中。

七、应急救援预案的启动、终止和终止后工作恢复

当事故的评估预测达到启动应急救援预案条件时，由应急总指挥启动应急反应预案令。

对事故现场经过应急救援预案实施后，引起事故的危险源得到有效控制、消除；所有现场人员均得到清点；不存在其他影响应急救援预案终止的因素；应急救援行动已完全转化为社会公共救援；应急总指挥认为事故的发展状态必须终止的；应急总指挥下达应急终止令。

应急救援预案实施终止后，应采取有效措施防止事故扩大，保护事故现场和物证，经有关部门认可后方可恢复施工生产。

对应急救援预案实施的全过程，认真科学地作出总结，完善应急救援预案中的不足和缺陷，为今后的预案建立、制定、修改提供经验和完善的依据。

八、其他

本预案制定后报建设行政主管部门备案后正式实施。

8.2　建筑工程事故应急救援预案实例

范例 15

××××花园一期工程施工现场重大事故应急预案

一、编制依据

（一）《中华人民共和国建筑法》、《中华人民共和国安全生产法》、《中华人民共和国消防法》。

（二）国务院《危险化学品安全管理条例》。

（三）建设部《工程建设重大事故和调查程序规定》。

（四）《××市建筑工程安全操作规程》

二、工程简况

×××花园位于×××。北部面临规划中的××南路。拟建的一期工程（B区）建筑物由B1、B2两栋建筑群组成，规划用地红线内的面积为95654.49m²，整个用地由A区、B区及市长大厦组成，B区为一期工程，系本次施工范围，总建筑面积89607m²，其中地上64480m²，地下25127m²，含B1、B2两栋楼及连接B1、B2楼的地下车库和相关设备用房。B1楼为商住楼，由B1—a、B1—b、B1—c三座12～16层塔式住宅及商业裙房组成，B2楼为多层单元式住宅，为7～9层二个连体建筑及配套商业裙房组成。拟建建筑物及广场全部分布地下室，地下室为2层。场地地形较平坦，场地地面标高为48.59～49.28m。

三、重大事故（危险）发展过程及分析

1. 塔吊作业中安全限位装置突然失控，发生撞击高压护栏及相邻塔吊或坠物，或违反安全规程操作，造成重大事故（如倾倒、断臂）。

2. 基坑边坡在外力荷载作用下滑坡倒塌。

3. 高处脚手架发生部分或整体倒塌及搭拆作业发生人员伤亡事故。

4. 施工载人升降机操作失误或失灵。

5. 压力容器受外力作用或违反安全规程发生爆炸及由此引起的连锁反应事故（如起火）。

6. 自然灾害（如雷电、沙尘暴、地震、强风、强降雨、暴风雪等）对设施的严重损坏。

7. 塔吊、升降机安拆过程中发生的人员伤亡事故。

8. 运行中的电气设备故障或发生严重漏电。

9. 其他作业可能发生的重大事故（高处坠落、物体打击、起重伤害、触电等）造成的人员伤亡、财产损失、环境破坏。

四、应急区域范围划定

（一）工地现场内应急区域范围制定

1. 塔吊脚手架、施工用载人电梯事故，以事故危害形成后的任何安全区域为应急区域范围。

2. 基坑边坡及自然灾害事故等危害半径以外的任何安全区域为应急区域范围。

3. 电气设备故障、严重漏电事故以任何绝缘区域（如木材堆放场等）为应急区域范围。

（二）工地场外应急区域范围的划定

对事故可能波及工地（围挡）外，引起人员伤亡或财产损失的，需要当地政府的协调，属政府职能。在事故（危害）发生后及时通报政府或相关部门确定应急区域范围。应急电话：×××××××；火灾：119；医疗救护：122或999。

五、应急预案的组织措施

（一）成立应急预案的独立领导小组（指挥中心）。

应急预案领导小组及其人员组成

组长：×××

副组长：×××

组员：×××、×××、……、×××

下设：

通信联络组组长：×××

技术支持组组长：×××

消防保卫组组长：×××

抢险抢修组组长：×××

医疗救护组组长：×××

后勤保障组组长：×××

（二）应急组织的分工职责

1. 组长职责

（1）决定是否存在或可能存在重大紧急事故，要求应急服务机构提供帮助并实施厂外应急计划，在不受事故影响的地方进行直接操作控制；

（2）复查和评估事故（事件）可能发展的方向，确定其可能的发展过程；

（3）指导设施部分停工，并与领导小组成员的关键人员配合指挥现场人员撤离，并确保任何伤害者都能得到足够的重视；

（4）与场外应急机构取得联系及对紧急情况的记录作出安排；

（5）在场（设施）内实行交通管制，协助场外应急机构开展服务工作；

（6）在紧急状态结束后，控制受影响地点的恢复，并组织人员参加事故的分析和处理。

2. 副组长（即现场管理者）职责

（1）评估事故的规模和发展态势，建立应急步骤，确保员工的安全和减少设施和财产损失；

（2）如有必要，在救援服务机构到来之前直接参与救护活动；

（3）安排寻找受伤者及安排非重要人员撤离到集中地带；

（4）设立与应急中心的通信联络，为应急服务机构提供建议和信息。

3. 通信联络组职责

（1）确保与最高管理者和外部联系畅通、内外信息反馈迅速；

（2）保持通信设施和设备处于良好状态；

（3）负责应急过程的记录与整理及对外联络。

4. 技术支持组职责

（1）提出抢险抢修及避免事故扩大的临时应急方案和措施；

（2）指导抢险抢修组实施应急方案和措施；

（3）修补实施中的应急方案和措施存在的缺陷；

（4）绘制事故现场平面图，标明重点部位，向外部救援机构提供准确的抢险救援信息资料。

5. 消防保卫组职责

（1）事故引发火灾，执行防火方案中应急预案程序；

（2）设置事故现场警戒线、岗，维持工地内抢险救护的正常运作；

（3）保持抢险救援通道的通畅，引导抢险救援人员及车辆的进入；

（4）保护受害人财产；

（5）抢救救援结束后，封闭事故现场直到收到明确解除指令。

6. 抢险抢修组职责

（1）实施抢险抢修的应急方案和措施，并不断加以改进；

（2）寻找受害者并转移至安全地带；

（3）在事故有可能扩大时进行抢险抢修或救援，高度注意避免意外伤害；

（4）抢险抢修或救援结束后，直接报告最高管理者并对结果进行复查和评估。

7. 医疗救治组

（1）在外部救援机构未到达前，对受害者进行必要的抢救（如人工呼吸、包扎止血、防止受伤部位受污染等）；

（2）使重度受害者优先得到外部救援机构的救护；

（3）协助外部救援机构转送受害者至医疗机构，并指定人员护理受害者。

8. 后勤保障组职责

（1）保障系统内各组人员必须的防护、救护用品及生活物资的供给；

（2）提供合格的抢险抢修或救援的物资及设备。

六、应急预案的技术措施

（一）基本装备

（1）特种防护品，如绝缘鞋、绝缘手套等；

（2）一般防救护品：安全带、安全帽、安全网、防护网；救护担架 1 付、医药箱 1 个及临时救护担架及常用的救护药品等；

（3）专用饮水源、盥洗间和冲洗设备。

（二）专用装备

（1）消防栓及消防水带、灭火器等；

（2）自备小车 1 辆；

（3）无线电对讲机。

七、应急预案措施的演练

1. 由系统内的最高管理者或其代表适时组织实施。

2. 演练应有记录。

8.3 设备安装事故应急救援预案实例

范例 16

×××建筑设备安装紧急救援预案

为加强对施工生产安全事故的防范，及时做好安全事故发生后的救援处置工作，最大限度地减少事故损失，根据《中华人民共和国安全生产法》、《建设工程安全生产管理条例》、《××省建筑施工安全事故应急救援预案规定》和《××市建筑施工安全事故应急救援预案管理办法》的有关规定，结合本企业施工生产的实际，制定本企业施工生产安全事故应急救援预案。

一、应急预案的任务和目标

更好地适应法律和经济活动的要求，给企业员工的工作和施工场区周围居民提供更好更安全的环境；保证各种应急反应资源处于良好的备战状态；指导应急反应行动按计划有序地进行，防止因应急反应行动组织不力或现场救援工作的无序和混乱而延误事故的应急救援；有效地避免或降低人员伤亡和财产损失；帮助实现应急反应行动的快速、有序、高效；充分体现应急救援的"应急精神"。

二、应急救援组织机构情况

本企业施工生产安全事故应急救援预案的应急反应组织机构分为一、二级编制，公司总部设置应急预案实施的一级应急反应组织机构，工程项目经理部或加工厂设置应急计划实施的二级应急反应组织机构。具体组织框架图如图1（略）、图2（略）。

图1：公司总部一级应急反应组织机构框架图（略）。

图2：工程项目经理部或加工厂二级反应组织机构框架图（略）。

三、应急救援组织机构的职责、分工、组成

（一）一级应急反应组织机构各部门的职能及职责

1. 应急预案总指挥的职能及职责

（1）分析紧急状态确定相应报警级别，根据相关危险类型、潜在后果、现有资源控制紧急情况的行动类型；

（2）指挥、协调应急反应行动；

（3）与企业外应急反应人员、部门、组织和机构进行联络；

（4）直接监察应急操作人员行动；

（5）最大限度地保证现场人员和外援人员及相关人员的安全；

（6）协调后勤方面以支援应急反应组织；

（7）应急反应组织的启动；

（8）应急评估、确定升高或降低应急警报级别；

（9）通报外部机构，决定请求外部援助；

（10）决定应急撤离，决定事故现场外影响区域的安全性。

2. 应急预案副总指挥的职能及职责

（1）协助应急总指挥组织和指挥应急操作任务；

（2）向应急总指挥提出采取减缓事故后果行动的应急反应对策和建议；

（3）保持与事故现场副总指挥的直接联络；

（4）协调、组织和获取应急所需的其他资源、设备以支援现场的应急操作；

（5）组织公司总部的相关技术和管理人员对施工场区生产过程各危险源进行风险评估；

（6）定期检查各常设应急反应组织和部门的日常工作和应急反应准备状态；

（7）根据各施工场区、加工厂的实际条件，努力与周边有条件的企业为在事故应急处理中共享资源、相互帮助，建立共同应急救援网络和制定应急救援协议。

3. 现场抢救组的职能及职责

（1）抢救现场伤员；

（2）抢救现场物资；

（3）组建现场消防队；

（4）保证现场救援通道的畅通。

4. 危险源风险评估组的职能和职责

（1）对各施工现场及加工厂特点以及生产安全过程的危险源进行科学的风险评估；

（2）指导生产安全部门安全措施落实和监控工作，减少和避免危险源的事故发生；

（3）完善危险源的风险评估资料信息，为应急反应的评估提供科学的合理的、准确的依据；

（4）落实周边协议应急反应共享资源及应急反应最快捷有效的社会公共资源的报警联络方式，为应急反应提供及时的应急反应支援措施；

（5）确定各种可能发生事故的应急反应现场指挥中心位置以使应急反应及时启用；

（6）科学合理地制定应急反应物资器材、人力计划。

5. 技术处理组的职能和职责

（1）根据各项目经理部及加工厂的施工生产内容及特点，制定其可能出现而必须运用建筑工程技术解决的应急反应方案，整理归档，为事故现场提供有效的工程技术服务做好技术储备；

（2）应急预案启动后，根据事故现场的特点，及时向应急总指挥提供科学的工程技术方案和技术支持，有效地指导应急反应行动中的工程技术工作。

6. 善后工作组的职能和职责

（1）做好伤亡人员及家属的稳定工作，确保事故发生后伤亡人员及家属思想能够稳定，大灾之后不发生大乱；

（2）做好受伤人员医疗救护的跟踪工作，协调处理医疗救护单位的相关矛盾；

（3）与保险部门一起做好伤亡人员及财产损失的理赔工作；

（4）慰问有关伤员及家属。

7. 事故调查组的职能及职责

（1）保护事故现场；

（2）对现场的有关实物资料进行取样封存；

（3）调查了解事故发生的主要原因及相关人员的责任；

（4）按"四不放过"的原则对相关人员进行处罚、教育、总结。

8. 后勤供应组的职能及职责

（1）协助制定施工项目或加工厂应急反应物资资源的储备计划，按已制定的项目施工生产厂的应急反应物资储备计划，检查、监督、落实应急反应物资的储备数量，收集和建立并归档；

（2）定期检查、监督、落实应急反应物资资源管理人员的到位和变更情况及时调整应急反应物资资源的更新和达标；

（3）定期收集和整理各项目经理部施工场区的应急反应物资资源信息、建立档案并归档，为应急反应行动的启动，做好物资源数据储备；

（4）应急预案启动后，按应急总指挥的部署，有效地组织应急反应物资资源到施工现场，并及时对事故现场进行增援，同时提供后勤服务。

（二）二级应急反应组织机构各部门的职能及职责

1. 事故现场副指挥的职能及职责

（1）所有施工现场的操作和协调，包括与指挥中心的协调；

（2）现场事故评估；

（3）保证现场人员和公众应急反应行动的执行；

（4）控制紧急情况；

（5）做好与消防、医疗、交通管制、抢险救灾等各公共救援部门的联系。

2. 现场伤员营救组的职能与职责

（1）引导现场作业人员从安全通道疏散；

（2）对受伤人员进行营救至安全地带。

3. 物资抢救组的职能和职责

（1）抢救可以转移的场区内物资；

（2）转移可能引起新危险源的物资到安全地带。

4. 消防灭火组的职能和职责

（1）启动场区内的消防灭火装置和器材进行初期的消防灭火自救工作；

（2）协助消防部门进行消防灭火的辅助工作。

5. 保卫疏导组的职能和职责

（1）对场区内外进行有效的隔离和维护现场应急救援通道畅通；

（2）疏散场区内外人员撤出危险地带。

6. 后勤供应组的职能及职责

（1）迅速调配抢险物资器材至事故发生点；

（2）提供和检查抢险人员的装备和安全防护；

（3）及时提供后续的抢险物资；

（4）迅速组织后勤必须供给的物品，并及时输送后勤物品到抢险人员手中。

（三）应急反应组织机构人员的构成

应急反应组织机构在应急总指挥、应急副总指挥的领导下由各职能科室、加工厂、项目部的人员分别兼职构成。

1. 应急总指挥由公司的法定代表人担任；

2. 应急副总指挥由公司的副总经理担任；

3. 现场抢救组组长由公司的各工程项目经理担任，项目部组成人员为成员；

4. 危险源风险评估组组长由公司的总工担任，总工办其他人员为成员；

5. 技术处理组组长由公司的技术经营科科长担任，科室人员为成员；

6. 善后工作组组长由公司的工会、办公室负责人担任，科室人员为成员；

7. 后勤供应组组长由公司的财务科、机械管理科、物业管理科科长担任，科室人员为成员；

8. 事故调查组组长由公司的质安科科长担任，科室人员为成员；

9. 事故现场副指挥由项目部的项目经理或加工厂负责人担任；

10. 现场伤员营救组由施工队长担任组长，各作业班组分别抽调人员组成；

11. 物资抢救组由施工员、材料员、各作业班组抽调人员组成；

12. 消防灭火组由施工现场或加工厂的电工、各作业班组抽调人员组成；

13. 后勤供应组由施工现场或加工厂的后勤人员、各作业班组抽调人员组成。

四、应急救援的培训与演练

（一）培训

应急预案和应急计划确立后，按计划组织公司总部、施工项目部及加工厂的全体人员进行有效的培训，从而具备完成其应急任务所需的知识和技能。

1. 一级应急组织每年进行一次培训；

2. 二级应急组织每一项目开工前或半年进行一次培训；

3. 新加入的人员及时培训。

主要培训以下内容：

1. 人工呼吸、心肺复苏的步骤训练；

2. 施工安全防护、作业区内安全警示设置、个人的防护措施、施工用电常识、在建工程的交通安全、大型机械的安全使用；

3. 对危险源的突显特性辨识；

4. 事故报警；

5. 紧急情况下人员的安全疏散；

6. 现场抢救的基本知识。

（二）演练

应急预案和应急计划确立后，经过有效的培训，公司总部人员、加工厂人员每年演练一次。施工项目部在项目开工后演练一次，根据工程工期长短不定期举行演练，施工作业人员变动较大时增加演练次数。每次演练结束，及时作出总结，对存有一定差距的在日后的工作中加以提高。

五、事故报告指定机构人员、联系电话（略）

六、救援器材、设备、车辆等落实

公司每年从利润提取一定比例的费用，根据公司施工生产的性质、特点以及应急救援工作的实际需要有针对、有选择地配备应急救援器材、设备，并对应急救援器材、设备进行经常性维护、保养，不得挪作他用。启动应急救援预案后，公司的的机械设备、运输车辆统一纳入应急救援工作之中。

七、应急救援预案的启动、终止和终止后工作恢复

当事故的评估预测达到启动应急救援预案条件时，由应急总指挥启动应急反应预案令。对事故现场经过应急救援预案实施后，引起事故的危险源得到有效控制、消除；所有现场人员均得到清点；不存在其他影响应急救援预案终止的因素；应急救援行动已完全转化为社会公共救援；应急总指挥认为事故的发展状态必须终止的；应急总指挥下达应急终止令。应急救援预案实施终止后，应采取有效措施防止事故扩大，保护事故现场和物证，经有关部门认可后方可恢复施工生产。对应急救援预案实施的全过程，认真科学地作出总结，完善应急救援预案中的不足和缺陷，为今后的预案建立、制定、修改提供经验和完善的依据。

八、其他

本预案制定后报建设行政主管部门备案后正式实施。

8.4　装修涂料仓库事故应急救援预案实例

范例 17

×××涂料公司重大事故及灾害应急处理预案

一、企业基本情况

1. 公司地址（略）。

2. 公司性质（略）。

3. 员工总人数（略）。

4. 安全管理人员（略）。

5. 生产面积

易燃危险仓库面积：260m²，储量最大 60t 左右，以甲苯、二甲苯、固化剂、稀释剂等溶剂类原材料为主；

原材料仓库面积：2400m²，主要储存一般包装的原材料和粉料。

成品仓库面积：2400m²，主要储存水性成品和油性成品。

6. 主要消防设施：4kg 干粉灭火器 188 个；35kg 干粉灭火器 30 个；35kg 泡沫灭火器 10 个；4kg 泡沫灭火器 20 个；消防沙 500kg；室处消防栓 11 个；室内消防箱 8 个；报警开关 8 个。

7. 主要产品：具有一定危险性的木器漆、金属漆及配套产品的稀释剂、固化剂等产品，生产工艺流程简单成熟。生产过程中使用到甲苯、二甲苯、丙酮、稀释剂等危险化学品。

8. 危险性质：上述物质在突然泄漏、操作失控或自然灾害的情况下，存在着火灾爆炸、人员中毒、窒息等事故的潜在危险。

二、化学危险区域的确定及分布

根据公司生产、使用、储存化学危险品的品种、数量、危险性质以及可能引起化学事故的特点，确定以下 4 个危险场所为应急救援危险目标：

油性生产车间、油性成品仓库、原材料仓库、易燃易爆仓库（包括桶区）、油性实验室、水性助剂区。

工厂内易燃、易爆危险区域示意图

（红色代表高度易燃、易爆区；黄色代表使用和生产易燃、易爆品区）

三、紧急情况下各分工人员的第一反应和行动

（一）报警人员

1. 事故工段在事故发生后，负责报警的人员应立即采取行动，其中一名报警人员迅速利用通信工具拨打当班领导的电话，并汇报现场情况。

2. 另一报警人员要高喊"某某工段起火啦!!"等，并迅速按响最近的火警；然后赶到公司电房处切断总电源。

（二）指挥人员

1. ×××在接到电话后迅速赶到事故现场，调集人员灭火。

2. 在火灾现场判断火灾大小，决定是否通知公司专人向消防大队报警。

3. 现场协调有关部门处理事故及调查事故的原因。

4. 制定纠正预防措施。

5. 疏散组

（1）在火灾或事故发生的第一时间，×××迅速利用喊话工具在车间（仓库）门口通知现场人员撤离。

（2）大部分人员撤离后，在指定的安全区域组织清点在岗人员，并将清点结果迅速汇报给指挥人员。

（三）油性车间灭火组、水性车间灭火组、仓库灭火组

1. 火灾事故

（1）在听到或看到有火灾事故的第一时间，迅速使用就近的消防器材进行灭火。

（2）在指挥人员到达火灾现场时，要积极汇报火场情况，听从指挥人员的调遣。

2. 泄漏事故

（1）在看到有危险物品大面积泄漏时，报警人员应立即向当班领导报告情况。

（2）灭火组成员应迅速赶到事故现场，准备好灭火器，并通知其他人员撤离现场。

（3）一部分人员及时控制泄漏源，另一部分人员迅速利用现场的消防沙覆盖泄漏物。

（四）保安人员灭火组

1. 当班保安首先通知行政部领导，迅速赶到事故现场。

2. 在听到工厂内的消防警报时，应迅速通知其他能快速赶到的其他保安人员到事故现场。

（五）行政部领导

1. 行政部领导××在接到事故报告后，应迅速赶到事故现场。

2. 同时应指定专人通知车队所有在位的车辆发动后待命。

（六）现场急救组

1. ××急救人员接到报警后，立即带上急救药物赶到现场，听从调用。

2. 对出现中毒、窒息或受伤人员，及时将伤员救离现场，作一般性的医疗急救处理，并及时将受伤人员送往医院抢救。

（七）后勤支援组

1. ××根据指挥人员的命令，迅速调集事故及灾害抢救所需物资。

2. 及时组织人员对伤员进行救治。

3. 维持现场的安全秩序，在事故不能及时控制时，迅速组织其他人员向更安全的位置疏散。

（八）抢修组

1. ××负责组织现场人员做好抢修准备。

2. 根据救灾指挥部的命令，对危险部位及关键设施进行抢险。

3. 负责对发生灾害的装置和设施进行抢险救灾，减少因为设备的原因造成的损失。

4. 协助组织做好灾后恢复生产工作，对发生灾害的装置设备、设施进行检查，迅速抢修，尽快恢复生产。

四、事故及灾害报警程序

1. 事故发生后，现场发现人员立即向当班的车间主任报告。

2. 当班车间主任接到报告后，应立即派出一人向当班的部门经理报告，一人迅速跑到公司的配电房关闭总电源。

3. 当班车间主任或部门负责人在赶到现场后判断火灾是否为 B 级以上，并决定是否向消防大队报警求救。

4. 保安队值班人员在接到事故报告后，应立即通知现有保安人员投入救灾工作。并联系其他保安人员尽快赶到事故现场。

5. 火灾事故分级

A 级事故：火灾事故重大，有大范围蔓延趋势，凭工厂消防人员不能控制火势，并有人员重伤或死亡。

B 级事故：火灾事故发生在工厂危险区域，且区域内有大量易燃、易爆物品存放，工厂内的消防人员不能控制火势，火灾威胁到人员的生命。

C 级事故：火灾事故在小范围内发生，且工厂消防人员能在短时间内控制火势。

五、抢险救灾的原则

1. 按"先救人后救物"的原则。

2. 如果事故现场有大量易燃、易爆物品时，应在灭火的同时尽快转移存放的物品。

3. 救灾指挥部人员到达现场后，抢险救援工作应由救灾指挥部统一指挥。

六、泄漏事故的处置

（一）注意事项

1. 进入现场人员必须配备必要的防护器具。

2. 应严禁火种，以降低发生火灾爆炸的危险性。

3. 在发生大面积泄漏事故时，工厂内的其他人员应迅速撤离。

4. 在现场严禁使用手机、对讲机等工具。

5. 事故现场严禁无关人员进入或围观。

（二）泄漏源的控制

1. 在指挥人员指挥下：采取停止作业、转移物料等方法。

2. 容器发生泄漏时，现场人员应立即使用消防沙等器材将泄漏物堵住或围住，防止其四处流淌。

（三）泄漏物的处理

现场泄漏物要及时用消防沙进行覆盖、收容，防止二次事故的发生。

七、扑救易燃液体的基本对策

遇易燃液体火灾，一般采用以下基本对策：

1. 首先应切断火势蔓延的途径，冷却和疏散受火势威胁的压力及密闭容器和可燃物，控制燃烧范围，并积极抢救受伤和被困人员。如有液体流淌时，应筑堤（或用围油栏）拦截流淌的易燃液体。

2. 及时了解和掌握着火液体的品名、比重、水溶性以及有无毒害、腐蚀、沸溢、喷溅等危险性，以便采取相应的灭火和防护措施。对较大的流淌火灾，应准确判断着火面积。

3. 对小面积（一般 50m² 内）液体火灾，用泡沫、干粉等灭火器更有效。大面积液体火灾必须根据其相对密度（比重）、水溶性和燃烧面积大小，选择正确的灭火剂扑救。具有水溶性的液体（如醇类、酮类等），在理论上能用水稀释扑救，但用此方法要使液体闪点消失，水必须在溶液中占很大的比例。这样不仅需要大量的水，也容易使液体溢出流淌，而普通泡沫又会受到水溶性液体的破坏，因此最好用抗溶性泡沫扑救，用干粉等灭火器时，灭火效果要视燃烧面积大小和燃烧条件而定，也需用水冷却容器。

4. 扑救毒害性、腐蚀性或燃烧产物毒害性较强的易燃液体火灾，扑救人员必须戴防护面具，采取防护措施。

八、有关规定和要求

为了能在事故发生后，迅速准确、有条不紊地处理事故，尽可能减小事故造成的损失，平时必须做好应急救援的准备工作，落实岗位责任制和各项制度。具体措施有：

1. 落实应急救援组织，救援指挥部和救援人员应按照具体分工开展救援的原则，建立组织，落实人员，每年初要根据人员变化进行组织调整，确保救援组织的落实。

2. 按照任务分工做好物资器材准备，如：必要的指挥通信、报警、消防、抢修等器材及交通工具。上述各种器材应指定专人保管，并定期检查保养，使其处于良好状态。公司定期组织救援训练和学习，各队按分工每年训练两次，提高指挥水平和救援能力。对全公司员工进行经常性的应急救援教育。建立完善值班制、检查制度、安全管理制度等。

3. 工厂内事故处理

（1）在事故中如果出现人员的伤亡事故，必须拨打急救中心电话：120。

（2）当出现 B 级安全事故后，工厂安全负责人××除向公司高层领导汇报外，必须在第一时间向地方安全监督局××（副局长）汇报。

（3）相关人员电话一栏表（略）。

8.5 基坑作业事故应急救援预案实例

范例 18

立交桥泵站深基坑施工应急预案

一、应急预案的方针与原则

坚持"安全第一，预防为主"、"保护人员安全优先，保护环境优先"的方针，贯彻"常备不懈、统一指挥、高效协调、持续改进"的原则。更好地适应法律和经济活动的要求；给企业员工的工作和施工场区周围居民提供更好更安全的环境；保证各种应急资源处于良好的备战状态；指导应急行动按计划有序地进行；防止因应急行动组织不力或现场救援工作的无序和混乱而延误事故的应急救援；有效地避免或降低人员伤亡和财产损失；帮助实现应急行动的快速、有序、高效；充分体现应急救援的"应急精神"。

二、应急策划

（一）工程概况及地质条件

1. 工程概况

××市城区工程建设指挥部拟在经十路南侧、铁西路东侧修建一座泵房站，建筑物长22.00m，宽度2.8～11.5m，基坑开挖深度12.00m，根据场地工程地质及水文地质条件，在基坑开挖和使用过程中需要进行临时性基坑支护。

2. 工程地质

（1）岩土工程条件（见表8-1）

拟建场地地形平坦，地貌单元为山前冲洪积平原下部，场区内与基坑支护工程有关的底层主要为上部的填土及下部的冲洪积粉土和黏性土。

岩土工程条件　　　　　　　　　　　　　　　　表8-1

层号	岩土名称	平均厚度 (m)	重度 (kN/m³)	黏聚力 (kPa)	内摩擦角 (°)
1	杂填土及素填土	7.10	19.10	19.00	13.00
2	粉 土	2.00	19.50	14.00	15.70
3	黏 土	1.40	19.50	30.00	14.00
4	粉质黏土	1.80	19.00	35.00	19.00
5	粉土、粉质黏土	6.00	19.50	32.00	18.00

（2）水文地质条件

场区地下水类型为第四系孔隙潜水，勘察期间正值丰水季节，水位埋深5.00m，对混凝土无腐蚀性。

（3）周边环境条件

根据业主提供的平面图及现场资料，基坑周边场地相对开阔，距离周边道路及已建建筑物约为9.8～14.50m，基坑安全等级按二级考虑。

（二）深基坑施工方案及支护方案

1. 支护方案总说明

根据本工程的岩土工程条件、水文地质特点和周围环境情况，结合当地经验，并经综合计算分析确定，对地下水采用坑外搅拌桩形成止水帷幕，坑内管井降水的综合方法进行控制，对于支护结构，AB段及CD段采用桩加内支撑方法支护，其他部位采用桩锚支护方法。

2. 地下水控制

因基坑支护影响范围内地基土较软弱，基坑开挖较深，周围道路及已建建筑物距基坑的距离基本都在一倍基坑深度左右，为保证在有效控制地下水的同时，避免对周围建筑物的影响，决定基坑周围采用一排搅拌桩形成止水帷幕挡水，坑内采用管井降水的方法处理地下水。

粉喷桩埋头4.50m，桩长13.50m，桩间距0.35m，临桩搭接0.15m，水泥掺入量为

$0.15m^3$。降水井布置4眼，设计井深18.00m（自现地面算起），成孔直径800mm，滤水管采用内径400mm，外径500mm的无砂水泥滤管，填料采用$\phi 0.5$碎石，滤网可采用纱网。

3. 支护方案

依据岩土工程条件，结合基坑平面形状复杂，开挖较深，作业范围狭小的特点，决定上部4.50m深度范围内采用45°放坡，下部采用桩锚和桩加内支撑的联合方法进行支护。

（1）桩锚支护

本支护单元坡顶2.00m以外考虑5.00m宽，15kPa局部荷载，有关桩锚支护的主要设计内容见表8-2、表8-3。

支 护 桩 设 计   表8-2

名 称	桩顶标高 （m）	直径 （mm）	间距 （mm）	长度 （mm）	配 筋
钻孔灌注桩	−4.5	800	1200	13500	纵筋11ϕ25，箍筋ϕ8@200， 加强筋ϕ14@2000

锚 杆 设 计   表8-3

序 号	标 高 （m）	直 径 （mm）	长 度（m）		拉筋 （钢绞线）	设计拉力 （kN）	锁定拉力 （kN）	备 注
			自由段	锚固段				
锚杆1	−6.50	150	5.0	17.00	4—7ϕ5	300	180	

（2）桩加内支撑支护

AB段及CD段因场地狭小，难以施工锚杆，故采用桩加内支撑方法支护，坡顶2.00m以外同样考虑5.00m宽，15kPa局部荷载。支护桩设计见表8-4。

支 护 桩 设 计   表8-4

名 称	桩顶标高 （m）	直径 （mm）	间距 （mm）	长度 （mm）	配 筋
钻孔灌注桩	−4.5	800	1200	13500	纵筋11ϕ25，箍筋ϕ8@200， 加强筋ϕ14@2000

（三）应急预案工作流程图

根据本工程的特点及施工工艺的实际情况，认真地组织了对危险源和环境因素的识别和评价，特制定本项目发生紧急情况或事故的应急措施，开展应急知识教育和应急演练，提高现场操作人员应急能力，减少突发事件造成的损害和不良环境影响。其应急准备和响应工作程序见图8-1。

（四）突发事件风险分析和预防

为确保正常施工，预防突发事件以及某些预想不到的、不可抗拒的事件发生，事前有充足的技术措施准备、抢险物资的储备，最大程度地减少人员伤亡、国家财产和经济损失，必须进行风险分析和预防。

1. 突发事件、紧急情况及风险分析

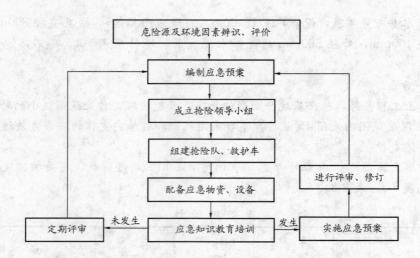

图 8-1 立交桥泵站深基础作业事故应急准备和响应工作程序图

根据本工程施工特点及复杂的地质情况，在辨识、分析评价施工中危险因素和风险的基础上，确定本工程重大危险因素是基坑坍塌、地基不均匀沉降引起附近建筑物倾斜、物体打击、高处坠落等。在工地已采取机电管理、安全管理各种防范措施的基础上，还需要制定基坑坍塌和地基不均匀沉降引起附近建筑物倾斜的应急方案。

2. 突发事件及风险预防措施

从以上风险情况的分析看，如果不采取相应有效的预防措施，不仅给桥梁施工造成很大影响，而且对施工人员的安全造成威胁。

（1）深基础开挖前先采取井点降水，将水位降至开挖最深度以下，防止开挖时出水塌方。

（2）材料准备。开挖前准备足够优质木桩和脚手板，装土袋，以备护坡（打桩护坡法），为防止基础出水，准备 2 台抽水泵，随时应急。

（3）进行基坑支护方案的设计并进行论证，报监理审批。

（4）深基础开挖，另一种措施是准备整体喷浆护坡，开挖时现场设专人负责按比例放坡，分层开挖，开挖到底后，由专业队做喷浆护坡，确保边坡整体稳固。

（5）降雨量过大引起基坑坍塌的预防措施：

①基坑的周边砌筑 30cm 高的防淹挡墙，作为通常情况下的挡水设施；配备足够数量的草包，紧急时对基坑周围施做围堰，防止地面水大量流入坑内。

②配备两台水泵（其中一台备用），用于排除井下积水。

③施工现场仓库配备足够数量的潜水泵、泥浆泵。

④及时获取天气信息，预先做好准备工作。

⑤在进行现场平面布置时，考虑适当加大明排系统的能力，并加强管理保持其畅通。

（6）基坑开挖过程中的监测及监控要求

1）监测前编制系统的监测实施方案并报有关单位批准后方可进行监测。

2）监测基准点设置 3 个，均设置在基坑边线 30m 以外，必须可靠、稳定和牢固。

3）沉降和基坑坡顶位移测量采用全站仪进行，要求仪器精度符合基坑监测要求。

4）监测项目在基坑开挖前应测得初始值，且不应少于两次。基坑开挖过程及基坑使用初期，每天监测 2 次，位移及变形稳定后每天监测 1 次，直至基础工程施工结束。特殊情况下加密监测。

5）特殊情况指以下情况：

①桩顶或坡顶的水平位移达到开挖深度的 3‰；

②桩顶或坡顶水平位移突然加大；

③锚杆杆体应力突然增大或松弛；

④锚杆拉力超过设计拉力。

（7）基坑周围采用一排搅拌桩形成止水帷幕挡水，坑内采用管井降水的方法处理地下水。

（五）应急资源分析

（1）应急力量的组成及分布：机关有关部门负责人、项目部成员。

（2）应急设备、物资准备：现场灭火器、医疗设备、救护车辆充足，药品齐全，各施工小分队配有对讲机。地方可用的主要应急资源是救护车。

（3）上级救援机构：公司应急救援领导小组。

（六）法律法规要求

《建筑基坑支护技术规程》（JGJ 120—99）、《关于特大安全事故行政责任追究的规定》第七条、第三十一条；《安全生产法》第三十条、第六十八条；《建设工程安全生产管理条例》、《安全许可证条例》。

三、应急准备

（一）机构与职责

一旦发生隧道施工安全事故，公司领导及有关部门负责人必须立即赶赴现场，组织指挥抢险，成立现场抢险领导小组。

1. 公司抢险领导小组的组成

组长：总经理

副组长：主管施工生产的副总经理

总工程师

成员：安质部、工程部、工会、公安处、劳资部、社保部、设备物资部、集团中心医院。

2. 职责：研究、审批抢险方案；组织、协调各方抢险救援的人员、物资、交通工具等；保持与上级领导机关的通信联系，及时发布现场信息。

3. 项目部应急预案领导小组及其人员组成

组长：×××

副组长：×××

下设：

通信联络组组长：×××

技术支持组组长：×××

抢险抢修组组长：×××

医疗救护组组长：×××

后勤保障组组长：×××

4. 应急组织的分工职责

（1）组长职责：

①决定是否存在或可能存在重大紧急事故，要求应急服务机构提供帮助并实施场外应急计划，在不受事故影响的地方进行直接控制；

②复查和评估事故（事件）可能发展的方向，确定其可能的发展过程；

③指导设施的部分停工，并与领导小组成员的关键人员配合指挥现场人员撤离，并确保任何伤害者都能得到足够的重视；

④与场外应急机构取得联系及对紧急情况的记录作出安排；

⑤在场（设施）内实行交通管制，协助场外应急机构开展服务工作；

⑥在紧急状态结束后，控制受影响地点的恢复，并组织人员参加事故的分析和处理。

（2）副组长（即现场管理者）职责：

①评估事故的规模和发展态势，建立应急步骤，确保员工的安全和减少设施和财产损失；

②如有必要，在救援服务机构来之前直接参与救护活动；

③安排寻找受伤者及安排非重要人员撤离到集中地带；

④设立与应急中心的通信联络，为应急服务机构提供建议和信息。

（3）通信联络组职责：

①确保与最高管理者和外部联系畅通、内外信息反馈迅速；

②保持通信设施和设备处于良好状态；

③负责应急过程的记录与整理及对外联络。

（4）技术支持组职责

①提出抢险抢修及避免事故扩大的临时应急方案和措施；

②指导抢险抢修组实施应急方案和措施；

③修补实施中的应急方案和措施存在的缺陷；

④绘制事故现场平面图，标明重点部位，向外部救援机构提供准确的抢险救援信息资料。

（5）保卫组职责

①设置事故现场警戒线、岗，维持工地内抢险救护的正常运作；

②保持抢险救援通道的通畅，引导抢险救援人员及车辆的进入；

③抢救救援结束后，封闭事故现场直到收到明确解除指令。

（6）抢险抢修组职责

①实施抢险抢修的应急方案和措施，并不断加以改进；

②寻找受害者并转移至安全地带；

③在事故有可能扩大时进行抢险抢修或救援，高度注意避免意外伤害；

④抢险抢修或救援结束后，直接报告最高管理者并对结果进行复查和评估。

（7）医疗救治组

①在外部救援机构未到达前，对受害者进行必要的抢救（如人工呼吸、包扎止血、防止受伤部位受污染等）；

②使重度受害者优先得到外部救援机构的救护；

③协助外部救援机构转送受害者至医疗机构，并指定人员护理受害者。

（8）后勤保障组职责

①保障系统内各组人员必须的防护、救护用品及生活物资的供给；

②提供合格的抢险抢修或救援的物资及设备。

（二）应急资源

应急资源的准备是应急救援工作的重要保障，项目部应根据潜在事故性质和后果分析，配备应急救援中所需的消防手段、救援机械和设备、交通工具、医疗设备和药品、生活保障物资。主要应急机械设备见表8-5。

主要应急机械设备储备表　　　　　　表 8-5

序号	材料、设备名称	单　位	数　量	规格型号	主要工作性能指标	现在何处	备　注
1	小型挖掘机	辆	1	WY-4.2	斗容量 0.2m³	现场	
2	挖掘机	辆	1	PC200	斗容量 1.6m³	现场	
3	机动翻斗车	辆	2	FC-1	斗容 0.75m³	现场	
4	液压汽车吊	辆	1	QY-25	25t	现场	
5	电焊机	台	2	BX500		现场	
6	卷扬机	台	2	JJ2-0.5	拉力 5t	现场	
7	对讲机	台	10	GP88S		现场	
8	发电机	台	1		75kW	现场	

（三）教育、训练

为全面提高应急能力，项目部应对抢险人员进行必要的抢险知识教育，制定出相应的规定，包括应急内容、计划、组织与准备、效果评估等。公司每年进行两次应急预案指导，必要时，协同项目部进行应急预案演练。

（四）互相协议

项目部应事先与地方医院、宾馆建立正式的互相协议，以便在事故发生后及时得到外部救援力量和资源的援助。

相关单位联系电话表（略）。

四、应急响应

预案的启动时机：

当桩顶或坡顶的水平位移大于开挖深度的 3‰时，或桩顶或坡顶水平位移突然加大，或锚杆杆体应力突然增大或松弛，或锚杆拉力超过设计拉力时，或突降大雨或暴雨时应立即启动应急预案。现场管理人员根据出现的险情或有可能出现的险情，迅速逐级上报，次序为现场、办公室、抢险领导小组、上级主管部门。由综合部收集、记录、整理紧急情况信息并向小组及时传递，由小组组长或副组长主持紧急情况处理会议，协调、派遣和统一指挥所有车辆、设备、人员、物资等实施紧急抢救和向上级汇报。事故处理根据事故大小情况来确定，如果事故特别小，根据上级指示可由施工单位自行直接进行处理。如果事故较大或施工单位处理不了则由施工单位向建设单位主管部门进行请示，请求启动建设单位的救援预案，建设单位的救援预案仍不能进行处理，则由建设单位的质安室向建委或政府部门请示启动上一级救援预案。应急事故发生处理流程如图 8-2 所示。

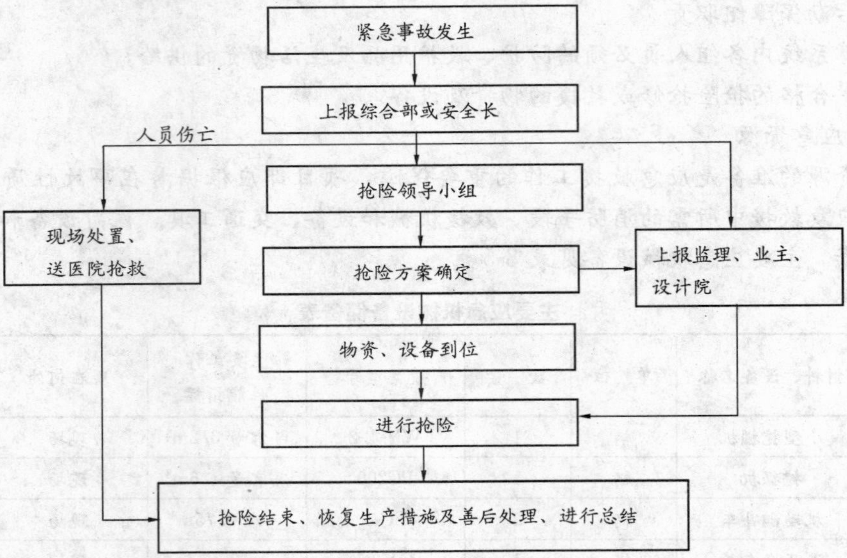

```
        ┌──────────────────┐
        │   紧急事故发生      │
        └────────┬─────────┘
                 │
        ┌────────▼─────────┐
        │  上报综合部或安全长  │
        └────────┬─────────┘
  人员伤亡         │
        ┌────────▼─────────┐
        │    抢险领导小组      │
        └────────┬─────────┘
┌──────────┐     │          ┌──────────┐
│ 现场处置、  │     │          │ 上报监理、业主、│
│ 送医院抢救  │  ┌──▼──────┐  │ 设计院      │
└──────────┘  │ 抢险方案确定 │  └──────────┘
              └──┬──────┘
        ┌────────▼─────────┐
        │    物资、设备到位    │
        └────────┬─────────┘
        ┌────────▼─────────┐
        │      进行抢险       │
        └────────┬─────────┘
┌───────────────▼────────────────────────────┐
│  抢险结束、恢复生产措施及善后处理、进行总结          │
└────────────────────────────────────────────┘
```

图 8-2 立交桥泵站深基础作业应急事故发生处理流程图

（1）值班电话：实行昼夜值班制，项目部值班时间和人员如下：7∶30～20∶30；20∶30～7∶30。

（2）紧急情况发生后，现场要做好警戒和疏散工作，保护现场，及时抢救伤员和财产，并由在现场的项目部最高级别负责人指挥，在 3min 内电话通报到值班室，主要说明紧急情况性质、地点、发生时间、有无伤亡、是否需要派救护车、消防车或警力支援到现场实施抢救，如需要可直接拨打 120、110 等求救电话。

（3）值班人员在接到紧急情况报告后必须在 2min 内将情况报告到紧急情况领导小组组长和副组长。小组组长组织讨论后在最短的时间内发出如何进行现场处置的指令。分派人员、车辆等到现场进行抢救、警戒、疏散和保护现场等。由综合部在 30min 内以小组名义打电话向上一级有关部门报告。

（4）遇到紧急情况，全体职工应特事特办、急事急办，主动积极地投身到紧急情况的处理中去。各种设备、车辆、器材、物资等应统一调遣，各类人员必须坚决无条件服从组长或副组长的命令和安排，不得拖延、推诿、阻碍紧急情况的处理。

（5）在整个施工阶段要从人员、设备、材料和制度等方面做好充分的准备工作，一旦遇到险情能迅速投入抢险工作。

（6）对于雨期施工，要及时了解天气信息，遇到暴雨天气要委派专人值班，掌握施工现场情况并及时汇报。

五、突发事件应急预案

1. 接警与通知

深基坑施工发生安全事故以后，项目部必须立即报告到公司安监部，安监部在了解事故准确位置、事故性质、死伤人数及其他有关情况后，立即报告公司分管领导、主管领导和集团公司有关部门，全过程时间不得超过 6h。

2. 指挥与控制

（1）基坑开挖引起地面不均匀沉降，引起附近建筑物的倾斜的指挥与控制。

当发现附近建筑物倾斜达到警戒值1‰时或沉降速度达到0.1mm/d时，采取的措施为：

①立即停止基坑开挖，加强基坑支护，措施为增加锚杆数量，将锚杆间距加密为500mm；情况较差时，先采用φ600钢管临时立柱进行支顶，间距为1.0m。

②地面加强措施为：在基坑周边5.0m范围内采用注浆进行加固土体，地面注浆材料采用纯水泥浆，注浆压力0.5～1.0MPa，土体加固深度为8.0m。

③邀请有关专家或加固研究所共同制订建筑物的纠偏方案并组织实施。

（2）突降大雨或暴雨时，立即启动备用水泵抽水，并安排专人不间断观察基坑的稳定情况。

（3）基坑坍塌事故的指挥控制。

发生坍塌事故后，由项目经理负责现场总指挥，发现事故发生人员首先高声呼喊，通知现场安全员，由安全员打事故抢救电话"120"，向上级有关部门或医院打电话抢救，同时通知项目副经理组织紧急应变小组进行现场抢救。土建工长组织有关人员进行清理土方或杂物，如有人员被埋，应首先按部位进行人员抢救，其他组员采取有效措施，防止事故发展扩大，让现场安全负责人随时监护边坡状况，及时清理边坡上堆放的材料，防止造成再次事故的发生。在向有关部门通知抢救电话的同时，对轻伤人员在现场采取可行的应急抢救，如现场包扎止血等措施。防止受伤人员流血过多造成死亡事故发生。预先成立的应急小组人员分工，各负其责，重伤人员由水、电工协助送外抢救，门卫在大门口迎接来救护的车辆，有程序地处理事故、事件，最大限度地减少人员伤亡和财产损失。

紧急救援的一般原则：

以确保人员的安全为第一，其次是控制材料的损失。紧急救援的关键是速度，因为大多数坍塌死亡是窒息死亡，因此，救援时间就是生命。此外要培养施工人员正确的处险意识，凡发现险情要立刻使用事故报警系统进行通报，紧急救援响应者必须是紧急工作组成员，其他人员应该撤离至安全区域，并服从紧急工作组成员的指挥。

急救知识与技术：

鉴于深基坑坍塌事故所造成的伤害主要是机械性窒息引起呼吸功能衰竭和颅脑损伤所致中枢神经系统功能衰竭，因此紧急工作组成员必须熟练掌握止血包扎、骨折固定、伤员搬运及心肺复苏等急救知识与技术等。

3. 通信

项目部必须将110、120、项目部应急领导小组成员的手机号码、企业应急领导组织成员手机号码、当地安全监督部门电话号码，明示于工地显要位置。工地抢险指挥及安全员应熟知这些号码。

4. 警戒与治安

安全保卫小组应在事故现场周围建立警戒区域实施交通管制，维护现场治安秩序。

5. 人群疏散与安置

疏散人员工作要有秩序地服从指挥人员的疏导要求进行疏散，做到不惊慌失措，不混乱，不拥挤，减少人员伤亡。

6. 公共关系

项目部办公室为项目部信息收集和发布的组织机构，人员包括：×××。办公室届时将起到项目部的媒体的作用，对事故的处理、控制、进展、升级等情况进行信息收集，并对事故轻重情况进行删减，有针对性地定期和不定期向外界和内部如实地报道，向内部报道主要是向项目部内部各工区、集团公司进行报道等，外部报道主要是向建设、监理、设计等单位的报道。

六、现场恢复

充分辨识恢复过程中存在的危险，当安全隐患彻底清除后，方可恢复正常工作状态。

七、预案管理与评审改进

公司和项目部对应急预案每年至少进行一次评审，针对施工的变化及预案中暴露的缺陷，不断更新完善和改进应急预案。

范例 19

基坑边坡支护应急预案

本工程为深基坑支护，现以"安全第一，预防为主"的原则制定出基坑边坡支护施工过程中及支护完成回填土方前的应急预案，具体如下：

一、应急管理体系

1. 施工现场实行层层安全把关的原则，实行公司项目部、施工队安全管理制度，项目部及施工队各设置专职安全员。

2. 施工过程中现场成立应急领导小组

组长：×××

副组长：×××、×××

组员：×××、×××、×××、×××、×××、×××、×××、×××、×××、×××

施工前对10名工人进行应急救援培训，一旦出现安全事故，立即参与救援。

二、应急准备

1. 应急材料准备（见表8-6）

应急材料准备 表8-6

序 号	名 称	规 格	数 量	用 处
1	挖掘机		1 台	堆土及卸荷
2	土方		500m³	堆土临时加固
3	钢筋		10t	对边坡进行加固
4	洋镐		20 把	救援时挖土
5	铁锹		20 把	救援时挖土
6	手推车		10 辆	救援时运土

2. 应急措施准备

（1）施工前进行安全教育制度，各级施工人员严格按照施工方案及有关规范组织施工。

（2）土方开挖过程中，严格按照施工方案开挖，严禁超挖。

（3）土钉墙施工过程中，上部土钉强度达到75%以上时，方可开挖下部土方。

（4）南侧护坡桩锚杆强度达到设计值并张拉锁定后方可进行下步土方的开挖。

（5）挖掘机保持24h在施工现场，并随时做好应急准备。

（6）保证现场堆土不少于500m³。

（7）后续结构施工过程中，距离坡边10m范围内地面荷载不超过设计荷载10kPa。

（8）基坑边坡施工完成后，大雨或暴雨过后，及时进行边坡观测，随时掌握边坡的动态。

三、应急措施

1. 基坑开挖过程中因土质较松散而发生局部土体不稳定时，可采用的方法有：

（1）视土质情况减小土方开挖深度和开挖长度；

（2）可在土方开挖后立即喷射一层40mm厚的砂浆或混凝土，再进行土钉施工；

（3）若不稳定土体已塌落，视塌落土体大小用编织袋或草袋等物体装土填充密实后，挂钢筋网并进行压力注浆，再进行下一步工序施工。

2. 施工过程中边坡出水而影响坡体稳定时

（1）首先与建设单位密切配合，了解施工场区周边地下管线（上、下水管、污水管、雨水管及消防水管等）是否有渗漏现象，及时切断水源并进行补漏和堵截；

（2）可采取在边坡设置导流花管的方法将土体中水导出，基槽内设置盲沟和集水井，用水泵将水尽快排出基槽；

（3）增加边坡监测次数，做好记录并及时上报；

（4）所有坡面上废弃的污水、雨水管线、暖气沟、人防等设置导流花管，防止土方开挖后管线内的渗水影响边坡的安全；

（5）在临近的污水及雨水管线下，设置一排泻水孔，将管线渗水导出。

3. 边坡位移发生突变，地面产生较大裂缝，位移未有收敛迹象，处理时立即向施工现场安全负责人×××（或×××）汇报，×××立即向应急组长和副组长汇报。

（1）×××组织立即封锁该区路面，禁止各种车辆及无关人员通行；及时通知设计人员到场；

（2）通知技术负责人到场，立即采取坡后卸荷，坡脚堆土压重或内支撑等方法减缓边坡位移；

（3）由×××负责观测并缩短边坡监测周期并随时上报观测结构；

（4）由×××组织有关人员尽快分析事故原因，找出最有效的解决方案避免事故继续恶化，保证工程顺利进行。

4. 一旦出现塌方时的处理措施

（1）现场人员立即呼叫周边施工人员撤离现场，同时向安全负责人×××报告，立即启动应急预案；

（2）组长×××现场指挥救人，×××不在现场时由副组长×××现场指挥；

（3）×××（或×××）负责拨打急救电话"120"或"999"，及时将伤员送往医院。

同时通知总公司、公司以及总包方的有关领导，增大救援力度，积极营救伤员；

（4）×××（或×××）指挥工人救援伤员；

（5）×××（或×××）负责人工呼吸；

（6）×××（或×××）负责包扎伤员；

（7）×××负责事故后进一步的安全检查及防护，防止事故扩大。

8.6　模板安装拆除作业事故应急救援预案实例

在我国，扣件式钢管模板支撑架是建筑施工中常用的支模方式，但缺少相对应的设计计算标准，使现有的设计计算存在着不确定、不安全的因素，为预防模板坍塌事故的发生，有必要建立相应的应急预案。

应急预案的基本要求是要有针对性和实用性，即确定最不利状态，进行科学的计算和分析；绘制预案实施网络图；应随施工情况的变化而及时修订。

由于模板支撑架坍塌发生后，施工人员常发生因异物吸入造成呼吸功能衰竭而死亡。本节案例 11 个死亡人员中因异物吸入致死的有 8 人，占 73%。从中可知事故发生后不能有效施救是造成惨案的又一原因。因此，紧急救援系统的建立是减少伤亡的有效措施。模板支撑架坍塌事故紧急救援系统应包括：

1. 紧急设施，包括事故报警系统、支撑应力监测及自动预警系统、紧急救援工具、应急照明、紧急医疗工具。

2. 紧急联络与通信，包括发生事故需要外部救援时，除启动工地报警系统外，应拨打"119"报警和医疗救护"120"。同时按预案规定的通信方法向有关部门联络。

3. 紧急撤离方法，即一旦事故发生，作业人员应立即停止作业，在采取必要的应急措施后，撤离危险区域。撤离时以人员安全为主，不要急于抢救财物，并针对现场具体情况有序地向安全区撤离。

4. 紧急工作组。紧急工作组的组成目的是对工地内可能发生的重大险情作出响应。其工作宗旨是减少人员伤亡，并关注财产损失和环境污染。紧急工作组成员必须经过紧急医疗救护和事故预案等紧急救援知识的培训，并能熟练掌握和运用。

紧急工作组的组成和职责：

（1）救援组：主要负责人员和物资的抢救、疏散，排除险情及排除救援障碍。

（2）事故处理组：按事故预案使用各种安全可靠的手段，迅速控制事故的发展。并针对现场具体情况，向救援组提供相应的救援方法和必要的施救工具及条件。

（3）联络组：负责事故报警和上报，以及现场救援联络、后勤供应，接应外部专业救援单位施救。指挥、清点、联络各类人员。

（4）警戒组：主要负责安全警戒任务，维护事故现场秩序，劝退或撤离现场围观人员，禁止外人闯入现场保护区。

紧急救援的一般原则：

首先以确保人员的安全为第一，其次是控制材料的损失。紧急救援的关键是速度，因为大多数坍塌死亡是窒息死亡，因此，救援时间就是生命。此外要培养施工人员正确的处险意识，凡发现险情要立刻使用事故报警系统进行通报，紧急救援响应者必须是紧急工作组成员，其他人员应该撤离至安全区域，并服从紧急工作组成员的指挥。

急救知识与技术：

鉴于模板支撑架坍塌事故所造成的伤害主要是机械性窒息引起呼吸功能衰竭和颅脑损伤所致中枢神经系统功能衰竭，因此紧急工作组成员必须熟练掌握止血包扎、骨折固定、伤员搬运及心肺复苏等急救知识与技术等。

范例 20

某工程坍塌事故、模板安拆应急准备与响应预案

一、应急准备

1. 组织机构及职责

（1）项目部坍塌事故应急准备和响应领导小组

组长：项目经理。

组员：生产负责人、安全员、各专业工长、技术员、质检员、值勤人员。

值班电话：××××××。

（2）职责：坍塌事故应急处置领导小组负责对项目突发坍塌事故的应急处理。

2. 培训和演练

（1）项目部安全员负责主持、组织全机关每年进行一次按坍塌事故"应急响应"的要求进行模拟演练。各组员按其职责分工，协调配合完成演练。演练结束后由组长组织对"应急响应"的有效性进行评价，必要时对"应急响应"的要求进行调整或更新。演练、评价和更新的记录应予以保留。

（2）施工管理部负责对相关人员每年进行一次培训。

3. 应急物资的准备、维护、保养

（1）应急物资的准备：简易担架、跌打损伤药品、包扎纱布等。

（2）各种应急物资要配备齐全并加强日常管理。

4. 预防措施

（1）深基础开挖前先采取井点降水，将水位降至开挖最大深度以下，防止开挖时出水塌方。

（2）材料准备。开挖前准备足够优质木桩和脚手板，装土袋，以备护坡（打桩护坡法），为防止基础出水，准备 2 台抽水泵，随时应急。

（3）深基础开挖，另一种措施是准备整体喷浆护坡，开挖时现场设专人负责按比例放坡，分层开挖，开挖到底后，由专业队做喷浆护坡，确保边坡整体稳固。

二、应急响应

1. 防坍塌事故发生，项目部成立应急小组，由项目经理担任组长，生产负责人、安全员、各专业工长为组员，主要负责紧急事故发生时有条有理地进行抢救或处理，外包队管理人员及后勤人员，协助项目副经理做相关辅助工作。

2. 发生坍塌事故后，由项目经理负责现场总指挥，发现事故发生人员首先高声呼喊，

通知现场安全员，由安全员打事故抢救电话"120"，向上级有关部门或医院打电话抢救，同时通知项目副经理组织紧急应变小组进行现场抢救。土建工长组织有关人员进行清理土方或杂物，如有人员被埋，应首先按部位进行抢救人员，其他组员采取有效措施，防止事故发展扩大，让外包队负责人随时监视边坡状况，及时清理边坡上堆放的材料，防止造成再次事故的发生。在向有关部门通知抢救电话的同时，对轻伤人员在现场采取可行的应急抢救，如现场包扎止血等措施。防止受伤人员流血过多造成死亡事故发生。预先成立的应急小组人员分工，各负其责，门卫在大门口迎接来救护的车辆，有程序地处理事故、事件，最大限度地减少人员伤亡和财产损失。

3. 如果发生脚手架坍塌事故，按预先分工进行抢救，架子工长组织所有架子工进行倒塌架子的拆除和拉牢工作，防止其他架子再次倒塌，现场清理由队长组织有关职工协助清理材料，若有人员被砸应首先清理被砸人员身上的材料，集中人力先抢救受伤人员，最大限度地减小事故损失。

4. 事故后处理工作

(1) 查明事故原因及责任人。

(2) 以书面形式向上级写出报告，包括事故发生的时间、地点、伤亡情况（人员姓名、性别、年龄、工种、伤害程度、受伤部位）。

(3) 制定有效的预防措施，防止此类事故再次发生。

(4) 组织所有人员进行事故教育。

(5) 向所有人员宣读事故结果及对责任人的处理意见。

8.7　脚手架搭拆、塔吊装拆作业事故应急救援预案实例

范例 21

高层施工塔吊倾翻应急预案

一、应急预案的方针与原则

更好地适应法律和经济活动的要求；给企业员工的工作和施工场区周围居民提供更好更安全的环境；保证各种应急资源处于良好的备战状态；指导应急行动按计划有序地进行；防止因应急行动组织不力或现场救援工作的无序和混乱而延误事故的应急救援；有效地避免或降低人员伤亡和财产损失；帮助实现应急行动的快速、有序、高效；充分体现应急救援的"应急精神"。坚持"安全第一、预防为主"、"保护人员安全优先、保护环境优先"的方针，贯彻"常备不懈、统一指挥、高效协调、持续改进"的原则。

二、应急策划

（一）工程概况

×××工程（以下简称本工程）是由×××房地产开发有限公司投资开发的商办建筑群，位于××市二环东路×××对面，处于××市开发区的繁华商住区。地下3层，地上

30层。地下3层为车库和设备用房，地上1～4层为城市商业、金融、证券、商务会所及休闲娱乐中心，5～28层为大空间商住两用房，29～30为设备和电梯房。本工程由×××设计公司设计，由两栋连体建筑通过裙房相连接，与B座、C座及其裙房等工程共同形成塔楼、板式楼、裙房为一体的现代化建筑群。

本工程由两栋连体30层塔楼组成，塔楼呈正四方形，总高度122.9m，结构高度104.5m，建筑面积约71025m²，南北长78.4m，东西宽62.75m，塔楼为30.4m×31.5m的长方形，外窗为竖向条窗，顶部为弧形反檐处理。塔楼标准层为9m×9m柱网，预应力梁板结构。基础设防震缝和沉降缝，在主楼与裙楼间设混凝土沉降后浇带。本工程抗震设防烈度为六度，框架—剪力墙抗震等级为三级。本工程地上部分为框架—剪力墙体系，主楼为箱式基础，裙楼为有梁式整板基础。

现场施工使用塔式起重机1台，用以提升建筑材料，施工电梯2台，主要是施工人员上下使用。

（二）应急预案工作流程图

根据本工程的特点及施工工艺的实际情况，认真地组织了对危险源和环境因素的识别和评价，特制定本项目发生紧急情况或事故的应急措施，开展应急知识教育和应急演练，提高现场操作人员应急能力，减少突发事件造成的损害和不良环境影响。其应急准备和响应工作程序见图8-3。

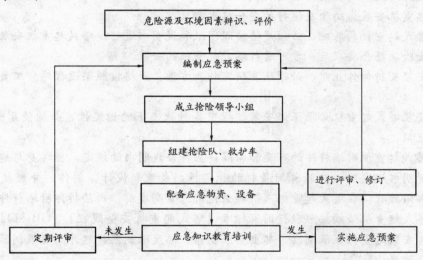

图8-3 高层施工塔吊倾翻事故应急准备和响应工作程序图

（三）重大事故（危险）发展过程及分析

1. 塔吊作业中突然安全限位装置失控，发生撞击护栏及相邻塔吊或坠物，或违反安全规程操作，造成重大事故（如倾倒、断臂）。

2. 基坑边坡在外力荷载作用下滑坡倒塌。

3. 液压升降式脚手架发生部分或整体倒塌及搭拆作业发生人员伤亡事故。

4. 施工电梯操作失误或失灵。

5. 自然灾害（如雷电、沙尘暴、地震、强风、强降雨、暴风雪等）对设施的严重损坏。

6. 塔吊、施工电梯安装和拆除过程中发生的人员伤亡事故。

7. 运行中的电气设备发生故障或线路发生严重漏电。

8. 其他作业可能发生的重大事故（高处坠落、物体打击、起重伤害、触电等）造成的人员伤亡、财产损失、环境破坏。

（四）突发事件风险分析和预防

为确保正常施工，预防突发事件以及某些预想不到的、不可抗拒的事件发生，事前有充足的技术措施准备、抢险物资的储备，最大程度地减少人员伤亡、国家财产和经济损失，必须进行风险分析和采取有效的预防措施。

1. 突发事件、紧急情况及风险分析

根据本工程特点，在辨识、分析评价施工中危险因素和风险的基础上，确定本工程重大危险因素是塔吊倾覆、物体打击、高处坠落、触电、火灾等。在工地已采取机电管理、安全管理各种防范措施的基础上，还需要制定塔吊倾覆的应急方案。具体如下：假设塔吊基础坍塌时可能倾翻；假设塔吊的力矩限位失灵，塔吊司机违章作业严重超载吊装，可能造成塔吊倾翻。

2. 突发事件及风险预防措施

从以上风险情况的分析看，如果不采取相应有效的预防措施，不仅给工程施工造成很大影响，而且对施工人员的安全造成威胁。

塔式起重机安装、拆除及运行的安全技术要求：

（1）塔式起重机的基础，必须严格按照图纸和说明书进行。塔式起重机安装前，应对基础进行检验，符合要求后，方可进行塔式起重机的安装。

（2）安装及拆卸作业前，必须认真研究作业方案，严格按照架设程序分工负责，统一指挥。

（3）安装塔式起重机必须保证安装过程中各种状态下的稳定性，必须使用专用螺栓，不得随意代用。

（4）塔式起重机附墙杆件的布置和间隔，应符合说明书的规定。当塔身与建筑物水平距离大于说明书规定时，应验算附着杆的稳定性，或重新设计、制作，并经技术部门确认，主管部门验收。在塔式起重机未拆卸至允许悬臂高度前，严禁拆卸附墙杆件。

（5）塔式起重机必须按照现行国家标准《塔式起重机安全规程》（GB 5144）及说明书的规定，安装起重力矩限制器、起重量限制器、幅度限制器、起升高度限制器、回转限制器等安全装置。

（6）塔式起重机操作使用应符合下列规定：

①塔式起重机作业前，应检查金属结构、连接螺栓及钢丝绳磨损情况；送电前，各控制器手柄应在零位，空载运转，试验各机构及安全装置并确认正常。

②塔式起重机作业时严禁超载、斜拉和起吊埋在地下等不明重量的物件；

③吊运散装物件时，应制作专用吊笼或容器，并应保障在吊运过程中物料不会脱落。吊笼或容器在使用前应按允许承载能力的两倍荷载进行试验，使用中应定期进行检查；

④吊运多根钢管、钢筋等细长材料时，必须确认吊索绑扎牢靠，防止吊运中吊索滑移、物料散落；

⑤两台及两台以上塔式起重机之间的任何部位（包括吊物）的距离不应小于2m。当

不能满足要求时，应采取调整相邻塔式起重机的工作高度、加设行程限位、回转限位装置等措施，并制定交叉作业的操作规程；

⑥沿塔身垂直悬挂的电缆，应使用不被电缆自重拉伤和磨损的可靠装置悬挂；

⑦作业完毕，起重臂应转到顺风方向，并应松开回转制动器，起重小车及平衡重应置于非工作状态。

⑧为防止事故发生，塔吊必须由具备资质的专业队伍安装和拆除，塔吊司机必须持证上岗，安装完毕后经技术监督局特种设备安全检测中心或建管局安监站验收合格后方可投入使用。

⑨塔吊司机操作时，必须严格按操作规程操作，不准违章作业，严格执行"十不吊"，操作前必须有安全技术交底记录，并履行签字手续。

⑩塔吊安装、顶升、拆除必须先编制施工方案，经项目总工审批后遵照执行。

⑪所有架子工必须持证上岗，工作时佩带好个人防护用品，严格按方案施工，做好塔吊拉接点拉牢工作，防止架体倒塌。

⑫塔吊安装完成后，必须经技术监督局特种设备安全检测中心或建管局塔机检测中心验收合格后，方可投入使用。

（五）法律法规要求

《建筑塔吊安全操作技术规程》、《关于特大安全事故行政责任追究的规定》第七条、第三十一条；《安全生产法》第三十条、第六十八条；《建筑工程安全管理条例》、《安全许可证条例》、《商务广场塔机交叉作业管理细则》。

三、应急准备

1. 机构与职责

一旦发生塔吊倾翻安全事故，公司领导及有关部门负责人必须立即赶赴现场，组织指挥应急处理，成立现场应急领导小组。

（1）公司应急领导小组的组成

组长：总经理

副组长：主管施工生产的副总经理、总工程师

成员：安全质量管理部、工程管理部、工会、生产保护部、公安处、劳资培训部、社会保险事业管理部、设备物资部、集团中心医院、集团公司机关门诊部。

（2）职责：研究、审批抢险方案；组织、协调各方抢险救援的人员、物资、交通工具等；保持与上级领导机关的通信联系，及时发布现场信息。

（3）项目部应急领导小组及其人员组成

组长：×××

副组长：×××

下设

通信联络组组长：×××

技术支持组组长：×××

抢险抢修组组长：×××

医疗救护组组长：×××

后勤保障组组长：×××

（4）应急组织的职责及分工

1）组长职责

①决定是否存在或可能存在重大紧急事故，要求应急服务机构提供帮助并实施场外应急计划，在不受事故影响的地方进行直接控制；

②复查和评估事故（事件）可能的发展方向，确定其可能的发展过程；

③指导设施的部分停工，并与领导小组成员的关键人员配合指挥现场人员撤离，并确保任何伤害者都能得到足够的重视；

④与场外应急机构取得联系及对紧急情况的处理作出安排；

⑤在场（设施）内实行交通管制，协助场外应急机构开展服务工作；

⑥在紧急状态结束后，控制受影响地点的恢复，并组织人员参加事故的分析和处理。

2）副组长（即现场管理者）职责

①评估事故的规模和发展态势，建立应急步骤，确保员工的安全和减少设施和财产损失；

②如有必要，在救援服务机构到来之前直接参与救护活动；

③安排寻找受伤者及安排非重要人员撤离到集中地带；

④设立与应急中心的通信联络，为应急服务机构提供建议和信息。

3）通信联络组职责

①确保与最高管理者和外部联系畅通、内外信息反馈迅速；

②保持通信设施和设备处于良好状态；

③负责应急过程的记录与整理及对外联络。

4）技术支持组职责

①提出抢险抢修及避免事故扩大的临时应急方案和措施；

②指导抢险抢修组实施应急方案和措施；

③修补实施中的应急方案和措施存在的缺陷；

④绘制事故现场平面图，标明重点部位，向外部救援机构提供准确的抢险救援信息资料。

5）保卫组职责

①保护受害人财产；

②设置事故现场警戒线、岗，维持工地内抢险救护的正常运作；

③保持抢险救援通道的通畅，引导抢险救援人员及车辆的进入；

④抢救救援结束后，封闭事故现场直到收到明确解除指令；

6）抢险抢修组职责

①实施抢险抢修的应急方案和措施，并不断加以改进；

②寻找受害者并转移至安全地带；

③在事故有可能扩大进行抢险抢修或救援时，高度注意避免意外伤害；

④抢险抢修或救援结束后，直接报告最高管理者并对结果进行复查和评估。

7）医疗救治组

①在外部救援机构未到达前，对受害者进行必要的抢救（如人工呼吸、包扎止血、防止受伤部位受污染等）；

②使重度受害者优先得到外部救援机构的救护；

③协助外部救援机构转送受害者至医疗机构，并指定人员护理受害者。

8）后勤保障组职责

①保障系统内各组人员必须的防护、救护用品及生活物资的供给；

②提供合格的抢险抢修或救援的物资及设备。

2. 应急资源

应急资源的准备是应急救援工作的重要保障，项目部应根据潜在事故的性质和后果分析，配备应急救援中所需的消防手段、救援机械和设备、交通工具、医疗设备和药品、生活保障物资。主要应急机械设备见表8-7。

主要应急机械设备储备表

表8-7

序号	材料、设备名称	单位	数量	规格型号	主要工作性能指标	现在何处	备 注
1	液压汽车吊	辆	1	QY-16	16t	现场	
2	电焊机	台	2	BX500		现场	
3	卷扬机	台	2	JJ2-0.5	拉力5t	现场	
4	发电机	台	1		75kW	现场	
5	小汽车	台	1			现场	

应急物资主要有：

（1）氧气瓶、乙炔瓶、气割设备1套；

（2）备用5m长绝缘杆1根；

（3）备一根 ϕ20 棕绳长 30m，备一根 ϕ12 尼龙绳长 30m（存项目部）；

（4）急救药箱2个（项目部、土建队各备1个）；

（5）手电6个（塔吊、电工、抢险组、防护组、经理、副经理各1个）；

（6）对讲机6部。

3. 教育、训练

为全面提高应急能力，项目部应对抢险人员进行必要的抢险知识教育，制定出相应的规定，包括应急内容、计划、组织与准备、效果评估等。

4. 互相协议

项目部应事先与地方医院、宾馆建立正式的互相协议，以便在事故发生后及时得到外部救援力量和资源的援助。

相关单位联系电话表（略）。

四、应急响应

施工过程中施工现场或驻地发生无法预料的需要紧急抢救处理的危险时，应迅速逐级上报，次序为现场、办公室、抢险领导小组、上级主管部门。由项目部安质部收集、记录、整理紧急情况信息并向小组及时传递，由小组组长或副组长主持紧急情况处理会议，协调、派遣和统一指挥所有车辆、设备、人员、物资等实施紧急抢救和向上级汇报。事故处理根据事故大小情况来确定，如果事故特别小，根据上级指示可由施工单位自行直接进行处理。如果事故较大或施工单位处理不了，则由施工单位向建设单位主管部门进行请示，请求启动建设单位的救援预案，建设单位的救援预案仍不能进行处理，则由建设单位的安全管理部门向建管局安监站或政府部门请示启动上一级救援预案。应急事故发生处理流程如图 8-4 所示。

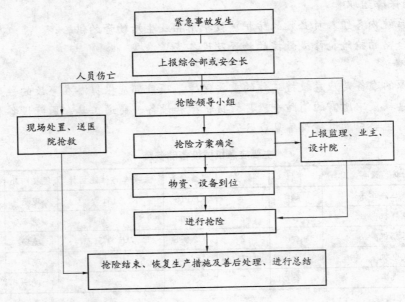

图 8-4 高层施工塔吊倾翻应急事故发生处理流程图

(1) 值班电话：××××××××，项目部实行昼夜值班制度，项目部值班时间和人员如下：7：30～20：30×××；20：30～7：30×××。

(2) 紧急情况发生后，现场要做好警戒和疏散工作，保护现场，及时抢救伤员和财产，并由在现场的项目部最高级别负责人指挥，在 3min 内电话通报到值班人员，主要说明紧急情况性质、地点、发生时间、有无伤亡、是否需要派救护车、消防车或警力支援到现场实施抢救，如需可直接拨打 120、110 等求救电话。

(3) 值班人员在接到紧急情况报告后必须在 2min 内将情况报告到紧急情况领导小组组长和副组长。小组组长组织讨论后在最短的时间内发出如何进行现场处置的指令。分派人员车辆等到现场进行抢救、警戒、疏散和保护现场等。由项目部安质部在 30min 内以小组名义打电话向上一级有关部门报告。

(4) 遇到紧急情况，全体职工应特事特办、急事急办，主动积极地投身到紧急情况的处理中去。各种设备、车辆、器材、物资等应统一调遣，各类人员必须坚决无条件服从组长或副组长的命令和安排，不得拖延、推诿、阻碍紧急情况的处理。

五、塔吊倾翻突发事件应急预案

1. 接警与通知

如遇意外塔吊发生倾翻时，在现场的项目管理人员要立即用对讲机向项目经理×××汇报险情。

×××立即召集施工队长、劳务队长、抢救指挥组其他成员，抢救、救护、防护组成员携带着各自的抢险工具，赶赴出事现场。

2. 指挥与控制

抢救组到达出事地点，在×××指挥下分头进行工作。

（1）首先抢救组和经理一起查明险情，确定是否还有危险源。如碰断的高、低压电线是否带电；塔吊构件、其他构件是否有继续倒塌的危险；人员伤亡情况；商定抢救方案后，项目经理向公司总工请示汇报批准，然后组织实施。

（2）防护组负责把出事地点附近的作业人员疏散到安全地带，并进行警戒不准闲人靠近，对外注意礼貌用语。

（3）工地值班电工负责切断有危险的低压电气线路的电源。如果在夜间，接通必要的照明灯光；

（4）抢险组在排除继续倒塌或触电危险的情况下，立即救护伤员：边联系救护车，边及时进行止血包扎，用担架将伤员抬到车上送往医院。

（5）对倾翻变形塔吊的拆卸、修复工作应请塔吊厂家来人指导进行。

（6）塔吊事故应急抢险完毕后，项目经理立即召集×××和塔吊司机组的全体同志进行事故调查，找出事故原因、责任人以及制订防止再次发生类似的整改措施。

（7）对应急预案的有效性进行评审、修订。

3．通信

项目部必须将110、120、项目部应急领导小组成员的手机号码、企业应急领导组织成员手机号码、当地安全监督部门电话号码，明示于工地显要位置。工地抢险指挥及安全员应熟知这些号码。

4．警戒与治安

安全保卫小组在事故现场周围建立警戒区域实施交通管制，维护现场治安秩序。

5．人群疏散与安置

疏散人员工作要有秩序地服从指挥人员的疏导要求进行疏散，做到不惊慌失措，不混乱，不拥挤，减少人员伤亡。

6．公共关系

项目部安质部为事故信息收集和发布的组织机构，人员包括：×××。安质部届时将起到项目部的媒体的作用，对事故的处理、控制、进展、升级等情况进行信息收集，并对事故轻重情况进行删减，有针对性定期和不定期地向外界和内部如实地报道，向内部报道主要是向项目部内部各工区、集团公司的报道等，外部报道主要是向业主、监理、设计等单位的报道。

六、现场恢复

充分辨识恢复过程中存在的危险，当安全隐患彻底清除，方可恢复正常工作状态。

七、预案管理与评审改进

公司和项目部对应急预案每年至少进行一次评审，针对施工的变化及预案中暴露的缺陷，不断更新完善和改进应急预案。

附录　脚手架安全技术规程

一、脚手架材料

1．钢管脚手应用外径48～51mm、叠厚3～3.5mm的钢管，长度以4～6.5m和

2.1～2.3m为宜。有严重锈蚀、弯曲、压扁或裂纹的不得使用。

2. 扣件应有出厂合格证明，发现有脆裂、变形、滑丝的禁止使用。

3. 木杆应采用剥皮杉木和其他各种坚韧硬木。杨木、柳木、桦木、椴木、油松和腐朽、折裂、枯节等易折木杆，一律禁止使用。

4. 木脚手立杆，有效部分的小头直径不得小于7cm，大横杆、小横杆（排木）有效部分的小头直径不得小于8cm。6～8cm之间的可双杆合并或单根加密使用。

5. 竹脚手的立杆、大横杆、剪刀撑、支杆等有效部分的小头直径不得小于7.5cm；小横杆不得小于9cm（6～9cm之间的可双杆合并或单根加密使用）。青嫩、枯脆、裂纹、白麻、虫蛀的竹杆不得使用。

6. 钢制脚手板应采用2～3mm的HPB235级钢材，长度为1.5～3.6m，宽度23～25cm，肋高5cm为宜，两端应有连接装置，板面应钻有防滑孔。凡是裂纹，扭曲的不得使用。

7. 木脚手板应用厚度不小于5cm的杉木或松木板，宽度以20～30cm为宜，凡是腐朽、扭曲、斜纹、破裂和大横透节的不得使用。板的两端8cm处应用镀锌铁丝箍绕2～3圈或用铁皮钉牢。

8. 竹片脚手板，板厚不得小于5cm，螺栓孔不得大于1cm，螺栓必须拧紧。竹编脚手板，其两边的竹杠直径不得小于4.5cm，长度一般以2.3～3m，宽度以40cm为宜。

9. 脚手架的绑扎材料可采用8号镀锌铁丝，直径不少于10mm的麻绳或水、葱竹蔑。

二、外脚手架

1. 钢管脚手架的立杆应垂直稳放在金属底座或垫木上。立杆间距不得大于2m；大横杆间距不得大于1.2m；小横杆间距不得大于1.5m。钢管立杆、大横杆接头应错开，要用扣件连接拧紧螺栓，不准用铁丝绑扎。

2. 木脚手架的立杆应埋入地下30～50cm，埋杆前先挖好土坑，将底部夯实并垫以砖石，如遇松土或者无法挖坑时，应绑扫地杆。木脚手架的立杆间距不得大于1.5m；大横杆间距不得大于1.2m；小横杆间距不得大于1m。

3. 竹脚手必须搭设双排架子。立杆间距不得大于1.3m；小横杆间距不得大于0.75m。

4. 抹灰、勾缝、油漆等外装修用的脚手架，宽度不得小于0.8m，立杆间距不得大于2m；大横杆间距不得大于1.8m。

5. 木、竹立杆和大横杆应错开搭接，搭接长度不得小于1.5m。绑扎时小头应压在大头上，绑扣不得少于3道。立杆、大横杆、小横杆相交时，应先绑两根，再绑第三根，不得一次扣绑3根。

6. 单排脚手架的小横杆伸入墙内不得少于24cm；伸出大横杆外不得少于10cm。通过门窗口和通道时，小横杆的间距大于1m应绑吊杆；间距大于2m时，吊杆下需加设顶撑。

7. 18cm厚的砖墙、空斗墙和砂浆强度在M10以下的砖墙，不得用单排脚手架。

8. 脚手架的负荷量，每平方米不能超过270kg。如果负荷量必须加大，应按照施工方案进行架设。

9. 脚手架两端、转角处以及每隔6～7根立杆应设剪刀撑和支杆。剪刀撑和支杆与地面的角度应不大于60°，支杆底端要埋入地下不小于30cm。架子高度在7m以上或无法设支杆时，每高4m，水平每隔7m，脚手架必须同建筑物连接牢固。

10. 架子的铺设宽度不得小于1.2m。脚手板须满铺，离墙面不得大于20cm，不得有空隙和探头板。脚手板搭接时不得小于20cm；对头接时应架设双排小横杆，间距不大于20cm。在架子拐弯处脚手板应交叉搭接。垫平脚手板应用木块，并且要钉牢，不得用砖垫。

11. 翻脚手板应两人由里往外按顺序进行，在铺第一块或翻到最外一块脚手板时，必须挂牢安全带。

12. 上料斜道的铺设宽度不得小于1.5m，坡度不得大于一比三，防滑条的间距不得大于30cm。

13. 脚手架的外侧、斜道和平台，要绑1m高的防护栏杆和钉18cm高的挡脚板或防护立网。

14. 在门窗洞口搭设挑架（外伸脚手架），斜杆与墙面一般不大于30°，并应支承在建筑物的牢固部分，不得支承在窗台板、窗檐、线脚等地方。墙内大横杆两端都必须伸过门窗洞口两侧不少于25cm。挑架所有受力点都要绑双扣，同时要绑防护栏杆。

三、里脚手架

1. 砌筑里脚手架铺设宽度不得小于1.2m，高度应保持低于外墙20cm。里脚手的支架间距不得大于1.5m，支架底脚要有垫木块，并支在能承受荷重的结构上。搭设双层架时，上下支架必须对齐，同时支架间应绑斜撑拉固。

2. 砌墙高度超过4m时，必须在墙外搭设能承受160kg重的安全网或防护挡板。多层建筑应在二层和每隔四层设一道固定的安全网。同时再设一道随施工高度提升的安全网。

3. 搭设安全网应每隔3m设一根支杆，支杆与地平一般须保持45°，在楼层支网须事先预埋钢筋环或在墙的里外侧各绑一道横杆。网应外高里低，网与网之间须拼接严密，网内杂物要随时清扫。

四、其他脚手架

1. 金属挂架的间距，一般不得大于2m。预埋的挂环（钢销片）必须牢固，挂环距门窗口两侧不得少于24cm，60cm的窗间墙只准设一个挂环，最上一层的挂环要设在顶板下不少于75cm。安挂架时，应两人配合操作，插销必须插牢，挂钩插入圆孔内须垂直挂到底，支承钢板要紧贴于墙面。在建筑物转角处，应挑出水平杆，互相绑牢。

2. 吊篮应严格按照设计图纸进行安装。悬挂吊篮的钢丝绳围绕挑梁不得少于3圈，卡头的卡子不得少于3个，每个吊栏不少于两根保险绳，每次提升后要将保险绳与吊篮卡牢固定。钢丝绳不得与建筑物或其他构件摩擦，靠近时应用垫物或滑轮隔开。散落在上面的杂物要随时清除。

3. 用手板葫芦升降的吊篮，操纵时严禁同时扳动前进杆与返向杆，降落时要先取掉前进杆上的套管，然后扳动返向杆徐徐降落。

4. 桥式脚手架的支承架底座应夯实，并用垫木垫稳，每层必须与建筑物连接牢固。桁架应在地面组装，桁架两端的角钢必须卡抢支承架两侧角钢。用倒链或手扳葫芦提升时要安好保险绳，就位后立即与支承架挂牢。

5. 用钢管搭设井架，相邻两立杆接头错开不少于50cm，横杆和剪刀撑（十字撑）要同时安装。滑轨必须垂直，两轨间距误差不得超过 10mm。

6. 钢门架整体竖立时，底部须用拉索与地锚固定，防止滑移，上部应绑好缆风绳，对角拉牢，就位后收紧固定缆风绳。

7. 门架和烟囱、水塔等脚手架，凡高度 10～15m 的要设一组缆风绳（4～6 根），每增高 10m 加设一组。在搭设时应先设临时缆风绳，待固定缆风绳设置稳妥后，再拆临时缆风绳。缆风绳与地面的角度应为 45°～60°。要单独牢固地栓在地锚上，并用花篮螺丝调节松紧，调节时，必须对角交错进行，缆风绳禁止栓在树木、电杆等物体上。

8. 脚手架、井架、门架安装完毕，必须经施工负责人验收合格后方准使用。

五、脚手架拆除

1. 拆除脚手架，周围应设围栏或警戒标志，并设专人看管，禁人入内。拆除应按顺序由上而下，一步一清，不准上下同时作业。

2. 拆除脚手架大横杆、剪刀撑，应先拆中间扣，再拆两头扣，由中间操作人往下顺杆子。

3. 拆下的脚手杆、脚手板、钢管、扣件、钢丝绳等材料。应向下传递或用绳吊下，禁止往下投扔。

9 建筑工程施工现场事故应急预案范例

9.1 坍塌事故应急救援预案实例

范例 22

坍塌事故应急预案

一、本工程坍塌事故所指范围

1. 深基坑坍塌；
2. 塔式起重机等大型机械设备倒塌；
3. 整体模板支撑体系坍塌；
4. 建筑外脚手架倒塌。

二、坍塌事故应急小组责任及组织机构图

1. 项目经理是坍塌事故应急小组第一负责人，负责事故的救援指挥工作。

2. 安全总监是坍塌事故应急救援第一执行人，具体负责事故救援组织工作和事故调查工作。

3. 现场经理是坍塌事故应急小组第二负责人，负责事故救援组织工作的配合工作和事故调查的配合工作。

4. 坍塌事故应急组织机构图（略）。

5. 应急小组下设机构及职责

（1）抢险组：组长由项目经理担任，成员由安全总监、现场经理、机电经理、项目总工程师和项目班子及分包单位负责人组成。主要职责是：组织实施抢险行动方案；协调有关部门的抢险行动；及时向指挥部报告抢险进展情况。

（2）安全保卫组：组长由项目书记担任，成员由项目行政部、经警组成。主要职责是：负责事故现场的警戒，阻止非抢险救援人员进入现场；负责现场车辆疏通，维持治安秩序；负责保护抢险人员的人身安全。

（3）后勤保障组：组长由项目书记担任，成员由项目物资部、行政部、合约部、食堂组成。主要职责是：负责调集抢险器材、设备；负责解决全体参加抢险救援工作人员的食宿问题。

（4）医疗救护组：组长由项目卫生所医生担任，成员由卫生所护士、救护车队组成。主要职责是：负责现场伤员的救护等工作。

（5）善后处理组：组长由项目经理担任，成员项目领导班子组成。主要职责是：负责做好对遇难者家属的安抚工作；协调落实遇难者家属抚恤金和受伤人员住院费问题；做好其他善后事宜。

（6）事故调查组：组长由项目经理、公司责任部门领导担任，成员由项目安全总监、公司相关部门、公司有关技术专家组成。主要职责是：负责事故现场保护和图纸的测绘；查明事故原因，提出防范措施；提出对事故责任者的处理意见。

三、坍塌事故应急工作流程

事故应急工作流程见图9-1。

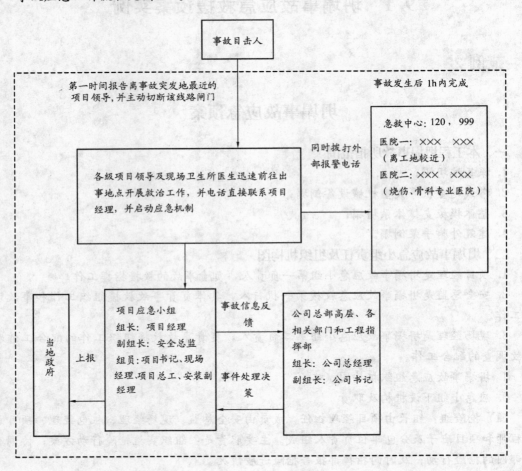

图9-1 坍塌事故事故应急工作流程

四、坍塌事故应急措施

1. 坍塌事故发生时，安排专人及时切断有关线路闸门，并对现场进行声像资料的收集。发生后立即组织抢险人员在30min内到达现场。根据具体情况，采取人工和机械相结合的方法，对坍塌现场进行处理。抢救中如遇到坍塌巨物，人工搬运有困难时，可调集大型吊车进行调运。在接近边坡处时，必须停止机械作业，全部改用人工扒物，防止误伤被埋人员。现场抢救中，还要安排专人对边坡、架料进行监护和清理，防止事故扩大。

2. 事故现场周围应设警戒线。

3. 统一指挥、密切协同的原则。坍塌事故发生后，参战力量多，现场情况复杂，各种力量需在现场总指挥部的统一指挥下，积极配合、密切协同，共同完成。

4. 以快制快、行动果断的原则。鉴于坍塌事故具有突发性，在短时间内不易处理，处置行动必须做到接警调度快、到达快、准备快、疏散救人快，达到以快制快的目的。

5. 讲究科学、稳妥可靠的原则。解决坍塌事故要讲科学，避免急躁行动引发连续坍塌事故发生。

6. 救人第一的原则。当现场遇有人员受到威胁时，首要任务是抢救人员。

7. 伤员抢救立即与急救中心和医院联系，请求出动急救车辆并做好急救准备，确保伤员得到及时医治。

8. 事故现场取证救助行动中，安排人员同时做好事故调查取证工作，以利于事故处理，防止证据遗失。

9. 自我保护，在救助行动中，抢救机械设备和救助人员应严格执行安全操作规程，配齐安全设施和防护工具，加强自我保护，确保抢救行动过程中的人身安全和财产安全。

范例 23

某工程坍塌事故应急准备与响应预案

一、应急准备

1. 组织机构及职责

（1）项目部坍塌事故应急准备和响应领导小组

组长：项目经理

组员：生产负责人、安全员、各专业工长、技术员、质检员、值勤人员

值班电话：×××××××

（2）坍塌事故应急处置领导小组负责对项目突发坍塌事故的应急处理。

2. 培训和演练

（1）项目部安全员负责主持、组织全机关每年进行一次按坍塌事故"应急响应"的要求进行模拟演练。各组员按其职责分工，协调配合完成演练。演练结束后由组长组织对"应急响应"的有效性进行评价，必要时对"应急响应"的要求进行调整或更新。演练、评价和更新的记录应予以保持。

（2）施工管理部负责对相关人员每年进行一次培训。

3. 应急物资的准备、维护、保养

（1）应急物资的准备：简易担架、跌打损伤药品、包扎纱布。

（2）各种应急物资要配备齐全并加强日常管理。

4. 预防措施

（1）深基础开挖前先采取井点降水，将水位降至开挖最大深度以下，防止开挖时出水塌方。

（2）材料准备：开挖前准备足够优质木桩和脚手板，装土袋，以备护坡（打桩护坡

法），为防止基础出水，准备 2 台抽水泵，随时应急。

（3）深基础开挖，另一种措施是准备整体喷浆护坡，开挖时现场设专人负责按比例放坡，分层开挖，开挖到底后，由专业队做喷浆护坡，确保边坡整体稳固。

二、应急响应

1. 防坍塌事故发生，项目部成立应急小组，由项目经理担任组长，生产负责人、安全员、各专业工长为组员，主要负责紧急事故发生时有条有理地进行抢救或处理，外包队管理人员及后勤人员，协助副项目经理做相关辅助工作。

2. 发生坍塌事故后，由项目经理负责现场总指挥，发现事故发生人员首先高声呼喊，通知现场安全员，由安全员打事故抢救电话"120"，向上级有关部门或医院打电话请求抢救，同时通知项目副经理组织紧急应变小组进行现场抢救。土建工长组织有关人员进行清理土方或杂物，如有人员被埋，应首先按部位进行抢救人员，其他组员采取有效措施，防止事故发展扩大，让外包队负责人随时监护，边坡状况，及时清理边坡上堆放的材料，防止造成再次事故的发生。在向有关部门通知抢救电话的同时，对轻伤人员在现场采取可行的应急抢救，如现场包扎止血等措施。防止受伤人员流血过多造成死亡事故发生。预先成立的应急小组人员分工，各负其责，重伤人员由水、电工协助送外抢救，门卫在大门口迎接来救护的车辆，有程序地处理事故、事件，最大限度地减少人员伤亡和财产损失。

3. 如果发生脚手架坍塌事故，按预先分工进行抢救，架子工长组织所有架子工进行倒塌架子的拆除和拉牢工作，防止其他架子再次倒塌，现场清理由外包队管理者组织有关职工协助清理材料，如有人员被砸应首先清理被砸人员身上的材料，集中人力先抢救受伤人员，最大限度地减小事故损失。

4. 事故后处理工作

（1）查明事故原因及责任人。

（2）以书面形式向上级写出报告，包括发生事故的时间、地点、伤亡情况（人员姓名、性别、年龄、工种、伤害程度、受伤部位）。

（3）制定有效的预防措施，防止此类事故再次发生。

（4）组织所有人员进行事故教育。

（5）向所有人员宣读事故结果及对责任人的处理意见。

9.2　倾覆事故应急救援预案实例

范例 24

某工程倾覆事故应急准备与响应预案

一、应急准备

1. 组织机构及职责

（1）项目部倾覆事故应急准备和响应领导小组

组长：项目经理

组员：生产负责人、安全员、土建工长、水暖工长、电气工长、技术员、质检员、架子工长、外包队管理人员、后勤人员。

值班电话：×××××××。

（2）倾覆事故应急处置领导小组负责对项目突发倾覆事故的应急处理。

2. 培训和演练

（1）项目部安全员负责主持、组织全机关每年进行一次按倾覆事故"应急响应"的要求进行模拟演练。各组员按其职责分工，协调配合完成演练。演练结束后由组长组织对"应急响应"的有效性进行评价，必要时对"应急响应"的要求进行调整或更新。演练、评价和更新的记录应予以保持。

（2）施工管理部负责对相关人员每年进行一次培训。

3. 应急物资的准备、维护、保养

（1）应急物资的准备：简易担架、跌打损伤药品、包扎纱布。

（2）各种应急物资要配备齐全并加强日常管理。

4. 预防措施

（1）为防止事故发生，塔吊必须由具备资质的专业队伍安装，司机必须持证上岗，安装完毕后经技术监督局验收合格后方可投入使用。

（2）司机操作时，必须严格按操作规程操作，不准违章作业，严格执行"十不吊"，操作前必须有安全技术交底记录，并履行签字手续。

（3）脚手架支搭必须先编制好搭设方案，经有关技术人员审批后遵照执行。

（4）所有架子工必须持证上岗，工作时佩带好个人防护用品，支搭脚手架严格按方案施工，做好脚手架拉接点拉牢工作，防止架体倒塌。

（5）所有架体平台架设好后，必须请各方专业技术人员验收签字后，方可投入使用。

二、应急响应

1. 如果有塔吊倾覆事故发生，首先由旁观者在现场高呼，提醒现场有关人员立即通知现场负责人，由安全员负责拨打应急救护电话"120"，通知有关部门和附近医院，到现场救护，现场总指挥由项目经理担当，负责全面组织协调工作，生产负责人亲自带领有关工长及外包队负责人，分别对事故现场进行抢救，如有重伤人员由土建工长负责送外救护，电气工长先切断相关电源，防止发生触电事故，门卫值勤人员在大门口迎接救护车辆及人员。

2. 水暖工长等人员协助生产负责人对现场清理，抬运物品，及时抢救被砸人员或被压人员，最大限度地减少重伤程度，如有轻伤人员可采取简易现场救护工作，如包扎、止血等措施，以免造成重大伤亡事故。

3. 如有脚手架倾覆事故发生，按小组预先分工，各负其责，但是架子工长应组织所有架子工，立即拆除相关脚手架，外包队人员应协助清理有关材料，保证现场道路畅通，方便救护车辆出入，以最快的速度抢救伤员，将伤亡事故降到最低。

4. 事故后处理工作

（1）查明事故原因、事故责任人。

（2）写出书面报告，包括事故发生的时间、地点、受伤害人姓名、性别、年龄、工种、受伤部位、受伤程度。

（3）制订或修改有关措施，防止此类事故发生。

（4）组织所有人进行事故教育。

（5）向全体人员宣读事故结果及对责任人处理意见。

9.3　物体打击事故应急救援预案实例

范例 25

物体打击应急和响应预案

一、工地潜在事故危险评估

通过对施工全过程危险因素的辨识和评价，物体打击事故发生概率较大，造成人身伤害和财产损失较严重，列为项目工程的重大危险因素。

项目部针对以上潜在的事故和紧急情况，编制应急准备及响应预案，当事故或紧急情况发生时，应保证能够迅速做出响应，最大限度地减少可能产生的事故后果。

二、应急行动小组人员组成及分工

1. 应急领导小组成员

组长：×××；

副组长：×××；

成员：×××，×××，……，×××。

2. 应急小组职责

（1）全体成员牢固树立全心全意为员工服务的思想。

（2）认真学习和熟练执行应急程序。

（3）服从上级指挥调动。

（4）改造和检查应急设备和设施的安全性能及质量。

（5）组织队员搞好模拟演练。

（6）参加本范围的各种抢险救护。

三、应急行动程序通则

1. 应急小组成员应牢记分工，按小组行动。

2. 应急小组成员在接到报警后，10min 内各就各位。

3. 根据事故情况报相应主管部门。

联系电话如下：

（1）治安

负责人：×××。

联系电话：×××××××。

（2）重大事故

负责人：×××。

联系电话：×××××××。

（3）紧急医疗电话

急救电话：120。

急诊电话：×××××××。

（4）疫情举报：×××××××。

（5）常用电话

火警：119；

匪警：110；

交通肇事：112。

四、物体打击事故应急程序

施工区发生物体打击事故，最早发现事故的人迅速向应急领导小组报告，通信组立即召集所有成员赶赴事故现场，了解事故伤害程度；警戒组和疏散组负责组织保卫人员疏散现场闲杂人员，警戒组保护事故现场，同时避免其他人员靠近现场；急救员立即通知现场应急小组组长，说明伤者受伤情况，并根据现场实际施行必要的医疗处理，在伤情允许情况下，抢救组负责组织人员搬运受伤人员，转移到安全地方；由组长根据汇报，决定是否拨打"120"医疗急救电话，并说明伤员情况，行车路线；通信组联系值班车到场，随时待命；通信组安排人员到入场岔口指挥救护车的行车路线；警戒组应迅速对周围环境进行确认，仍存在危险因素下，立即组织人员防护，并禁止人员进出。

五、受伤人员的急救

当施工人员发生物体打击时，急救人员应尽快赶往出事地点，并呼叫周围人员及时通知医疗部门，尽可能不要移动患者，尽量当场施救。如果处在不宜施救的场所时必须将患者搬运到能够安全施救的地方，搬运时应尽量多找一些人来搬运，观察患者呼吸和脸色的变化，如果是脊柱骨折，不要弯曲、扭动患者的颈部和身体，不要接触患者的伤口，要使患者身体放松，尽量将患者放到担架或平板上进行搬运。

六、物体打击事故预防

1. 强化安全教育，提高安全防护意识，提高工人安全操作技能。

2. 正确使用"三宝"。

3. 合理组织交叉作业，采取防护措施。

4. 拆除作业有监护措施，有施工方案，有交底。

5. 起重吊装作业制定专项安全技术措施。

6. 对起重吊装工进行安全交底，落实"十不吊"措施。

7. 安全通道口、安全防护棚搭设双层防护，符合安全规范要求。

8. 加强安全检查，严禁向下抛掷。

9. 材料堆放控制高度，特别是临边作业。

10. 高处作业应进行交底，工具入袋，严禁抛物。

11. 模板作业有专项安全技术措施，有交底，有检查，严禁大面积撬落。

范例 26

某工程物体打击事故应急准备与响应预案

一、应急准备

1. 组织机构及职责

(1) 项目部物体打击事故应急准备和响应领导小组

组长：项目经理。

组员：生产负责人、安全员、各专业工长、技术员、质检员、值勤人员。

值班电话：××××××××。

(2) 物体打击事故应急处置领导小组负责对项目突发物体打击事故的应急处理。

2. 培训和演练

(1) 项目部安全员负责主持、组织全机关每年进行一次按物体打击事故"应急响应"的要求进行模拟演练。各组员按其职责分工，协调配合完成演练。演练结束后由组长组织对"应急响应"的有效性进行评价，必要时对"应急响应"的要求进行调整或更新。演练、评价和更新的记录应予以保持。

(2) 施工管理部负责对相关人员每年进行一次培训。

3. 应急物资的准备、维护、保养

(1) 应急物资的准备：简易担架、跌打损伤药品、包扎纱布。

(2) 各种应急物资要配备齐全并加强日常管理。

二、应急响应

1. 防物体打击发生，项目部成立应急小组，由项目经理担任组长，生产负责人、安全员、各专业工长为组员，主要负责紧急事故发生时有条不紊地进行抢救或处理，外包队管理人员及后勤人员协助生产负责人做相关辅助工作。

2. 发生物体打击事故后，由项目经理负责现场总指挥，发现事故发生人员首先高声呼喊，通知现场安全员，由安全员打事故抢救电话"120"，向上级有关部门或医院打电话请求抢救，同时通知生产负责人组织紧急应变小组进行可行的应急抢救，如现场包扎、止血等措施。防止受伤人员流血过多造成死亡事故发生。预先成立的应急小组人员分工，各负其责，重伤人员由水、电工长协助送外抢救工作，门卫在大门口迎接来救护的车辆，有程序地处理事故、事件，最大限度地减少人员和财产损失。

3. 事故后处理工作

(1) 查明事故原因及责任人。

(2) 以书面形式向上级写出报告，包括发生事故时间、地点、受伤（死亡）人员姓名、性别、年龄、工种、伤害程度、受伤部位。

(3) 制定有效的预防措施，防止此类事故再次发生。

(4) 组织所有人员进行事故教育。

(5) 向所有人员宣读事故结果及对责任人的处理意见。

9.4　机械伤害事故应急救援预案实例

范例 27

某工程机械伤害应急准备与响应预案

一、应急准备

1. 组织机构及职责

(1) 项目部机械伤害事故应急准备和响应领导小组

组长：项目经理

组员：生产负责人、安全员、各专业工长、技术员、质检员、值勤人员。

值班电话：××××××。

(2) 机械伤害事故应急处置领导小组负责对项目突发机械伤害事故的应急处理。

2. 培训和演练

(1) 项目部安全员负责主持、组织全机关每年进行一次按机械伤害事故"应急响应"的要求进行模拟演练。各组员按其职责分工，协调配合完成演练，演练结束后由组长组织对"应急响应"的有效性进行评价，必要时对"应急响应"的要求进行调整或更新。演练、评价和更新的记录应予以保持。

(2) 施工管理部负责对相关人员每年进行一次培训。

3. 应急物资的准备、维护、保养

(1) 应急物资的准备：简易担架、跌打损伤药品、包扎纱布。

(2) 各种应急物资要配备齐全并加强日常管理。

二、应急响应

1. 防机械伤害事故发生，项目部成立应急小组，由项目经理担任组长，生产负责人、安全员、各专业工长为组员，主要负责紧急事故发生时有条有理地进行抢救或处理，外包队管理人员及后勤人员协助上任工程师做相关辅助工作。

2. 发生机械伤害事故后，由项目经理负责现场总指挥，发现事故发生人员首先高声呼喊，通知现场安全员，由安全员打事故抢救电话"120"，向上级有关部门或医院打电话抢救，同时通知生产负责人组织紧急应变小组进行可行的应急抢救，如现场包扎、止血等措施。防止受伤人员流血过多造成死亡事故发生。预先成立的应急小组人员分工，各负其责，重伤人员由水、电工长协助送外抢救，门卫在大门口迎接来救护的车辆，有程序地处理事故、事件最大限度地减少人员和财产损失。

3. 事故后处理工作

(1) 查明事故原因及责任人。

(2) 以书面形式向上级写出报告，包括发生事故时间、地点、受伤（死亡）人员姓名、性别、年龄、工种、伤害程度、受伤部位。

（3）制定有效的预防措施，防止此类事故再次发生。

（4）组织所有人员进行事故教育。

（5）向所有人员宣读事故结果及对责任人的处理意见。

范例28

机械伤害事故应急预案

一、机械伤害事故应急小组责任及组织机构图

1. 项目经理是机械伤害事故应急小组第一负责人，负责事故的救援指挥工作。

2. 安全总监是机械伤害事故应急救援第一执行人，具体负责事故救援组织工作和事故调查工作。

3. 现场经理是机械伤害事故应急小组第二负责人，负责事故救援组织工作的配合工作和事故调查的配合工作。

4. 机械伤害事故应急组织机构如图9-2所示。

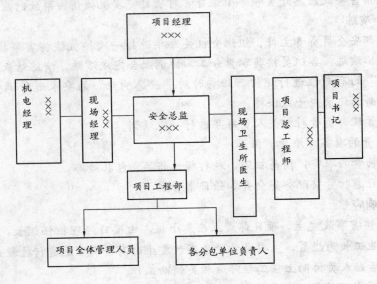

图9-2 机械伤害事故应急组织机构图

5. 应急小组下设机构及职责

（1）抢险组。组长由项目经理担任，成员由安全总监、现场经理、机电经理、项目总工程师和项目班子及分包单位负责人组成。主要职责是：组织实施抢险行动方案；协调有关部门的抢险行动；及时向指挥部报告抢险进展情况。

（2）安全保卫组。组长由项目书记担任，成员由项目行政部、经警组成。主要职责是：负责事故现场的警戒，阻止非抢险救援人员进入现场；负责现场车辆疏通，维持治安秩序；负责保护抢险人员的人身安全。

（3）后勤保障组。组长由项目书记担任，成员由项目物资部、行政部、合约部、食堂

组成。负责解决全体参加抢险救援工作人员的食宿问题。

（4）医疗救护组。组长由项目卫生所医生担任，成员由卫生所护士、救护车队组成。主要职责是：负责现场伤员的救护等工作。

（5）善后处理组。组长由项目经理担任，成员由项目领导班子组成。主要职责是：负责做好对遇难者家属的安抚工作；协调落实遇难者家属忧恤金和受伤人员住院费问题；做好其他善后事宜。

（6）事故调查组。组长由项目经理、公司责任部门领导担任，成员由项目安全总监、公司相关部门、公司有关技术专家组成。主要职责是：负责事故现场保护和图纸的测绘；查明事故原因，提出防范措施；提出对事故责任者的处理意见。

二、机械伤害事故应急工作流程

机械伤害事故应急工作流程见图9-3。

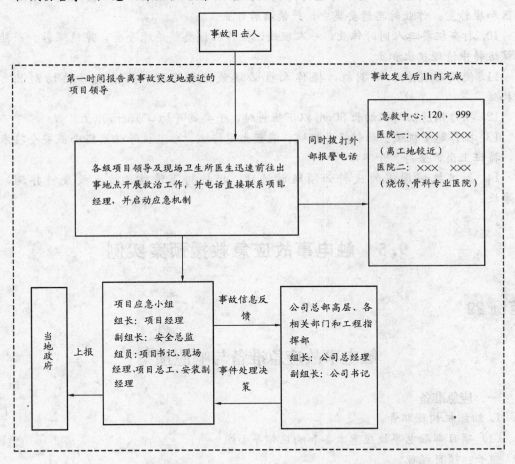

图9-3 机械伤害事故应急工作流程

三、机械伤害事故应急措施

1. 现场上固定的加工机械的电源线必须加塑料套管埋地保护，以防止被加工件压破发生触电。

2. 按照《建筑施工临时用电安全技术规范》要求，做好各类电动机械和手持电动工具的接地或接零保护，防止发生漏电。

3. 各种机械的传动部分必须要有防护罩和防护套。

4. 现场使用的圆锯应相应固定。有连续两个断齿和裂纹长度超过 20mm 的不能使用，短于 500mm 的木料要用推棍，锯片上方要安装安全挡板。

5. 木工平刨口要有安全装置。木板厚度小于 30mm，严禁使用平刨。平刨和圆锯不准使用倒顺开关。

6. 使用套丝机、立式钻床、木工平刨作业等，严禁戴手套。

7. 混凝土搅拌机在运转中，严禁将头和手伸入料斗察看进料搅拌情况，也不得把铁锹伸入拌筒。清理料斗坑，要挂好保险绳。

8. 机械在运转中不得进行维修、保养、紧固、调整等作业。

9. 机械运转中操作人员不得擅离岗位或把机械交给别人操作，严禁无关人员进入作业区和操作室。作业时思想要集中，严禁酒后作业。

10. 打夯机要二人同时作业，一人理线，操作机械要戴绝缘手套，穿绝缘鞋。严禁在机械运转中清理机上积土。

11. 使用砂轮机、切割机，操作人员必须戴防护眼镜。严禁用砂轮切割 22# 钢筋扎丝。

12. 操作钢筋切断机切长 50cm 以下短料时，手要离开切口 15cm 以上。

13. 操作起重机械、物料提升机械、混凝土搅拌机、砂浆机等必须经专业安全技术培训，持证上岗，坚持"十不吊"。

14. 加工机械周围的废料必须随时清理，保持脚下清洁，防止被废料拌倒，发生事故。

9.5　触电事故应急救援预案实例

范例 29

触电事故应急准备与响应预案

一、应急准备

1. 组织机构及职责

(1) 项目部触电事故应急准备和响应领导小组

组长：项目经理

组员：生产负责人、安全员、各专业工长、技术员、质检员、值勤人员。

值班电话：×××××××

(2) 触电事故应急处置领导小组负责对项目突发触电事故的应急处理。

2. 培训和演练

(1) 项目部安全员负责主持、组织全机关每年进行一次按触电事故"应急响应"的要求进行模拟演练。各组员按其职责分工，协调配合完成演练。演练结束后由组长组织对"应急响应"的有效性进行评价，必要时对"应急响应"的要求进行调整或更新。演练、评价和更新的记录应予以保持。

（2）施工管理部负责对相关人员每年进行一次培训。

3. 应急物资的准备、维护、保养

（1）应急物资的准备：简易担架。

（2）应急物资要配备齐全并加强日常管理。

二、应急响应

1. 脱离电源、对症抢救

当发生人身触电事故时，首先使触电者脱离电源。迅速急救，关键是"快"。

2. 对于低压触电事故，可采用下列方法使触电者脱离电源：

（1）如果触电地点附近有电源开关或插销，可立即拉断电源开关或拔下电源插头，以切断电源；

（2）可用有绝缘手柄的电工钳、干燥木柄的斧头、干燥木把的铁锹等切断电源线。也可采用干燥木板等绝缘物插入触电者身下，以隔离电源；

（3）当电线搭在触电者身上或被压在身下时，也可用干燥的衣服、手套、绳索、木板、木棒等绝缘物为工具，拉开、提高或挑开电线，使触电者脱离电源。切不可直接去拉触电者。

3. 对于高压触电事故，可采用下列方法使触电者脱离电源：

（1）立即通知有关部门停电；

（2）带上绝缘手套，穿上绝缘鞋，用相应电压等级的绝缘工具按顺序拉断开关；

（3）用高压绝缘杆挑开触电者身上的电线。

4. 触电者如果在高空作业时触电，断开电源时，要防止触电者摔下来造成二次伤害

（1）如果触电者伤势不重，神志清醒，但有些心慌，四肢麻木，全身无力或者触电者曾一度昏迷，但已清醒过来，应使触电者安静休息，不要走动，严密观察并送医院；

（2）如果触电者伤势较重，已失去知觉，但心脏跳动和呼吸还存在，应将触电者抬至空气畅通处，解开衣服，让触电者平直仰卧，并用软衣服垫在身下，使其头部比肩稍低，一面妨碍呼吸，如天气寒冷要注意保温，并迅速送往医院。如果发现触电者呼吸困难，发生痉挛，应立即准备对心脏停止跳动或者呼吸停止后的抢救；

（3）如果触电者伤势较重，呼吸停止或心脏跳动停止或二者都已停止，应立即用口对口人工呼吸法及胸外心脏挤压法进行抢救，并送往医院。在送往医院的途中，不应停止抢救，许多触电者就是在送往医院途中死亡的；

（4）人触电后会出现神经麻痹、呼吸中断、心脏停止跳动、呈现昏迷不醒状态，通常都是假死，万万不可当作"死人"草率从事；

（5）对于触电者，特别高空坠落的触电者，要特别注意搬运问题，很多触电者，除电伤外还有摔伤，搬运不当，如折断的肋骨扎入心脏等，可造成死亡；

（6）对于假死的触电者，要迅速持久地进行抢救，有不少的触电者，是经过四个小时甚至更长时间的抢救才抢救过来的。有经过六个小时的口对口人工呼吸及胸外挤压法抢救而活过来的实例。只有经过医生诊断确定死亡，才停止抢救。

5. 人工呼吸是在触电者停止呼吸后应用的急救方法。各种人工呼吸方法中以口对口呼吸法效果最好。

（1）施行人工呼吸前，应迅速将触电者身上妨碍呼吸的衣领、上衣等解开，取出口腔内妨碍呼吸的食物、脱落的断齿、血块、粘液等，以免堵塞呼吸道，使触电者仰卧，并使其头部充分后仰（可用一只手托触电者颈后），鼻孔朝上以利呼吸道畅通；

（2）救护人员用手使触电者鼻孔紧闭，深吸一口气后紧贴触电者的口向内吹气，用时约 2s。吹气大小，要根据不同的触电人有所区别，每次呼气要以触电者胸部微微鼓起为宜；

（3）吹气后，立即离开触电者的口，并放松触电者的鼻子，使空气呼出，用时约 3s。然后再重复吹气动作。吹气要均匀，每分钟吹气呼气约 12 次。触电者已开始恢复自由呼吸后，还应仔细观察呼吸是否会再度停止。如果再度停止，应再继续进行人工呼吸，这时人工呼吸要与触电者微弱的自由呼吸规律一致；

（4）如无法使触电者把口张开时，可改用口对鼻人工呼吸法。即捏紧嘴巴紧贴鼻孔吹气。

6. 胸外心脏挤压法是触电者心脏停止跳动后的采用急救方法

（1）做胸外挤压时使触电者仰卧在比较坚实的地方，姿势与口对口人工呼吸法相同，救护者跪在触电者一侧或跪在腰部两侧，两手相叠，手掌根部放在心窝上方，胸骨下三分之一至二分之一处。掌根用力向下（脊背的方向）挤压压出心脏里面的血液。成人应挤压 3～5cm，以每秒钟挤压一次，太快了效果不好，每分钟挤压 60 次为宜。挤压后掌根迅速全部放松，让触电者胸廓自动恢复，血液充满心脏。放松时掌根不必完全离开胸部；

（2）应当指出，心脏跳动和呼吸是相互联系的。心脏停止跳动了，呼吸很快会停止。呼吸停止了，心脏跳动也维持不了多久。一旦呼吸和心脏跳动都停止了，应当同时进行口对口人工呼吸和胸外心脏挤压。如果现场只有一人抢救，两种方法交替进行。可以挤压 4 次后，吹气一次，而且吹气和挤压的速度都应提高一些，以不降低抢救效果；

（3）对于儿童触电者，可以用一只手挤压，用力要轻一些以免损伤胸骨，而且每分钟宜挤压 100 次左右。

7. 事故后处理工作

（1）查明事故原因及责任人；

（2）以书面形式向上级写出报告，包括发生事故时间、地点、受伤（死亡）人员姓名、性别、年龄、工种、伤害程度、受伤部位；

（3）制定有效的预防措施，防止此类事故再次发生；

（4）组织所有人员进行事故教育；

（5）向所有人员宣读事故结果及对责任人的处理意见。

范例 30

××建筑公司触电事故应急预案

在本工程临时用电中，由于电气设备、电缆反复移动，临时用电的作业人员多，环境又不断变化，工地触电事故随时可能发生。所以本工地编制触电应急预案具体如下：

一、假设险情

假设工地用电人员由于误操作发生低压触电事故；电缆被砸断发生低压触电事故。塔吊的吊物进入高压线的危险区发生高压触电事故另有应急预案，本预案中不考虑

二、应急准备

1. 触电抢险指挥组即项目部的安全抢险领导组，下设的抢救组、救护组、防护组，见附表，其中抢救人员有变动如下：

抢救组：×××（电工班长）、×××（电工）、×××（修理班长）、×××（工程师）、×××（安全监督）。

工地应急抢救领导组的机构职责、名单自定。

2. 抢救备用器材：

（1）5m 绝缘杆 1 根；

（2）钢筋场地备用的短路接地极两处，用 $\phi50 \times 1500$ 钢筋打入地下 1.5m，焊好接电线的螺杆，拧上螺帽 M12（不拧紧）。备两根 $70mm^2$ 铝芯线，各长 50m；

（3）备一根 $\phi20$ 棕绳，长 30m；

（4）备一根 $\phi12$ 尼龙绳，长 30m（存项目部）；

（5）急救药箱 2 个；

（6）手电 6 个（电工、抢险组、防护组、救护组、经理、副经理各 1 个）；

（7）对讲机 6 部；

（8）符合安全的电工工具由电工自带。

3. 应急联系电话

市急救中心：120

×××供电局调度电话：××××××××，××××××××

×××配电室电话：××××××××

×××起重机械分厂电话：××××××××

4. 本应急预案需要模拟演练，要求抢险组、救护组的每一个同志熟知。

三、事故险情内部快速通报

如遇触电事故时，在现场的项目人员要立即用对讲机向项目经理汇报险情；在保证自身安全的情况下，现场人员迅速进行抢救触电者脱离电源。

项目经理立即带领抢救指挥组成员赶赴出事现场。抢救、救护、防护组成员携带着各自的抢险工具，赶赴出事现场。

四、抢救组到达出事地点，在项目经理指挥下分头进行工作

1. 首先抢救组和项目经理一起查明险情：确定触电者的电源是高压电还是低压电；触电电源是否被切断；是否还有发生触电的可能和危险物？抢救组提出救护方案；项目经理主持商定抢救方案。对低压触电事故的处理，采取边抢救边汇报的处理方式。对高压触电事故采取边准备边汇报的处理方式，项目经理向公司主管副总经理请示汇报批准后组织实施。

2. 防护组负责把出事地点附近的作业人员疏散到安全地带，并进行警戒不准闲人靠近，对外注意礼貌用语。

3. 抢救组电工负责快速使触电者脱离低压电气线路的电源。其方法：

如果事故离电源开关较近，应立即切断电源开关；如果事故离电源开关太远，不能立即断开，救护人员可用干燥的衣服、手套、绳索、木板、木棒、绝缘杆等绝缘物作为工具，拉开触电者或挑开电源线使之脱离电源；如果触电者因抽筋而紧握电线，可用干燥的木柄斧、胶把钳等工具切断电线；或用干木板、干胶木板等绝缘物插入触电者身下，以隔断电流。

4. 脱离电源后的救护。触电者脱离电源后，应尽量在现场救护，先救后搬；搬运中也要注意触电者的变化，按伤势轻重采取不同的救护方法：

如触电者呈一定的昏迷状态，还未失去知觉，或触电时间较长，则应让他静卧，保持安静，在旁看护，并召请医生。

如触电者已失去知觉，但还有呼吸和心脏跳动，应使他舒适地静卧解开衣服，让他闻些氨水，或在他身上洒些冷水，摩擦全身，使他发热。如天冷还要注意保温。同时，迅速请医生诊治如发现呼吸困难，或逐渐衰弱，并有痉挛现象，则应立即进行人工氧合——即用人工的方法，以起到恢复心脏跳动和人工呼吸互相配合的作用。

如触电者呼吸、脉搏、心脏均已停止，也不能认为已经死亡必须立即进行人工氧合，进行紧急救护。同时迅速请医生抢救。

5. 人工氧合基本内容和步骤

人工氧合是触电急救行之有效的科学方法。人工氧合包括人工呼吸和心脏挤压（即心脏按摩两种方法）。根据触电者的具体情况，这两种方法可单独应用，也可以配合应用。

（1）口对口（鼻）式人工呼吸法的步骤：使触电者仰卧，头部尽量后仰鼻孔朝天，下鄂尖部与前胸大体保持在一条水平线上；触电者颈部下方可以垫起，但不可在触电者头部下方垫枕头或其他物品，以免堵塞呼吸道。

使触电者鼻孔（或口）紧闭，救护人深吸一口气后紧靠触电者的口（鼻）向内吹气，为时约 2s。

吹气完毕，立即离开触电者的口（鼻），并松开触电者的口（或鼻），让他自行呼气，为时 3s。

（2）心脏挤压的操作方法、步骤：如果触电者呼吸没停而心脏跳动停止了，则应进行心脏挤压。施行胸外挤压应使触电者仰卧在比较坚实的地或地板上，仰卧姿势与口对口（鼻）人工呼吸的姿势同。操作方法如下：

①救护者跪在触电者腰部一侧，或者骑跪在他的身上，两手相叠，手掌根部放在心窝稍高一点的地方，即两乳头间略下一点，胸骨下三分之一处。

②掌根用力向下（脊背方向）挤压，压出心脏里面的血液。对成人应压陷 3～4cm。以每秒挤压一次，每分挤压 60 次为宜。

③挤压后，掌根迅速全部放松，让触电者胸廓自动复原，血液充满心脏。放松时掌根不必完全离开胸廓。触电者如系儿童，只用一只手挤压，用力要轻一些，以免损伤胸骨，而且每分钟挤压 100 次。

应当指出，心脏跳动和呼吸是互相联系的，心脏跳动停止了，呼吸很快就会停止；呼吸停止了。心脏跳动也维持不了多久。一旦呼吸和心脏跳动都停止了，则应当同时进行口对口（鼻）人工呼吸和胸外心脏挤压。如果现场仅一个人抢救，则两种方法交替进行，每吸气2～3次，再挤压10～15次。急救过程中，如果触电者身上出现尸斑或身体僵硬，经医生做出无法救活的诊断后方可停止人工氧合。

6. 对特殊的触电险情工地无法抢救时，工地只能经领导同意后向×××供电局调度室报警求救，电话×××××××、×××××××××；或×××当地供电局调度室，电话×××××××。请供电局抢险队处理，工地进行配合。

7. 救护组在抢救触电者恢复清醒的情况下，联系救护车，用担架将伤员抬到车上，送往医院继续救护。

8. 对发生触电事故的电气线路设备，进行全面检查和修复工作。

五、触电事故应急抢险完毕后，项目经理立即召集土建队长、安全员、机械员和有关班组的全体同志进行事故调查，找出事故原因、责任人以及制订防止再次发生类似的整改措施，并对应急预案的有效性进行评审、修订

六、项目经理部向公司安质部书面汇报事故调查、处理的意见

9.6　施工现场环境污染事故应急救援预案实例

范例 31

施工现场环境污染事故应急准备与响应预案

一、应急准备

1. 组织机构及职责

（1）项目部环境污染事件应急准备和响应领导小组

组长：项目经理

组员：生产负责人、安全员、各专业工长、技术员、质检员、值勤人员。

值班电话：××××××

（2）环境污染事件应急处置领导小组负责对项目环境污染事件的应急处理。

2. 培训和演练

（1）项目部安全员负责主持、组织全机关每年进行一次按环境污染事故"应急响应"的要求进行模拟演练。各组员按其职责分工，协调配合完成演练。演练结束后由组长组织对"应急响应"的有效性进行评价，必要时对"应急响应"的要求进行调整或更新。演练、评价和更新的记录应予以保持。

（2）施工管理部负责对相关人员每年进行一次培训。

二、应急响应

应急负责人接到报告后，立即指挥对污染源及其行为进行控制，以防事态进一步蔓延或扩散，项目安全员封锁事故现场。同时，通报公司应急小组副组长及公司值班电话×××××××。

公司应急小组副组长到达事故现场后，立即责令项目部立即停止生产，组织事故调

查，并将事故的初步调查通报公司应急小组组长。

公司应急小组组长接到事故通报后，上报当地主管部门，等候调查处理。

三、污染源和危险目标的确定及潜在危险性的评估

1. 污染源和危险目标的确定。根据施工现场使用、储存化学危险物品的品种、数量、危险特性及可能引起事故的后果，确定应急救援危险目标，可按危险性的大小依次排为 1 号目标、2 号目标、3 号目标、……。

2. 潜在危险性的评估。对每个已确定的危险目标要做出潜在危险性的评估。即一旦发生事故可能造成的后果，可能对周围环境带来的危害及范围。预测可能导致事故发生的途径，如误操作、设备失修、腐蚀、工艺失控、物料不纯、泄漏等。

四、救援队伍

建筑公司应该根据实际需要，建立不脱产的专业救援队伍，包括抢险抢修队、医疗救护队、义务消防队、通信保障队、治安队等，救援队伍是污染事故应急救援的骨干力量，担负施工过程中各类可能的污染事故的处置任务。公司的医院或医务室应承担中毒伤员的现场和院内抢救治疗任务。

五、制订预防事故措施

对已确定的污染源和危险目标，根据其可能导致事故的途径，采取有针对性的预防措施，避免事故发生。各种预防措施必须建立责任制，落实到部门（单位）和个人。同时还应制订，一旦发生大量有害物料泄漏、着火等情况时，尽力降低危害程度的措施。

六、污染事故处置

制订污染事故的处置方案和处理程序。

1. 处置方案。根据危险目标模拟事故状态，制定出各种事故状态下的应急处置方案，如大量毒气泄漏、多人中毒、燃烧、爆炸、停水、停电等，包括通信联络、抢险抢救、医疗救护、伤员转送、人员疏散、生产系统指挥、上报联系、救援行动方案等。

2. 处理程序。指挥部应制订事故处理程序图，一旦发生重大污染事故时，第一步先做什么，第二步应做什么，第三步再做什么，都有明确规定。做到临危不惧，正确指挥。重大事故发生时，各有关部门应立即处于紧急状态，在指挥部的统一指挥下，根据对危险目标潜在危险的评估，按处置方案有条不紊地处理和控制事故，既不要惊慌失措，也不要麻痹大意，尽量把事故控制在最小范围内，最大限度地减少人员伤亡和财产损失。

七、紧急安全疏散

在发生重大污染事件后，可能对施工现场内、外人群安全构成威胁时，必须在指挥部统一指挥下，对与事故应急救援无关的人员进行紧急疏散。施工队在最高建筑物上应设立"风向标"。疏散的方向、距离和集中地点，必须根据不同事故，做出具体规定，总的原则是疏散安全点处于当时的上风向。对可能威胁到厂外居民（包括友邻单位人员）安全时，指挥部应立即和地方有关部门联系，引导居民迅速撤离到安全地点。

八、工程抢险抢修

有效的工程抢险抢修是控制事故、消灭事故的关键。抢险人员应根据事先拟定的方案，在做好个体防护的基础上，以最快的速度及时堵漏排险，消灭事故。

九、现场医疗救护

及时有效的现场医疗救护是减少伤亡的重要一环。

1. 施工队应建立抢救小组，每个职工都应学会心肺复苏术。一旦发生事故出现伤员，首先要做好自救互救；发生化学灼伤，要立即在现场用清水进行足够时间的冲洗。

2. 对发生中毒的病人，应在注射特效解毒剂或进行必要的医学处理后才能根据中毒和受伤程度转送各类医院。

3. 在医院和厂内卫生所抢救室应有抢救程序图，每一位医务人员都应熟练掌握每一步抢救措施的具体内容和要求。

十、社会支援

施工现场一旦发生重大污染事故，本单位抢险抢救力量不足或有可能危及社会安全时，指挥部必须立即向上级和友邻单位通报，必要时请救社会力量援助。社会援助队伍进入事故现场时，指挥部应安排专人联络、引导并告之安全注意事项。

十一、有关规定

为了能在重大污染事故发生后，迅速、准确、有效地进行处理，应建立以下相应制度：

1. 值班制度。建立24h值班制度，夜间由行政值班和生产调度负责，遇有问题及时处理。

2. 检查制度。每月由企业应急救援指挥领导小组结合生产安全工作，检查应急救援工作情况。发现问题及时整改。

3. 例会制度。每季度由污染事故应急救援指挥领导小组组织召开一次指挥组成员和各救援队伍负责人会议，检查上季度工作，并针对存在的问题，积极采取有效措施，加以改进。

9.7 高空坠落事故应急救援预案实例

范例 32

高空坠落事故应急预案

一、高空坠落事故应急小组责任及组织机构图

1. 项目经理是高空坠落事故应急小组第一负责人，负责高空坠落事故的救援指挥工作。

2. 安全总监是高空坠落事故应急救援第一执行人，具体负责事故救援组织工作和事故调查工作。

3. 高空坠落事故应急组织机构图（见图9-4）。

4. 应急小组下设机构及职责

（1）抢险组：组长由项目经理担任，成员由安全总监、现场经理、机电经理、项目总工程师、项目班子其他成员及分包单位负责人组成。主要职责是：组织实施抢险行动方案；协调有关部门的抢险行动；及时向指挥部报告抢险进展情况。

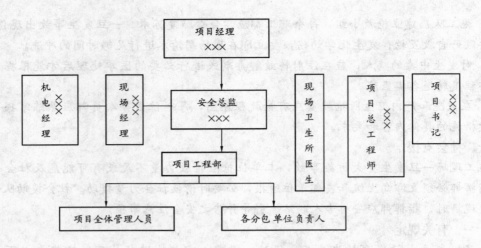

图 9-4　高空坠落事故应急组织机构图

（2）安全保卫组：组长由项目书记担任，成员由项目行政部人员、经警组成。主要职责是：负责事故现场的警戒，阻止非抢险救援人员进入现场；负责现场车辆疏通，维持治安秩序；负责保护抢险人员的人身安全。

（3）后勤保障组：组长由项目书记担任，成员由项目物资部、行政部、合约部、食堂等部门人员组成。主要职责是：负责调集抢险器材、设备；负责解决全体参加抢险救援工作人员的食宿问题。

（4）医疗救护组：组长由项目卫生所医生担任，成员由卫生所护士、救护车队组成。主要职责是：负责现场伤员的救护等工作。

（5）善后处理组：组长由项目经理担任，成员由项目领导班子组成。

主要职责是：负责做好对遇难者家属的安抚工作；协调落实遇难者家属恤恤金和受伤人员住院费问题；做好其他善后事宜。

（6）事故调查组：组长由项目经理、公司责任部门领导担任，成员由项目安全总监、公司相关部门、公司有关技术专家组成。主要职责是：负责事故现场保护和图纸的测绘；查明事故原因，提出防范措施；提出对事故责任者的处理意见。

二、高空坠落事故应急工作流程（见图 9-5）。

三、防止高空坠落的安全措施

1. 进入施工现场的所有人必须佩戴安全帽，高空作业人员必须配备并使用安全带。

2. 脚手架立网统一采用绿色密目网防护，密目网应绷拉平直，封闭严密。钢管脚手架不得使用严重锈蚀、弯曲、压扁或有裂纹的钢管。

3. 建筑物楼层临边的四周，无围护结构时，必须设两道防护栏杆或一道防护栏杆并立挂安全网封闭。

4. 脚手架的操作面必须满铺脚手板，离墙面不得大于 20cm，不得有空隙和探头板、飞跳板。施工层脚手板下一步架处兜设水平安全网。操作面外侧应设两道护身栏杆和一道挡脚板，立挂安全网，下口封严，防护高度应为 1.5m。

5. 脚手架必须保证整体结构不变形，纵向必须设置斜撑，斜撑宽度不得超过 7 根立杆，与水平面夹角应为 45°～60°。与结构无处拉结时可加钢管斜撑，与地面的角度视实际

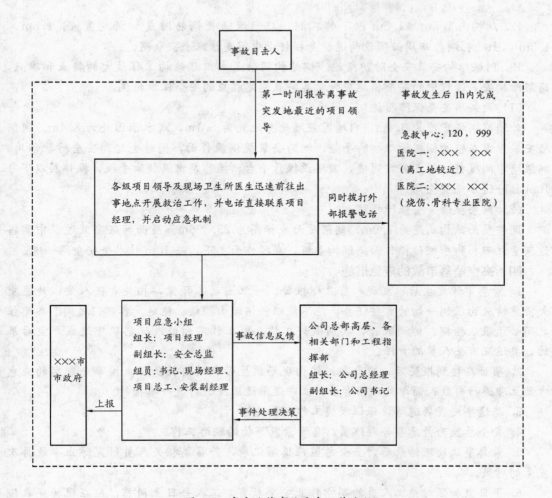

图 9-5 高空坠落事故应急工作流程

情况而定。

6. 在外架外立杆内侧用密目安全网封严，以防高空坠落和物体打击，网接头处必须连接紧密，不得有空隙。架子操作层下应兜大网眼，每隔两层设一道大网眼。

7. 建筑物的出入口处应搭设长 3～6m，宽于出入通道两侧各 1m 的防护棚，棚顶应满铺不小于 5cm 厚的脚手板，非出入口和通道两侧必须封闭严密。

8. 危险区域的隔离防护：凡是落物伤人的危险区域（如架子搭拆区，模板拆除区），均设 1.8m 高防护栏杆，加挂密目安全网进行防护，并挂禁止通行牌，以防止误入受伤。

9. 高处作业使用的铁凳应牢固，必要时应采用铁凳脚与下面的脚手板点焊；使用的木凳宜用钢丝与脚手板固定，以防使用时出现倾倒，两凳间如需搭设脚手板，间距不得大于 2m。

10. 对现场的预留孔洞，必须进行封闭覆盖。危险处，在边沿处设置两道护身栏杆，并于夜间应设红色警示标志灯。

11. 龙门架首层进料口处应搭设长度不小于 3～6m 的防护棚，其他三个侧面必须采取封闭措施，各层卸料平台出入口处均应设有安全门，通道两侧必须设有安全防护栏杆。

12. 结构内 1.5m×1.5m 以下的孔洞，应预埋通长钢筋网或加固定盖板。1.5m×1.5m 以上的孔洞，四周必须设两道护身栏杆，中间支挂水平安全网。

13. 网架结构安装安全防护措施。钢结构网架是本工程结构工程最大的特点和难点，网架结构安装过程中的安全措施应针对其特点制定相应的安全保障措施。

（1）网架墙安全保障措施

外墙网架墙宽度为 3.4m，内墙网架墙热身池处为 5.1m，戏水乐园处为 3.4m。网架墙安装中需在墙两侧搭设双排脚手架，既为安装提供操作面，同时也起到安全防护作用。网架墙中间腹杆、节点安装同墙，需搭设操作平台。操作层需满铺脚手板，操作层以下每 10m 挂一道水平安全网。

（2）网架屋面安全保障措施

网架屋面结构高度为 7.0m，网架屋面底标高为 23.376m。屋面网架安装过程中需搭设满堂红碗扣脚手架，操作面满铺脚手板，在操作面之下，每 10m 挂水平安全网一道。

四、高空坠落事故的应急措施

1. 紧急事故发生后，发现人应立即报警。一旦启动本预案，相关责任人要以处置重大紧急情况为压倒一切的首要任务，绝不能以任何理由推诿、拖延。各部门之间、各单位之间必须服从指挥、协调配合，共同做好工作。因工作不到位或玩忽职守造成严重后果的，要追究有关人员的责任。

2. 项目在接到报警后，应立即组织由现场医生带领的自救队伍，按事先制定的应急方案立即进行自救；简单处理伤者后，立即送附近医院进行进一步抢救。

3. 疏通事发现场道路，保证救援工作顺利进行。

4. 安全总监为紧急事务联络员，负责紧急事物的联络工作。

5. 紧急事故处理结束后，安全总监应填写记录，并召集相关人员研究防止事故再次发生的对策。

6. 平日里加强对施工人员的高空作业安全教育，工人每日上岗前，应在现场穿衣镜前检查自身佩戴的安全用具是否齐整、牢固。

范例 33

高空坠落事故应急准备和响应预案

一、应急准备

1. 组织机构及职责

（1）项目部高处坠落事故应急准备和响应领导小组

组长：项目经理

组员：生产负责人、安全员、各专业工长、技术员、质检员、值勤人员

值班电话：×××××××

（2）高处坠落事故应急处置领导小组负责对项目突发高处坠落事故的应急处理。

2. 培训和演练

（1）项目部安全员负责主持、组织全机关每年进行一次按高处坠落事故"应急响应"

的要求进行模拟演练。各组员按其职责分工，协调配合完成演练。演练结束后由组长组织对"应急响应"的有效性进行评价，必要时对"应急响应"的要求进行调整或更新。演练、评价和更新的记录应予以保持。

（2）施工管理部负责对相关人员每年进行一次培训。

3. 应急物资的准备、维护、保养

（1）应急物资的准备：简易担架，跌打损伤药品，包扎纱布。

（2）各种应急物资要配备齐全并加强日常管理。

4. 防坠落措施

（1）脚手架材质必须符合国家标准：钢管脚手架的杆件连接必须使用合格的玛钢扣件。

（2）结构脚手架立杆间距不得大于1.5m，大横杆间距不得大于1.2m，小横杆间距不得大于1m，脚手架必须按楼层与结构拉结牢固，拉结点垂直距离不得超过4m，水平距离不得超过6m，拉结所用的材料强度不得低于双股8号铝丝的强度，高大架子不得使用柔性材料拉结。在拉结点处设可靠支顶，脚手架的操作面必须满铺脚手板，离墙面不得大于20cm，不得留空隙，探头板、飞跳板、脚手板下层设水平网，操作面外侧应设两道护身栏杆和一道挡脚板或设一道护身栏杆，立挂安全网，下口封严，防护高为1.2m，严禁用竹笆做脚手板。

（3）脚手架必须保证整体不变形，凡高度20m以上的外脚手架纵向必须设置十字盖，十字盖高度不得超过7根立杆，与水平面夹角应为45°～60°，高度在20m以下的必须设置反斜支撑，特殊脚手架和20m以上的高大脚手架必须有设计方案。有脚手架结构计算书，特殊情况必须采取有效的防护措施。

（4）井字架的吊笼出入口均应有安全门、两侧必须有安全防护措施，吊笼定位托杠必须采用定型装置，吊笼运行中不得乘人。

（5）1.5m×1.5m以下的孔洞，应预埋通长钢筋网。或加固定盖板，1.5m×1.5m以上的孔洞四周必须设两道护身栏杆，中间支挂水平安全网，电梯井口必须设高度不低于1.2m的金属防护门。电梯井内首层和首层以上每隔四层设一道水平安全网，安全网应封门严密。楼梯踏步及休息平台处，必须设两道牢固防护栏杆或用立挂安全网防护，阳台栏杆应随层安装，不能随层安装的，必须设两道防护栏杆或立挂安全网加一道防护栏杆。

（6）无外脚手架或采用单排脚手架高4m以上的建筑物，首层四周必须支搭固定3m宽的水平安全网（高层建筑6m宽双层网）；网底距下方物体不得小于3m（高层不得小于5m），高层建筑每隔四层固定一道6m宽的水平安全网，接口处必须连接严密，与建筑物之间缝隙不大于10cm，并且外边沿高于内边沿，支搭水平安全网，直至没有高处作业时方可拆除。

（7）临边施工区域，对人或物构成危险的地方必须支搭防护棚，确保人、物的安全。高处作业使用的铁凳、木凳间需搭设脚手板的，间距不得大于2m，高处作业，严禁投扔物料。

（8）高空作业人员必须持证上岗，经过现场培训、交底。安装人员必须系安全带，交底时按方案要求结合施工现场作业条件和队伍情况做详细交底，并确定指挥人员，在施工时按作业环境做好防滑、防坠落事故发生。发现隐患要立即整改，要建立登记、整改检查，定人、定措施，定完成日期，在隐患没有消除前必须采取可靠的防护措施，如有危及人身安全的紧急险情，应立即停止作业。

二、应急响应

1. 一旦发生高空坠落事故，由安全员组织抢救伤员，项目经理打电话给"999"、"120"急救中心，由土建工长保护好现场防止事态扩大。其他义务小组人员协助安全员做好现场救护工作，水、电工长协助送伤员外部救护工作，如有轻伤或休克人员，现场由安全员组织临时抢救、包扎止血或做人工呼吸或胸外心脏挤压，尽最大努力抢救伤员，将伤亡事故控制到最小限度，损失降到最小。

2. 处理程序

(1) 查明事故原因及责任人。

(2) 制定有效的防范措施，防止类似事故发生。

(3) 对所有员工进行事故教育。

(4) 宣布事故处理结果。

(5) 以书面形式向上级报告。

9.8 施工火灾事故应急救援预案实例

范例 34

施工现场火灾事故应急预案

建筑工地是一个多工种、立体交叉作业的施工场地，在施工过程中存在着火灾隐患。特别是在工程装饰施工的高峰期间，明火作业增多，易燃材料增多，极易发生建筑工地火灾。为了提高消防应急能力，全力、及时、迅速、高效地控制火灾事故，最大限度地减少火灾事故损失和事故造成的负面影响，保障国家、企业财产和人员的安全，针对施工现场实际，项目部制定施工现场火灾事故应急预案。

一、工程简介：略

二、指导思想和法律依据

指导思想：施工期间的火灾应急防范工作是建筑安全管理工作的重要组成部分。工地一旦发生火灾事故不仅会给企业带来经济损失，而且极易造成人员伤亡。为预防施工工地的火灾事故，要加强火灾应急救援管理工作。我们要以党的"三个代表"重要思想为指导，贯彻落实"隐患险于明火，防范胜于救灾，责任重于泰山"的精神，坚持"预防为主、防消结合"的消防方针，组织全体员工认真学习法律法规知识，学习火灾原理及灭火基础知识及救援知识。用讲政治的高度来认识防火救援工作的重要性，增强员工的消防意识。

法律依据：《安全生产法》第十七条规定："生产经营单位的主要负责人具有组织制定并实施本单位的生产事故应急救援预案的职责。"第三十三条规定："生产经营单位对重大危险源应当制定应急救援预案，并告知从业人员和相关人员在紧急情况下应当采取的应急措施。"

《建设工程安全生产管理条例》第四十八条规定："施工单位应当制定本单位生产安全事故应急救援预案，建立应急救援组织或者配备应急救援人员，配备必要的应急救援器材、设备，并定期组织演练"。第四十九条规定："施工单位应当根据建设工程施工的特点、范围，对施工现场易发生重大事故的部位、环节进行监控，制定施工现场生产安全事故应急救援预案。实行施工总承包的，由总承包单位统一组织编制建设工程生产安全事故应急救援预案，工程总承包单位和分包单位按照应急救援预案，各自建立应急救援组织或者配备应急救援人员，配备救援器材、设备，并定期组织演练。"

《中华人民共和国消防法》规定："消防安全重点单位应当制定灭火和应急疏散预案，定期组织消防演练。"

三、火灾事故应急救援的基本任务

火灾事故应急救援的总目标是通过有效的应急救援行动，尽可能地降低事故的后果，包括人员伤亡、财产损失和环境破坏等。火灾事故应急救援的基本任务有以下几个方面：

1. 立即组织营救受害人员，组织撤离或者采取其他措施保护危害区域内的其他人员。抢救受害人员是应急救援的首要任务，在应急救援行动中，快速、有序、有效地实施现场急救与安全转送伤员是降低伤亡率、减少事故损失的关键。由于重大事故发生突然，扩散迅速，涉及范围广，危害大，应及时教育和组织职工采取各种措施进行自身防护，必要时迅速撤离危险区或可能受到危害的区域。在撤离过程中，应积极组织职工开展自救和互救工作。

2. 迅速控制事态，并对火灾事故造成的危害进行检测、监测、测定事故的危害区域、危害性质及危害程度。及时控制住造成火灾事故的危险源是应急救援工作的重要任务，只有及时地控制住危险源，防止事故的继续扩展，才能及时有效地进行救援。发生火灾事故，应尽快组织义务消防队与救援人员一起及时控制事故继续扩展。

3. 消除危害后果，做好现场恢复。针对事故和人体、土壤、空气等造成的现实危害和可能的危害，迅速采取封闭、隔离、洗消、检测等措施，防止对人的继续危害和对环境的污染。及时清理废墟和恢复基本设施。将事故现场恢复至相对稳定的基本状态。

4. 查清事故原因，评估危害程度。事故发生后应及时调查事故发生的原因和事故性质，评估出事故的危害范围和危险程度，查明人员伤亡情况，做好事故调查。

四、应急小组及职责

成立××××工程项目部消防安全领导小组和义务消防队。

1. 组长及小组成员、职能组

组长：项目经理

副组长：项目副经理

成员：项目技术主管、施工员、质量员、安全员、材料员、资料员等。

职能组：联络组、抢险组、疏散组、救护组、保卫组、调查组、后勤组、义务消防队等。

2. 领导小组职责

工地发生火灾事故时，负责指挥工地抢救工作，向各职能组下达抢救指令任务，协调各组之间的抢救工作，随时掌握各组最新动态并做出最新决策，第一时间向110、119、120、公司及当地消防部门、建设行政主管部门及有关部门报告和求援。平时小组成员轮流值班，值班者必须在工地，手机24h开通，发生火灾紧急事故时，在应急小组组长未到达工地前，值班者即为临时代理组长，全权负责落实抢险。

3. 职能组职责

（1）联络组：其任务是了解掌握事故情况，负责事故发生后在第一时间通知公司，根据情况酌情及时通知当地建设行政主管部门、电力部门、劳动部门、当事人的亲人等。

（2）抢险组：其任务是根据指挥组指令，及时负责扑救、抢险，并布置现场人员到医院陪护。当事态无法控制时，立刻通知联络组拨打政府主管部门电话求救。

（3）疏散组：其任务是在发生事故时，负责人员的疏散、逃生。

（4）救护组：其任务是负责受伤人员的救治和送医院急救。

（5）保卫组：负责损失控制，物资抢救，对事故现场划定警戒区，阻止与工程无关人员进入现场，保护事故现场不遭破坏。

（6）调查组：分析事故发生的原因、经过、结果及经济损失等，调查情况及时上报公司。如有上级、政府部门介入则配合调查。

（7）后勤组：负责抢险物资、器材器具的供应及后勤保障。

（8）义务消防队：发生火灾时，应按预案演练方法，积极参加扑救工作。

人员名单及分工应挂在项目部办公室墙上。

4. 应急小组地点和电话，有关单位、部门联系方式

地点：×××××工地内。

电话：略

应急小组长电话：略

公司：略

建设行政主管部门：略

急救电话：120；火警：119；公安：110。

五、灭火器材配置和急救器具准备

救护物资种类、数量：救护物资有水泥、黄沙、石灰、麻袋、铁丝等，数量充足。

救灾装备器材的种类：仓库内备有安全帽、安全带、切割机、气焊设备、小型电动工具、一般五金工具、雨衣、雨靴、手电筒等。统一存放在仓库，仓库保管员24h值班。

消防器材：干粉灭火器和1211灭火器、消防栓，分布各楼层。设置现场疏散指示标志和应急照明灯。设置黄沙箱。周围消防栓应标明地点。

急救物品：配备急救药箱、口罩、担架及各类外伤救护用品。

其他必备的物资供应渠道：保持社会上物资供应渠道（电话联系），随时确保供应。

急救车辆：项目部自备小车，或向120急救车救助。

六、火灾事故应急响应步骤

1. 立即报警

当接到发生火灾信息时，应确定火灾的类型和大小，并立即报告防火指挥系统，防火指挥系统启动紧急预案。指挥小组要迅速报"119"火警电话，并及时报告上级领导，便于及时扑救处置火灾事故。

2. 组织扑救火灾

当施工现场发生火灾时，应急准备与响应指挥部除及时报警外，并要立即组织基地或施工现场义务消防队员和职工进行扑救火灾，义务消防队员选择相应器材进行扑救。扑救火灾时要按照"先控制，后灭火；救人重于救火；先重点，后一般"的灭火战术原则。派人切断电源，接通消防水泵电源，组织抢救伤亡人员，隔离火灾危险源和重点物资，充分利用项目中的消防设施器材进行灭火。

(1) 灭火组：在火灾初期阶段使用灭火器、室内消火栓进行火灾扑救。

(2) 疏散组：根据情况确定疏散、逃生通道，指挥撤离，并维持秩序和清点人数。

(3) 救护组：根据伤员情况确定急救措施，并协助专业医务人员进行伤员救护。

(4) 保卫组：做好现场保护工作，设立警示牌，防止二次火险。

3. 人员疏散是减少人员伤亡扩大的关键，也是最彻底的应急响应。在现场平面布置图上绘制疏散通道，一旦发生火灾等事故，人员可按图示疏散通道撤离到安全地带。

4. 协助公安消防队灭火。联络组拨打119、120求救，并派人到路口接应。当专业消防队到达火灾现场后，火灾应急小组成员要向消防队负责人简要说明火灾情况，并全力协助消防队员灭火，听从专业消防队指挥，齐心协力，共同灭火。

5. 现场保护。当火灾发生时和扑灭后，指挥小组要派人保护好现场，维护好现场秩序，等待对事故原因和责任人调查。同时应立即采取善后工作，及时清理火灾造成的垃圾以及采取其他有效措施，使火灾事故对环境造成的污染降低到最低限度。

6. 火灾事故调查处置。按照公司事故、事件调查处理程序规定，火灾发生情况报告要及时按"四不放过"原则进行查处。事故后分析原因，编写调查报告，采取纠正和预防措施，负责对预案进行评价并改善预案。对火灾发生情况的报告应急准备与响应指挥小组要及时上报公司。

七、加强消防管理，落实防火措施

无数火灾案例告诉我们，火灾都是可以预防的。预防火灾的主要措施是：

1. 落实专人对消防器材的管理与维修，对消防水泵（高层、大型、重点工程必须专设消防水泵）24h专人值班管理，场地内消防通道保持畅通。

2. 施工现场禁止吸烟，建立吸烟休息室。动用明火作业必须办理动火证手续，做到不清理场地不烧，不经审批不烧，无人看护不烧。安全用电，禁止在宿舍内乱拉乱接电线，禁止烧电炉、电饭煲、煤气灶。

3. 建立健全消防管理制度，落实责任制，与各作业班组、分包单位签订"治安、消防责任合同书"，把责任纵向到底、横向到边地分解到每个班组、个人，落实人人关注消防安全责任心。

4. 规范木工车间、钢筋车间、材料仓库、危险品仓库、食堂等场所的搭设，落实防火责任人。

八、救灾、救护人员的培训和演练

1. 救助知识培训：定时组织员工培训有关安全、抗灾救助知识，有条件的话可以邀请有关专家前来讲解。通过知识培训，做到迅速、及时地处理好火灾事故现场，把损失减少到最低限度。

2. 使用和维护器材技术培训：对各类器材的使用，组织员工培训、演练，教会员工人人会使用抢险器材。仓库保管员定时对配置的各类器材维修保护，加强管理。抢险器材平时不得挪作他用，对各类防灾器具应落实专人保管。

3. 每半年对义务消防队员和相关人员进行一次防火知识、防火器材使用培训和演练（伤员急救常识、灭火器材使用常识、抢险救灾基本常识等）。

4. 加强宣传教育，使全体施工人员了解防火、自救常识。

九、预案管理与评审改进

火灾事故后要分析原因，按"四不放过"的原则查处事故，编写调查报告，采取纠正和预防措施，负责对预案进行评审并改进预案。针对暴露出来的缺陷，不断地更新、完善和改进火灾应急预案文件体系，加强火灾应急预案的管理。

范例 35

火灾、爆炸事故应急预案

根据《重大危险源辨识》（GB 18218—2000）的规定，本工程火灾、爆炸重大危险源通常有2个，一个是施工作业区，一个是临建仓库区。其中化学危险品的搬运、储存数量超过临界量是危险源普查的重点。因此，工程开工后对重大危险源应登记、建档、定期检测、监控，并培训施工人员掌握工地储存的化学危险品的特性、防范方法。

一、火灾、爆炸事故应急小组责任及组织机构图

1. 项目经理是火灾、爆炸事故应急小组第一负责人，负责事故的救援指挥工作。

2. 安全总监是火灾、爆炸事故应急救援第一执行人，具体负责事故救援组织工作和事故调查工作。

3. 现场经理是火灾、爆炸事故应急小组第二负责人，负责事故救援组织工作的配合工作和事故调查的配合工作。

4. 火灾、爆炸事故应急组织机构图（见图9-6）。

5. 应急小组下设机构及职责

（1）抢险组：组长由项目经理担任，成员由安全总监、现场经理、机电经理、项目总

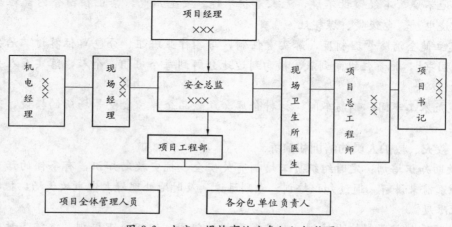

图9-6 火灾、爆炸事故应急组织机构图

工程师和项目班子及分包单位负责人组成。主要职责是：组织实施抢险行动方案；协调有关部门的抢险行动；及时向指挥部报告抢险进展情况。

（2）安全保卫组：组长由项目书记担任，成员由项目行政部、经警组成。主要职责是：负责事故现场的警戒，阻止非抢险救援人员进入现场；负责现场车辆疏通，维持治安秩序；负责保护抢险人员的人身安全。

（3）后勤保障组：组长由项目书记担任，成员由项目物资部、行政部、合约部、食堂组成。负责解决全体参加抢险救援工作人员的食宿问题。

（4）医疗救护组：组长由项目卫生所医生担任，成员由卫生所护士、救护车队组成。主要职责是：负责现场伤员的救护等工作。

（5）善后处理组：组长由项目经理担任，成员由项目领导班子组成。主要职责是：负责做好对遇难者家属的安抚工作；协调落实遇难者家属抚恤金和受伤人员住院费问题；做好其他善后事宜。

（6）事故调查组：组长由项目经理、公司责任部门领导担任，成员由项目安全总监、公司相关部门、公司有关技术专家组成。主要职责是：负责事故现场保护和图纸的测绘；查明事故原因，提出防范措施；提出对事故责任者的处理意见。

二、火灾、爆炸事故应急工作流程（略）

三、火灾、爆炸事故应急流程应遵循的原则

1. 紧急事故发生后，发现人应立即报警。一旦启动本预案，相关责任人要以处置重大紧急情况为压倒一切的首要任务，绝不能以任何理由推诿、拖延。各部门之间、各单位之间必须服从指挥，协调配合，共同做好工作。因工作不到位或玩忽职守造成严重后果的，要追究有关人员的责任。

2. 项目在接到报警后，应立即组织自救队伍，按事先制定的应急方案立即进行自救；若事态情况严重，难以控制和处理，应立即在自救的同时向专业救援队伍求救，并密切配合救援队伍。

3. 疏通事发现场道路，保证救援工作顺利进行；疏散人群至安全地带。

4. 在急救过程中，遇有威胁人身安全情况时，应首先确保人身安全，迅速组织脱离危险区域或场所后，再采取急救措施。

5. 切断电源，截断可燃气体（液体）的输送，防止事态扩大。

6. 安全总监为紧急事务联络员，负责紧急事务的联络工作。

7. 紧急事故处理结束后，安全总监应填写记录，并召集相关人员研究防止事故再次发生的对策。

四、火灾、爆炸事故的应急措施

1. 对施工人员进行防火安全教育

目的是帮助施工人员学习防火、灭火、避难、危险品转移等各种安全疏散知识和应对方法，提高施工人员对火灾、爆炸发生时的心理承受能力和应变能力。一旦发生突发事件，施工人员不仅可以沉稳地自救，还可以冷静地配合外界消防员做好灭火工作，把火灾事故损失降低到最低水平。

2. 早期警告。事件发生时，在安全地带的施工人员可通过手机、对讲机向楼上施工人员传递火灾发生信息和位置。

3. 紧急情况下电梯、楼梯、马道的使用

高层建筑在发生火灾时，不能使用室内电梯和外用电梯逃生。因为室内电梯井会产生"烟囱效应"，外用电梯会发生电源短路情况。最好通过室内楼梯或室外脚手架马道逃生（本工程建筑高度不高，最好采取这种方法逃生）。如果下行楼梯受阻，施工人员可以在某楼层或楼顶部耐心等待救援，打开窗户或划破安全网保持通风，同时用湿布捂住口鼻，挥舞彩色安全帽表明你所处的位置。切忌逃生时在马道上拥挤。

五、火灾、爆炸发生时人员疏散应避免的行为因素

1. 人员聚集

灾难发生时，由于人的生理反应和心理反应决定受灾人员的行为具有明显向光性、盲从性。向光性是指在黑暗中，尤其是辨不清方向，走投无路时，只要有一丝光亮，人们就会迫不及待的向光亮处走去。盲从性是指事件突变，生命受到威胁时，人们由于过分紧张、恐慌，而失去正确的理解和判断能力，只要有人一声招唤，就会导致不少人跟随、拥挤逃生，这会影响疏散甚至造成人员伤亡。

2. 恐慌行为

这是一种过分和不明智的逃离型行为，它极易导致各种伤害性情感行动。如：绝望、歇斯底里等。这种行为若导致"竞争性"拥挤，再进入火场，穿越烟气空间及跳楼等行动，时常带来灾难性后果。

3. 再进火场行为

受灾人已经撤离或将要撤离火场时，由于某些特殊原因驱使他们再度进入火场，这也属于一种危险行为，在实际火灾案例中，由于再进火场而导致灾难性后果的占有相当大的比例。

9.9 施工中挖断水、电、通信光缆、煤气管道事故应急救援预案实例

范例 36

某工程施工中挖断水、电、通信光缆、煤气管道应急救援预案

一、应急准备和响应组织准备

1. 目的

为了保护本企业从业人员在经营活动中的身体健康和生命安全，保证本企业在出现生产安全事故时，能够及时进行应急救援，从而最大限度地降低生产安全事故给本企业及本企业员工所造成的损失，成立公司生产安全事故应急救援小组。

2. 适用范围

适用于所在公司内部实行生产经营活动的部门及个人。

3. 责任

本企业建立生产安全事故应急救援指挥机构：

董事长主持全面工作；

安全科长负责应急救援协调指挥工作；

项目经理部各项目部经理负责应急救援实施工作；

设备部经理参与应急救援实施工作；

财务部经理负责安全生产及救援资金保障。

4. 施工现场生产安全应急救援小组

项目经理主持施工现场全面工作；

生产负责人负责组织应急救援协调指挥工作；

安全员负责应急救援实施工作；

技术员、质检员、材料员等参与应急救援实施工作；

5. 生产安全事故应急救援组织成员经培训，掌握并且具备现场救援救护的基本技能，施工现场生产安全应急救援小组必须配备相应的急救器材和设备。小组每年进行1～2次应急救援演习和对急救器材设备的日常维修、保养，从而保证应急救援时正常运转。

6. 生产安全事故应急救援程序

公司及工地建立安全值班制度，设值班电话并保证24h轮流值班。

如发生安全事故立即上报，具体上报程序如下：

现场第一发现人——现场值班人员——现场应急救援小组组长——公司值班人员——公司生产安全事故应急救援小组——向上级部门报告。

生产安全事故发生后，应急救援组织立即启动如下应急救援程序：

现场发现人：向现场值班人员报告

现场值班人员：控制事态、保护现场、组织抢救，疏导人员。

现场应急救援小组组长：组织组员进行现场急救，组织车辆保证道路畅通，送往最佳医院。

公司值班人员：了解事故及伤亡人员情况

公司生产安全应急救援小组：了解事故及伤亡人员情况及采取的措施，成立生产安全事故临时指挥小组，进行善后处理事故调查，预防事故发生措施的落实。并上报上级部门。

7. 应急救援小组职责

(1) 组织检查各施工现场及其他生产部门的安全隐患，落实各项安全生产责任制，贯彻执行各项安全防范措施及各种安全管理制度。

(2) 进行教育培训，使小组成员掌握应急救援的基本常识，同时具备安全生产管理相应的素质水平，小组成员定期对职工进行安全生产教育，提高职工安全生产技能和安全生产素质。

(3) 制定生产安全应急救援预案，制定安全技术措施并组织实施，确定企业和现场的安全防范和应急救援重点，有针对性地进行检查、验收、监控和危险预测。

二、施工现场的应急处理设备和设施管理

(一) 应急电话

1. 应急电话的安装要求

　　工地应安装电话，无条件安装电话的工地应配置移动电话。电话可安装于办公室、值班室、警卫室内。在室外附近张贴119电话的安全提示标志，以便现场人员都了解，在应急时能快捷地找到电话拨打，报警求救。电话一般应放在室内临现场通道的窗扇附近，电话机旁应张贴常用紧急查询电话和工地主要负责人及上级单位的联络电话，以便在节假日、夜间等情况下使用，房间无人上锁，有紧急情况无法开锁时，可击碎窗玻璃，便可以向有关部门、单位、人员拨打电话报警求救。

　　2. 应急电话的正确使用

　　为合理安排施工，事先拨打气象专用电话，了解气候情况拨打电话121，掌握近期和中长期气候，以便采取针对性措施组织施工，既有利于生产又有利于工程的质量和安全。工伤事故现场重病人抢救应拨打120救护电话，请医疗单位急救。火警、火灾事故应拨打119火警电话，请消防部门急救。发生抢劫、偷盗、斗殴等情况应拨打报警电话110，向公安部门报警。煤气管道、设备急修，自来水报修，供电报修，以及向上级单位汇报情况争取支持，都可以通过应急电话达到方便快捷的目的。在施工过程中保证通信的畅通，以及正确利用好电话通信工具，可以为现场事故应急处理发挥很大作用。

　　3. 电话报救须知

　　公司应急值班电话：××××××××。

　　火警：119；医疗急救：120；匪警：110。

　　拨打电话时要尽量说清楚以下几件事：

　　(1) 说明伤情（病情、火情、案情）和已经采取了些什么措施，以便让救护人员事先做好急救的准备。

　　(2) 讲清楚伤者（事故）发生在什么地方，什么路几号，靠近什么路口，附近有什么特征。

　　(3) 说明报救者单位（或事故地）、姓名及电话号码，以便救护车（消防车、警车）找不到所报地方时，随时通过电话通信联系。基本打完报救电话后，应问接报人员还有什么问题不清楚，如无问题才能挂断电话。通完电话后，应派人在现场外等候接应救护车，同时把救护车进工地现场的路上障碍及时予以清除，以便救护车到达后，能及时进行抢救。

　　(二) 急救箱

　　1. 急救箱的配备

　　急救箱的配备应以简单和适用为原则，保证现场急救的基本需要，并可根据不同情况予以增减，定期检查补充，确保随时可供急救使用。

　　(1) 器械敷料类

　　消毒注射器（或一次性针筒）、静脉辅液器、心内注射针头、血压计、听诊器、体温计、气管切开用具（包括大、小银制气管套管）张口器及舌钳、针灸针、止血带、止血钳、（大、小）剪刀、手术刀、氧气瓶（便携式）及流量计、无菌橡皮手套、无菌敷料、棉球、棉签、三角巾、绷带、胶布、夹板、别针、手电筒（电池）、保险刀、绷带、镊子、病史记录、处方。

　　(2) 药物

　　肾上腺素、异丙基肾上素、阿托品、毒毛旋花子苷水、慢心律、异搏定、硝酸甘油、亚硝酸戊烷、西地兰、氨茶碱、洛贝林回苏灵咖啡因、尼可刹米、安定、异戊巴比妥钠、苯妥英钠、碳酸氢钠、乳酸钠、10%葡萄糖酸钙、维生素、止血敏、安洛血、10%葡萄糖、25%葡萄糖、生理盐水、氨水、乙醚、酒精、碘酒、0.1%新吉尔灭酊、高锰酸钾等。

2. 急救箱使用注意事项

(1) 有专人保管，但不要上锁。

(2) 定期更换超过消毒期的敷料和过期药品，每次急救后要及时补充。

(3) 放置在合适的位置，使现场人员都知道。

(三) 其他应急设备和设施

由于在现场经常会出现一些不安全情况，甚至发生事故，或因采光和照明情况不好，在应急处理时就需配备应急照明，如可充电工作灯、电筒、油灯等设备。

由于现场有危险情况，在应急处理时就需有用于危险区域隔离的警戒带、各类安全禁止、警告、指令、提示标志牌。

有时为了安全逃生、救生需要，还必须配置安全带、安全绳、担架等专用应急设备和设施工具。

三、应急响应

最先发现挖断水、电、通信光缆、煤气管道的，要立即报告单位应急负责人。

应急负责人为现场总指挥，立刻组织迅速封锁事故现场，将事故点20m内进行维护隔离，采取临时措施将事故的损失及影响降至最低点，并电话通报公司应急小组副组长及值班电话××××××××。

安全员立即拨打本市自来水保修中心电话，拨打本市供电急修电话，拨打本市通信光缆急修电话"112"。电话描述清如下内容：单位名称、所在区域、周围显著标志性建筑物、主要路线、候车人姓名、主要特征、等候地址、所发生事故的情况及程度。随后到路口引导救援车辆。

公司应急小组副组长到达事故现场后，立即组织事故调查，并将事故的初步调查通报公司应急小组组长。

公司应急小组组长接到事故通报后，上报当地主管部门，等候调查处理。

9.10　食物中毒、传染疾病事故应急救援预案实例

范例 37

突发公共卫生事故应急预案

本工程突发公共卫生事故是指食物中毒等无人与人接触交叉传染类疾病的防治。

一、突发公共卫生事故应急小组责任及组织机构图

1. 项目经理是突发公共卫生事故应急小组第一负责人，负责事故的救援指挥工作。

2. 安全总监是突发公共卫生事故应急救援第一执行人，具体负责事故救援组织工作

和事故调查工作。

3. 现场经理是突发公共卫生事故应急小组第二负责人，负责事故救援组织工作的配合工作和事故调查的配合工作。

4. 突发公共卫生事故应急组织机构图（见图 9-7）。

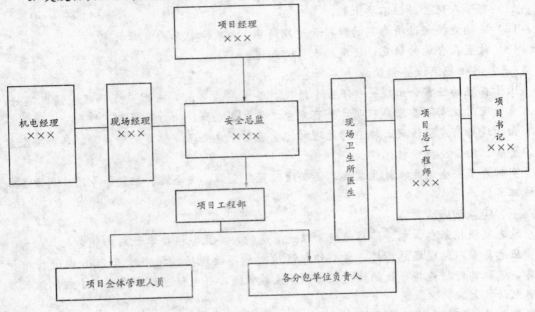

图 9-7　突发公共卫生事故应急组织机构图

5. 应急小组下设机构及职责

（1）抢险组：组长由项目经理担任，成员由安全总监、现场经理、机电经理、项目总工程师和项目班子及分包单位负责人组成。主要职责是：组织实施抢险行动方案；协调有关部门的抢险行动；及时向指挥部报告抢险进展情况。

（2）安全保卫组：组长由项目书记担任，成员由项目行政部、经警组成。主要职责是：负责事故现场的警戒，阻止非抢险救援人员进入现场；负责现场车辆疏通，维持治安秩序；负责保护抢险人员的人身安全。

（3）后勤保障组：组长由项目书记担任，成员由项目物资部、行政部、合约部、食堂组成。主要职责是：负责调集抢险器材、设备；负责解决全体参加抢险救援工作人员的食宿问题。

（4）医疗救护组：组长由项目卫生所医生担任，成员由卫生所护士、救护车队组成。主要职责是：负责现场伤员的救护等工作。

（5）善后处理组：组长由项目经理担任，成员由项目领导班子组成。主要职责是：负责做好对遇难者家属的安抚工作；协调落实遇难者家属恤金和受伤人员住院费问题；做好其他善后事宜。

（6）事故调查组：组长项目经理、公司责任部门领导担任，成员由项目安全总监、公司相关部门、公司有关技术专家组成。主要职责是：负责事故现场保护和图纸的测绘；查明事故原因，提出防范措施；提出对事故责任者的处理意见。

二、突发公共卫生事故应急工作流程（见图9-8）

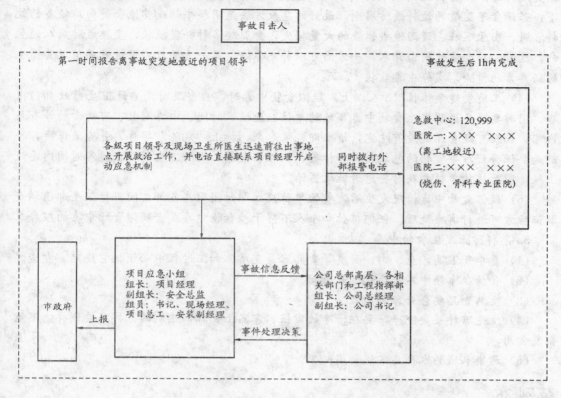

图 9-8 突发公共卫生事故应急工作流程

三、突发公共卫生事故应急措施

1. 确认食物中毒体征

发生食物中毒后，病人会出现呕吐、腹泻、头痛、阵发性腹泻、发烧和疲劳等症状。病情严重时、感染痢疾时，大便里会带有脓血。症状的严重程度取决于误食病菌的种类和数量。这些症状可能在进食不洁的食品后半小时，或几天后发生。一般持续一到两天，但也可以延续到一个星期或10天左右。

2. 食物中毒应急措施

（1）加强对工地食堂卫生的监督力度；对食堂从业人员进行预防食物中毒知识专项培训；严把原料采购关，做好食物保管，保持食物新鲜，加工海产品要求烧熟、煮透，凉拌菜保持新鲜卫生，生熟食物要分开，防止炊具交叉污染。

（2）一旦发生食物中毒，应立即到医院进行救治。

（3）食物中毒的主要急救方法有：催吐、导泻、解毒、对症治疗等。呕吐与腹泻是肌体防御功能起作用的一种表现，它可排除一定数量的致病菌释放的肠毒素，所以如果发现家人中毒，首先要了解一下吃了什么东西，如果吃下食物的时间在两个小时内，可以采取催吐的方法。比如用20g盐兑200mL开水饮服后催吐，反复喝几次，促使呕吐，尽快排毒；也可以采用导泻的方法，如果病人中毒时间较长，但精神状态还挺好，可以服用些泻药以利于毒素排除，可以选用大黄30g一次煎后服用或番泻叶10g泡茶饮服；如果是食用了变质的海产品而引起的食物中毒，可以将 100mL 的醋加 200mL 的开水稀释后一次服下；若误食了变质的饮料或防腐剂，最好的急救方法是用鲜牛奶或其他含蛋白质较多的饮料灌服。由于呕吐、腹泻造成体液的大量损失，会引起多种并发症状，直接威胁病人的生命，这时，应大量饮用白开水，一方面可以补充体液，另一方面可以促进致病菌及其产生的肠毒素的排除，减轻中毒症状。

（4）工地发现集体性（3 人以上）疑似食物中毒时，应当及时向当地卫生行政部门报告，同时要详尽说明发生食物中毒事故的单位、地址、时间、中毒人数、可疑食物等有关内容。如果可疑食品还没有吃完，请立即包装起来，标上"危险"字样，并冷藏保存，特别是要保存好污染食物的包装材料和标签，如罐头盒等。现场卫生所要在规定时间内逐级上报，同时接待单位要及时将患者就近医治。

（5）疑似食物中毒情况发生后，餐饮单位应立即封闭厨房各加工间，待卫生部门调查取证后方可进行消毒处理。任何单位和个人不得干涉食物中毒或者疑似食物中毒的报告。

3. 怎样防止发生食物中毒

（1）夏季气温高，鱼、肉、贝类等食品容易变质。加工过程中必须把它烧熟、煮透。

（2）食物在冰箱中不能存放过长时间。

（3）生熟食品要分开容器盛装。

（4）生吃凉拌菜要洗净，要在干净的案板、容器上制作，吃剩的凉拌菜要倒掉，不能重复食用。

（5）污染水域的水产品不能食用。

范例 38

传染性疾病事故应急预案

施工现场的传染性疾病主要是指 SARS、疟疾、禽流感、霍乱、登革热、鼠疫等流行性强、致命性强的疾病。其中以 SARS、禽流感为最可能复发的疾病。

一、传染性疾病事故应急小组责任及组织机构图

1. 项目经理是传染性疾病事故应急小组第一负责人，负责事故的救援指挥工作。

2. 安全总监是传染性疾病事故应急救援第一执行人，具体负责事故救援组织工作和事故调查工作。

3. 现场经理是传染性疾病事故应急小组第二负责人，负责事故救援组织工作的配合工作和事故调查的配合工作。

4. 传染性疾病事故应急组织机构图（见图 9-9）。

二、应急机制小组

本工程应急机制小组分二级，第一级直接对接现场，由项目经理部领导成员组成，这也是事件发生第一反应小组，也是事件的控制中心。第二级间接对接现场，由公司总部高层领导成员组成，它支持、服务于第一级应急小组工作，为第一级应急小组提供财政支持，社会关系求助，对第一级应急小组的工作提供建议和决策参考。

事故发生后 1h 内，启动应急机制，同时上报北京市奥指办和当地政府。全天 24h 进

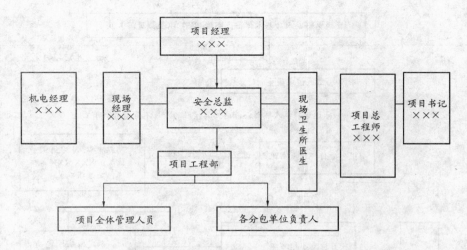

图 9-9　传染性疾病事故应急组织机构图

入应急状态。事后处理报告提交公司总部、业主、政府部门 48h 后，应急状态解除。

三、应急救援队伍

根据事故发生对象，组成事故相应救援队伍。一级救援队伍来源于项目经理部各主要部门，有项目的安全部、工程部、机电部、技术部、行政部、医务室等；二级救援队伍来源于公司总部各主要部门，有总部的质量安全保证部、企卫公司、项目管理部、机电部、资金部、财务部、公司医院等；两级之间相互配合、相互支持，由一级救援队伍处理事故发生的初始阶段；由二级救援队伍解决事故的调节、安抚、后期调查、上报政府部门、补偿等工作。

四、传染性疾病事故应急流程及措施

1. 传染性疾病事故应急工作流程（见图 9-10）。

2. 防非典（SARS）措施

（1）施工队伍进场时"SARS"防控措施。

1）进驻施工现场的工人必须是经市或区医疗部门检查，能出具身体健康证明的健康工人。

2）工人进驻现场前测量体温，合格后用专车接送，并采取相应的消毒预防措施。

（2）必须做好加强施工队伍的管理工作，切断疫情交叉感染和传播途径。

1）在通告期间，不进行工地之间人员的流动调配。

2）在通告期间，外地施工人员不准擅自离京。每日对工地人员进行清点和登记。发现人员有变化时，及时向市建委报告，并通知驻京建管处。因特殊原因要求回家人员，离开工地前，必须经市或区、县医疗部门检查，出具身体健康证明，方可离京。

3）工地建立独立的隔离房间，以隔离生病职工。

（3）对工地实行封闭管理，减少交叉感染

1）工地围挡严密牢固，切断工地与外界的直接接触，对出入口配备相应的保安人员。

2）加强施工现场出入人员的管理。施工现场以外人员确需进入施工工地，必须由建设单位、总承包单位、监理单位指定专人进行接待。加强工地保卫工作，并对出入工地人员实行严格的登记管理。

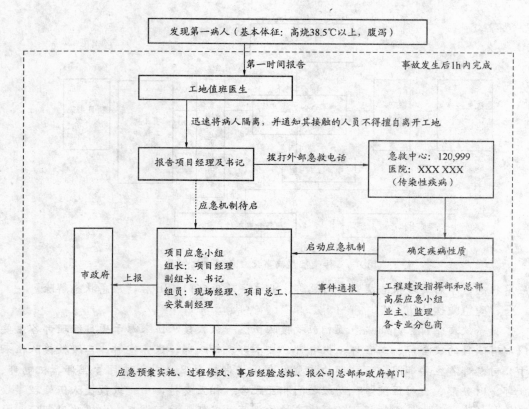

图 9-10　传染性疾病事故应急工作流程

（4）对分包队伍居住条件严格管理。

1）各分包队伍必须居住在通风良好的环境里。

2）每间房屋居住人员不超过 15 人，每人床铺面积不少于 $2m^2$，保持屋内通风良好，同时做好消防、保卫工作预案。

3）定期对职工进行体温测量，防止"SARS"传播，加强对职工卫生常识的教育，培养职工勤洗手、勤洗衣被、定期大扫除等良好卫生习惯，不断提高建筑职工的卫生素质。

（5）加强工地防疫措施

1）配备专职卫生监督员，负责对工地防疫工作进行监督检查。

2）每天对居住和饮食环境进行两次以上的消毒措施，对餐具进行消毒。

3）完善施工人员盥洗设施，并配置相应的卫生用品。饭前便后必须洗手。

4）加强食品卫生安全管理，对施工现场人员用餐实施统一管理，严禁食用无证、无照商贩的食品。

5）组织好分包队伍的文化生活，在第二场地为施工人员提供电视、书籍及其他娱乐设施。

（6）加大宣传力度，加强施工人员自我保护意识。

1）广泛开展宣传教育活动。施工人员进场时进行防控"SARS"知识教育，普及防控"SARS"知识，确保每个施工人员都了解"SARS"防控措施及救治办法，消除恐慌心理。发现疫情采取果断措施，做到早发现、早报告、早隔离、早治疗。

2）如果"疫情"发生，坚持按当地政府、防疫部门的要求做好隔离控制工作，严格执行《北京市对"SARS"疫情重点区域隔离控制通告》和北京市建委《疫情工地隔离管理的实施方案》，并对相应环节负责人进行处罚。

五、防禽流感措施

1. 管理传染源

（1）对受感染动物应立即销毁，对疫源地进行封锁，彻底消毒；

（2）患者隔离治疗，转运时应戴口罩。

2. 消除传染源

（1）早发现：早发现禽流感病禽和病人；

（2）早报告：早向卫生防疫部门报告禽流感病禽和病人；

（3）早隔离：病人要至少隔离至热退后2天，病禽要封闭或封锁；

（4）早治疗：要早治疗病人，早杀灭病禽。

3. 切断传播途径

（1）接触患者或患者分泌物后应洗手；

（2）处理患者血液或分泌物时应戴手套；

（3）被患者血液或分泌物污染的医疗器械应消毒；

（4）发生疫情时，应尽量减少与禽类接触，接触禽类时应戴上手套和口罩，穿上防护衣；

（5）戴口罩：禽流感病人、接触者必须戴口罩；

（6）换气：办公室加强通风换气；保持室内空气流通，应每天开窗换气两次，每次至少10min，或使用抽气扇保持空气流通；

（7）远离易感场所：少去或不去人群密集的场所，去时戴口罩；

（8）消毒：被病毒污染的物体表面消毒（按消毒规定进行）；消毒方法与消毒剂基本上与"SARS"的消毒相同，禽流感病毒对高温、紫外线和常用消毒剂都敏感；

（9）保持办公室、工人休息室地面、墙面清洁；确保排水道排水顺畅；

（10）吃禽肉要煮熟、煮透，避免食用未经煮熟的鸡、鸭；

（11）勤洗手，避免用手直接接触自己的眼睛、鼻、口。

范例 39

重大传染性疾病应急预案

一、工地潜在事故危险评估

因为建筑工程流动人员多，卫生条件较差等现实情况，一旦发生如"SARS"等重大传染性疾病，将造成严重人员、物质损失。

项目部针对以上潜在的事故和紧急情况，编制应急准备及响应预案，当事故或紧急情况发生时，应保证能够迅速做出响应，最大限度地减少可能产生的事故后果。

二、应急行动小组人员组成及分工

（一）应急领导小组成员

组长：×××

副组长：×××

成员：×××、×××、×××、×××、×××

（二）项目应急领导小组，下设通信组、警戒组、疏散组、应急器材供应组、抢险组。

1. 通信组

组长：×××

成员：×××、×××、×××

主要任务：发生事故第一时间通知项目应急领导小组，负责召集小组成员，对外联络，及时向主管部门汇报等。

2. 警戒组

组长：×××

成员：×××、×××、×××

主要任务：负责保护事故现场，避免闲杂人员围观、监视事故发展情况等。

3. 疏散组

组长：×××

成员：×××、×××、×××

主要任务：组织人员撤离，安排疏散路径、方向，引导救护车、消防车等进入现场等。

4. 应急器材供应组

组长：×××

成员：×××、×××、×××

主要任务：负责应急器材的发放、管理及维护工作。

5. 抢险组

组长：×××

成员：×××、×××、×××

主要任务：指挥人员抢救伤员或物资等，急救员对伤员进行必要处理，电工负责现场照明、安全用电管理。

（三）应急小组职责

1. 全体成员牢固树立全心全意为员工服务的思想；

2. 认真学习和熟练执行应急程序；

3. 服从上级指挥调动；

4. 改造和检查应急设备和设施的安全性能及质量；

5. 组织队员搞好模拟演练；

6. 参加本范围的各种抢险救护。

三、应急行动程序通则

1. 应急小组成员应牢记分工，按小组行动。

2. 应急小组成员在接到报警后，10min 内各就各位。

3. 通信组负责接听事故汇报，并负责通知所有应急小组成员。

4. 根据事故情况报相应主管部门。

联系电话如下：

（1）治安消防

负责人：×××

联系电话：×××××××

（2）重大事故

负责人：×××

联系电话：×××××××

（3）紧急医疗电话

急救电话：120

急诊电话：×××××××

疫情举报：×××××××

（4）常用电话

火警：119

匪警：110

交通肇事：112

四、重大传染性疾病应急预案

发现重大传染性疾病，应急器材小组迅速配发口罩、手套等防护用品及温度计，组织消毒液、喷雾器等消毒用品；疏散组应迅速封闭现场，杜绝人员来往。警戒组必须严格限制施工人员之间的流动。

抢救组按项目部卫生消毒制度，对生活区、食堂、厕所等公共场所进行消毒。

应急小组组长应立即向工程处和卫生防疫部门汇报，等待处理措施。

附录1 中华人民共和国安全生产法

第一章 总 则

第一条 为了加强安全生产监督管理，防止和减少生产安全事故，保障人民群众生命和财产安全，促进经济发展，制定本法。

第二条 在中华人民共和国领域内从事生产经营活动的单位（以下统称生产经营单位）的安全生产，适用本法；有关法律、行政法规对消防安全和道路交通安全、铁路交通安全、水上交通安全、民用航空安全另有规定的，适用其规定。

第三条 安全生产管理，坚持安全第一、预防为主的方针。

第四条 生产经营单位必须遵守本法和其他有关安全生产的法律、法规，加强安全生产管理，建立、健全安全生产责任制度，完善安全生产条件，确保安全生产。

第五条 生产经营单位的主要负责人对本单位的安全生产工作全面负责。

第六条 生产经营单位的从业人员有依法获得安全生产保障的权利，并应当依法履行安全生产方面的义务。

第七条 工会依法组织职工参加本单位安全生产工作的民主管理和民主监督，维护职工在安全生产方面的合法权益。

第八条 国务院和地方各级人民政府应当加强对安全生产工作的领导，支持、督促各有关部门依法履行安全生产监督管理职责。

县级以上人民政府对安全生产监督管理中存在的重大问题应当及时予以协调、解决。

第九条 国务院负责安全生产监督管理的部门依照本法，对全国安全生产工作实施综合监督管理；县级以上地方各级人民政府负责安全生产监督管理的部门依照本法，对本行政区域内安全生产工作实施综合监督管理。

国务院有关部门依照本法和其他有关法律、行政法规的规定，在各自的职责范围内对有关的安全生产工作实施监督管理；县级以上地方各级人民政府有关部门依照本法和其他有关法律、法规的规定，在各自的职责范围内对有关的安全生产工作实施监督管理。

第十条 国务院有关部门应当按照保障安全生产的要求，依法及时制定有关的国家标准或者行业标准，并根据科技进步和经济发展适时修订。

生产经营单位必须执行依法制定的保障安全生产的国家标准或者行业标准。

第十一条 各级人民政府及其有关部门应当采取多种形式，加强对有关安全生产的法律、法规和安全生产知识的宣传，提高职工的安全生产意识。

第十二条 依法设立的为安全生产提供技术服务的中介机构，依照法律、行政法规和执业准则，接受生产经营单位的委托为其安全生产工作提供技术服务。

第十三条 国家实行生产安全事故责任追究制度，依照本法和有关法律、法规的规定，追究生产安全事故责任人员的法律责任。

第十四条　国家鼓励和支持安全生产科学技术研究和安全生产先进技术的推广应用，提高安全生产水平。

第十五条　国家对在改善安全生产条件、防止生产安全事故、参加抢险救护等方面取得显著成绩的单位和个人，给予奖励。

第二章　生产经营单位的安全生产保障

第十六条　生产经营单位应当具备本法和有关法律、行政法规和国家标准或者行业标准规定的安全生产条件；不具备安全生产条件的，不得从事生产经营活动。

第十七条　生产经营单位的主要负责人对本单位安全生产工作负有下列职责：

（一）建立、健全本单位安全生产责任制；

（二）组织制定本单位安全生产规章制度和操作规程；

（三）保证本单位安全生产投入的有效实施；

（四）督促、检查本单位的安全生产工作，及时消除生产安全事故隐患；

（五）组织制定并实施本单位的生产安全事故应急救援预案；

（六）及时、如实报告生产安全事故。

第十八条　生产经营单位应当具备的安全生产条件所必需的资金投入，由生产经营单位的决策机构、主要负责人或者个人经营的投资人予以保证，并对由于安全生产所必需的资金投入不足导致的后果承担责任。

第十九条　矿山、建筑施工单位和危险物品的生产、经营、储存单位，应当设置安全生产管理机构或者配备专职安全生产管理人员。

前款规定以外的其他生产经营单位，从业人员超过三百人的，应当设置安全生产管理机构或者配备专职安全生产管理人员；从业人员在三百人以下的，应当配备专职或者兼职的安全生产管理人员，或者委托具有国家规定的相关专业技术资格的工程技术人员提供安全生产管理服务。

生产经营单位依照前款规定委托工程技术人员提供安全生产管理服务的，保证安全生产的责任仍由本单位负责。

第二十条　生产经营单位的主要负责人和安全生产管理人员必须具备与本单位所从事的生产经营活动相应的安全生产知识和管理能力。

危险物品的生产、经营、储存单位以及矿山、建筑施工单位的主要负责人和安全生产管理人员，应当由有关主管部门对其安全生产知识和管理能力考核合格后方可任职。考核不得收费。

第二十一条　生产经营单位应当对从业人员进行安全生产教育和培训，保证从业人员具备必要的安全生产知识，熟悉有关的安全生产规章制度和安全操作规程，掌握本岗位的安全操作技能。未经安全生产教育和培训合格的从业人员，不得上岗作业。

第二十二条　生产经营单位采用新工艺、新技术、新材料或者使用新设备，必须了解、掌握其安全技术特性，采取有效的安全防护措施，并对从业人员进行专门的安全生产教育和培训。

第二十三条 生产经营单位的特种作业人员必须按照国家有关规定经专门的安全作业培训，取得特种作业操作资格证书，方可上岗作业。

特种作业人员的范围由国务院负责安全生产监督管理的部门会同国务院有关部门确定。

第二十四条 生产经营单位新建、改建、扩建工程项目（以下统称建设项目）的安全设施，必须与主体工程同时设计、同时施工、同时投入生产和使用。安全设施投资应当纳入建设项目概算。

第二十五条 矿山建设项目和用于生产、储存危险物品的建设项目，应当分别按照国家有关规定进行安全条件论证和安全评价。

第二十六条 建设项目安全设施的设计人、设计单位应当对安全设施设计负责。

矿山建设项目和用于生产、储存危险物品的建设项目的安全设施设计应当按照国家有关规定报经有关部门审查，审查部门及其负责审查的人员对审查结果负责。

第二十七条 矿山建设项目和用于生产、储存危险物品的建设项目的施工单位必须按照批准的安全设施设计施工，并对安全设施的工程质量负责。

矿山建设项目和用于生产、储存危险物品的建设项目竣工投入生产或者使用前，必须依照有关法律、行政法规的规定对安全设施进行验收；验收合格后，方可投入生产和使用。验收部门及其验收人员对验收结果负责。

第二十八条 生产经营单位应当在有较大危险因素的生产经营场所和有关设施、设备上，设置明显的安全警示标志。

第二十九条 安全设备的设计、制造、安装、使用、检测、维修、改造和报废，应当符合国家标准或者行业标准。

生产经营单位必须对安全设备进行经常性维护、保养，并定期检测，保证正常运转。维护、保养、检测应当作好记录，并由有关人员签字。

第三十条 生产经营单位使用的涉及生命安全、危险性较大的特种设备，以及危险物品的容器、运输工具，必须按照国家有关规定，由专业生产单位生产，并经取得专业资质的检测、检验机构检测、检验合格，取得安全使用证或者安全标志，方可投入使用。检测、检验机构对检测、检验结果负责。

涉及生命安全、危险性较大的特种设备的目录由国务院负责特种设备安全监督管理的部门制定，报国务院批准后执行。

第三十一条 国家对严重危及生产安全的工艺、设备实行淘汰制度。

生产经营单位不得使用国家明令淘汰、禁止使用的危及生产安全的工艺、设备。

第三十二条 生产、经营、运输、储存、使用危险物品或者处置废弃危险物品的，由有关主管部门依照有关法律、法规的规定和国家标准或者行业标准审批并实施监督管理。

生产经营单位生产、经营、运输、储存、使用危险物品或者处置废弃危险物品，必须执行有关法律、法规和国家标准或者行业标准，建立专门的安全管理制度，采取可靠的安全措施，接受有关主管部门依法实施的监督管理。

第三十三条 生产经营单位对重大危险源应当登记建档，进行定期检测、评估、监控，并制定应急预案，告知从业人员和相关人员在紧急情况下应当采取的应急措施。

生产经营单位应当按照国家有关规定将本单位重大危险源及有关安全措施、应急措施报有关地方人民政府负责安全生产监督管理的部门和有关部门备案。

第三十四条 生产、经营、储存、使用危险物品的车间、商店、仓库不得与员工宿舍在同一座建筑物内，并应当与员工宿舍保持安全距离。

生产经营场所和员工宿舍应当设有符合紧急疏散要求、标志明显、保持畅通的出口。禁止封闭、堵塞生产经营场所或者员工宿舍的出口。

第三十五条 生产经营单位进行爆破、吊装等危险作业，应当安排专门人员进行现场安全管理，确保操作规程的遵守和安全措施的落实。

第三十六条 生产经营单位应当教育和督促从业人员严格执行本单位的安全生产规章制度和安全操作规程；并向从业人员如实告知作业场所和工作岗位存在的危险因素、防范措施以及事故应急措施。

第三十七条 生产经营单位必须为从业人员提供符合国家标准或者行业标准的劳动防护用品，并监督、教育从业人员按照使用规则佩戴、使用。

第三十八条 生产经营单位的安全生产管理人员应当根据本单位的生产经营特点，对安全生产状况进行经常性检查；对检查中发现的安全问题，应当立即处理；不能处理的，应当及时报告本单位有关负责人。检查及处理情况应当记录在案。

第三十九条 生产经营单位应当安排用于配备劳动防护用品、进行安全生产培训的经费。

第四十条 两个以上生产经营单位在同一作业区域内进行生产经营活动，可能危及对方生产安全的，应当签订安全生产管理协议，明确各自的安全生产管理职责和应当采取的安全措施，并指定专职安全生产管理人员进行安全检查与协调。

第四十一条 生产经营单位不得将生产经营项目、场所、设备发包或者出租给不具备安全生产条件或者相应资质的单位或者个人。

生产经营项目、场所有多个承包单位、承租单位的，生产经营单位应当与承包单位、承租单位签订专门的安全生产管理协议，或者在承包合同、租赁合同中约定各自的安全生产管理职责；生产经营单位对承包单位、承租单位的安全生产工作统一协调、管理。

第四十二条 生产经营单位发生重大生产安全事故时，单位的主要负责人应当立即组织抢救，并不得在事故调查处理期间擅离职守。

第四十三条 生产经营单位必须依法参加工伤社会保险，为从业人员缴纳保险费。

第三章 从业人员的权利和义务

第四十四条 生产经营单位与从业人员订立的劳动合同，应当载明有关保障从业人员劳动安全、防止职业危害的事项，以及依法为从业人员办理工伤社会保险的事项。

生产经营单位不得以任何形式与从业人员订立协议，免除或者减轻其对从业人员因生产安全事故伤亡依法应承担的责任。

第四十五条 生产经营单位的从业人员有权了解其作业场所和工作岗位存在的危险因素、防范措施及事故应急措施，有权对本单位的安全生产工作提出建议。

第四十六条 从业人员有权对本单位安全生产工作中存在的问题提出批评、检举、控告；有权拒绝违章指挥和强令冒险作业。

生产经营单位不得因从业人员对本单位安全生产工作提出批评、检举、控告或者拒绝违章指挥、强令冒险作业而降低其工资、福利等待遇或者解除与其订立的劳动合同。

第四十七条 从业人员发现直接危及人身安全的紧急情况时，有权停止作业或者在采取可能的应急措施后撤离作业场所。

生产经营单位不得因从业人员在前款紧急情况下停止作业或者采取紧急撤离措施而降低其工资、福利等待遇或者解除与其订立的劳动合同。

第四十八条 因生产安全事故受到损害的从业人员，除依法享有工伤社会保险外，依照有关民事法律尚有获得赔偿的权利的，有权向本单位提出赔偿要求。

第四十九条 从业人员在作业过程中，应当严格遵守本单位的安全生产规章制度和操作规程，服从管理，正确佩戴和使用劳动防护用品。

第五十条 从业人员应当接受安全生产教育和培训，掌握本职工作所需的安全生产知识，提高安全生产技能，增强事故预防和应急处理能力。

第五十一条 从业人员发现事故隐患或者其他不安全因素，应当立即向现场安全生产管理人员或者本单位负责人报告；接到报告的人员应当及时予以处理。

第五十二条 工会有权对建设项目的安全设施与主体工程同时设计、同时施工、同时投入生产和使用进行监督，提出意见。

工会对生产经营单位违反安全生产法律、法规，侵犯从业人员合法权益的行为，有权要求纠正；发现生产经营单位违章指挥、强令冒险作业或者发现事故隐患时，有权提出解决的建议，生产经营单位应当及时研究答复；发现危及从业人员生命安全的情况时，有权向生产经营单位建议组织从业人员撤离危险场所，生产经营单位必须立即作出处理。

工会有权依法参加事故调查，向有关部门提出处理意见，并要求追究有关人员的责任。

第四章 安全生产的监督管理

第五十三条 县级以上地方各级人民政府应当根据本行政区域内的安全生产状况，组织有关部门按照职责分工，对本行政区域内容易发生重大生产安全事故的生产经营单位进行严格检查；发现事故隐患，应当及时处理。

第五十四条 依照本法第九条规定对安全生产负有监督管理职责的部门（以下统称负有安全生产监督管理职责的部门）依照有关法律、法规的规定，对涉及安全生产的事项需要审查批准（包括批准、核准、许可、注册、认证、颁发证照等，下同）或者验收的，必须严格依照有关法律、法规和国家标准或者行业标准规定的安全生产条件和程序进行审查；不符合有关法律、法规和国家标准或者行业标准规定的安全生产条件的，不得批准或者验收通过。对未依法取得批准或者验收合格的单位擅自从事有关活动的，负责行政审批的部门发现或者接到举报后应当立即予以取缔，并依法予以处理。对已经依法取得批准的单位，负责行政审批的部门发现其不再具备安全生产条件的，应当撤销原批准。

第五十五条 负有安全生产监督管理职责的部门对涉及安全生产的事项进行审查、验收，不得收取费用；不得要求接受审查、验收的单位购买其指定品牌或者指定生产、销售单位的安全设备、器材或者其他产品。

第五十六条　负有安全生产监督管理职责的部门依法对生产经营单位执行有关安全生产的法律、法规和国家标准或者行业标准的情况进行监督检查，行使以下职权：

（一）进入生产经营单位进行检查，调阅有关资料，向有关单位和人员了解情况。

（二）对检查中发现的安全生产违法行为，当场予以纠正或者要求限期改正；对依法应当给予行政处罚的行为，依照本法和其他有关法律、行政法规的规定作出行政处罚决定。

（三）对检查中发现的事故隐患，应当责令立即排除；重大事故隐患排除前或者排除过程中无法保证安全的，应当责令从危险区域内撤出作业人员，责令暂时停产停业或者停止使用；重大事故隐患排除后，经审查同意，方可恢复生产经营和使用。

（四）对有根据认为不符合保障安全生产的国家标准或者行业标准的设施、设备、器材予以查封或者扣押，并应当在十五日内依法作出处理决定。

监督检查不得影响被检查单位的正常生产经营活动。

第五十七条　生产经营单位对负有安全生产监督管理职责的部门的监督检查人员（以下统称安全生产监督检查人员）依法履行监督检查职责，应当予以配合，不得拒绝、阻挠。

第五十八条　安全生产监督检查人员应当忠于职守，坚持原则，秉公执法。

安全生产监督检查人员执行监督检查任务时，必须出示有效的监督执法证件；对涉及被检查单位的技术秘密和业务秘密，应当为其保密。

第五十九条　安全生产监督检查人员应当将检查的时间、地点、内容、发现的问题及其处理情况，作出书面记录，并由检查人员和被检查单位的负责人签字；被检查单位的负责人拒绝签字的，检查人员应当将情况记录在案，并向负有安全生产监督管理职责的部门报告。

第六十条　负有安全生产监督管理职责的部门在监督检查中，应当互相配合，实行联合检查；确需分别进行检查的，应当互通情况，发现存在的安全问题应当由其他有关部门进行处理的，应当及时移送其他有关部门并形成记录备查，接受移送的部门应当及时进行处理。

第六十一条　监察机关依照行政监察法的规定，对负有安全生产监督管理职责的部门及其工作人员履行安全生产监督管理职责实施监察。

第六十二条　承担安全评价、认证、检测、检验的机构应当具备国家规定的资质条件，并对其作出的安全评价、认证、检测、检验的结果负责。

第六十三条　负有安全生产监督管理职责的部门应当建立举报制度，公开举报电话、信箱或者电子邮件地址，受理有关安全生产的举报；受理的举报事项经调查核实后，应当形成书面材料；需要落实整改措施的，报经有关负责人签字并督促落实。

第六十四条　任何单位或者个人对事故隐患或者安全生产违法行为，均有权向负有安全生产监督管理职责的部门报告或者举报。

第六十五条　居民委员会、村民委员会发现其所在区域内的生产经营单位存在事故隐患或者安全生产违法行为时，应当向当地人民政府或者有关部门报告。

第六十六条　县级以上各级人民政府及其有关部门对报告重大事故隐患或者举报安全生产违法行为的有功人员，给予奖励。具体奖励办法由国务院负责安全生产监督管理的部门会同国务院财政部门制定。

　　第六十七条　新闻、出版、广播、电影、电视等单位有进行安全生产宣传教育的义务，有对违反安全生产法律、法规的行为进行舆论监督的权利。

第五章　生产安全事故的应急救援与调查处理

　　第六十八条　县级以上地方各级人民政府应当组织有关部门制定本行政区域内特大生产安全事故应急救援预案，建立应急救援体系。

　　第六十九条　危险物品的生产、经营、储存单位以及矿山、建筑施工单位应当建立应急救援组织；生产经营规模较小，可以不建立应急救援组织的，应当指定兼职的应急救援人员。

　　危险物品的生产、经营、储存单位以及矿山、建筑施工单位应当配备必要的应急救援器材、设备，并进行经常性维护、保养，保证正常运转。

　　第七十条　生产经营单位发生生产安全事故后，事故现场有关人员应当立即报告本单位负责人。

　　单位负责人接到事故报告后，应当迅速采取有效措施，组织抢救，防止事故扩大，减少人员伤亡和财产损失，并按照国家有关规定立即如实报告当地负有安全生产监督管理职责的部门，不得隐瞒不报、谎报或者拖延不报，不得故意破坏事故现场、毁灭有关证据。

　　第七十一条　负有安全生产监督管理职责的部门接到事故报告后，应当立即按照国家有关规定上报事故情况。负有安全生产监督管理职责的部门和有关地方人民政府对事故情况不得隐瞒不报、谎报或者拖延不报。

　　第七十二条　有关地方人民政府和负有安全生产监督管理职责的部门的负责人接到重大生产安全事故报告后，应当立即赶到事故现场，组织事故抢救。

　　任何单位和个人都应当支持、配合事故抢救，并提供一切便利条件。

　　第七十三条　事故调查处理应当按照实事求是、尊重科学的原则，及时、准确地查清事故原因，查明事故性质和责任，总结事故教训，提出整改措施，并对事故责任者提出处理意见。事故调查和处理的具体办法由国务院制定。

　　第七十四条　生产经营单位发生生产安全事故，经调查确定为责任事故的，除了应当查明事故单位的责任并依法予以追究外，还应当查明对安全生产的有关事项负有审查批准和监督职责的行政部门的责任，对有失职、渎职行为的，依照本法第七十七条的规定追究法律责任。

　　第七十五条　任何单位和个人不得阻挠和干涉对事故的依法调查处理。

　　第七十六条　县级以上地方各级人民政府负责安全生产监督管理的部门应当定期统计分析本行政区域内发生生产安全事故的情况，并定期向社会公布。

第六章　法律责任

　　第七十七条　负有安全生产监督管理职责的部门的工作人员，有下列行为之一的，给予降级或者撤职的行政处分；构成犯罪的，依照刑法有关规定追究刑事责任：

（一）对不符合法定安全生产条件的涉及安全生产的事项予以批准或者验收通过的；

（二）发现未依法取得批准、验收的单位擅自从事有关活动或者接到举报后不予取缔或者不依法予以处理的；

（三）对已经依法取得批准的单位不履行监督管理职责，发现其不再具备安全生产条件而不撤销原批准或者发现安全生产违法行为不予查处的。

第七十八条　负有安全生产监督管理职责的部门，要求被审查、验收的单位购买其指定的安全设备、器材或者其他产品的，在对安全生产事项的审查、验收中收取费用的，由其上级机关或者监察机关责令改正，责令退还收取的费用；情节严重的，对直接负责的主管人员和其他直接责任人员依法给予行政处分。

第七十九条　承担安全评价、认证、检测、检验工作的机构，出具虚假证明，构成犯罪的，依照刑法有关规定追究刑事责任；尚不够刑事处罚的，没收违法所得，违法所得在五千元以上的，并处违法所得二倍以上五倍以下的罚款，没有违法所得或者违法所得不足五千元的，单处或者并处五千元以上二万元以下的罚款，对其直接负责的主管人员和其他直接责任人员处五千元以上五万元以下的罚款；给他人造成损害的，与生产经营单位承担连带赔偿责任。对有前款违法行为的机构，撤销其相应资格。

第八十条　生产经营单位的决策机构、主要负责人、个人经营的投资人不依照本法规定保证安全生产所必需的资金投入，致使生产经营单位不具备安全生产条件的，责令限期改正，提供必需的资金；逾期未改正的，责令生产经营单位停产停业整顿。

有前款违法行为，导致发生生产安全事故，构成犯罪的，依照刑法有关规定追究刑事责任；尚不够刑事处罚的，对生产经营单位的主要负责人给予撤职处分，对个人经营的投资人处二万元以上二十万元以下的罚款。

第八十一条　生产经营单位的主要负责人未履行本法规定的安全生产管理职责的，责令限期改正；逾期未改正的，责令生产经营单位停产停业整顿。

生产经营单位的主要负责人有前款违法行为，导致发生生产安全事故，构成犯罪的，依照刑法有关规定追究刑事责任；尚不够刑事处罚的，给予撤职处分或者处二万元以上二十万元以下的罚款。

生产经营单位的主要负责人依照前款规定受刑事处罚或者撤职处分的，自刑罚执行完毕或者受处分之日起，五年内不得担任任何生产经营单位的主要负责人。

第八十二条　生产经营单位有下列行为之一的，责令限期改正；逾期未改正的，责令停产停业整顿，可以并处二万元以下的罚款：

（一）未按照规定设立安全生产管理机构或者配备安全生产管理人员的；

（二）危险物品的生产、经营、储存单位以及矿山、建筑施工单位的主要负责人和安全生产管理人员未按照规定经考核合格的；

（三）未按照本法第二十一条、第二十二条的规定对从业人员进行安全生产教育和培训，或者未按照本法第三十六条的规定如实告知从业人员有关的安全生产事项的；

（四）特种作业人员未按照规定经专门的安全作业培训并取得特种作业操作资格证书，上岗作业的。

第八十三条　生产经营单位有下列行为之一的，责令限期改正；逾期未改正的，责令停止建设或者停产停业整顿，可以并处五万元以下的罚款；造成严重后果，构成犯罪的，依照刑法有关规定追究刑事责任：

（一）矿山建设项目或者用于生产、储存危险物品的建设项目没有安全设施设计或者安全设施设计未按照规定报经有关部门审查同意的；

（二）矿山建设项目或者用于生产、储存危险物品的建设项目的施工单位未按照批准的安全设施设计施工的；

（三）矿山建设项目或者用于生产、储存危险物品的建设项目竣工投入生产或者使用前，安全设施未经验收合格的；

（四）未在有较大危险因素的生产经营场所和有关设施、设备上设置明显的安全警示标志的；

（五）安全设备的安装、使用、检测、改造和报废不符合国家标准或者行业标准的；

（六）未对安全设备进行经常性维护、保养和定期检测的；

（七）未为从业人员提供符合国家标准或者行业标准的劳动防护用品的；

（八）特种设备以及危险物品的容器、运输工具未经取得专业资质的机构检测、检验合格，取得安全使用证或者安全标志，投入使用的；

（九）使用国家明令淘汰、禁止使用的危及生产安全的工艺、设备的。

第八十四条 未经依法批准，擅自生产、经营、储存危险物品的，责令停止违法行为或者予以关闭，没收违法所得，违法所得十万元以上的，并处违法所得一倍以上五倍以下的罚款，没有违法所得或者违法所得不足十万元的，单处或者并处二万元以上十万元以下的罚款；造成严重后果，构成犯罪的，依照刑法有关规定追究刑事责任。

第八十五条 生产经营单位有下列行为之一的，责令限期改正；逾期未改正的，责令停产停业整顿，可以并处二万元以上十万元以下的罚款；造成严重后果，构成犯罪的，依照刑法有关规定追究刑事责任：

（一）生产、经营、储存、使用危险物品，未建立专门安全管理制度、未采取可靠的安全措施或者不接受有关主管部门依法实施的监督管理的；

（二）对重大危险源未登记建档，或者未进行评估、监控，或者未制定应急预案的；

（三）进行爆破、吊装等危险作业，未安排专门管理人员进行现场安全管理的。

第八十六条 生产经营单位将生产经营项目、场所、设备发包或者出租给不具备安全生产条件或者相应资质的单位或者个人的，责令限期改正，没收违法所得；违法所得五万元以上的，并处违法所得一倍以上五倍以下的罚款；没有违法所得或者违法所得不足五万元的，单处或者并处一万元以上五万元以下的罚款；导致发生生产安全事故给他人造成损害的，与承包方、承租方承担连带赔偿责任。

生产经营单位未与承包单位、承租单位签订专门的安全生产管理协议或者未在承包合同、租赁合同中明确各自的安全生产管理职责，或者未对承包单位、承租单位的安全生产统一协调、管理的，责令限期改正；逾期未改正的，责令停产停业整顿。

第八十七条 两个以上生产经营单位在同一作业区域内进行可能危及对方安全生产的生产经营活动，未签订安全生产管理协议或者未指定专职安全生产管理人员进行安全检查与协调的，责令限期改正；逾期未改正的，责令停产停业。

第八十八条 生产经营单位有下列行为之一的，责令限期改正；逾期未改正的，责令停产停业整顿；造成严重后果，构成犯罪的，依照刑法有关规定追究刑事责任：

（一）生产、经营、储存、使用危险物品的车间、商店、仓库与员工宿舍在同一座建筑内，或者与员工宿舍的距离不符合安全要求的；

（二）生产经营场所和员工宿舍未设有符合紧急疏散需要、标志明显、保持畅通的出口，或者封闭、堵塞生产经营场所或者员工宿舍出口的。

第八十九条 生产经营单位与从业人员订立协议，免除或者减轻其对从业人员因生产安全事故伤亡依法应承担的责任的，该协议无效；对生产经营单位的主要负责人、个人经营的投资人处二万元以上十万元以下的罚款。

第九十条 生产经营单位的从业人员不服从管理，违反安全生产规章制度或者操作规程的，由生产经营单位给予批评教育，依照有关规章制度给予处分；造成重大事故，构成犯罪的，依照刑法有关规定追究刑事责任。

第九十一条 生产经营单位主要负责人在本单位发生重大生产安全事故时，不立即组织抢救或者在事故调查处理期间擅离职守或者逃匿的，给予降职、撤职的处分，对逃匿的处十五日以下拘留；构成犯罪的，依照刑法有关规定追究刑事责任。

生产经营单位主要负责人对生产安全事故隐瞒不报、谎报或者拖延不报的，依照前款规定处罚。

第九十二条 有关地方人民政府、负有安全生产监督管理职责的部门，对生产安全事故隐瞒不报、谎报或者拖延不报的，对直接负责的主管人员和其他直接责任人员依法给予行政处分；构成犯罪的，依照刑法有关规定追究刑事责任。

第九十三条 生产经营单位不具备本法和其他有关法律、行政法规和国家标准或者行业标准规定的安全生产条件，经停产停业整顿仍不具备安全生产条件的，予以关闭；有关部门应当依法吊销其有关证照。

第九十四条 本法规定的行政处罚，由负责安全生产监督管理的部门决定；予以关闭的行政处罚由负责安全生产监督管理的部门报请县级以上人民政府按照国务院规定的权限决定；给予拘留的行政处罚由公安机关依照治安管理处罚条例的规定决定。有关法律、行政法规对行政处罚的决定机关另有规定的，依照其规定。

第九十五条 生产经营单位发生生产安全事故造成人员伤亡、他人财产损失的，应当依法承担赔偿责任；拒不承担或者其负责人逃匿的，由人民法院依法强制执行。

生产安全事故的责任人未依法承担赔偿责任，经人民法院依法采取执行措施后，仍不能对受害人给予足额赔偿的，应当继续履行赔偿义务；受害人发现责任人有其他财产的，可以随时请求人民法院执行。

第七章 附 则

第九十六条 本法下列用语的含义：

危险物品，是指易燃易爆物品、危险化学品、放射性物品等能够危及人身安全和财产安全的物品。

重大危险源，是指长期地或者临时地生产、搬运、使用或者储存危险物品，且危险物品的数量等于或者超过临界量的单元（包括场所和设施）。

第九十七条 本法自2002年11月1日起施行。

附录2　中华人民共和国职业病防治法

第一章　总　　则

第一条　为了预防、控制和消除职业病危害，防治职业病，保护劳动者健康及其相关权益，促进经济发展，根据宪法，制定本法。

第二条　本法适用于中华人民共和国领域内的职业病防治活动。

本法所称职业病，是指企业、事业单位和个体经济组织（以下统称用人单位）的劳动者在职业活动中，因接触粉尘、放射性物质和其他有毒、有害物质等因素而引起的疾病。

职业病的分类和目录由国务院卫生行政部门会同国务院劳动保障行政部门规定、调整并公布。

第三条　职业病防治工作坚持预防为主、防治结合的方针，实行分类管理、综合治理。

第四条　劳动者依法享有职业卫生保护的权利。

用人单位应当为劳动者创造符合国家职业卫生标准和卫生要求的工作环境和条件，并采取措施保障劳动者获得职业卫生保护。

第五条　用人单位应当建立、健全职业病防治责任制，加强对职业病防治的管理，提高职业病防治水平，对本单位产生的职业病危害承担责任。

第六条　用人单位必须依法参加工伤社会保险。

国务院和县级以上地方人民政府劳动保障行政部门应当加强对工伤社会保险的监督管理，确保劳动者依法享受工伤社会保险待遇。

第七条　国家鼓励研制、开发、推广、应用有利于职业病防治和保护劳动者健康的新技术、新工艺、新材料，加强对职业病的机理和发生规律的基础研究，提高职业病防治科学技术水平；积极采用有效的职业病防治技术、工艺、材料；限制使用或者淘汰职业病危害严重的技术、工艺、材料。

第八条　国家实行职业卫生监督制度。

国务院卫生行政部门统一负责全国职业病防治的监督管理工作。国务院有关部门在各自的职责范围内负责职业病防治的有关监督管理工作。

县级以上地方人民政府卫生行政部门负责本行政区域内职业病防治的监督管理工作。县级以上地方人民政府有关部门在各自的职责范围内负责职业病防治的有关监督管理工作。

第九条　国务院和县级以上地方人民政府应当制定职业病防治规划，将其纳入国民经济和社会发展计划，并组织实施。

乡、民族乡、镇的人民政府应当认真执行本法，支持卫生行政部门依法履行职责。

第十条　县级以上人民政府卫生行政部门和其他有关部门应当加强对职业病防治的宣传教育，普及职业病防治的知识，增强用人单位的职业病防治观念，提高劳动者的自我健康保护意识。

第十一条　有关防治职业病的国家职业卫生标准，由国务院卫生行政部门制定并公布。

第十二条　任何单位和个人有权对违反本法的行为进行检举和控告。

对防治职业病成绩显著的单位和个人，给予奖励。

第二章　前期预防

第十三条　产生职业病危害的用人单位的设立除应当符合法律、行政法规规定的设立条件外，其工作场所还应当符合下列职业卫生要求：

（一）职业病危害因素的强度或者浓度符合国家职业卫生标准；

（二）有与职业病危害防护相适应的设施；

（三）生产布局合理，符合有害与无害作业分开的原则；

（四）有配套的更衣间、洗浴间、孕妇休息间等卫生设施；

（五）设备、工具、用具等设施符合保护劳动者生理、心理健康的要求；

（六）法律、行政法规和国务院卫生行政部门关于保护劳动者健康的其他要求。

第十四条　在卫生行政部门中建立职业病危害项目的申报制度。

用人单位设有依法公布的职业病目录所列职业病的危害项目的，应当及时、如实向卫生行政部门申报，接受监督。

职业病危害项目申报的具体办法由国务院卫生行政部门制定。

第十五条　新建、扩建、改建建设项目和技术改造、技术引进项目（以下统称建设项目）可能产生职业病危害的，建设单位在可行性论证阶段应当向卫生行政部门提交职业病危害预评价报告。卫生行政部门应当自收到职业病危害预评价报告之日起三十日内，作出审核决定并书面通知建设单位。未提交预评价报告或者预评价报告未经卫生行政部门审核同意的，有关部门不得批准该建设项目。

职业病危害预评价报告应当对建设项目可能产生的职业病危害因素及其对工作场所和劳动者健康的影响作出评价，确定危害类别和职业病防护措施。

建设项目职业病危害分类目录和分类管理办法由国务院卫生行政部门制定。

第十六条　建设项目的职业病防护设施所需费用应当纳入建设项目工程预算，并与主体工程同时设计，同时施工，同时投入生产和使用。

职业病危害严重的建设项目的防护设施设计，应当经卫生行政部门进行卫生审查，符合国家职业卫生标准和卫生要求的，方可施工。

建设项目在竣工验收前，建设单位应当进行职业病危害控制效果评价。建设项目竣工验收时，其职业病防护设施经卫生行政部门验收合格后，方可投入正式生产和使用。

第十七条　职业病危害预评价、职业病危害控制效果评价由依法设立的取得省级以上人民政府卫生行政部门资质认证的职业卫生技术服务机构进行。职业卫生技术服务机构所作评价应当客观、真实。

第十八条　国家对从事放射、高毒等作业实行特殊管理。具体管理办法由国务院制定。

第三章　劳动过程中的防护与管理

第十九条　用人单位应当采取下列职业病防治管理措施：

（一）设置或者指定职业卫生管理机构或者组织，配备专职或者兼职的职业卫生专业人员，负责本单位的职业病防治工作；

（二）制定职业病防治计划和实施方案；

（三）建立、健全职业卫生管理制度和操作规程；

（四）建立、健全职业卫生档案和劳动者健康监护档案；

（五）建立、健全工作场所职业病危害因素监测及评价制度；

（六）建立、健全职业病危害事故应急救援预案。

第二十条　用人单位必须采用有效的职业病防护设施，并为劳动者提供个人使用的职业病防护用品。

用人单位为劳动者个人提供的职业病防护用品必须符合防治职业病的要求；不符合要求的，不得使用。

第二十一条　用人单位应当优先采用有利于防治职业病和保护劳动者健康的新技术、新工艺、新材料，逐步替代职业病危害严重的技术、工艺、材料。

第二十二条　产生职业病危害的用人单位，应当在醒目位置设置公告栏，公布有关职业病防治的规章制度、操作规程、职业病危害事故应急救援措施和工作场所职业病危害因素检测结果。

对产生严重职业病危害的作业岗位，应当在其醒目位置，设置警示标识和中文警示说明。警示说明应当载明产生职业病危害的种类、后果、预防以及应急救治措施等内容。

第二十三条　对可能发生急性职业损伤的有毒、有害工作场所，用人单位应当设置报警装置，配置现场急救用品、冲洗设备、应急撤离通道和必要的泄险区。

对放射工作场所和放射性同位素的运输、贮存，用人单位必须配置防护设备和报警装置，保证接触放射线的工作人员佩戴个人剂量计。

对职业病防护设备、应急救援设施和个人使用的职业病防护用品，用人单位应当进行经常性的维护、检修，定期检测其性能和效果，确保其处于正常状态，不得擅自拆除或者停止使用。

第二十四条　用人单位应当实施由专人负责的职业病危害因素日常监测，并确保监测系统处于正常运行状态。

用人单位应当按照国务院卫生行政部门的规定，定期对工作场所进行职业病危害因素检测、评价。检测、评价结果存入用人单位职业卫生档案，定期向所在地卫生行政部门报告并向劳动者公布。

职业病危害因素检测、评价由依法设立的取得省级以上人民政府卫生行政部门资质认证的职业卫生技术服务机构进行。职业卫生技术服务机构所作检测、评价应当客观、真实。

发现工作场所职业病危害因素不符合国家职业卫生标准和卫生要求时,用人单位应当立即采取相应治理措施,仍然达不到国家职业卫生标准和卫生要求的,必须停止存在职业病危害因素的作业;职业病危害因素经治理后,符合国家职业卫生标准和卫生要求的,方可重新作业。

第二十五条 向用人单位提供可能产生职业病危害的设备的,应当提供中文说明书,并在设备的醒目位置设置警示标识和中文警示说明。警示说明应当载明设备性能、可能产生的职业病危害、安全操作和维护注意事项、职业病防护以及应急救治措施等内容。

第二十六条 向用人单位提供可能产生职业病危害的化学品、放射性同位素和含有放射性物质的材料的,应当提供中文说明书。说明书应当载明产品特性、主要成分、存在的有害因素、可能产生的危害后果、安全使用注意事项、职业病防护以及应急救治措施等内容。产品包装应当有醒目的警示标识和中文警示说明。贮存上述材料的场所应当在规定的部位设置危险物品标识或者放射性警示标识。

国内首次使用或者首次进口与职业病危害有关的化学材料,使用单位或者进口单位按照国家规定经国务院有关部门批准后,应当向国务院卫生行政部门报送该化学材料的毒性鉴定以及经有关部门登记注册或者批准进口的文件等资料。

进口放射性同位素、射线装置和含有放射性物质的物品的,按照国家有关规定办理。

第二十七条 任何单位和个人不得生产、经营、进口和使用国家明令禁止使用的可能产生职业病危害的设备或者材料。

第二十八条 任何单位和个人不得将产生职业病危害的作业转移给不具备职业病防护条件的单位和个人。不具备职业病防护条件的单位和个人不得接受产生职业病危害的作业。

第二十九条 用人单位对采用的技术、工艺、材料,应当知悉其产生的职业病危害,对有职业病危害的技术、工艺、材料隐瞒其危害而采用的,对所造成的职业病危害后果承担责任。

第三十条 用人单位与劳动者订立劳动合同(含聘用合同,下同)时,应当将工作过程中可能产生的职业病危害及其后果、职业病防护措施和待遇等如实告知劳动者,并在劳动合同中写明,不得隐瞒或者欺骗。

劳动者在已订立劳动合同期间因工作岗位或者工作内容变更,从事与所订立劳动合同中未告知的存在职业病危害的作业时,用人单位应当依照前款规定,向劳动者履行如实告知的义务,并协商变更原劳动合同相关条款。

用人单位违反前两款规定的,劳动者有权拒绝从事存在职业病危害的作业,用人单位不得因此解除或者终止与劳动者所订立的劳动合同。

第三十一条 用人单位的负责人应当接受职业卫生培训,遵守职业病防治法律、法规,依法组织本单位的职业病防治工作。

用人单位应当对劳动者进行上岗前的职业卫生培训和在岗期间的定期职业卫生培训,普及职业卫生知识,督促劳动者遵守职业病防治法律、法规、规章和操作规程,指导劳动者正确使用职业病防护设备和个人使用的职业病防护用品。

劳动者应当学习和掌握相关的职业卫生知识,遵守职业病防治法律、法规、规章和操作规程,正确使用、维护职业病防护设备和个人使用的职业病防护用品,发现职业病危害事故隐患应当及时报告。

劳动者不履行前款规定义务的，用人单位应当对其进行教育。

第三十二条 对从事接触职业病危害的作业的劳动者，用人单位应当按照国务院卫生行政部门的规定组织上岗前、在岗期间和离岗时的职业健康检查，并将检查结果如实告知劳动者。职业健康检查费用由用人单位承担。

用人单位不得安排未经上岗前职业健康检查的劳动者从事接触职业病危害的作业；不得安排有职业禁忌的劳动者从事其所禁忌的作业；对在职业健康检查中发现有与所从事的职业相关的健康损害的劳动者，应当调离原工作岗位，并妥善安置；对未进行离岗前职业健康检查的劳动者不得解除或者终止与其订立的劳动合同。

职业健康检查应当由省级以上人民政府卫生行政部门批准的医疗卫生机构承担。

第三十三条 用人单位应当为劳动者建立职业健康监护档案，并按照规定的期限妥善保存。

职业健康监护档案应当包括劳动者的职业史、职业病危害接触史、职业健康检查结果和职业病诊疗等有关个人健康资料。

劳动者离开用人单位时，有权索取本人职业健康监护档案复印件，用人单位应当如实、无偿提供，并在所提供的复印件上签章。

第三十四条 发生或者可能发生急性职业病危害事故时，用人单位应当立即采取应急救援和控制措施，并及时报告所在地卫生行政部门和有关部门。卫生行政部门接到报告后，应当及时会同有关部门组织调查处理；必要时，可以采取临时控制措施。

对遭受或者可能遭受急性职业病危害的劳动者，用人单位应当及时组织救治、进行健康检查和医学观察，所需费用由用人单位承担。

第三十五条 用人单位不得安排未成年工从事接触职业病危害的作业；不得安排孕期、哺乳期的女职工从事对本人和胎儿、婴儿有危害的作业。

第三十六条 劳动者享有下列职业卫生保护权利：

（一）获得职业卫生教育、培训；

（二）获得职业健康检查、职业病诊疗、康复等职业病防治服务；

（三）了解工作场所产生或者可能产生的职业病危害因素、危害后果和应当采取的职业病防护措施；

（四）要求用人单位提供符合防治职业病要求的职业病防护设施和个人使用的职业病防护用品，改善工作条件；

（五）对违反职业病防治法律、法规以及危及生命健康的行为提出批评、检举和控告；

（六）拒绝违章指挥和强令进行没有职业病防护措施的作业；

（七）参与用人单位职业卫生工作的民主管理，对职业病防治工作提出意见和建议。

用人单位应当保障劳动者行使前款所列权利。因劳动者依法行使正当权利而降低其工资、福利等待遇或者解除、终止与其订立的劳动合同的，其行为无效。

第三十七条 工会组织应当督促并协助用人单位开展职业卫生宣传教育和培训，对用人单位的职业病防治工作提出意见和建议，与用人单位就劳动者反映的有关职业病防治的问题进行协调并督促解决。

工会组织对用人单位违反职业病防治法律、法规，侵犯劳动者合法权益的行为，有权要求纠正；产生严重职业病危害时，有权要求采取防护措施，或者向政府有关部门建议采取强制性措施；发生职业病危害事故时，有权参与事故调查处理；发现危及劳动者生命健康的情形时，有权向用人单位建议组织劳动者撤离危险现场，用人单位应当立即作出处理。

第三十八条　用人单位按照职业病防治要求，用于预防和治理职业病危害、工作场所卫生检测、健康监护和职业卫生培训等费用，按照国家有关规定，在生产成本中据实列支。

第四章　职业病诊断与职业病病人保障

第三十九条　职业病诊断应当由省级以上人民政府卫生行政部门批准的医疗卫生机构承担。

第四十条　劳动者可以在用人单位所在地或者本人居住地依法承担职业病诊断的医疗卫生机构进行职业病诊断。

第四十一条　职业病诊断标准和职业病诊断、鉴定办法由国务院卫生行政部门制定。职业病伤残等级的鉴定办法由国务院劳动保障行政部门会同国务院卫生行政部门制定。

第四十二条　职业病诊断，应当综合分析下列因素：

（一）病人的职业史；

（二）职业病危害接触史和现场危害调查与评价；

（三）临床表现以及辅助检查结果等。

没有证据否定职业病危害因素与病人临床表现之间的必然联系的，在排除其他致病因素后，应当诊断为职业病。

承担职业病诊断的医疗卫生机构在进行职业病诊断时，应当组织三名以上取得职业病诊断资格的执业医师集体诊断。

职业病诊断证明书应当由参与诊断的医师共同签署，并经承担职业病诊断的医疗卫生机构审核盖章。

第四十三条　用人单位和医疗卫生机构发现职业病病人或者疑似职业病病人时，应当及时向所在地卫生行政部门报告。确诊为职业病的，用人单位还应当向所在地劳动保障行政部门报告。

卫生行政部门和劳动保障行政部门接到报告后，应当依法作出处理。

第四十四条　县级以上地方人民政府卫生行政部门负责本行政区域内的职业病统计报告的管理工作，并按照规定上报。

第四十五条　当事人对职业病诊断有异议的，可以向作出诊断的医疗卫生机构所在地地方人民政府卫生行政部门申请鉴定。

职业病诊断争议由设区的市级以上地方人民政府卫生行政部门根据当事人的申请，组织职业病诊断鉴定委员会进行鉴定。

当事人对设区的市级职业病诊断鉴定委员会的鉴定结论不服的，可以向省、自治区、直辖市人民政府卫生行政部门申请再鉴定。

第四十六条　职业病诊断鉴定委员会由相关专业的专家组成。

省、自治区、直辖市人民政府卫生行政部门应当设立相关的专家库，需要对职业病争议作出诊断鉴定时，由当事人或者当事人委托有关卫生行政部门从专家库中以随机抽取的方式确定参加诊断鉴定委员会的专家。

职业病诊断鉴定委员会应当按照国务院卫生行政部门颁布的职业病诊断标准和职业病诊断、鉴定办法进行职业病诊断鉴定，向当事人出具职业病诊断鉴定书。职业病诊断鉴定费用由用人单位承担。

第四十七条 职业病诊断鉴定委员会组成人员应当遵守职业道德，客观、公正地进行诊断鉴定，并承担相应的责任。职业病诊断鉴定委员会组成人员不得私下接触当事人，不得收受当事人的财物或者其他好处，与当事人有利害关系的，应当回避。

人民法院受理有关案件需要进行职业病鉴定时，应当从省、自治区、直辖市人民政府卫生行政部门依法设立的相关的专家库中选取参加鉴定的专家。

第四十八条 职业病诊断、鉴定需要用人单位提供有关职业卫生和健康监护等资料时，用人单位应当如实提供，劳动者和有关机构也应当提供与职业病诊断、鉴定有关的资料。

第四十九条 医疗卫生机构发现疑似职业病病人时，应当告知劳动者本人并及时通知用人单位。

用人单位应当及时安排对疑似职业病病人进行诊断；在疑似职业病病人诊断或者医学观察期间，不得解除或者终止与其订立的劳动合同。

疑似职业病病人在诊断、医学观察期间的费用，由用人单位承担。

第五十条 职业病病人依法享受国家规定的职业病待遇。

用人单位应当按照国家有关规定，安排职业病病人进行治疗、康复和定期检查。

用人单位对不适宜继续从事原工作的职业病病人，应当调离原岗位，并妥善安置。

用人单位对从事接触职业病危害的作业的劳动者，应当给予适当岗位津贴。

第五十一条 职业病病人的诊疗、康复费用，伤残以及丧失劳动能力的职业病病人的社会保障，按照国家有关工伤社会保险的规定执行。

第五十二条 职业病病人除依法享有工伤社会保险外，依照有关民事法律，尚有获得赔偿的权利的，有权向用人单位提出赔偿要求。

第五十三条 劳动者被诊断患有职业病，但用人单位没有依法参加工伤社会保险的，其医疗和生活保障由最后的用人单位承担；最后的用人单位有证据证明该职业病是先前用人单位的职业病危害造成的，由先前的用人单位承担。

第五十四条 职业病病人变动工作单位，其依法享有的待遇不变。

用人单位发生分立、合并、解散、破产等情形的，应当对从事接触职业病危害的作业的劳动者进行健康检查，并按照国家有关规定妥善安置职业病病人。

第五章 监督检查

第五十五条 县级以上人民政府卫生行政部门依照职业病防治法律、法规、国家职业卫生标准和卫生要求，依据职责划分，对职业病防治工作及职业病危害检测、评价活动进行监督检查。

第五十六条 卫生行政部门履行监督检查职责时，有权采取下列措施：

（一）进入被检查单位和职业病危害现场，了解情况，调查取证；

（二）查阅或者复制与违反职业病防治法律、法规的行为有关的资料和采集样品；

（三）责令违反职业病防治法律、法规的单位和个人停止违法行为。

第五十七条 发生职业病危害事故或者有证据证明危害状态可能导致职业病危害事故发生时，卫生行政部门可以采取下列临时控制措施：

（一）责令暂停导致职业病危害事故的作业；

（二）封存造成职业病危害事故或者可能导致职业病危害事故发生的材料和设备；

（三）组织控制职业病危害事故现场。

在职业病危害事故或者危害状态得到有效控制后，卫生行政部门应当及时解除控制措施。

第五十八条 职业卫生监督执法人员依法执行职务时，应当出示监督执法证件。

职业卫生监督执法人员应当忠于职守，秉公执法，严格遵守执法规范；涉及用人单位的秘密的，应当为其保密。

第五十九条 职业卫生监督执法人员依法执行职务时，被检查单位应当接受检查并予以支持配合，不得拒绝和阻碍。

第六十条 卫生行政部门及其职业卫生监督执法人员履行职责时，不得有下列行为：

（一）对不符合法定条件的，发给建设项目有关证明文件、资质证明文件或者予以批准；

（二）对已经取得有关证明文件的，不履行监督检查职责；

（三）发现用人单位存在职业病危害的，可能造成职业病危害事故，不及时依法采取控制措施；

（四）其他违反本法的行为。

第六十一条 职业卫生监督执法人员应当依法经过资格认定。

卫生行政部门应当加强队伍建设，提高职业卫生监督执法人员的政治、业务素质，依照本法和其他有关法律、法规的规定，建立、健全内部监督制度，对其工作人员执行法律、法规和遵守纪律的情况，进行监督检查。

第六章 法 律 责 任

第六十二条 建设单位违反本法规定，有下列行为之一的，由卫生行政部门给予警告，责令限期改正；逾期不改正的，处十万元以上五十万元以下的罚款；情节严重的，责令停止产生职业病危害的作业，或者提请有关人民政府按照国务院规定的权限责令停建、关闭：

（一）未按照规定进行职业病危害预评价或者未提交职业病危害预评价报告，或者职业病危害预评价报告未经卫生行政部门审核同意，擅自开工的；

（二）建设项目的职业病防护设施未按照规定与主体工程同时投入生产和使用的；

（三）职业病危害严重的建设项目，其职业病防护设施设计不符合国家职业卫生标准和卫生要求施工的；

（四）未按照规定对职业病防护设施进行职业病危害控制效果评价、未经卫生行政部门验收或者验收不合格，擅自投入使用的。

第六十三条 违反本法规定，有下列行为之一的，由卫生行政部门给予警告，责令限期改正；逾期不改正的，处二万元以下的罚款：

（一）工作场所职业病危害因素检测、评价结果没有存档、上报、公布的；

（二）未采取本法第十九条规定的职业病防治管理措施的；

（三）未按照规定公布有关职业病防治的规章制度、操作规程、职业病危害事故应急救援措施的；

（四）未按照规定组织劳动者进行职业卫生培训，或者未对劳动者个人职业病防护采取指导、督促措施的；

（五）国内首次使用或者首次进口与职业病危害有关的化学材料，未按照规定报送毒性鉴定资料以及经有关部门登记注册或者批准进口的文件的。

第六十四条 用人单位违反本法规定，有下列行为之一的，由卫生行政部门责令限期改正，给予警告，可以并处二万元以上五万元以下的罚款：

（一）未按照规定及时、如实向卫生行政部门申报产生职业病危害的项目的；

（二）未实施由专人负责的职业病危害因素日常监测，或者监测系统不能正常监测的；

（三）订立或者变更劳动合同时，未告知劳动者职业病危害真实情况的；

（四）未按照规定组织职业健康检查、建立职业健康监护档案或者未将检查结果如实告知劳动者的。

第六十五条 用人单位违反本法规定，有下列行为之一的，由卫生行政部门给予警告，责令限期改正，逾期不改正的，处五万元以上二十万元以下的罚款；情节严重的，责令停止产生职业病危害的作业，或者提请有关人民政府按照国务院规定的权限责令关闭：

（一）工作场所职业病危害因素的强度或者浓度超过国家职业卫生标准的；

（二）未提供职业病防护设施和个人使用的职业病防护用品，或者提供的职业病防护设施和个人使用的职业病防护用品不符合国家职业卫生标准和卫生要求的；

（三）对职业病防护设备、应急救援设施和个人使用的职业病防护用品未按照规定进行维护、检修、检测，或者不能保持正常运行、使用状态的；

（四）未按照规定对工作场所职业病危害因素进行检测、评价的；

（五）工作场所职业病危害因素经治理仍然达不到国家职业卫生标准和卫生要求时，未停止存在职业病危害因素的作业的；

（六）未按照规定安排职业病病人、疑似职业病病人进行诊治的；

（七）发生或者可能发生急性职业病危害事故时，未立即采取应急救援和控制措施或者未按照规定及时报告的；

（八）未按照规定在产生严重职业病危害的作业岗位醒目位置设置警示标识和中文警示说明的；

（九）拒绝卫生行政部门监督检查的。

第六十六条 向用人单位提供可能产生职业病危害的设备、材料，未按照规定提供中文说明书或者设置警示标识和中文警示说明的，由卫生行政部门责令限期改正，给予警告，并处五万元以上二十万元以下的罚款。

第六十七条 用人单位和医疗卫生机构未按照规定报告职业病、疑似职业病的，由卫生行政部门责令限期改正，给予警告，可以并处一万元以下的罚款；弄虚作假的，并处二万元以上五万元以下的罚款；对直接负责的主管人员和其他直接责任人员，可以依法给予降级或者撤职的处分。

第六十八条 违反本法规定，有下列情形之一的，由卫生行政部门责令限期治理，并处五万元以上三十万元以下的罚款；情节严重的，责令停止产生职业病危害的作业，或者提请有关人民政府按照国务院规定的权限责令关闭：

（一）隐瞒技术、工艺、材料所产生的职业病危害而采用的；

（二）隐瞒本单位职业卫生真实情况的；

（三）可能发生急性职业损伤的有毒、有害工作场所、放射工作场所或者放射性同位素的运输、贮存不符合本法第二十三条规定的；

（四）使用国家明令禁止使用的可能产生职业病危害的设备或者材料的；

（五）将产生职业病危害的作业转移给没有职业病防护条件的单位和个人，或者没有职业病防护条件的单位和个人接受产生职业病危害的作业的；

（六）擅自拆除、停止使用职业病防护设备或者应急救援设施的；

（七）安排未经职业健康检查的劳动者、有职业禁忌的劳动者、未成年工或者孕期、哺乳期女职工从事接触职业病危害的作业或者禁忌作业的；

（八）违章指挥和强令劳动者进行没有职业病防护措施的作业的。

第六十九条 生产、经营或者进口国家明令禁止使用的可能产生职业病危害的设备或者材料的，依照有关法律、行政法规的规定给予处罚。

第七十条 用人单位违反本法规定，已经对劳动者生命健康造成严重损害的，由卫生行政部门责令停止产生职业病危害的作业，或者提请有关人民政府按照国务院规定的权限责令关闭，并处十万元以上三十万元以下的罚款。

第七十一条 用人单位违反本法规定，造成重大职业病危害事故或者其他严重后果，构成犯罪的，对直接负责的主管人员和其他直接责任人员，依法追究刑事责任。

第七十二条 未取得职业卫生技术服务资质认证擅自从事职业卫生技术服务的，或者医疗卫生机构未经批准擅自从事职业健康检查、职业病诊断的，由卫生行政部门责令立即停止违法行为，没收违法所得；违法所得五千元以上的，并处违法所得二倍以上十倍以下的罚款；没有违法所得或者违法所得不足五千元的，并处五千元以上五万元以下的罚款；情节严重的，对直接负责的主管人员和其他直接责任人员，依法给予降级、撤职或者开除的处分。

第七十三条 从事职业卫生技术服务的机构和承担职业健康检查、职业病诊断的医疗卫生机构违反本法规定，有下列行为之一的，由卫生行政部门责令立即停止违法行为，给予警告，没收违法所得；违法所得五千元以上的，并处违法所得二倍以上五倍以下的罚款；没有违法所得或者违法所得不足五千元的，并处五千元以上二万元以下的罚款；情节严重的，由原认证或者批准机关取消其相应的资格；对直接负责的主管人员和其他直接责任人员，依法给予降级、撤职或者开除的处分；构成犯罪的，依法追究刑事责任：

（一）超出资质认证或者批准范围从事职业卫生技术服务或者职业健康检查、职业病诊断的；

（二）不按照本法规定履行法定职责的；

（三）出具虚假证明文件的。

第七十四条 职业病诊断鉴定委员会组成人员收受职业病诊断争议当事人的财物或者其他好处的，给予警告，没收收受的财物，可以并处三千元以上五万元以下的罚款，取消其担任职业病诊断鉴定委员会组成人员的资格，并从省、自治区、直辖市人民政府卫生行政部门设立的专家库中予以除名。

第七十五条 卫生行政部门不按照规定报告职业病和职业病危害事故的，由上一级卫生行政部门责令改正，通报批评，给予警告；虚报、瞒报的，对单位负责人、直接负责的主管人员和其他直接责任人员依法给予降级、撤职或者开除的行政处分。

第七十六条 卫生行政部门及其职业卫生监督执法人员有本法第六十条所列行为之一，导致职业病危害事故发生，构成犯罪的，依法追究刑事责任；尚不构成犯罪的，对单位负责人、直接负责的主管人员和其他直接责任人员依法给予降级、撤职或者开除的行政处分。

第七章 附 则

第七十七条 本法下列用语的含义：

职业病危害，是指对从事职业活动的劳动者可能导致职业病的各种危害。职业病危害因素包括：职业活动中存在的各种有害的化学、物理、生物因素以及在作业过程中产生的其他职业有害因素。

职业禁忌，是指劳动者从事特定职业或者接触特定职业病危害因素时，比一般职业人群更易于遭受职业病危害和罹患职业病或者可能导致原有自身疾病病情加重，或者在从事作业过程中诱发可能导致对他人生命健康构成危险的疾病的个人特殊生理或者病理状态。

第七十八条 本法第二条规定的用人单位以外的单位，产生职业病危害的，其职业病防治活动可以参照本法执行。

中国人民解放军参照执行本法的办法，由国务院、中央军事委员会制定。

第七十九条 本法自 2002 年 5 月 1 日起施行。

附录3 中华人民共和国消防法

第一章 总 则

第一条 为了预防火灾和减少火灾危害，保护公民人身、公共财产和公民财产的安全，维护公共安全，保障社会主义现代化建设的顺利进行，制定本法。

第二条 消防工作贯彻预防为主、防消结合的方针，坚持专门机关与群众相结合的原则，实行防火安全责任制。

第三条 消防工作由国务院领导，由地方各级人民政府负责。各级人民政府应当将消防工作纳入国民经济和社会发展计划，保障消防工作与经济建设和社会发展相适应。

第四条 国务院公安部门对全国的消防工作实施监督管理，县级以上地方各级人民政府公安机关对本行政区域内的消防工作实施监督管理，并由本级人民政府公安机关消防机构负责实施。军事设施、矿井地下部分、核电厂的消防工作，由其主管单位监督管理。

森林、草原的消防工作，法律、行政法规另有规定的，从其规定。

第五条 任何单位、个人都有维护消防安全、保护消防设施、预防火灾、报告火警的义务。任何单位、成年公民都有参加有组织的灭火工作的义务。

第六条 各级人民政府应当经常进行消防宣传教育，提高公民的消防意识。

教育、劳动等行政主管部门应当将消防知识纳入教学、培训内容。

新闻、出版、广播、电影、电视等有关主管部门，有进行消防安全宣传教育的义务。

第七条 对在消防工作中有突出贡献或者成绩显著的单位和个人，应当予以奖励。第二章火灾预防。

第八条 城市人民政府应当将包括消防安全布局、消防站、消防供水、消防通信、消防车通道、消防装备等内容的消防规划纳入城市总体规划，并负责组织有关主管部门实施。公共消防设施、消防装备不足或者不适应实际需要的，应当增建、改建、配置或者进行技术改造。

对消防工作，应当加强科学研究，推广、使用先进消防技术、消防装备。

第九条 生产、储存和装卸易燃易爆危险物品的工厂、仓库和专用车站、码头，必须设置在城市的边缘或者相对独立的安全地带。易燃易爆气体和液体的充装站、供应站、调压站，应当设置在合理的位置，符合防火防爆要求。

原有的生产、储存和装卸易燃易爆危险物品的工厂、仓库和专用车站、码头，易燃易爆气体和液体的充装站、供应站、调压站，不符合前款规定的，有关单位应当采取措施，限期加以解决。

第十条 按照国家工程建筑消防技术标准需要进行消防设计的建筑工程，设计单位应当按照国家工程建筑消防技术标准进行设计，建设单位应当将建筑工程的消防设计图纸及有关资料报送公安消防机构审核；未经审核或者经审核不合格的，建设行政主管部门不得发给施工许可证，建设单位不得施工。

经公安消防机构审核的建筑工程消防设计需要变更的，应当报经原审核的公安消防机构核准；未经核准的，任何单位、个人不得变更。

按照国家工程建筑消防技术标准进行消防设计的建筑工程竣工时，必须经公安消防机构进行消防验收；未经验收或者经验收不合格的，不得投入使用。

第十一条　建筑构件和建筑材料的防火性能必须符合国家标准或者行业标准。

公共场所室内装修、装饰根据国家工程建筑消防技术标准的规定，应当使用不燃、难燃材料的，必须选用依照产品质量法的规定确定的检验机构检验合格的材料。

第十二条　歌舞厅、影剧院、宾馆、饭店、商场、集贸市场等公众聚集的场所，在使用或者开业前，应当向当地公安消防机构申报，经消防安全检查合格后，方可使用或者开业。

第十三条　举办大型集会、焰火晚会、灯会等群众性活动，具有火灾危险的，主办单位应当制定灭火和应急疏散预案，落实消防安全措施，并向公安消防机构申报，经公安消防机构对活动现场进行消防安全检查合格后，方可举办。

第十四条　机关、团体、企业、事业单位应当履行下列消防安全职责：

（一）制定消防安全制度、消防安全操作规程；

（二）实行防火安全责任制，确定本单位和所属各部门、岗位的消防安全责任人；

（三）针对本单位的特点对职工进行消防宣传教育；

（四）组织防火检查，及时消除火灾隐患；

（五）按照国家有关规定配置消防设施和器材、设置消防安全标志，并定期组织检验、维修，确保消防设施和器材完好、有效；

（六）保障疏散通道、安全出口畅通，并设置符合国家规定的消防安全疏散标志；

居民住宅区的管理单位，应当依照前款有关规定，履行消防安全职责，做好住宅区的消防安全工作。

第十五条　在设有车间或者仓库的建筑物内，不得设置员工集体宿舍。

在设有车间或者仓库的建筑物内，已经设置员工集体宿舍的，应当限期加以解决。对于暂时确有困难的，应当采取必要的消防安全措施，经公安消防机构批准后，可以继续使用。

第十六条　县级以上地方各级人民政府公安机关消防机构应当将发生火灾可能性较大以及一旦发生火灾可能造成人身重大伤亡或者财产重大损失的单位，确定为本行政区域内的消防安全重点单位，报本级人民政府备案。

消防安全重点单位除应当履行本法第十四条规定的职责外，还应当履行下列消防安全职责：

（一）建立防火档案，确定消防安全重点部位，设置防火标志，实行严格管理；

（二）实行每日防火巡查，并建立巡查记录；

（三）对职工进行消防安全培训；

（四）制定灭火和应急疏散预案，定期组织消防演练。

第十七条　生产、储存、运输、销售或者使用、销毁易燃易爆危险物品的单位、个人，必须执行国家有关消防安全的规定。

生产易燃易爆危险物品的单位，对产品应当附有燃点、闪点、爆炸极限等数据的说明书，并且注明防火防爆注意事项。对独立包装的易燃易爆危险物品应当贴附危险品标签。

进入生产、储存易燃易爆危险物品的场所，必须执行国家有关消防安全的规定。禁止携带火种进入生产、储存易燃易爆危险物品的场所。禁止非法携带易燃易爆危险物品进入公共场所或者乘坐公共交通工具。

储存可燃物资仓库的管理，必须执行国家有关消防安全的规定。

第十八条　禁止在具有火灾、爆炸危险的场所使用明火；因特殊情况需要使用明火作业的，应当按照规定事先办理审批手续。作业人员应当遵守消防安全规定，并采取相应的消防安全措施。

进行电焊、气焊等具有火灾危险的作业的人员和自动消防系统的操作人员，必须持证上岗，并严格遵守消防安全操作规程。

第十九条　消防产品的质量必须符合国家标准或者行业标准。禁止生产、销售或者使用未经依照产品质量法的规定确定的检验机构检验合格的消防产品。

禁止使用不符合国家标准或者行业标准的配件或者灭火剂维修消防设施和器材。

公安消防机构及其工作人员不得利用职务为用户指定消防产品的销售单位和品牌。

第二十条　电器产品、燃气用具的质量必须符合国家标准或者行业标准。电器产品、燃气用具的安装、使用和线路、管路的设计、敷设，必须符合国家有关消防安全技术规定。

第二十一条　任何单位、个人不得损坏或者擅自挪用、拆除、停用消防设施、器材，不得埋压、圈占消火栓，不得占用防火间距，不得堵塞消防通道。

公用和城建等单位在修建道路以及停电、停水、截断通信线路时有可能影响消防队灭火救援的，必须事先通知当地公安消防机构。

第二十二条　在农业收获季节、森林和草原防火期间、重大节假日期间以及火灾多发季节，地方各级人民政府应当组织开展有针对性的消防宣传教育，采取防火措施，进行消防安全检查。

第二十三条　村民委员会、居民委员会应当开展群众性的消防工作，组织制定防火安全公约，进行消防安全检查。乡镇人民政府、城市街道办事处应当予以指导和监督。

第二十四条　公安消防机构应当对机关、团体、企业、事业单位遵守消防法律、法规的情况依法进行监督检查。对消防安全重点单位应当定期监督检查。

公安消防机构的工作人员在进行监督检查时，应当出示证件。

公安消防机构进行消防审核、验收等监督检查不得收取费用。

第二十五条　公安消防机构发现火灾隐患，应当及时通知有关单位或者个人采取措施，限期消除隐患。

第二章　消　防　组　织

第二十六条　各级人民政府应当根据经济和社会发展的需要，建立多种形式的消防组织，加强消防组织建设，增强扑救火灾的能力。

第二十七条 城市人民政府应当按照国家规定的消防站建设标准建立公安消防队、专职消防队,承担火灾扑救工作。

镇人民政府可以根据当地经济发展和消防工作的需要,建立专职消防队、义务消防队,承担火灾扑救工作。

公安消防队除保证完成本法规定的火灾扑救工作外,还应当参加其他灾害或者事故的抢险救援工作。

第二十八条 下列单位应当建立专职消防队,承担本单位的火灾扑救工作:

(一)核电厂、大型发电厂、民用机场、大型港口;

(二)生产、储存易燃易爆危险物品的大型企业;

(三)储备可燃的重要物资的大型仓库、基地;

(四)第一项、第二项、第三项规定以外的火灾危险性较大、距离当地公安消防队较远的其他大型企业;

(五)距离当地公安消防队较远的列为全国重点文物保护单位的古建筑群的管理单位。

第二十九条 专职消防队的建立,应当符合国家有关规定,并报省级人民政府公安机关消防机构验收。

第三十条 机关、团体、企业、事业单位以及乡、村可以根据需要,建立由职工或者村民组成的义务消防队。

第三十一条 公安消防机构应当对专职消防队、义务消防队进行业务指导,并有权指挥调动专职消防队参加火灾扑救工作。

第三章 灭 火 救 援

第三十二条 任何人发现火灾时,都应当立即报警。任何单位、个人都应当无偿为报警提供便利,不得阻拦报警。严禁谎报火警。

公共场所发生火灾时,该公共场所的现场工作人员有组织、引导在场群众疏散的义务。

发生火灾的单位必须立即组织力量扑救火灾。邻近单位应当给予支援。

消防队接到火警后,必须立即赶赴火场,救助遇险人员,排除险情,扑灭火灾。

第三十三条 公安消防机构在统一组织和指挥火灾的现场扑救时,火场总指挥员有权根据扑救火灾的需要,决定下列事项:

(一)使用各种水源;

(二)截断电力、可燃气体和液体的输送,限制用火用电;

(三)划定警戒区,实行局部交通管制;

(四)利用临近建筑物和有关设施;

(五)为防止火灾蔓延,拆除或者破损毗邻火场的建筑物、构筑物;

(六)调动供水、供电、医疗救护、交通运输等有关单位协助灭火救助。

扑救特大火灾时,有关地方人民政府应当组织有关人员、调集所需物资支援灭火。

第三十四条 公安消防队参加火灾以外的其他灾害或者事故的抢险救援工作,在有关地方人民政府的统一指挥下实施。

第三十五条 消防车、消防艇前往执行火灾扑救任务或者执行其他灾害、事故的抢险救援任务时，不受行驶速度、行驶路线、行驶方向和指挥信号的限制，其他车辆、船舶以及行人必须让行，不得穿插、超越。交通管理指挥人员应当保证消防车、消防艇迅速通行。

第三十六条 消防车、消防艇以及消防器材、装备和设施，不得用于与消防和抢险救援工作无关的事项。

第三十七条 公安消防队扑救火灾，不得向发生火灾的单位、个人收取任何费用。

对参加扑救外单位火灾的专职消防队、义务消防队所损耗的燃料、灭火剂和器材、装备等，依照规定予以补偿。

第三十八条 对因参加扑救火灾受伤、致残或者死亡的人员，按照国家有关规定给予医疗、抚恤。

第三十九条 火灾扑灭后，公安消防机构有权根据需要封闭火灾现场，负责调查、认定火灾原因，核定火灾损失，查明火灾事故责任。

对于特大火灾事故，国务院或者省级人民政府认为必要时，可以组织调查。

火灾扑灭后，起火单位应当按照公安消防机构的要求保护现场，接受事故调查，如实提供火灾事实的情况。第五章法律责任

第四十条 违反本法的规定，有下列行为之一的，责令限期改正；逾期不改正的，责令停止施工、停止使用或者停产停业，可以并处罚款：

（一）建筑工程的消防设计未经公安消防机构审核或者经审核不合格，擅自施工的；

（二）依法应当进行消防设计的建筑工程竣工时未经消防验收或者经验收不合格，擅自使用的；

（三）公众聚集的场所未经消防安全检查或者经检查不合格，擅自使用或者开业的。

单位有前款行为的，依照前款的规定处罚，并对其直接负责的主管人员和其他直接责任人员处警告或者罚款。

第四十一条 违反本法的规定，擅自举办大型集会、焰火晚会、灯会等群众性活动，具有火灾危险的，公安消防机构应当责令当场改正；当场不能改正的，应当责令停止举办，可以并处罚款。

单位有前款行为的，依照前款的规定处罚，并对其直接负责的主管人员和其他直接责任人员处警告或者罚款。

第四十二条 违反本法的规定，擅自降低消防技术标准施工、使用防火性能不符合国家标准或者行业标准的建筑构件和建筑材料或者不合格的装修、装饰材料施工的，责令限期改正；逾期不改正的，责令停止施工，可以并处罚款。

单位有前款行为的，依照前款的规定处罚，并对其直接负责的主管人员和其他直接责任人员处警告或者罚款。

第四十三条 机关、团体、企业、事业单位违反本法的规定，未履行消防安全职责的，责令限期改正；逾期不改正的，对其直接负责的主管人员和其他直接责任人员依法给予行政处分或者处警告。

营业性场所有下列行为之一的，责令限期改正；逾期不改正的，责令停产停业，可以并处罚款，并对其直接负责的主管人员和其他直接责任人员处罚款：

（一）对火灾隐患不及时消除的；

（二）不按照国家有关规定，配置消防设施和器材的；

（三）不能保障疏散通道、安全出口畅通的。

在设有车间或者仓库的建筑物内设置员工集体宿舍的，依照第二款的规定处罚。

第四十四条 违反本法的规定，生产、销售未经依照产品质量法的规定确定的检验机构检验合格的消防产品的，责令停止违法行为，没收产品和违法所得，依照产品质量法的规定从重处罚。

维修、检测消防设施、器材的单位，违反消防安全技术规定，进行维修、检测的，责令限期改正，可以并处罚款，并对其直接负责的主管人员和其他直接责任人员处警告或者罚款。

第四十五条 电器产品、燃气用具的安装或者线路、管路的敷设不符合消防安全技术规定的，责令限期改正；逾期不改正的，责令停止使用。

第四十六条 违反本法的规定，生产、储存、运输、销售或者使用、销毁易燃易爆危险物品的，责令停止违法行为，可以处警告、罚款或者十五日以下拘留。

单位有前款行为的，责令停止违法行为，可以处警告或者罚款，并对其直接负责的主管人员和其他直接责任人员依照前款的规定处罚。

第四十七条 违反本法的规定，有下列行为之一的，处警告、罚款或者十日以下拘留：

（一）违反消防安全规定进入生产、储存易燃易爆危险物品场所的；

（二）违法使用明火作业或者在具有火灾、爆炸危险的场所违反禁令，吸烟、使用明火的；

（三）阻拦报火警或者谎报火警的；

（四）故意阻碍消防车、消防艇赶赴火灾现场或者扰乱火灾现场秩序的；

（五）拒不执行火场指挥员指挥，影响灭火救灾的；

（六）过失引起火灾，尚未造成严重损失的。

第四十八条 违反本法的规定，有下列行为之一的，处警告或者罚款：

（一）指使或者强令他人违反消防安全规定，冒险作业，尚未造成严重后果的；

（二）埋压、圈占消火栓或者占用防火间距、堵塞消防通道的，或者损坏和擅自挪用、拆除、停用消防设施、器材的；

（三）有重大火灾隐患，经公安消防机构通知逾期不改正的。

单位有前款行为的，依照前款的规定处罚，并对其直接负责的主管人员和其他直接责任人员处警告或者罚款。

有第一款第二项所列行为的，还应当责令其限期恢复原状或者赔偿损失；对逾期不恢复原状的，应当强制拆除或者清除，所需费用由违法行为人承担。

第四十九条 公共场所发生火灾时，该公共场所的现场工作人员不履行组织、引导在场群众疏散的义务，造成人身伤亡，尚不构成犯罪的，处十五日以下拘留。

第五十条 火灾扑灭后，为隐瞒、掩饰起火原因、推卸责任，故意破坏现场或者伪造现场，尚不构成犯罪的，处警告、罚款或者十五日以下拘留。

单位有前款行为的，处警告或者罚款，并对其直接负责的主管人员和其他直接责任人员依照前款的规定处罚。

第五十一条　对违反本法规定行为的处罚，由公安消防机构裁决。对给予拘留的处罚，由公安机关依照治安管理处罚条例的规定裁决。

责令停产停业，对经济和社会生活影响较大的，由公安消防机构报请当地人民政府依法决定，由公安消防机构执行。

第五十二条　公安消防机构的工作人员在消防工作中滥用职权、玩忽职守、徇私舞弊，有下列行为之一，给国家和人民利益造成损失，尚不构成犯罪的，依法给予行政处分：

（一）对不符合国家建筑工程消防技术标准的消防设计、建筑工程通过审核、验收的；

（二）对应当依法审核、验收的消防设计、建筑工程，故意拖延，不予审核、验收的；

（三）发现火灾隐患不及时通知有关单位或者个人改正的；

（四）利用职务为用户指定消防产品的销售单位、品牌或者指定建筑消防设施施工单位的；

（五）其他滥用职权、玩忽职守、徇私舞弊的行为。

第五十三条　有违反本法行为，构成犯罪的，依法追究刑事责任。第六章附则

第五十四条　本法自1998年9月1日起施行。1984年5月11日第六届全国人民代表大会常务委员会第五次会议批准、1984年5月13日国务院公布的《中华人民共和国消防条例》同时废止。

附录4 建设工程安全生产管理条例

第一章 总 则

第一条 为了加强建设工程安全生产监督管理，保障人民群众生命和财产安全，根据《中华人民共和国建筑法》、《中华人民共和国安全生产法》，制定本条例。

第二条 在中华人民共和国境内从事建设工程的新建、扩建、改建和拆除等有关活动及实施对建设工程安全生产的监督管理，必须遵守本条例。

本条例所称建设工程，是指土木工程、建筑工程、线路管道和设备安装工程及装修工程。

第三条 建设工程安全生产管理，坚持安全第一、预防为主的方针。

第四条 建设单位、勘察单位、设计单位、施工单位、工程监理单位及其他与建设工程安全生产有关的单位，必须遵守安全生产法律、法规的规定，保证建设工程安全生产，依法承担建设工程安全生产责任。

第五条 国家鼓励建设工程安全生产的科学技术研究和先进技术的推广应用，推进建设工程安全生产的科学管理。

第二章 建设单位的安全责任

第六条 建设单位应当向施工单位提供施工现场及毗邻区域内供水、排水、供电、供气、供热、通信、广播电视等地下管线资料，气象和水文观测资料，相邻建筑物和构筑物、地下工程的有关资料，并保证资料的真实、准确、完整。

建设单位因建设工程需要，向有关部门或者单位查询前款规定的资料时，有关部门或者单位应当及时提供。

第七条 建设单位不得对勘察、设计、施工、工程监理等单位提出不符合建设工程安全生产法律、法规和强制性标准规定的要求，不得压缩合同约定的工期。

第八条 建设单位在编制工程概算时，应当确定建设工程安全作业环境及安全施工措施所需费用。

第九条 建设单位不得明示或者暗示施工单位购买、租赁、使用不符合安全施工要求的安全防护用具、机械设备、施工机具及配件、消防设施和器材。

第十条 建设单位在申请领取施工许可证时，应当提供建设工程有关安全施工措施的资料。

依法批准开工报告的建设工程，建设单位应当自开工报告批准之日起15日内，将保证安全施工的措施报送建设工程所在地的县级以上地方人民政府建设行政主管部门或者其他有关部门备案。

第十一条 建设单位应当将拆除工程发包给具有相应资质等级的施工单位。

建设单位应当在拆除工程施工 15 日前，将下列资料报送建设工程所在地的县级以上地方人民政府建设行政主管部门或者其他有关部门备案：

（一）施工单位资质等级证明；

（二）拟拆除建筑物、构筑物及可能危及毗邻建筑的说明；

（三）拆除施工组织方案；

（四）堆放、清除废弃物的措施。

实施爆破作业的，应当遵守国家有关民用爆炸物品管理的规定。

第三章 勘察、设计、工程监理及其他有关单位的安全责任

第十二条 勘察单位应当按照法律、法规和工程建设强制性标准进行勘察，提供的勘察文件应当真实、准确，满足建设工程安全生产的需要。

勘察单位在勘察作业时，应当严格执行操作规程，采取措施保证各类管线、设施和周边建筑物、构筑物的安全。

第十三条 设计单位应当按照法律、法规和工程建设强制性标准进行设计，防止因设计不合理导致生产安全事故的发生。

设计单位应当考虑施工安全操作和防护的需要，对涉及施工安全的重点部位和环节在设计文件中注明，并对防范生产安全事故提出指导意见。

采用新结构、新材料、新工艺的建设工程和特殊结构的建设工程，设计单位应当在设计中提出保障施工作业人员安全和预防生产安全事故的措施建议。

设计单位和注册建筑师等注册执业人员应当对其设计负责。

第十四条 工程监理单位应当审查施工组织设计中的安全技术措施或者专项施工方案是否符合工程建设强制性标准。

工程监理单位在实施监理过程中，发现存在安全事故隐患的，应当要求施工单位整改；情况严重的，应当要求施工单位暂时停止施工，并及时报告建设单位。施工单位拒不整改或者不停止施工的，工程监理单位应当及时向有关主管部门报告。

工程监理单位和监理工程师应当按照法律、法规和工程建设强制性标准实施监理，并对建设工程安全生产承担监理责任。

第十五条 为建设工程提供机械设备和配件的单位，应当按照安全施工的要求配备齐全有效的保险、限位等安全设施和装置。

第十六条 出租的机械设备和施工机具及配件，应当具有生产（制造）许可证、产品合格证。

出租单位应当对出租的机械设备和施工机具及配件的安全性能进行检测，在签订租赁协议时，应当出具检测合格证明。

禁止出租检测不合格的机械设备和施工机具及配件。

第十七条 在施工现场安装、拆卸施工起重机械和整体提升脚手架、模板等自升式架设设施，必须由具有相应资质的单位承担。

安装、拆卸施工起重机械和整体提升脚手架、模板等自升式架设设施，应当编制拆装方案、制定安全施工措施，并由专业技术人员现场监督。

施工起重机械和整体提升脚手架、模板等自升式架设设施安装完毕后，安装单位应当自检，出具自检合格证明，并向施工单位进行安全使用说明，办理验收手续并签字。

第十八条 施工起重机械和整体提升脚手架、模板等自升式架设设施的使用达到国家规定的检验检测期限的，必须经具有专业资质的检验检测机构检测。经检测不合格的，不得继续使用。

第十九条 检验检测机构对检测合格的施工起重机械和整体提升脚手架、模板等自升式架设设施，应当出具安全合格证明文件，并对检测结果负责。

第四章 施工单位的安全责任

第二十条 施工单位从事建设工程的新建、扩建、改建和拆除等活动，应当具备国家规定的注册资本、专业技术人员、技术装备和安全生产等条件，依法取得相应等级的资质证书，并在其资质等级许可的范围内承揽工程。

第二十一条 施工单位主要负责人依法对本单位的安全生产工作全面负责。施工单位应当建立健全安全生产责任制度和安全生产教育培训制度，制定安全生产规章制度和操作规程，保证本单位安全生产条件所需资金的投入，对所承担的建设工程进行定期和专项安全检查，并做好安全检查记录。

施工单位的项目负责人应当由取得相应执业资格的人员担任，对建设工程项目的安全施工负责，落实安全生产责任制度、安全生产规章制度和操作规程，确保安全生产费用的有效使用，并根据工程的特点组织制定安全施工措施，消除安全事故隐患，及时、如实报告生产安全事故。

第二十二条 施工单位对列入建设工程概算的安全作业环境及安全施工措施所需费用，应当用于施工安全防护用具及设施的采购和更新、安全施工措施的落实、安全生产条件的改善，不得挪作他用。

第二十三条 施工单位应当设立安全生产管理机构，配备专职安全生产管理人员。

专职安全生产管理人员负责对安全生产进行现场监督检查。发现安全事故隐患，应当及时向项目负责人和安全生产管理机构报告；对违章指挥、违章操作的，应当立即制止。

专职安全生产管理人员的配备办法由国务院建设行政主管部门会同国务院其他有关部门制定。

第二十四条 建设工程实行施工总承包的，由总承包单位对施工现场的安全生产负总责。

总承包单位应当自行完成建设工程主体结构的施工。

总承包单位依法将建设工程分包给其他单位的，分包合同中应当明确各自的安全生产方面的权利、义务。总承包单位和分包单位对分包工程的安全生产承担连带责任。

分包单位应当服从总承包单位的安全生产管理，分包单位不服从管理导致生产安全事故的，由分包单位承担主要责任。

第二十五条 垂直运输机械作业人员、安装拆卸工、爆破作业人员、起重信号工、登高架设作业人员等特种作业人员，必须按照国家有关规定经过专门的安全作业培训，并取得特种作业操作资格证书后，方可上岗作业。

第二十六条　施工单位应当在施工组织设计中编制安全技术措施和施工现场临时用电方案，对下列达到一定规模的危险性较大的分部分项工程编制专项施工方案，并附具安全验算结果，经施工单位技术负责人、总监理工程师签字后实施，由专职安全生产管理人员进行现场监督：

（一）基坑支护与降水工程；

（二）土方开挖工程；

（三）模板工程；

（四）起重吊装工程；

（五）脚手架工程；

（六）拆除、爆破工程；

（七）国务院建设行政主管部门或者其他有关部门规定的其他危险性较大的工程。

对前款所列工程中涉及深基坑、地下暗挖工程、高大模板工程的专项施工方案，施工单位还应当组织专家进行论证、审查。

本条第一款规定的达到一定规模的危险性较大工程的标准，由国务院建设行政主管部门会同国务院其他有关部门制定。

第二十七条　建设工程施工前，施工单位负责项目管理的技术人员应当对有关安全施工的技术要求向施工作业班组、作业人员作出详细说明，并由双方签字确认。

第二十八条　施工单位应当在施工现场入口处、施工起重机械、临时用电设施、脚手架、出入通道口、楼梯口、电梯井口、孔洞口、桥梁口、隧道口、基坑边沿、爆破物及有害危险气体和液体存放处等危险部位，设置明显的安全警示标志。安全警示标志必须符合国家标准。

施工单位应当根据不同施工阶段和周围环境及季节、气候的变化，在施工现场采取相应的安全施工措施。施工现场暂时停止施工的，施工单位应当做好现场防护，所需费用由责任方承担，或者按照合同约定执行。

第二十九条　施工单位应当将施工现场的办公、生活区与作业区分开设置，并保持安全距离；办公、生活区的选址应当符合安全性要求。职工的膳食、饮水、休息场所等应当符合卫生标准。施工单位不得在尚未竣工的建筑物内设置员工集体宿舍。

施工现场临时搭建的建筑物应当符合安全使用要求。施工现场使用的装配式活动房屋应当具有产品合格证。

第三十条　施工单位对因建设工程施工可能造成损害的毗邻建筑物、构筑物和地下管线等，应当采取专项防护措施。

施工单位应当遵守有关环境保护法律、法规的规定，在施工现场采取措施，防止或者减少粉尘、废气、废水、固体废物、噪声、振动和施工照明对人和环境的危害和污染。

在城市市区内的建设工程，施工单位应当对施工现场实行封闭围挡。

第三十一条　施工单位应当在施工现场建立消防安全责任制度，确定消防安全责任人，制定用火、用电、使用易燃易爆材料等各项消防安全管理制度和操作规程，设置消防通道、消防水源，配备消防设施和灭火器材，并在施工现场入口处设置明显标志。

第三十二条 施工单位应当向作业人员提供安全防护用具和安全防护服装，并书面告知危险岗位的操作规程和违章操作的危害。

作业人员有权对施工现场的作业条件、作业程序和作业方式中存在的安全问题提出批评、检举和控告，有权拒绝违章指挥和强令冒险作业。

在施工中发生危及人身安全的紧急情况时，作业人员有权立即停止作业或者在采取必要的应急措施后撤离危险区域。

第三十三条 作业人员应当遵守安全施工的强制性标准、规章制度和操作规程，正确使用安全防护用具、机械设备等。

第三十四条 施工单位采购、租赁的安全防护用具、机械设备、施工机具及配件，应当具有生产（制造）许可证、产品合格证，并在进入施工现场前进行查验。

施工现场的安全防护用具、机械设备、施工机具及配件必须由专人管理，定期进行检查、维修和保养，建立相应的资料档案，并按照国家有关规定及时报废。

第三十五条 施工单位在使用施工起重机械和整体提升脚手架、模板等自升式架设设施前，应当组织有关单位进行验收，也可以委托具有相应资质的检验检测机构进行验收；使用承租的机械设备和施工机具及配件的，由施工总承包单位、分包单位、出租单位和安装单位共同进行验收。验收合格的方可使用。

《特种设备安全监察条例》规定的施工起重机械，在验收前应当经有相应资质的检验检测机构监督检验合格。

施工单位应当自施工起重机械和整体提升脚手架、模板等自升式架设设施验收合格之日起 30 日内，向建设行政主管部门或者其他有关部门登记。登记标志应当置于或者附着于该设备的显著位置。

第三十六条 施工单位的主要负责人、项目负责人、专职安全生产管理人员应当经建设行政主管部门或者其他有关部门考核合格后方可任职。

施工单位应当对管理人员和作业人员每年至少进行一次安全生产教育培训，其教育培训情况记入个人工作档案。安全生产教育培训考核不合格的人员，不得上岗。

第三十七条 作业人员进入新的岗位或者新的施工现场前，应当接受安全生产教育培训。未经教育培训或者教育培训考核不合格的人员，不得上岗作业。

施工单位在采用新技术、新工艺、新设备、新材料时，应当对作业人员进行相应的安全生产教育培训。

第三十八条 施工单位应当为施工现场从事危险作业的人员办理意外伤害保险。

意外伤害保险费由施工单位支付。实行施工总承包的，由总承包单位支付意外伤害保险费。意外伤害保险期限自建设工程开工之日起至竣工验收合格止。

第五章 监 督 管 理

第三十九条 国务院负责安全生产监督管理的部门依照《中华人民共和国安全生产法》的规定，对全国建设工程安全生产工作实施综合监督管理。

县级以上地方人民政府负责安全生产监督管理的部门依照《中华人民共和国安全生产法》的规定，对本行政区域内建设工程安全生产工作实施综合监督管理。

第四十条　国务院建设行政主管部门对全国的建设工程安全生产实施监督管理。国务院铁路、交通、水利等有关部门按照国务院规定的职责分工，负责有关专业建设工程安全生产的监督管理。

县级以上地方人民政府建设行政主管部门对本行政区域内的建设工程安全生产实施监督管理。县级以上地方人民政府交通、水利等有关部门在各自的职责范围内，负责本行政区域内的专业建设工程安全生产的监督管理。

第四十一条　建设行政主管部门和其他有关部门应当将本条例第十条、第十一条规定的有关资料的主要内容抄送同级负责安全生产监督管理的部门。

第四十二条　建设行政主管部门在审核发放施工许可证时，应当对建设工程是否有安全施工措施进行审查，对没有安全施工措施的，不得颁发施工许可证。

建设行政主管部门或者其他有关部门对建设工程是否有安全施工措施进行审查时，不得收取费用。

第四十三条　县级以上人民政府负有建设工程安全生产监督管理职责的部门在各自的职责范围内履行安全监督检查职责时，有权采取下列措施：

（一）要求被检查单位提供有关建设工程安全生产的文件和资料；

（二）进入被检查单位施工现场进行检查；

（三）纠正施工中违反安全生产要求的行为；

（四）对检查中发现的安全事故隐患，责令立即排除；重大安全事故隐患排除前或者排除过程中无法保证安全的，责令从危险区域内撤出作业人员或者暂时停止施工。

第四十四条　建设行政主管部门或者其他有关部门可以将施工现场的监督检查委托给建设工程安全监督机构具体实施。

第四十五条　国家对严重危及施工安全的工艺、设备、材料实行淘汰制度。具体目录由国务院建设行政主管部门会同国务院其他有关部门制定并公布。

第四十六条　县级以上人民政府建设行政主管部门和其他有关部门应当及时受理对建设工程生产安全事故及安全事故隐患的检举、控告和投诉。

第六章　生产安全事故的应急救援和调查处理

第四十七条　县级以上地方人民政府建设行政主管部门应当根据本级人民政府的要求，制定本行政区域内建设工程特大生产安全事故应急救援预案。

第四十八条　施工单位应当制定本单位生产安全事故应急救援预案，建立应急救援组织或者配备应急救援人员，配备必要的应急救援器材、设备，并定期组织演练。

第四十九条　施工单位应当根据建设工程施工的特点、范围，对施工现场易发生重大事故的部位、环节进行监控，制定施工现场生产安全事故应急救援预案。实行施工总承包的，由总承包单位统一组织编制建设工程生产安全事故应急救援预案，工程总承包单位和分包单位按照应急救援预案，各自建立应急救援组织或者配备应急救援人员，配备救援器材、设备，并定期组织演练。

第五十条　施工单位发生生产安全事故，应当按照国家有关伤亡事故报告和调查处理的规定，及时、如实地向负责安全生产监督管理的部门、建设行政主管部门或者其他有关部门报告；特种设备发生事故的，还应当同时向特种设备安全监督管理部门报告。接到报告的部门应当按照国家有关规定，如实上报。

实行施工总承包的建设工程，由总承包单位负责上报事故。

第五十一条 发生生产安全事故后，施工单位应当采取措施防止事故扩大，保护事故现场。需要移动现场物品时，应当做出标记和书面记录，妥善保管有关证物。

第五十二条 建设工程生产安全事故的调查、对事故责任单位和责任人的处罚与处理，按照有关法律、法规的规定执行。

第七章 法 律 责 任

第五十三条 违反本条例的规定，县级以上人民政府建设行政主管部门或者其他有关行政管理部门的工作人员，有下列行为之一的，给予降级或者撤职的行政处分；构成犯罪的，依照刑法有关规定追究刑事责任：

（一）对不具备安全生产条件的施工单位颁发资质证书的；

（二）对没有安全施工措施的建设工程颁发施工许可证的；

（三）发现违法行为不予查处的；

（四）不依法履行监督管理职责的其他行为。

第五十四条 违反本条例的规定，建设单位未提供建设工程安全生产作业环境及安全施工措施所需费用的，责令限期改正；逾期未改正的，责令该建设工程停止施工。

建设单位未将保证安全施工的措施或者拆除工程的有关资料报送有关部门备案的，责令限期改正，给予警告。

第五十五条 违反本条例的规定，建设单位有下列行为之一的，责令限期改正，处20万元以上50万元以下的罚款；造成重大安全事故，构成犯罪的，对直接责任人员，依照刑法有关规定追究刑事责任；造成损失的，依法承担赔偿责任：

（一）对勘察、设计、施工、工程监理等单位提出不符合安全生产法律、法规和强制性标准规定的要求的；

（二）要求施工单位压缩合同约定的工期的；

（三）将拆除工程发包给不具有相应资质等级的施工单位的。

第五十六条 违反本条例的规定，勘察单位、设计单位有下列行为之一的，责令限期改正，处10万元以上30万元以下的罚款；情节严重的，责令停业整顿，降低资质等级，直至吊销资质证书；造成重大安全事故，构成犯罪的，对直接责任人员，依照刑法有关规定追究刑事责任；造成损失的，依法承担赔偿责任：

（一）未按照法律、法规和工程建设强制性标准进行勘察、设计的；

（二）采用新结构、新材料、新工艺的建设工程和特殊结构的建设工程，设计单位未在设计中提出保障施工作业人员安全和预防生产安全事故的措施建议的。

第五十七条 违反本条例的规定，工程监理单位有下列行为之一的，责令限期改正；逾期未改正的，责令停业整顿，并处10万元以上30万元以下的罚款；情节严重的，降低资质等级，直至吊销资质证书；造成重大安全事故，构成犯罪的，对直接责任人员，依照刑法有关规定追究刑事责任；造成损失的，依法承担赔偿责任：

　　（一）未对施工组织设计中的安全技术措施或者专项施工方案进行审查的；

　　（二）发现安全事故隐患未及时要求施工单位整改或者暂时停止施工的；

　　（三）施工单位拒不整改或者不停止施工，未及时向有关主管部门报告的；

　　（四）未依照法律、法规和工程建设强制性标准实施监理的。

　　第五十八条　注册执业人员未执行法律、法规和工程建设强制性标准的，责令停止执业3个月以上1年以下；情节严重的，吊销执业资格证书，5年内不予注册；造成重大安全事故的，终身不予注册；构成犯罪的，依照刑法有关规定追究刑事责任。

　　第五十九条　违反本条例的规定，为建设工程提供机械设备和配件的单位，未按照安全施工的要求配备齐全有效的保险、限位等安全设施和装置的，责令限期改正，处合同价款1倍以上3倍以下的罚款；造成损失的，依法承担赔偿责任。

　　第六十条　违反本条例的规定，出租单位出租未经安全性能检测或者经检测不合格的机械设备和施工机具及配件的，责令停业整顿，并处5万元以上10万元以下的罚款；造成损失的，依法承担赔偿责任。

　　第六十一条　违反本条例的规定，施工起重机械和整体提升脚手架、模板等自升式架设设施安装、拆卸单位有下列行为之一的，责令限期改正，处5万元以上10万元以下的罚款；情节严重的，责令停业整顿，降低资质等级，直至吊销资质证书；造成损失的，依法承担赔偿责任：

　　（一）未编制拆装方案、制定安全施工措施的；

　　（二）未由专业技术人员现场监督的；

　　（三）未出具自检合格证明或者出具虚假证明的；

　　（四）未向施工单位进行安全使用说明，办理移交手续的。

　　施工起重机械和整体提升脚手架、模板等自升式架设设施安装、拆卸单位有前款规定的第（一）项、第（三）项行为，经有关部门或者单位职工提出后，对事故隐患仍不采取措施，因而发生重大伤亡事故或者造成其他严重后果，构成犯罪的，对直接责任人员，依照刑法有关规定追究刑事责任。

　　第六十二条　违反本条例的规定，施工单位有下列行为之一的，责令限期改正；逾期未改正的，责令停业整顿，依照《中华人民共和国安全生产法》的有关规定处以罚款；造成重大安全事故，构成犯罪的，对直接责任人员，依照刑法有关规定追究刑事责任：

　　（一）未设立安全生产管理机构、配备专职安全生产管理人员或者分部分项工程施工时无专职安全生产管理人员现场监督的；

　　（二）施工单位的主要负责人、项目负责人、专职安全生产管理人员、作业人员或者特种作业人员，未经安全教育培训或者经考核不合格即从事相关工作的；

　　（三）未在施工现场的危险部位设置明显的安全警示标志，或者未按照国家有关规定在施工现场设置消防通道、消防水源、配备消防设施和灭火器材的；

　　（四）未向作业人员提供安全防护用具和安全防护服装的；

　　（五）未按照规定在施工起重机械和整体提升脚手架、模板等自升式架设设施验收合格后登记的；

　　（六）使用国家明令淘汰、禁止使用的危及施工安全的工艺、设备、材料的。

　　第六十三条　违反本条例的规定，施工单位挪用列入建设工程概算的安全生产作业环境及安全施工措施所需费用的，责令限期改正，处挪用费用 20％以上 50％以下的罚款；造成损失的，依法承担赔偿责任。

第六十四条 违反本条例的规定，施工单位有下列行为之一的，责令限期改正；逾期未改正的，责令停业整顿，并处 5 万元以上 10 万元以下的罚款；造成重大安全事故，构成犯罪的，对直接责任人员，依照刑法有关规定追究刑事责任：

（一）施工前未对有关安全施工的技术要求作出详细说明的；

（二）未根据不同施工阶段和周围环境及季节、气候的变化，在施工现场采取相应的安全施工措施，或者在城市市区内的建设工程的施工现场未实行封闭围挡的；

（三）在尚未竣工的建筑物内设置员工集体宿舍的；

（四）施工现场临时搭建的建筑物不符合安全使用要求的；

（五）未对因建设工程施工可能造成损害的毗邻建筑物、构筑物和地下管线等采取专项防护措施的。

施工单位有前款规定第（四）项、第（五）项行为，造成损失的，依法承担赔偿责任。

第六十五条 违反本条例的规定，施工单位有下列行为之一的，责令限期改正；逾期未改正的，责令停业整顿，并处 10 万元以上 30 万元以下的罚款；情节严重的，降低资质等级，直至吊销资质证书；造成重大安全事故，构成犯罪的，对直接责任人员，依照刑法有关规定追究刑事责任；造成损失的，依法承担赔偿责任：

（一）安全防护用具、机械设备、施工机具及配件在进入施工现场前未经查验或者查验不合格即投入使用的；

（二）使用未经验收或者验收不合格的施工起重机械和整体提升脚手架、模板等自升式架设设施的；

（三）委托不具有相应资质的单位承担施工现场安装、拆卸施工起重机械和整体提升脚手架、模板等自升式架设设施的；

（四）在施工组织设计中未编制安全技术措施、施工现场临时用电方案或者专项施工方案的。

第六十六条 违反本条例的规定，施工单位的主要负责人、项目负责人未履行安全生产管理职责的，责令限期改正；逾期未改正的，责令施工单位停业整顿；造成重大安全事故、重大伤亡事故或者其他严重后果，构成犯罪的，依照刑法有关规定追究刑事责任。

作业人员不服管理、违反规章制度和操作规程冒险作业造成重大伤亡事故或者其他严重后果，构成犯罪的，依照刑法有关规定追究刑事责任。

施工单位的主要负责人、项目负责人有前款违法行为，尚不够刑事处罚的，处 2 万元以上 20 万元以下的罚款或者按照管理权限给予撤职处分；自刑罚执行完毕或者受处分之日起，5 年内不得担任任何施工单位的主要负责人、项目负责人。

第六十七条 施工单位取得资质证书后，降低安全生产条件的，责令限期改正；经整改仍未达到与其资质等级相适应的安全生产条件的，责令停业整顿，降低其资质等级直至吊销资质证书。

第六十八条 本条例规定的行政处罚，由建设行政主管部门或者其他有关部门依照法定职权决定。

违反消防安全管理规定的行为,由公安消防机构依法处罚。

有关法律、行政法规对建设工程安全生产违法行为的行政处罚决定机关另有规定的,从其规定。

第八章 附 则

第六十九条 抢险救灾和农民自建低层住宅的安全生产管理,不适用本条例。

第七十条 军事建设工程的安全生产管理,按照中央军事委员会的有关规定执行。

第七十一条 本条例自 2004 年 2 月 1 日起施行。

附录5 国家突发公共事件总体应急预案

1 总则

1.1 编制目的

提高政府保障公共安全和处置突发公共事件的能力，最大程度地预防和减少突发公共事件及其造成的损害，保障公众的生命财产安全，维护国家安全和社会稳定，促进经济社会全面、协调、可持续发展。

1.2 编制依据

依据宪法及有关法律、行政法规，制定本预案。

1.3 分类分级

本预案所称突发公共事件是指突然发生，造成或者可能造成重大人员伤亡、财产损失、生态环境破坏和严重社会危害，危及公共安全的紧急事件。

根据突发公共事件的发生过程、性质和机理，突发公共事件主要分为以下四类：

（1）自然灾害。主要包括水旱灾害，气象灾害，地震灾害，地质灾害，海洋灾害，生物灾害和森林草原火灾等。

（2）事故灾难。主要包括工矿商贸等企业的各类安全事故，交通运输事故，公共设施和设备事故，环境污染和生态破坏事件等。

（3）公共卫生事件。主要包括传染病疫情，群体性不明原因疾病，食品安全和职业危害，动物疫情，以及其他严重影响公众健康和生命安全的事件。

（4）社会安全事件。主要包括恐怖袭击事件，经济安全事件和涉外突发事件等。

各类突发公共事件按照其性质、严重程度、可控性和影响范围等因素，一般分为四级：Ⅰ级（特别重大）、Ⅱ级（重大）、Ⅲ级（较大）和Ⅳ级（一般）。

1.4 适用范围

本预案适用于涉及跨省级行政区划的，或超出事发地省级人民政府处置能力的特别重大突发公共事件应对工作。

本预案指导全国的突发公共事件应对工作。

1.5 工作原则

（1）以人为本，减少危害。切实履行政府的社会管理和公共服务职能，把保障公众健康和生命财产安全作为首要任务，最大程度地减少突发公共事件及其造成的人员伤亡和危害。

（2）居安思危，预防为主。高度重视公共安全工作，常抓不懈，防患于未然。增强忧患意识，坚持预防与应急相结合，常态与非常态相结合，做好应对突发公共事件的各项准备工作。

（3）统一领导，分级负责。在党中央、国务院的统一领导下，建立健全分类管理、分级负责，条块结合、属地管理为主的应急管理体制，在各级党委领导下，实行行政领导责任制，充分发挥专业应急指挥机构的作用。

（4）依法规范，加强管理。依据有关法律和行政法规，加强应急管理，维护公众的合法权益，使应对突发公共事件的工作规范化、制度化、法制化。

（5）快速反应，协同应对。加强以属地管理为主的应急处置队伍建设，建立联动协调制度，充分动员和发挥乡镇、社区、企事业单位、社会团体和志愿者队伍的作用，依靠公众力量，形成统一指挥、反应灵敏、功能齐全、协调有序、运转高效的应急管理机制。

（6）依靠科技，提高素质。加强公共安全科学研究和技术开发，采用先进的监测、预测、预警、预防和应急处置技术及设施，充分发挥专家队伍和专业人员的作用，提高应对突发公共事件的科技水平和指挥能力，避免发生次生、衍生事件；加强宣传和培训教育工作，提高公众自救、互救和应对各类突发公共事件的综合素质。

1.6　应急预案体系

全国突发公共事件应急预案体系包括：

（1）突发公共事件总体应急预案。总体应急预案是全国应急预案体系的总纲，是国务院应对特别重大突发公共事件的规范性文件。

（2）突发公共事件专项应急预案。专项应急预案主要是国务院及其有关部门为应对某一类型或某几种类型突发公共事件而制定的应急预案。

（3）突发公共事件部门应急预案。部门应急预案是国务院有关部门根据总体应急预案、专项应急预案和部门职责为应对突发公共事件制定的预案。

（4）突发公共事件地方应急预案。具体包括：省级人民政府的突发公共事件总体应急预案、专项应急预案和部门应急预案；各市（地）、县（市）人民政府及其基层政权组织的突发公共事件应急预案。上述预案在省级人民政府的领导下，按照分类管理、分级负责的原则，由地方人民政府及其有关部门分别制定。

（5）企事业单位根据有关法律法规制定的应急预案。

（6）举办大型会展和文化体育等重大活动，主办单位应当制定应急预案。

各类预案将根据实际情况变化不断补充、完善。

2　组织体系

2.1　领导机构

国务院是突发公共事件应急管理工作的最高行政领导机构。在国务院总理领导下，由国务院常务会议和国家相关突发公共事件应急指挥机构（以下简称相关应急指挥机构）负责突发公共事件的应急管理工作；必要时，派出国务院工作组指导有关工作。

2.2　办事机构

国务院办公厅设国务院应急管理办公室，履行值守应急、信息汇总和综合协调职责，发挥运转枢纽作用。

2.3　工作机构

国务院有关部门依据有关法律、行政法规和各自的职责，负责相关类别突发公共事件的应急管理工作。具体负责相关类别的突发公共事件专项和部门应急预案的起草与实施，贯彻落实国务院有关决定事项。

2.4 地方机构

地方各级人民政府是本行政区域突发公共事件应急管理工作的行政领导机构，负责本行政区域各类突发公共事件的应对工作。

2.5 专家组

国务院和各应急管理机构建立各类专业人才库，可以根据实际需要聘请有关专家组成专家组，为应急管理提供决策建议，必要时参加突发公共事件的应急处置工作。

3 运行机制

3.1 预测与预警

各地区、各部门要针对各种可能发生的突发公共事件，完善预测预警机制，建立预测预警系统，开展风险分析，做到早发现、早报告、早处置。

3.1.1 预警级别和发布

根据预测分析结果，对可能发生和可以预警的突发公共事件进行预警。预警级别依据突发公共事件可能造成的危害程度、紧急程度和发展势态，一般划分为四级：Ⅰ级（特别严重）、Ⅱ级（严重）、Ⅲ级（较重）和Ⅳ级（一般），依次用红色、橙色、黄色和蓝色表示。

预警信息包括突发公共事件的类别、预警级别、起始时间、可能影响范围、警示事项、应采取的措施和发布机关等。

预警信息的发布、调整和解除可通过广播、电视、报刊、通信、信息网络、警报器、宣传车或组织人员逐户通知等方式进行，对老、幼、病、残、孕等特殊人群以及学校等特殊场所和警报盲区应当采取有针对性的公告方式。

3.2 应急处置

3.2.1 信息报告

特别重大或者重大突发公共事件发生后，各地区、各部门要立即报告，最迟不得超过4h，同时通报有关地区和部门。应急处置过程中，要及时续报有关情况。

3.2.2 先期处置

突发公共事件发生后，事发地的省级人民政府或者国务院有关部门在报告特别重大、重大突发公共事件信息的同时，要根据职责和规定的权限启动相关应急预案，及时、有效地进行处置，控制事态。

在境外发生涉及中国公民和机构的突发事件，我驻外使领馆、国务院有关部门和有关地方人民政府要采取措施控制事态发展，组织开展应急救援工作。

3.2.3 应急响应

对于先期处置未能有效控制事态的特别重大突发公共事件，要及时启动相关预案，由国务院相关应急指挥机构或国务院工作组统一指挥或指导有关地区、部门开展处置工作。

现场应急指挥机构负责现场的应急处置工作。

需要多个国务院相关部门共同参与处置的突发公共事件，由该类突发公共事件的业务主管部门牵头，其他部门予以协助。

3.2.4 应急结束

特别重大突发公共事件应急处置工作结束，或者相关危险因素消除后，现场应急指挥机构予以撤销。

3.3 恢复与重建

3.3.1 善后处置

要积极稳妥、深入细致地做好善后处置工作。对突发公共事件中的伤亡人员、应急处置工作人员，以及紧急调集、征用有关单位及个人的物资，要按照规定给予抚恤、补助或补偿，并提供心理及司法援助。有关部门要做好疫病防治和环境污染消除工作。保险监管机构督促有关保险机构及时做好有关单位和个人损失的理赔工作。

3.3.2 调查与评估

要对特别重大突发公共事件的起因、性质、影响、责任、经验教训和恢复重建等问题进行调查评估。

3.3.3 恢复重建

根据受灾地区恢复重建计划组织实施恢复重建工作。

3.4 信息发布

突发公共事件的信息发布应当及时、准确、客观、全面。事件发生的第一时间要向社会发布简要信息，随后发布初步核实情况、政府应对措施和公众防范措施等，并根据事件处置情况做好后续发布工作。

信息发布形式主要包括授权发布、散发新闻稿、组织报道、接受记者采访、举行新闻发布会等。

4 应急保障

各有关部门要按照职责分工和相关预案做好突发公共事件的应对工作，同时根据总体预案切实做好应对突发公共事件的人力、物力、财力、交通运输、医疗卫生及通信保障等工作，保证应急救援工作的需要和灾区群众的基本生活，以及恢复重建工作的顺利进行。

4.1 人力资源

公安（消防）、医疗卫生、地震救援、海上搜救、矿山救护、森林消防、防洪抢险、核与辐射、环境监控、危险化学品事故救援、铁路事故、民航事故、基础信息网络和重要信息系统事故处置，以及水、电、油、气等工程抢险救援队伍是应急救援的专业队伍和骨干力量。地方各级人民政府和有关部门、单位要加强应急救援队伍的业务培训和应急演练，建立联动协调机制，提高装备水平；动员社会团体、企事业单位以及志愿者等各种社会力量参与应急救援工作；增进国际间的交流与合作。要加强以乡镇和社区为单位的公众应急能力建设，发挥其在应对突发公共事件中的重要作用。

中国人民解放军和中国人民武装警察部队是处置突发公共事件的骨干和突击力量，按照有关规定参加应急处置工作。

4.2 财力保障

要保证所需突发公共事件应急准备和救援工作资金。对受突发公共事件影响较大的行业、企事业单位和个人要及时研究提出相应的补偿或救助政策。要对突发公共事件财政应急保障资金的使用和效果进行监管和评估。

鼓励自然人、法人或者其他组织（包括国际组织）按照《中华人民共和国公益事业捐赠法》等有关法律、法规的规定进行捐赠和援助。

4.3　物资保障

要建立健全应急物资监测网络、预警体系和应急物资生产、储备、调拨及紧急配送体系，完善应急工作程序，确保应急所需物资和生活用品的及时供应，并加强对物资储备的监督管理，及时予以补充和更新。

地方各级人民政府应根据有关法律、法规和应急预案的规定，做好物资储备工作。

4.4　基本生活保障

要做好受灾群众的基本生活保障工作，确保灾区群众有饭吃、有水喝、有衣穿、有住处、有病能得到及时医治。

4.5　医疗卫生保障

卫生部门负责组建医疗卫生应急专业技术队伍，根据需要及时赴现场开展医疗救治、疾病预防控制等卫生应急工作。及时为受灾地区提供药品、器械等卫生和医疗设备。必要时，组织动员红十字会等社会卫生力量参与医疗卫生救助工作。

4.6　交通运输保障

要保证紧急情况下应急交通工具的优先安排、优先调度、优先放行，确保运输安全畅通；要依法建立紧急情况社会交通运输工具的征用程序，确保抢险救灾物资和人员能够及时、安全送达。

根据应急处置需要，对现场及相关通道实行交通管制，开设应急救援"绿色通道"，保证应急救援工作的顺利开展。

4.7　治安维护

要加强对重点地区、重点场所、重点人群、重要物资和设备的安全保护，依法严厉打击违法犯罪活动。必要时，依法采取有效管制措施，控制事态，维护社会秩序。

4.8　人员防护

要指定或建立与人口密度、城市规模相适应的应急避险场所，完善紧急疏散管理办法和程序，明确各级责任人，确保在紧急情况下公众安全、有序的转移或疏散。

要采取必要的防护措施，严格按照程序开展应急救援工作，确保人员安全。

4.9　通信保障

建立健全应急通信、应急广播电视保障工作体系，完善公用通信网，建立有线和无线相结合、基础电信网络与机动通信系统相配套的应急通信系统，确保通信畅通。

4.10　公共设施

有关部门要按照职责分工，分别负责煤、电、油、气、水的供给，以及废水、废气、固体废弃物等有害物质的监测和处理。

4.11　科技支撑

要积极开展公共安全领域的科学研究；加大公共安全监测、预测、预警、预防和应急处置技术研发的投入，不断改进技术装备，建立健全公共安全应急技术平台，提高我国公共安全科技水平；注意发挥企业在公共安全领域的研发作用。

5　监督管理

5.1　预案演练

各地区、各部门要结合实际，有计划、有重点地组织有关部门对相关预案进行演练。

5.2 宣传和培训

宣传、教育、文化、广电、新闻出版等有关部门要通过图书、报刊、音像制品和电子出版物、广播、电视、网络等，广泛宣传应急法律法规和预防、避险、自救、互救、减灾等常识；增强公众的忧患意识、社会责任意识和自救、互救能力。各有关方面要有计划地对应急救援和管理人员进行培训，提高其专业技能。

5.3 责任与奖惩

突发公共事件应急处置工作实行责任追究制。

对突发公共事件应急管理工作中做出突出贡献的先进集体和个人要给予表彰和奖励。

对迟报、谎报、瞒报和漏报突发公共事件重要情况或者应急管理工作中有其他失职、渎职行为的，依法对有关责任人给予行政处分；构成犯罪的，依法追究刑事责任。

6 附则

6.1 预案管理

根据实际情况的变化，及时修订本预案。

本预案自发布之日起实施。

附录6 建筑施工企业安全生产许可证管理条例

第一章 总 则

第一条 为了严格规范建筑施工企业安全生产条件，进一步加强安全生产监督管理，防止和减少生产安全事故，根据《安全生产许可证条例》、《建设工程安全生产管理条例》等有关行政法规，制定本规定。

第二条 国家对建筑施工企业实行安全生产许可制度。

建筑施工企业未取得安全生产许可证的，不得从事建筑施工活动。

本规定所称建筑施工企业，是指从事土木工程、建筑工程、线路管道和设备安装工程及装修工程的新建、扩建、改建和拆除等有关活动的企业。

第三条 国务院建设主管部门负责中央管理的建筑施工企业安全生产许可证的颁发和管理。

省、自治区、直辖市人民政府建设主管部门负责本行政区域内前款规定以外的建筑施工企业安全生产许可证的颁发和管理，并接受国务院建设主管部门的指导和监督。

市、县人民政府建设主管部门负责本行政区域内建筑施工企业安全生产许可证的监督管理，并将监督检查中发现的企业违法行为及时报告安全生产许可证颁发管理机关。

第二章 安全生产条件

第四条 建筑施工企业取得安全生产许可证，应当具备下列安全生产条件：

（一）建立、健全安全生产责任制，制定完备的安全生产规章制度和操作规程；

（二）保证本单位安全生产条件所需资金的投入；

（三）设置安全生产管理机构，按照国家有关规定配备专职安全生产管理人员；

（四）主要负责人、项目负责人、专职安全生产管理人员经建设主管部门或者其他有关部门考核合格；

（五）特种作业人员经有关业务主管部门考核合格，取得特种作业操作资格证书；

（六）管理人员和作业人员每年至少进行一次安全生产教育培训并考核合格；

（七）依法参加工伤保险，依法为施工现场从事危险作业的人员办理意外伤害保险，为从业人员交纳保险费；

（八）施工现场的办公、生活区及作业场所和安全防护用具、机械设备、施工机具及配件符合有关安全生产法律、法规、标准和规程的要求；

（九）有职业危害防治措施，并为作业人员配备符合国家标准或者行业标准的安全防护用具和安全防护服装；

（十）有对危险性较大的分部分项工程及施工现场易发生重大事故的部位、环节的预防、监控措施和应急预案；

（十一）有生产安全事故应急救援预案、应急救援组织或者应急救援人员，配备必要的应急救援器材、设备；

（十二）法律、法规规定的其他条件。

第三章 安全生产许可证的申请与颁发

第五条 建筑施工企业从事建筑施工活动前，应当依照本规定向省级以上建设主管部门申请领取安全生产许可证。

中央管理的建筑施工企业（集团公司、总公司）应当向国务院建设主管部门申请领取安全生产许可证。

前款规定以外的其他建筑施工企业，包括中央管理的建筑施工企业（集团公司、总公司）下属的建筑施工企业，应当向企业注册所在地省、自治区、直辖市人民政府建设主管部门申请领取安全生产许可证。

第六条 建筑施工企业申请安全生产许可证时，应当向建设主管部门提供下列材料：

（一）建筑施工企业安全生产许可证申请表；

（二）企业法人营业执照；

（三）第四条规定的相关文件、材料。

建筑施工企业申请安全生产许可证，应当对申请材料实质内容的真实性负责，不得隐瞒有关情况或者提供虚假材料。

第七条 建设主管部门应当自受理建筑施工企业的申请之日起45日内审查完毕；经审查符合安全生产条件的，颁发安全生产许可证；不符合安全生产条件的，不予颁发安全生产许可证，书面通知企业并说明理由。企业自接到通知之日起应当进行整改，整改合格后方可再次提出申请。

建设主管部门审查建筑施工企业安全生产许可证申请，涉及铁路、交通、水利等有关专业工程时，可以征求铁路、交通、水利等有关部门的意见。

第八条 安全生产许可证的有效期为3年。安全生产许可证有效期满需要延期的，企业应当于期满前3个月向原安全生产许可证颁发管理机关申请办理延期手续。

企业在安全生产许可证有效期内，严格遵守有关安全生产的法律法规，未发生死亡事故的，安全生产许可证有效期届满时，经原安全生产许可证颁发管理机关同意，不再审查，安全生产许可证有效期延期3年。

第九条 建筑施工企业变更名称、地址、法定代表人等，应当在变更后10日内，到原安全生产许可证颁发管理机关办理安全生产许可证变更手续。

第十条 建筑施工企业破产、倒闭、撤销的，应当将安全生产许可证交回原安全生产许可证颁发管理机关予以注销。

第十一条 建筑施工企业遗失安全生产许可证，应当立即向原安全生产许可证颁发管理机关报告，并在公众媒体上声明作废后，方可申请补办。

第十二条 安全生产许可证申请表采用建设部规定的统一式样。

安全生产许可证采用国务院安全生产监督管理部门规定的统一式样。

安全生产许可证分正本和副本，正、副本具有同等法律效力。

第四章　监　督　管　理

第十三条　县级以上人民政府建设主管部门应当加强对建筑施工企业安全生产许可证的监督管理。建设主管部门在审核发放施工许可证时，应当对已经确定的建筑施工企业是否有安全生产许可证进行审查，对没有取得安全生产许可证的，不得颁发施工许可证。

第十四条　跨省从事建筑施工活动的建筑施工企业有违反本规定行为的，由工程所在地的省级人民政府建设主管部门将建筑施工企业在本地区的违法事实、处理结果和处理建议抄告原安全生产许可证颁发管理机关。

第十五条　建筑施工企业取得安全生产许可证后，不得降低安全生产条件，并应当加强日常安全生产管理，接受建设主管部门的监督检查。安全生产许可证颁发管理机关发现企业不再具备安全生产条件的，应当暂扣或者吊销安全生产许可证。

第十六条　安全生产许可证颁发管理机关或者其上级行政机关发现有下列情形之一的，可以撤销已经颁发的安全生产许可证：

（一）安全生产许可证颁发管理机关工作人员滥用职权、玩忽职守颁发安全生产许可证的；

（二）超越法定职权颁发安全生产许可证的；

（三）违反法定程序颁发安全生产许可证的；

（四）对不具备安全生产条件的建筑施工企业颁发安全生产许可证的；

（五）依法可以撤销已经颁发的安全生产许可证的其他情形。

依照前款规定撤销安全生产许可证，建筑施工企业的合法权益受到损害的，建设主管部门应当依法给予赔偿。

第十七条　安全生产许可证颁发管理机关应当建立、健全安全生产许可证档案管理制度，定期向社会公布企业取得安全生产许可证的情况，每年向同级安全生产监督管理部门通报建筑施工企业安全生产许可证颁发和管理情况。

第十八条　建筑施工企业不得转让、冒用安全生产许可证或者使用伪造的安全生产许可证。

第十九条　建设主管部门工作人员在安全生产许可证颁发、管理和监督检查工作中，不得索取或者接受建筑施工企业的财物，不得谋取其他利益。

第二十条　任何单位或者个人对违反本规定的行为，有权向安全生产许可证颁发管理机关或者监察机关等有关部门举报。

第五章　罚　　则

第二十一条　违反本规定，建设主管部门工作人员有下列行为之一的，给予降级或者撤职的行政处分；构成犯罪的，依法追究刑事责任：

（一）向不符合安全生产条件的建筑施工企业颁发安全生产许可证的；

（二）发现建筑施工企业未依法取得安全生产许可证擅自从事建筑施工活动，不依法处理的；

（三）发现取得安全生产许可证的建筑施工企业不再具备安全生产条件，不依法处理的；

（四）接到对违反本规定行为的举报后，不及时处理的；

（五）在安全生产许可证颁发、管理和监督检查工作中，索取或者接受建筑施工企业的财物，或者谋取其他利益的。

由于建筑施工企业弄虚作假，造成前款第（一）项行为的，对建设主管部门工作人员不予处分。

第二十二条 取得安全生产许可证的建筑施工企业，发生重大安全事故的，暂扣安全生产许可证并限期整改。

第二十三条 建筑施工企业不再具备安全生产条件的，暂扣安全生产许可证并限期整改；情节严重的，吊销安全生产许可证。

第二十四条 违反本规定，建筑施工企业未取得安全生产许可证擅自从事建筑施工活动的，责令其在建项目停止施工，没收违法所得，并处 10 万元以上 50 万元以下的罚款；造成重大安全事故或者其他严重后果，构成犯罪的，依法追究刑事责任。

第二十五条 违反本规定，安全生产许可证有效期满未办理延期手续，继续从事建筑施工活动的，责令其在建项目停止施工，限期补办延期手续，没收违法所得，并处 5 万元以上 10 万元以下的罚款；逾期仍不办理延期手续，继续从事建筑施工活动的，依照本规定第二十四条的规定处罚。

第二十六条 违反本规定，建筑施工企业转让安全生产许可证的，没收违法所得，处 10 万元以上 50 万元以下的罚款，并吊销安全生产许可证；构成犯罪的，依法追究刑事责任；接受转让的，依照本规定第二十四条的规定处罚。

冒用安全生产许可证或者使用伪造的安全生产许可证的，依照本规定第二十四条的规定处罚。

第二十七条 违反本规定，建筑施工企业隐瞒有关情况或者提供虚假材料申请安全生产许可证的，不予受理或者不予颁发安全生产许可证，并给予警告，1 年内不得申请安全生产许可证。

建筑施工企业以欺骗、贿赂等不正当手段取得安全生产许可证的，撤销安全生产许可证，3 年内不得再次申请安全生产许可证；构成犯罪的，依法追究刑事责任。

第二十八条 本规定的暂扣、吊销安全生产许可证的行政处罚，由安全生产许可证的颁发管理机关决定；其他行政处罚，由县级以上地方人民政府建设主管部门决定。

第六章 附 则

第二十九条 本规定施行前已依法从事建筑施工活动的建筑施工企业，应当自《安全生产许可证条例》施行之日起（2004 年 1 月 13 日起）1 年内向建设主管部门申请办理建筑施工企业安全生产许可证；逾期不办理安全生产许可证，或者经审查不符合本规定的安全生产条件，未取得安全生产许可证，继续进行建筑施工活动的，依照本规定第二十四条的规定处罚。

第三十条 本规定自公布之日起施行。

参 考 文 献

1. 罗云. 现代安全管理. 化学工业出版社，2004.

2. 樊运晓. 应急救援预案编制实务. 北京：化学工业出版社，2006.

3. 刘铁民. 应急体系建设和应急预案编制. 北京：企业管理出版社，2004.

4. 罗云，樊运晓，马晓春. 风险分析与安全评价. 北京：化学工业出版社，2004.

5. 罗云等. 注册安全工程师手册. 北京：化学工业出版社，2004.

6. 杜荣军等. 建设工程安全管理. 北京：机械工业出版社，2005.

7. 方东平，黄新宇，Jimmie Hinze. 工程建设安全管理（第2版）. 北京：中国水利水电出版社，知识产权出版社，2005.

8. 郭太生. 灾难性事故与事件应急处置. 北京：中国人民公安大学出版社。2006.

9. 李印，王东升. 建筑安全生产管理. 青岛：中国海洋大学出版社，2005.

10. 吴宗之，刘茂. 重大事故应急救援系统及预案导论. 北京：冶金工业出版社，2003.

11. 王自齐，赵金垣. 化学事故与应急救援. 北京：化学工业出版社，1997.

12. 天地大方. 事故应急救援预案编制手册，北京：中国工人出版社，2003.

13. 北京达飞安全科技有限公司. 事故应急处理预案编制指南. 北京：中国石化出版社，2002.

14. 陈宝智. 安全原理（第2版）. 北京：冶金工业出版社，2002.

15. 刘铁民. 重大事故应急体系建设. 劳动保护，2004，4.

16. 刘功智，刘铁民. 重大事故应急预案编制指南. 劳动保护，2004，4.

17. 柴建设. 事故应急救援预案. 辽宁工程技术大学学报，2003，8.

18. 咸隆道. 企业应制定的事故应急救援预案. 劳动保护，2004，2.

19. 李志宪，周心权. 企业事故应急处理预案编制指南. 劳动保护，2002，5.

20. 迟宏波. 应急救援，你们准备好了吗. 现代职业安全，2003，6.

21. 施卫祖，关于应急救援体系建设与发展的思考，现代职业安全，2003. 6.

22. 赵正宏. 城市化学灾害与应急救援体系. 现代职业安全，2003，6.

23. 熊树平，裴先明，汪莉. 石化企业编制事故应急预案初探. 安全与环境工程，2003，6.

24. 刘茂，吴宗之. 工业事故灾害应急救援系统的设计. 化工安全与环境，2002，33～36.

25. 吴宗之，刘茂. 重大事故应急预案分级、分类体系及其基本内容. 中国安全科学学报，2003（13），1.

26. 李都. 国外航空公司的应急救援管理. 安全，2000，8.

27. 沈立. 事故隐患监控与应急预案体系的探讨. 劳动安全与健康，2000，1.